CHIP GENERAL EDUCATION COURSE

赵秋奇 著

芯片通识课

一本书读懂芯片技术

人民邮电出版社

北京

图书在版编目（CIP）数据

芯片通识课 ： 一本书读懂芯片技术 / 赵秋奇著. -- 北京 ： 人民邮电出版社, 2025.1

ISBN 978-7-115-64156-4

Ⅰ. ①芯… Ⅱ. ①赵… Ⅲ. ①芯片—普及读物 Ⅳ. ①TN43-49

中国国家版本馆 CIP 数据核字(2024)第 076423 号

内 容 提 要

本书以图文结合的方式介绍了芯片的知识，共 7 章。第 1 章介绍了与芯片发明相关的重要技术，包括半导体技术的诞生，晶体管、集成电路、光刻工艺的发明等内容；第 2 章带领读者走进芯片的微观世界，了解芯片复杂和神奇的内部结构，以及芯片的设计和芯片制造技术；第 3 章讲解了芯片的设计过程，包括与芯片设计相关的 EDA 软件、IP、MPW 等内容；第 4 章介绍了芯片制造的主要工艺、设备和材料，重点介绍了光刻和刻蚀工艺，以及芯片制造的基本流程；第 5 章介绍了目前流行的先进封装形式和芯片测试的方法等；第 6 章介绍了芯片的各种应用；第 7 章通过对芯片与经济安全和信息安全关系的分析，阐述了芯片产业作为战略性产业的重要性。

本书图文并茂，讲解通俗易懂，适合各行各业的科技人员、芯片行业从业者和政府部门相关人员阅读，也可以作为广大中学生、大学生及社会各界芯片爱好者了解芯片知识的科普读物。

◆ 著　　　赵秋奇
责任编辑　张　涛
责任印制　王　郁　焦志炜

◆ 人民邮电出版社出版发行　　北京市丰台区成寿寺路 11 号
邮编　100164　　电子邮件　315@ptpress.com.cn
网址　https://www.ptpress.com.cn
涿州市般润文化传播有限公司印刷

◆ 开本：700×1000　1/16
印张：23.25　　　　2025 年 1 月第 1 版
字数：350 千字　　　2025 年 4 月河北第 4 次印刷

定价：89.80 元

读者服务热线：(010)81055410　印装质量热线：(010)81055316
反盗版热线：(010)81055315

沈绪榜院士推荐序

芯片虽小，作用却很大：它能组装成计算机，实现人类社会的网络化和信息化；它能组装成手机，实现人与人在全球范围内的实时音视频交流以及网上购物等各种功能；它能组装成各种智能装备，实现工业互联网和产品全自动化制造；它能应用在各种航空、航天飞行器中，实现人类飞行和遨游太空的梦想……芯片已应用在各行各业，并且发挥着类似人脑的数据采集、存储、处理和控制等重要作用。芯片是社会信息化和智能化的基石。

近年来，芯片技术已成为大国必争的科技制高点，芯片的重要性已尽人皆知。但是，芯片到底是什么样的？它的内部有多么复杂？芯片行业有什么特点？我国的芯片技术如何能尽快实现自立自强？……公众很关心的这些问题，却很难获得解答。这些问题需要科普作者来回答，因为面向公众回答这些问题需要通俗化的语言，这正是他们的优势。芯片知识的科普工作对提升全社会对芯片行业理解和支持的力度具有重要意义。

这是一本内容全面的芯片知识科普书，它采用通俗的语言，讲述了芯片发展历史，直观生动地展示了各种芯片外部和内部的样貌，从材料、设备、工艺等方面重点讲解了芯片设计、制造、封装和测试的过程，扩展性地介绍了芯片在各方面的应用。它既适合公众阅读，也适合高等院校相关专业的学生和芯片行业的新人参考。

沈绪榜

中国科学院院士

航天微电子与计算机系统科学家

航天 771 所高级研究员、博士生导师

于西安

郝跃院士推荐序

芯片技术是人类社会最伟大的技术成就之一，它经历了几十年的发展，已成为今天信息化、智能化社会的基石。芯片技术的发展史可以追溯到 19 世纪 30 年代半导体技术的诞生，20 世纪 40 年代晶体管的发明和 20 世纪 50 年代第一块芯片的问世。晶体管把人类带入电子技术时代，而芯片则让人类快速跨入信息化和智能化时代。进入 21 世纪以来，芯片技术获得突飞猛进的发展，人类在经历桌面互联网、移动互联网时代之后，正在迈入人工智能时代。在这个过程中，高性能计算、新一代通信、物联网、云计算、大数据等新兴技术蓬勃兴起，这些都得益于芯片技术的强大支撑。芯片已成为信息技术产业的核心，芯片产业成为支撑社会经济发展和保障国家安全的战略性、基础性和先导性产业。

近年来，各个大国和重要地区都把芯片技术作为科技和产业竞争的必争高地。我国也把发展芯片核心技术，实现我国芯片产业的自立自强作为今后一段时期的重要战略任务。如何更好更快地发展我国的芯片产业？除了加大资金投入，加强人才培养，重视基础技术研究，按照芯片行业的特点制定科学的发展规划也至关重要。而要认识芯片行业的特点，首先就要走进芯片大世界，了解芯片，认识芯片，理解芯片。

目前，芯片产业成为社会热门话题，公众对芯片产业重要性的关切空前提高，他们想了解什么是芯片，也想知道芯片到底有多复杂，以及发展芯片技术为什么会很难。本书作者根据自身 30 多年从业经验，在广泛征求大众关心的芯片热点问题的基础上，通过大众化的语言和丰富的插图，回顾了芯片技术的发展历史，介绍了芯片大家族的成员和样貌，讲解了芯片内部和外部的结构，系统地介绍了芯片设计、制造、封装和测试的全部过程，展示了芯片在各行各业中的应用场景，表明了芯片的应用无处不在，芯片也是大国重器。

这虽然是一本科普书，却浓缩了芯片知识的精华，很好地承担了普及芯片常识、提升大众科学素质的重要任务。相信读者看完本书后，一定会对芯片的前世今生、芯片的样貌、芯片内部复杂性形成一个具体的认知，并对芯片的设计、制造、封装和测试过程有一个概括的了解，从而引发公众对芯片产业发展的艰巨性和长期性的深入思考。

本书可以作为政府公职人员、企事业管理人员等的兴趣读物，也可以作为芯片行业新人的入门读物，还可以作为高等院校半导体、微电子和集成电路相关专业学生的课外读物。

郝跃
中国科学院院士
微电子学与固体电子学专家
西安电子科技大学教授、博士生导师
于西安

王新安教授推荐序

芯片的发展支撑了人类社会从工业化时代进入信息化、智能化时代，今天人们所熟悉的个人计算机、互联网、智能手机、AI 与无人系统等的发展，都离不开芯片作为基石的支撑作用；同时，它们对芯片的应用都促进了芯片技术的创新，带动了芯片产业快速发展。芯片产业已成为国民经济和社会发展的战略性、基础性、先导性产业。

本书作者先后在集成电路和微型计算机科研单位、电子产品和整机系统研究机构、政府促进芯片行业发展的技术服务机构工作过，其职业生涯围绕着芯片行业直至退休。他了解芯片技术的发展历史，熟悉芯片产业链的各个环节，具有芯片应用的实践经验，特别是对芯片行业有很深的情怀。

这是一本浓缩了芯片重要知识、语言通俗易懂、比喻恰如其分、插图直观生动的芯片知识科普书，里面有 300 多张插图，让读者了解芯片知识不再困难。本书在每一节内容结束时总结了所讲的知识点，还给出了记忆这些知识点的记忆语，有助于读者梳理芯片知识脉络，强化记忆芯片知识要点。

本书适合任何对芯片感兴趣的人阅读。无论您是想要了解芯片行业现状，还是希望积极学习并掌握芯片知识，通过阅读本书，您都可以轻松愉快地增长知识，提升自己对芯片行业的认识。

王新安
北京大学教授、博士生导师
于深圳

王明江教授推荐序

芯片是电子信息产业的基石，对国家技术进步、经济发展乃至国家安全都有着至关重要的作用。芯片广泛应用于航空、航天、军事、工业控制，以及民用消费电子等领域，是目前几乎所有机械、控制、电子产品信息采集、处理、执行等功能模块的硬件支撑，芯片技术的先进与否决定着所有产品的性能和技术水平。芯片产业已成为促进国民经济和社会发展的基础性产业。大力发展我国芯片技术和产业，夯实信息技术产业基础，实现芯片产业的自立自强是我国科技与经济发展的长期任务。

发展我国芯片产业需要凝聚全社会力量。学习芯片相关专业，不仅需要了解什么是芯片，芯片分为哪几种，如何设计、制造、封装芯片，还需要了解芯片产业的特点，理解发展芯片技术的艰巨性和长期性。当前社会上有一些人认为只要举全国之力，加大资金投入，就能在短时间内把芯片产业搞上去；而另外一些人则认为芯片技术太难了，有些技术我们无法突破，只能依赖国外。这两种观点是两个极端。发展我国的芯片产业，不仅需要集思广益，凝聚更多力量，克服困难，努力进取；同时由于芯片行业专业性很强，具有自身特点和发展规律，在发展和壮大我国芯片产业时，也需要根据芯片产业的规律办事，有条不紊，稳步推进。

本书是一本特色鲜明的芯片知识科普书。特色一是内容全面、深入浅出、通俗易懂。本书作者采用通俗的语言来讲述芯片的设计、制造、封装和测试过程，读者更容易理解。特色二是图文并茂，书中用了 300 多张插图，可以让读者见识到各种芯片的样貌、芯片内部的精密结构、各种产品中的芯片应用细节等。阅读时，这些插图会让人眼前一亮。特色三是每一章都是一个较为独立的专题，方便读者根据需要选择阅读。另外，各节的末尾还列出了所讲的知识点，并给出了便于读者记忆的记忆语。

本书可以带领读者走进芯片的宏观世界和微观世界，全方位认识芯片，了解芯片。它可以让读者了解芯片的发展过程，了解芯片大家族的成员，了解芯片设计、制造、封装和测试的全过程，了解芯片在各行各业如何应用。因此，本书适合各行业技术人员、企事业管理人员、金融和投资行业人员、政府公职人员阅读，也可以作为芯片行业新人、大学生的入门学习资料，能使读者先“知其然”，而后在工作和学习中“知其所以然”。

王明江
哈尔滨工业大学（深圳）教授、博士生导师
于深圳

推荐语

芯片是当今信息化和智能化社会的基石，在未来人工智能化时代，芯片将担当更加重要的角色。如果一个大国的芯片受制于人，那么不仅这个国家的国防、经济和民生会受到影响，而且整个国家的国防安全和信息安全也将无法得到保障。对于公众来说，芯片是什么样子？它到底有多么复杂，为什么这么难搞？它为什么能用在各行各业，并在所用之处发挥重要作用？大家都想知道这些问题的答案。

由人民邮电出版社隆重推出的这本书可以很好地回答上述问题。这是一本内容系统全面的芯片知识科普书，书中包含目前已知的芯片科技知识并力求准确；这是一本图文并茂的芯片知识科普书，书中包含 300 多幅精美的插图，它们让人们了解神秘奇妙的芯片世界不再困难；这是一本浅显易懂的芯片知识科普书，它适合公众作为兴趣读物来阅读，也适合芯片行业新人和大学生作为入门书来参考，本书也是深圳市半导体行业协会指定的芯片知识科普用书。

深圳市半导体行业协会

在芯片行业受到万众瞩目的今天，本书围绕芯片产业，回顾历史、展望未来，并按照设计、制造、封装、测试和应用的产业链顺序讲解，层层递进、娓娓道来，全面介绍了芯片技术和行业的重要知识点，彰显了芯片作为大国重器的意义。全书以问题为导向来编写，书中技术内容讲得既通俗易懂，又保持了科学的严谨性。全书图文并茂、深入浅出、举重若轻、引人入胜。作者作为一位拥有 30 多年从业经验的资深行业专家，愿意俯下身来精心编写这样一本芯片知识的普及读物，实在是社会大众的福音、半导体行业的幸事，本书也是陕西省半导体行业协会指定的芯片知识科普用书。

陕西省半导体行业协会

前　言

2019 年 5 月 15 日是一个特殊的日子，美国商务部当日发布声明，称将华为公司及其附属公司列入管制“实体名单”，禁止华为公司及其附属公司在未经特别批准的情况下购买重要的美国技术，并禁止华为生产的设备进入美国电信网络。这一重大事件标志着全球集成电路（芯片）产业链国际化分工协作的局面开始被打破，中国芯片技术和产业的外部发展环境遭到了破坏；也标志着中国半导体和芯片事业将凤凰涅槃，实现永生。在这个阶段，我们既要搞好高质量的对外开放和技术交流合作，又要更加重视关键基础技术研究和芯片核心技术攻关，最终实现我国芯片技术和产业自立自强，健康发展。

目前，公众对芯片重要性的认识已空前提高，快速发展我国芯片技术和产业已成为各界人士的共同心声。但是，芯片是什么样的？芯片为什么这么重要？芯片有哪些种类，应用在哪些方面？高端芯片到底有多复杂？我们要怎么做才能把芯片产业发展得更快、更好一些？这些都是公众急切想了解的问题。这时候，普及芯片知识显得极为重要。

普及芯片知识的意义在于：一是可以答疑解惑，提高公众对芯片的认知，回应大众对我国芯片事业的关切；二是可以让公众更好地了解发展芯片事业的艰巨性和长期性，凝聚社会各界力量促进我国芯片产业发展；三是可以帮助社会资源和政府资源管理者客观地了解芯片，认识芯片行业特点，科学高效地配置资源，支持芯片技术和产业发展；四是对大学生、中学生及行业新人起到启蒙和引领作用，激励他们投身到实现我国芯片技术和产业自立自强的伟大工程中去。

2020 年 5 月 15 日，我特意于华为公司被美国围堵打压一周年之际，开设了自己的微信公众号“芯论语”，开始撰写有关芯片的科普文章，普及芯片知识，回答公众疑问，发表对热点问题的见解，也提出了一些促进芯片产业发展的建议。我希望把“芯论语”打造成一个芯片知识的科普平台，一个促进中国芯片事业发展的讨论园地，一个芯片行业人发表意见的交流圈子。目前，“芯论语”已经发表了 150 多篇有关芯片的文章，我自己撰写了近 50 篇原创文章，这些文章后来成为我撰写本书的素材。

2023 年年初，人民邮电出版社的编辑找到我，肯定了我在“芯论语”上发表的原创文章所形成的内容生动、通俗易懂、图文并茂的写作风格，建议我保持这种风格撰写一本芯片知识的科普书。后来经过我们多次讨论，本书的内容结构和写作风格才得以成形。在后续的写作中，出版社的编辑给予了我多方面的指导和帮助。没有他们的鼓励和支持，本书不可能面世。在此，我向他们致以最衷心的感谢！

作者经历

我早期在国内大型的集成电路和微型计算机科研机构读研和工作，在深圳也有长达 10 年的计算机、电子产品和整机系统开发经历，积累了丰富的芯片应用经验，后来近 20 年在政府促进集成电路产业的技术服务机构工作，对芯片发展历史、芯片设计、芯片制造、芯片封装和测试、芯片应用有着丰富的知识积累，熟悉芯片技术发展和产业情况，了解芯片产业链各环节，对芯片行业特点有深刻认识。近年来，我国芯片产业遭受国外围堵和打压，公众对芯片产业发展极为关心，关于芯片方面的疑问特别多。我在回答公众这些问题时，积累了许多具有针对性、科普性、通俗易懂的答案。以上这些为我写作本书打下了良好的基础。

本书内容

第 1 章介绍与芯片发明前后相关的重要技术，世界芯片产业发展大事回顾，全球芯片产业链如何分工细化，国际化分工协作如何形成，芯片如何让人类进入数字化和信息化社会，芯片如何支撑信息爆炸时代等。这一章还介绍了半导体技术的诞生，晶体管、集成电路、光刻工艺的发明，芯片技术发展的驱动力量，芯片设计方法的前世今生，晶圆代工模式如何创立等。通过阅读本章内容，读者可跨时空了解到芯片技术是人类智慧几十年的积累和结晶。

第 2 章首先带领读者走进芯片的宏观世界，了解芯片大家族成员之多、分类之细、应用之广，并认识一些重要的芯片，如 MCU、CPU、SoC、GPU、APU、NPU、ROM、SRAM、DRAM、Flash、MEMS 等，读者还将学习硅片、硅晶圆、芯片、裸片的概念及它们之间的关系。接下来将带领读者走进芯片的微观世界，了解芯片内部到底有多么精密、复杂和神奇，以及芯片设计和芯片制造到底有多难，并通过对芯片中“层”的剖析，让读者弄清楚什么是二维平面芯片和三维立体芯片。本章还以拟人化的方式，介绍了三代的半导体材料，让读者弄清楚第三代半导体产业和前两代半导体产业之间的关系。

第 3 章首先介绍芯片产业链的各个环节，重点讲解了芯片的设计过程，还介绍了与芯片设计相关的 EDA 软件、IP、MPW 等概念，让读者弄清楚 IP 公司和 IC 设计公司之间的区别。通过阅读本章内容，读者将了解“设计、制造、封装和测试”的芯片研发“三部曲”，并了解芯片设计的过程和相关的概念。

第 4 章介绍芯片的主要制造工艺、制造设备和材料，展示了各种芯片制造设备的外观，并重点介绍了光刻和刻蚀工艺，还系统地讲解了芯片制造的基本流程，使读者既能理解芯片上电路的制作过程，也能通过与日常生活进行类比，理解把上百亿只晶体管集成在指甲大小的硅片之上的工艺技术。通过阅读本章内容，读者可了解芯片制造的工艺、设备和过程。

第 5 章介绍芯片封装和测试的主要职能，详细介绍了双列直插封装（DIP）的全部过程，还介绍了 DIP、SOP、QFP、LCC、PGA、LGA、BGA 等封装大家族中各种封装形式的外观。通过对芯片封装内部互连方式的讲解，介绍了目前流行的先进封装形式，包括倒装芯片（FC）封装、扇入（Fan-In）和扇出（Fan-Out）封装、三维立体（3D）封装、晶圆级封装（WLP）、多芯片封装和模组封装、系统级封装（SIP）等。本章接下来介绍了芯片测试的内容和方法，展示了一些主要的芯片测试设备。通过阅读本章内容，读者可了解芯片的封装工艺、设备和过程，以及如何把制造厂交付的晶圆、裸片封装成完整的芯片，并完成芯片的测试。

第 6 章围绕芯片产业链上的最后一个环节——“芯片应用”，专门介绍了芯片的各种应用场景。首先介绍芯片应用如何延伸人的感知能力、思维能力和执行能力；接着举例介绍我们身边的哪些产品中用到了芯片，并举例介绍了国民经济各行各业中的芯片都用在了哪些地方；最后介绍芯片应用不断淘汰传统产品的历史。通过阅读本章内容，“芯片应用无处不在”的结论将深深印在读者脑海中。

第 7 章以举例的形式介绍了芯片是信息技术产业的核心，说明了芯片产业是信息化、智能化社会的基石。历年芯片进口额和数字经济在国民经济中所占比例说明了芯片产业对国民经济的重要支撑作用。对芯片与国防安全、经济安全和信息安全的分析，则说明了芯片产业是国家安全的重要保障。通过阅读本章内容，读者可以加深对芯片重要性的认知，知道“芯片也是大国重器”。

读者对象

本书面向社会大众，包括各行各业的科技人员、芯片行业从业者、政府部门相关人员、大中学生等人群，用通俗易懂的语言，直观、形象的比喻，讲述了芯片的前世今生和知识要点，既展示了芯片家族阵容的宏大，又展示了芯片内部结构的精细和复杂。本书尽量避免使用生涩的专业语言，而采用通俗化的语言，介绍芯片发展历史、各式各样芯片的样貌，讲解芯片的设计、制造、封装和测试过程，以及芯片的应用领域，浓缩了芯片技术的知识精华。

本书作为一本系统和全面的芯片知识科普书，可为公众了解芯片答疑解惑，也可为芯片行业新人指引前路。本书图文并茂，“一图胜千言”，书中包含 300 多幅精美的插图，可以让读者生动、直观地了解芯片技术的相关知识。

本书虽然是一本芯片知识科普书，但它也很适合作为半导体、微电子和集成电路专业大学生的课外读物。读者通过本书可以预先宏观、通俗地了解芯片知识，先“知其然”。而后通过专业课的学习，深入钻研专业知识，“知其所以然”。先易后难，这是科学的学习之道。

温馨提示

需要提醒读者注意的是，本书简化了对芯片知识的介绍，以及对芯片设计、制造、封装和测试过程的描述。我的初衷是把十分专业和复杂的芯片技术写得尽可能简单、通俗和便于公众理解。实际上，芯片技术发展到今天，是大批科技工作者不断创新、刻苦钻研的结果。芯片中每一种原材料、每一个电路元器件的结构、每一个制造工艺的参数，都是众多工程技术人员智慧的结晶。其中的每一样都可以拿出来写成专业论文。用大众能明白的通俗语言来介绍复杂和专业的芯片知识，本身就是一项挑战。因此，本书是芯片知识的一种简写版本或者说白话版本。我希望读者能从本书的“简单”看到芯片技术的“复杂”，能从本书的“通俗”理解芯片技术的“专业”。

最后，我要向支持和帮助我写作本书、撰写“芯论语”原创文章的老师、同事和朋友表示衷心感谢！感谢肖利琼女士的热情帮助！向热心支持本书写作，并为本书作序的沈绪榜院士、郝跃院士、王新安教授、王明江教授表示衷心感谢！

由于水平有限，疏漏之处在所难免，欢迎读者批评指正。

赵秋奇

目 录

第1章 芯片的发展历史

集成电路是信息技术产业的核心，是支撑社会经济发展和保障国家安全的战略性、基础性和先导性产业。集成电路俗称芯片，芯片技术无疑是人类历史上最伟大的发明之一。芯片技术自诞生以来，就一直快速地发展着。芯片的应用领域也不断扩大，并不断辐射带动传统产业的数字化、信息化变革，广泛影响着人们的生活方式。

在芯片技术被发明之前，人类经历了漫长的技术积累和探索阶段。从电子特性的研究到电子技术创立，从电子管的发明到晶体管的诞生，从简单的集成电路到大规模、超大规模、巨大规模的集成电路，再到今天的片上系统，芯片技术经历了非凡的发展历史，芯片科技人员创造了辉煌的科技成就。

在芯片技术发展的60多年里，哪些杰出人物作出了突出贡献？他们都经历了哪些行业发展大事件？我国芯片产业什么时候起步，发展过程中经历了哪些波折起伏？芯片产业国际化分工协作的局面是如何形成的？为什么近年又遭到严重破坏？晶圆代工在我国台湾是怎么创立的？本章在介绍半导体和芯片技术发展历史的同时，力求回答读者的这些问题。

1.1　始于意外：半导体技术的非凡发现之旅

半导体技术是对半导体材料进行加工和应用的技术，人类信息化、智能化社会的“高楼大厦”是用半导体材料建造的，我们今天的幸福生活得益于半导体技术的发展。本节我们要弄清楚什么是半导体材料，它是如何被发现、认识和利用的等问题。

“导体导电，绝缘体不导电”对现代人来说是一个常识。导体有铜、铁、铝等，绝缘体有橡胶、陶瓷、玻璃等。导体和绝缘体之间还有一类材料称为半导体，在常温下，半导体的导电性能介于导体和绝缘体之间。如今已得到广泛开发应用的半导体材料有硅（Si）、锗（Ge）、砷化镓（GaAs）、碳化硅（SiC）、氮化镓（GaN）等。人类早在 19 世纪就认识了半导体，发现了它们的四大效应，并开始了半导体技术的发展之路。

要了解这段历史，就不能不介绍发现半导体特性的 4 位科学家，他们分别是迈克尔 · 法拉第、埃德蒙 · 贝克雷尔、威洛比 · 史密斯、费迪南德 · 布劳恩，如图 1-1 所示。

迈克尔·法拉第
(1791—1867)

埃德蒙·贝克雷尔
(1814—1862)

威洛比·史密斯
(1828—1891)

费迪南德·布劳恩
(1850—1918)

图 1-1　发现半导体特性的 4 位科学家

1833 年，英国科学家迈克尔 · 法拉第（Michael Faraday）在测试硫化银（Ag_2S）特性时，发现硫化银的电阻随着温度的上升而降低的特异现象，后来人们称这种现象为电阻效应。1839 年，法国科学家埃德蒙 · 贝克雷尔（Edmond Becquerel）发现半导体和电解质接触形成的结，在光照下会产生一个电压，这就是后来人们所熟知的光生伏特效应，简称光伏效应。1873 年，英国的另一位科学家威洛比 · 史密斯（Willoughby Smith）发现硒（Se）晶体材料在光照下电导增加的光电导效应。1874 年，德国物理学家费迪南德 · 布劳恩（Ferdinand Braun）观察到某些硫化物的电流导通与所加电场的方向有关。在硫化物两端加一个正向电压，测试它的导电性，发现它是导电的，而如果把电压极性反过来，它就不导电，这就是半导体的整流效应。同年，出生于德国的英国物理学家阿瑟 · 舒斯特（Arthur Schuster）又发现了铜（Cu）与氧化铜（CuO）的整流效应。

虽然半导体的电阻效应、光伏效应、光电导效应和整流效应很早就被科学家发现，但半导体这个名词直到 1911 年才被 J. 科尼斯伯格（J.Konigsberger）和 I. 韦斯（I.Weiss）首次使用。此后，关于半导体的整流理论、能带理论、势垒理论才在众多科学家的努力下逐步完成。在前后 20 多年时间里，世界上出现了一些半导体应用案例。例如，1907—1927 年，美国的物理学家研制成功了晶体整流器、硒整流器和氧化亚铜（Cu_2O）整流器等。1931 年，硒光伏电池研制成功。1932 年，德国先后研制成功硫化铅（PbS）、硒化铅（PbSe）和碲化铅（PbTe）等半导体红外探测器等。1947 年，美国贝尔实验室全面总结了半导体的上述四大特性。

从 1833 年到 1947 年，在长达 100 多年的时间里，由于半导体难以提纯到理想的程度，半导体的研究和应用进展非常缓慢。此后，四价元素锗（Ge）和硅（Si）成为科学家最为关注和大力研究的半导体。而在威廉 · 肖克利（William Shockley）发明锗晶体三极管几年后，人们发现硅更加适合生产晶体管。此后，硅成为应用最广泛的半导体，并一直延续至今。半导体电学性能可以人为改变的特点是半导体技术、微电子技术和集成电路技术的基础。

自 20 世纪 60 年代以来，半导体和集成电路技术得到了长足发展。半导体被广泛应用于光伏发电、半导体照明、激光器、传感器、集成电路等领域，其中集成电路是半导体的核心应用领域。现在，光伏发电、半导体照明和集成电路已形成重要的产业门类，集成电路的带动和支撑作用成就了电子信息技术产业的蓬勃发展。

知识点：半导体，发现半导体特性的 4 位科学家，四大效应，五大应用领域，核心应用领域

记忆语：半导体在常温下的导电性能介于导体和绝缘体之间。**发现半导体特性的 4 位科学家**分别是英国人迈克尔·法拉第、法国人埃德蒙·贝克雷尔、英国人威洛比·史密斯、德国人费迪南德·布劳恩。半导体的**四大效应**分别是电阻效应、光伏效应、光电导效应和整流效应。半导体的**五大应用领域**分别是光伏发电、半导体照明、激光器、传感器、集成电路。其中集成电路是半导体的**核心应用领域**。

1.2　电子管和晶体管：奠基现代电子科技的双星

电子管的发明是电子信息技术发展的开端，晶体管是人类信息化、智能化宏伟建筑的“砖”和“瓦”。

1904 年，英国物理学家约翰·安布罗斯·弗莱明（John Ambrose Fleming）发明了世界上第一个电子管——一个真空二极管，并获得了这项发明的专利。它主要用于检波和整流，由于它的实用效果与同期发明的矿石检波器相差无几，社会影响并不大。但是，它成了真空三极管发明的引路者。图 1-2 所示为弗莱明和他发明的真空二极管（图中的真空二极管有多个引脚，其中包括了加热灯丝的引脚，只有阴极和阳极引脚才是真空二极管主要的引脚）。

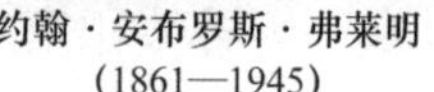

约翰·安布罗斯·弗莱明
(1861—1945)

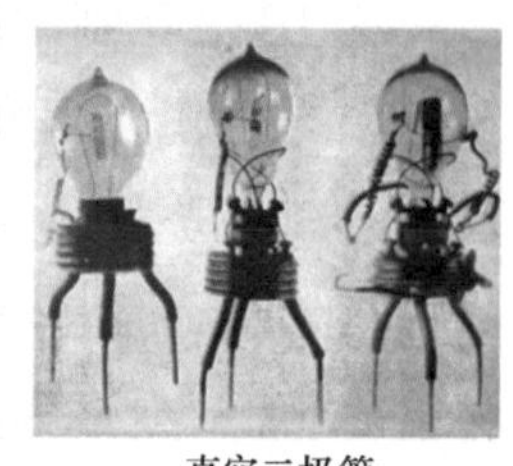

真空二极管

图 1-2　弗莱明和他发明的真空二极管

1906 年，美国工程师李·德·福雷斯特（Lee de Forest）在研究弗莱

明真空二极管的时候，试探性地多加了一个栅极，从而发明了另外一种真空电子管——真空三极管，使电子管除了具有检波和整流功能，还有了电信号放大和频率震荡功能。真空三极管开启了无线电时代的大门，它让人们告别了留声机，进入电子扩音机时代。福雷斯特于 1908 年 2 月 18 日获得这项发明的专利。图 1-3 所示为福雷斯特和他发明的真空三极管（真空三极管有阴极、阳极、栅极和加热灯丝等多个引脚）。

李·德·福雷斯特
(1873—1961)

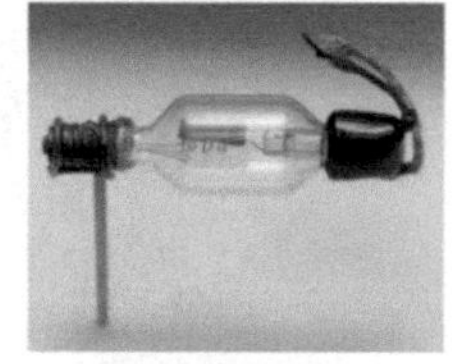

真空三极管

图 1-3　福雷斯特和他发明的真空三极管

电子管是真空二极管和真空三极管的总称，后续还有改进型的真空多极管。直到今天，个别音乐发烧友使用的高保真音响的功率放大器仍在使用电子管（这种机器俗称“胆机”）。历史上，电子管的应用时期长达 40 年，曾被广泛应用在电报机、长途电话、收音机和电视机等设备上，也曾被用在世界上第一台电子计算机中。电子管由于具有体积大、耗电多、寿命短、可靠性差的缺点，最终被后来者晶体管取代。

晶体管泛指一切由半导体晶体材料制造而成的二极或三极独立的电子元件，包括二极管、三极管、场效应管、可控硅等。

1947 年，美国贝尔实验室的 J. 巴丁（J.Bardeen）、W. 布拉顿（W. Brattain）和威廉 · 肖克利三人发明了点接触型三极管，这是一个 NPN 锗三极管，也是世界上第一个晶体管，他们三人因此项重要发明获得了 1956 年的诺贝尔物理学奖。肖克利、巴丁和布拉顿又被称为“晶体管发明三人组”。图 1-4 的左图所示为晶体管发明三人组，右图所示为世界上第一个点接触型三极管的原型。

巴丁（左）、肖克利（中）、布拉顿（右）

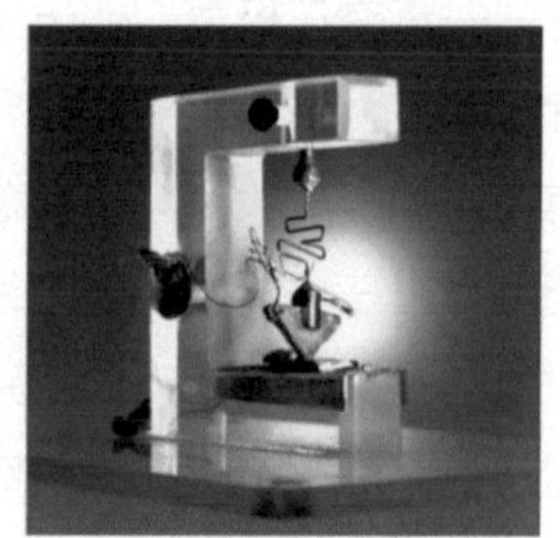
世界上第一个点接触型三极管的原型

图 1-4　晶体管发明三人组和世界上第一个点接触型三极管的原型

晶体管的发明是电子信息技术发展史上的一个里程碑。晶体管是集成电路的最小单元，是集成电路和微电子技术的基础，自晶体管发明以来，电子信息技术取得了突飞猛进的发展。晶体管具有检波、整流、放大、开关、稳压、信号调制等多种功能，而且具有省电、体积小、耐用、便于大批量生产等特点。虽然晶体管的应用时期已超过 75 年，但它依然“老当益壮”。直到现在，分立晶体管仍然被广泛应用在各种电子产品和电子系统中，丝毫没有被淘汰的迹象。图 1-5 所示为芯片中的晶体管在芯片横切面上的结构示意图，芯片中的晶体管非常小，它一直遵循摩尔定律，向着更微型化、更节能、更高密度的目标迈进。图 1-6 所示为不同款式的分立晶体管的样貌，根据不同的应用需要，它们的封装形式千差万别，外观差异很大。

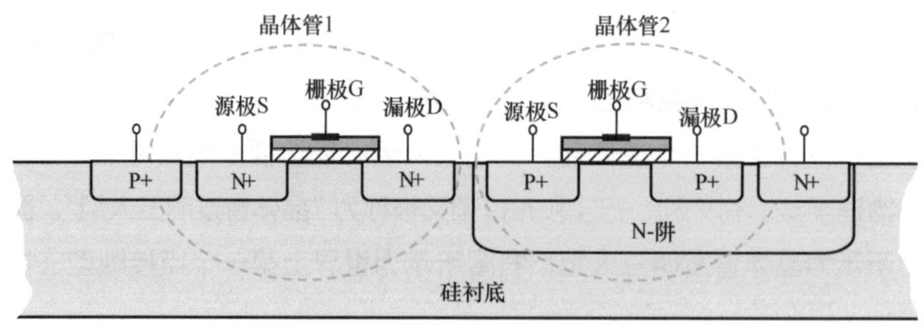

图 1-5　从芯片横切面看芯片中的晶体管结构

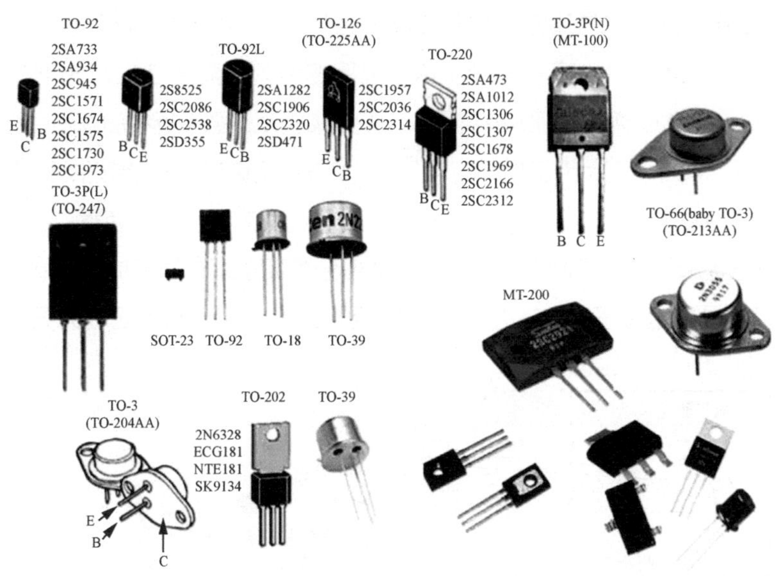

图 1-6　不同款式的分立晶体管的样貌

知识点：电子管，晶体管，晶体管发明三人组，分立晶体管，芯片内晶体管，芯片的最小单元

记忆语：**电子管**是真空二极管和真空三极管的总称。**晶体管**是由半导体晶体材料制造而成的独立的电子元件，主要有晶体二极管、晶体三极管。**晶体管发明三人组**是肖克利、巴丁和布拉顿。晶体管有**分立晶体管**和**芯片内晶体管**两种，晶体管是**芯片的最小单元**。

1.3　集成电路的诞生：一个改变世界的发明

芯片是由成千上万乃至上百亿只晶体管集成在半导体基片上而构成的，芯片是人类信息化、智能化社会的“高楼大厦”的重要构件。要了解芯片是谁发明的，首先就要了解当时支撑芯片发明的重要工艺技术是什么，还要了解它们又是由谁在什么时候发明的。其实，世界上的第一颗芯片结构简单、样子简陋，支撑它诞生的工艺技术并不像现在的高端芯片制造工艺那么复杂和成熟。但是，离子注入工艺、扩散工艺、平面制造工艺是世界上第一颗芯片得以发明的最基本的技术准备。

1950 年，美国人拉塞尔 · 奥尔（Russell Ohl）和威廉 · 肖克利发明了离子注入工艺。1954 年，肖克利申请了这项发明的专利。离子注入首先把掺杂物质（简称杂质）电离成离子并聚焦成离子束，杂质离子束在强电场中加速后，被注入硅材料中，从而实现了对单纯硅材料的掺杂，目的是改变硅材料的导电性能。离子注入是芯片制造的基本工艺之一。图 1-7 所示为一种简要的离子注入装置的示意图，最左边的方框是杂质的离子源形成示意，中间部分是离子束聚焦和加速示意，最右边部分表现的是高速离子束“冲击”硅片指定的区域，实现对该区域的离子注入。

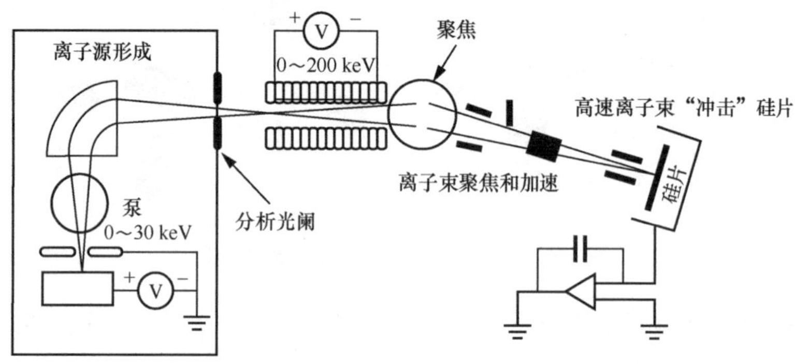

图 1-7　一种简要的离子注入装置的示意图

1956 年，美国人 C.S. 富勒（C.S.Fuller）发明了扩散工艺。扩散是掺杂的另一种方法，也是芯片制造的基本工艺之一。图 1-8 所示为一种简要的热扩散装置的示意图，掺杂气体进入扩散炉，在一定高温和高压下，杂质离子会从硅晶圆（硅片）表面“渗入”，从而改变硅晶圆表层的导电性。

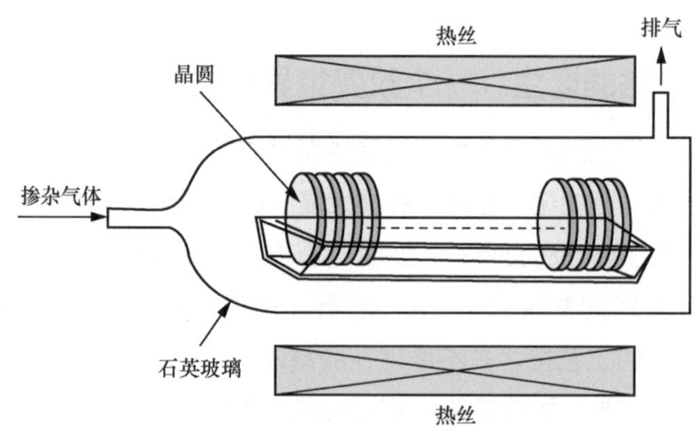

图 1-8　一种简要的热扩散装置的示意图

掺杂是一种将一定数量的其他物质掺到很纯的半导体材料中，人为改变半导体材料电学性能的工艺技术。杂质的种类、剂量和条件需要人为掌握。离子注入工艺和扩散工艺是两种掺杂方法。离子注入工艺用于形成较浅的半导体结（junction），扩散工艺用于形成较深的半导体结。

1958 年，美国仙童半导体公司的金 · 赫尔尼（Jean Hoerni）将平面制造工艺实用化。自此，制作集成电路（芯片）的设想和思路在多位科学家的脑海中形成，制作简单集成电路的技术和工艺条件已基本具备。

1958 年，美国德州仪器公司的杰克 · 基尔比（Jack Kilby）与仙童半导体公司的罗伯特 · 诺伊斯（Robert Noyce）仅仅间隔数月时间先后声称发明了集成电路，基尔比发明了第一块最简单的集成电路，诺伊斯则发明了可商业化生产的集成电路，使半导体产业由“发明时代”进入“商用时代”，他们共同开启了集成电路和微电子技术的辉煌历史进程。

他们两人发明集成电路的时间很接近，基尔比抢先申请了专利，诺伊斯所在的仙童半导体公司和基尔比所在的德州仪器公司就集成电路发明专利权展开法律诉讼。由于当时美国的专利制度是“先发明制”，而不是现在的“先申请制”，而这两家公司都有发明过程中的工作记录和会议资料，数年之后，法庭判决将集成电路发明专利权授予基尔比（图 1-9），将集成电路内部连线技术发明专利权授予诺伊斯（图 1-10）。基尔比因为发明集成电路而获得 2000 年的诺贝尔物理学奖，可惜诺伊斯在此之前已经去世。

杰克·基尔比
(1923—2005)

基尔比发明的世界上第一块芯片的外观

图 1-9　基尔比和他发明的世界上第一块芯片

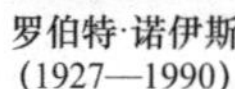
罗伯特·诺伊斯
(1927—1990)

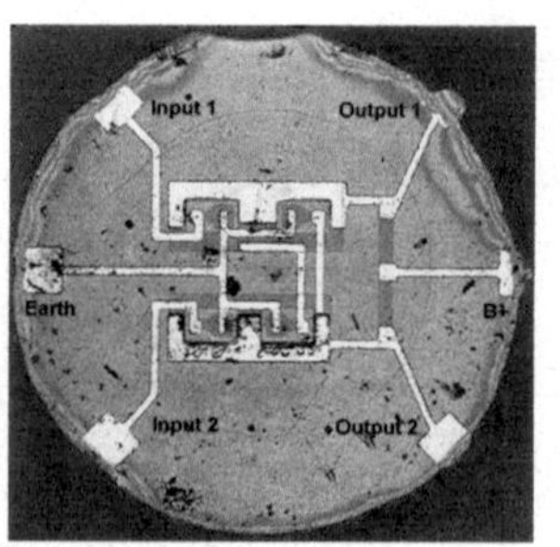

诺伊斯发明的第一颗芯片及其内部连线

图 1-10　诺伊斯和他发明的第一颗芯片及其内部连线

集成电路（芯片）技术在之后的 60 多年发展过程中，新发现和创新技术层出不穷，芯片产业的规模不断扩大。如今，芯片中集成的电路元件数量、制造工艺的复杂度，以及芯片应用的深度和广度，已远远超出芯片发明人的预料。芯片产业在国民经济中的地位十分重要，是国民经济和社会发展的战略性、基础性和先导性产业。芯片也被人们誉为电子信息技术产业的“粮食”。

知识点：芯片发明的基本技术准备，芯片发明的时间，芯片发明的“双雄”，发明专利权之争，电子信息技术产业的“粮食”

记忆语：芯片发明的基本技术准备包括离子注入工艺、扩散工艺、平面制造工艺。**芯片发明的时间**是 1958 年，**芯片发明的“双雄”**是美国德州仪器公司的杰克·基尔比和仙童半导体公司的罗伯特·诺伊斯，因此仙童半导体公司和德州仪器公司有芯片发明**专利权之争**。芯片也被誉为**电子信息技术产业的“粮食”**。

1.4 光刻工艺：从涅普斯到诺伊斯的天才发明

光刻工艺是芯片制造中最重要的工艺，也是芯片制造的灵魂工艺。光刻工艺要用到光刻机，光刻机是芯片制造的灵魂设备。正是光刻工艺技术的进步，才使得芯片制造进入精细化、平面化、批量化生产的时代，才有了制造巨大规模芯片的可能。但是，光刻工艺最早是什么时候出现的呢？

光刻工艺的历史最早可追溯到 1822 年。当时，法国科学家约瑟夫 · 尼瑟福 · 涅普斯（Joseph Nicephore Niepce）在做了各种材料的光照实验以后，试图把油纸上的印痕（图形）复制和刻蚀在玻璃板上。他利用白色沥青的光硬化作用，把带有印痕的油纸放在玻璃板上，玻璃板上涂有植物油溶解的沥青薄层，经过 2 ～ 3 小时的日晒，通过油纸上透光的地方，日光照到的沥青会明显硬化；受油纸上不透光的地方的遮挡，未被日光照射的沥青依然松软，可以被松香混合液溶解去除，这样玻璃板上就留下了与油纸上一模一样的、硬化的沥青的印痕。在用强酸刻蚀玻璃片后，他于 1827 年在玻璃板上制作了红衣主教德 · 安布瓦兹雕版相的一个复制品（10 多年后的 1839 年，法国人达盖尔在涅普斯的基础上发明了摄影术）。

1936 年，在涅普斯发明光刻工艺 100 多年后，这项技术被奥地利人保罗 · 艾斯勒（Paul Eisler）首先应用于收音机电路板的制作。这种电路板现在称为印制电路板（PCB[1]）。PCB 是一块复合材料基板，上面刻有电路连线、电路元件焊盘和元件引脚插孔等，图 1-11 所示为一块简单的现代印制电路板。

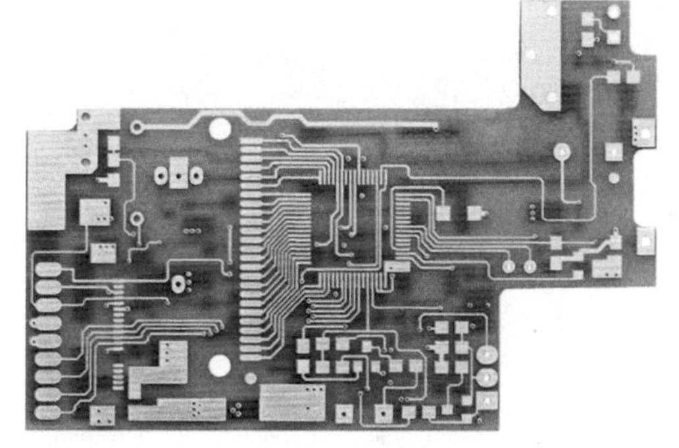

图 1-11　一块简单的现代印制电路板

光刻工艺被用在芯片制造中到底是哪一年的事情？业界有两种说法。第一种说法是，1960 年，H.H. 卢尔（H.H.Loor）和 E. 卡斯泰拉尼（E.Castellani）发明了光刻工艺。第二种说法是，1970 年，E. 斯皮勒（E.Spiller）和 E. 卡斯泰拉尼（E.Castellani）发明了光刻工艺。这两种说法中的光刻工艺发明时间竟然相差 10 年之久。如果光刻工艺直到 1970 年才发明出来，那么在 1958 年到 1970 年这 10 多年时间里，美国贝尔实验室、仙童半导体公司、德州仪器公司等半导体公司的芯片和半导体产品是很难批量制造出来的。笔者查阅资料发现，在引用上述两种说法的文章中，对卢尔、卡斯泰拉尼和斯皮勒如何发

1　PCB：印制电路板（Printed Circuit Board）。

明光刻工艺的过程鲜有提及，甚至都没有他们生平经历的介绍。

1958 年，仙童半导体公司的创始人购买 16 毫米照相机镜头制作了步进和重复照相装置，并对光掩模板、光致抗蚀剂（即现在的光刻胶）进行了改进，这是一种原始的光刻机。1959 年，诺伊斯在日记中提出一个技术设想，“既然能用光刻法制造单个晶体管，那为什么不能用光刻法来批量制造晶体管呢？”“把多种组件放在单一硅片上能够实现组件内部的连接，这样它们的体积和重量就会减小，价格也会降低。”为此，仙童半导体公司开始尝试将光刻法应用于晶体管批量制造和芯片制造。诺伊斯提出了“平面制造工艺”的设想，金 · 赫尔尼（Jean Hoerni）则将这一设想转变为实际可行的“平面制造工艺”。图 1–12 所示为赫尔尼和他编写的一些平面制造工艺技术文档。

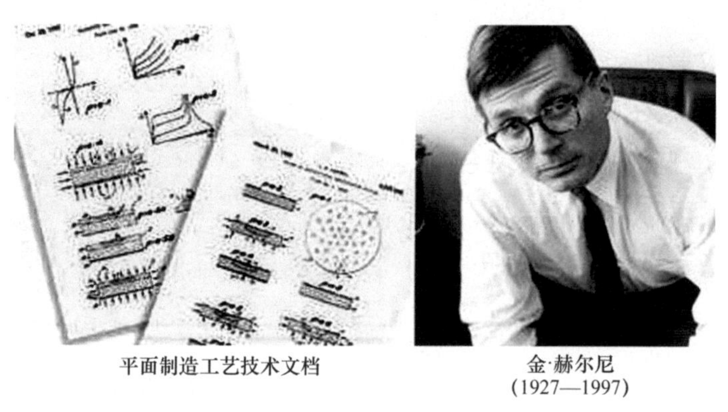

平面制造工艺技术文档　　金·赫尔尼（1927—1997）

图 1–12　赫尔尼和他编写的一些平面制造工艺技术文档

仙童半导体公司之所以能够批量制造晶体管和芯片，就是采用了平面制造工艺。平面制造是在硅片上通过氧化、光刻、刻蚀、扩散、离子注入等一系列工艺流程，批量制作晶体管和芯片的过程。

笔者相信 1960 年前后应该是光刻工艺被应用到芯片制造中的时间。之前，光刻工艺已被用在单个晶体管的制造中。光刻工艺包括在光刻胶层上复制图形和形成光刻胶材料图形两个过程，光刻工艺需要使用光刻机。在经过光刻工艺流程之后，接着进入刻蚀工艺流程。刻蚀工艺依照硅片上形成的光刻胶材料图形，在硅片上刻蚀出半导体材料图形，刻蚀工艺需要使用刻蚀机。光刻工艺决定了所复制图形的精度，因而是芯片制造的灵魂工艺。光刻工艺和刻蚀工艺的详细过程参见 4.4 节。

从光刻工艺的发展阶段来看，20 世纪 60 年代是接触式、接近式光刻工艺；70 年代是投影式光刻工艺；80 年代是近场光刻工艺和步进式光刻工艺；80 年代以后，光刻工艺的光源由普通光、紫外光、深紫外光，升级到了极紫外光，光刻工艺的精度和效率不断提升。2000 年以后，出现了双重曝光的光刻工艺，它可以在不增加成本的情况下实现更高的分辨率；2010 年以后，出现了多重图形化的光刻工艺，实现了更高的分辨率，极大提高了芯片制造的效率。

知识点：光刻工艺，刻蚀工艺，复制，刻蚀，光刻机，刻蚀机，灵魂技术，发明时间，主要贡献者

记忆语：光刻工艺和**刻蚀工艺**是把芯片设计图形**复制**和**刻蚀**在硅片上的过程，主要使用**光刻机**和**刻蚀机**来完成，它们是芯片制造的**灵魂技术**。光刻工艺的**发明时间**大约是 1960 年，**主要贡献者**有卢尔、卡斯泰拉尼、诺伊斯、赫尔尼等人。

1.5　世界芯片产业发展大事回顾

从 1958 年芯片被发明出来开始，芯片产业主要经历了 4 个阶段，分别是芯片技术完善和应用普及阶段、桌面互联网应用促进芯片技术发展阶段、移动互联网应用推动芯片技术发展阶段、人工智能崛起引发变革阶段。本节将按照时间顺序，回顾世界芯片技术和产业的发展大事，图 1-13 所示为芯片技术和产业主要发展大事梗概。

1. 芯片技术完善和应用普及阶段（1958—1978 年）

在这一阶段的大约 20 年时间里，先有第一颗芯片问世，后有 MOSFET[1]、CMOS[2] 逻辑电路、非易失性存储器和动态随机存储器技术被发明，芯片的

1　MOSFET：金属－氧化物－半导体场效应晶体管（Metal-Oxide-Semiconductor Field-Effect Transistor）。

2　CMOS：互补金属氧化物半导体（Complementary Metal Oxide Semiconductor）。

平面制造工艺（包括光刻工艺）技术逐步走向成熟，为第一颗中央处理器（CPU[1]）芯片 Intel 4004 的诞生创造了条件。在芯片应用方面，国防芯片用量虽少但不计成本，工业用芯片的性能和价格都要兼备，民用芯片既要好用还要价格实惠，这些对芯片技术和产业的发展形成了方向引导和驱动。

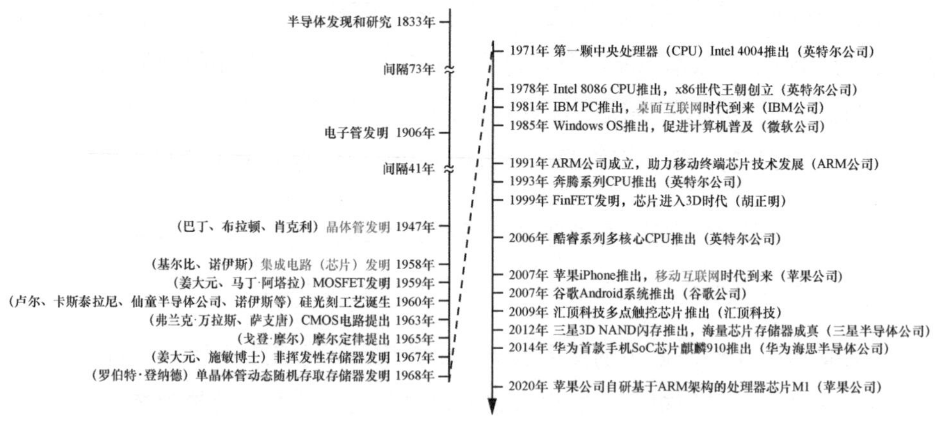

图 1-13　芯片技术和产业主要发展大事梗概

1958 年，美国仙童半导体公司的诺伊斯和美国德州仪器公司的基尔比发明了集成电路。他们也被称为“集成电路之父”，基尔比于 2000 年荣获诺贝尔物理学奖。

1959 年，美国贝尔实验室的马丁 · 阿塔拉（Martin Atalla）和姜大元（Dawon Kahng）发明了金属 - 氧化物 - 半导体场效应晶体管（MOSFET）。

同年，诺伊斯和赫尔尼发明了平面制造工艺。

1960 年，卢尔和卡斯泰拉尼发明了光刻工艺。

同年，卢尔和克里斯坦森发明了外延工艺。

1962 年，美国无线电公司的史蒂文 · 霍夫施泰因（Steven Hofstein）和弗雷德里克 · 海曼（Frederic Heiman）研制出了可批量生产的 MOSFET，并实验性地把 16 个 MOS 晶体管集成到一颗芯片上，这是全球真正意义上的

1　CPU：中央处理器（Central Processing Unit）。

第一块 MOS 集成电路。图 1-14 所示为霍夫施泰因和全球首块 MOS 集成电路。

全球首块MOS集成电路

图 1-14　霍夫施泰因和全球首块 MOS 集成电路

1963 年，仙童半导体公司的弗兰克 · 万拉斯（Frank Wanlass）和美籍华裔科学家萨支唐（Chih-Tang Sah）发明了 CMOS 逻辑电路，现在 95% 以上的芯片都是用 CMOS 逻辑电路工艺制造的。

1965 年，戈登 · 摩尔（Gordon Moore）提出著名的摩尔定律（Moore's Law），他预测芯片技术的未来发展趋势是，当价格不变时，芯片上集成的晶体管等元器件数目每隔 18 ～ 24 个月便会增加一倍，芯片性能也会提升。芯片技术后来的发展实践印证了其预见。

1966 年，美国无线电公司研制出世界上第一块 CMOS 集成电路和第一颗 50 门的门阵列电路芯片。

1967 年，美国贝尔实验室的姜大元（Dawon Kahng）和施敏（Simon Sze）共同发明了非易失性存储器。

同年，美国应用材料公司（Applied Materials）成立，现已成为全球最大的半导体公司，业务涵盖半导体、显示器、太阳能、柔性镀膜、自动化软件等。2020 财年，该公司全年营收 172 亿美元，研发投入达 22 亿美元，全球拥有 24 000 多名员工，专利 14 300 余项。

1968 年，美国国际商业机器公司（IBM[1]）的罗伯特 · 登纳德（Robert

1　IBM：国际商业机器公司（International Business Machines corporation）。

Dennard）发明单晶体管动态随机存储器（DRAM[1]）。

同年，英特尔（Intel）公司成立。诺伊斯和摩尔从仙童半导体公司辞职后创办了这家公司。刚开始时，英特尔公司的主要业务是设计和生产计算机的内存芯片，后来转向设计和生产计算机的 CPU 芯片，成为全球计算机核心部件 CPU 芯片领域的“领头大哥”。

1970 年，英特尔公司推出 1 Kb DRAM 芯片 C1103。它的芯片面积为 8.5 mm^2，集成了约 5 000 个晶体管。C1103 的市场表现很好，被称为磁心存储器的终结者。C1103 芯片也标志着大规模集成电路（LSI[2]）出现。

1971 年，英特尔公司推出全球第一颗 CPU 芯片 Intel 4004。图 1-15 所示为 Intel 4004 CPU 内部显微照片和三款封装芯片的外观。

图 1-15　Intel 4004 CPU 内部显微照片和三款封装芯片的外观

Intel 4004 是一款 4 位的 CPU 芯片，采用 MOS 工艺制造，芯片上集成了 2 250 个晶体管，晶体管栅极线宽为 10 μm，速度为 108 kHz，售价 299 美元。英特尔公司的这个项目原本是为了给日本公司的台式计算器设计 12 颗定制芯片而立项的，但是在项目实施过程中，工程师们改变了原有设计方案，把 12 颗芯片的功能分别集成在了 CPU、只读存储器（ROM[3]）、随机存储器（RAM[4]）等 4 颗芯片上，CPU 芯片由此诞生。Intel 4004 CPU 芯片的推出是

1　DRAM：动态随机存储器（Dynamic Random Access Memory）。

2　LSI：大规模集成电路（Large Scale Integrated circuit）。

3　ROM：只读存储器（Read Only Memory）。

4　RAM：随机存储器（Random Access Memory）。

芯片发展史上的一个重要里程碑。

1974 年，美国无线电公司（RCA）推出第一颗 CMOS 微处理器芯片 RCA 1802，参见图 1-16。它是一款 8 位的 CPU 芯片，这是 CPU 芯片首次采用 CMOS 逻辑电路结构，处理器的耗电量很低。RCA 1802 也是第一款应用在航天领域的微处理器芯片，美国维京号（Viking）、伽利略号（Galileo）和旅行者号（Voyager）等航天工程项目都应用了该芯片。

图 1-16 RCA 1802 CPU 内部显微照片和三款封装芯片的外观

1976 年，芯片行业推出 16 Kb DRAM 和 4 Kb SRAM[1] 芯片。

同年，日本政府组织日立、三菱、富士通、东芝、NEC 5 家公司及相关研究院所，联合成立了“超大规模集成电路（VLSI[2]）联合研发体”，总投资 720 亿日元（日本政府出资 320 亿日元），攻坚 DRAM 芯片技术难关。与此同时，韩国政府也大力支持“韩国电子技术研究所（Korea Electronics Technology Institute，KETI）”在龟尾（Kumi）产业园区建立一个半导体技术研究中心，高薪招聘美国的半导体人才，集中研发集成电路关键技术。

1978 年，芯片行业推出 64 Kb DRAM 芯片，它在不足 0.5 cm^2 的硅片上集成了 15 万个晶体管，线宽为 3 μm。它标志着超大规模集成电路时代来临。

2. 桌面互联网应用促进芯片技术发展阶段（1978—2007 年）

这一阶段大约 30 年，PC[3] 的普及和桌面互联网应用兴起成为促进芯片技

1 SRAM：静态随机存储器（Static Random-Access Memory）。

2 VLSI：超大规模集成电路（Very Large Scale Integrated circuit）。

3 PC：个人计算机（Personal Computer）。

术发展的主要动力。芯片在工业用和民用领域的应用，性价比和市场竞争是主要考虑因素，这使得芯片技术和产业按照摩尔定律不断前行，制造工艺节点不断刷新，新颖的封装技术层出不穷，产业发展步入快车道。这一阶段是“x86”和“奔腾”系列计算机的时代。

1978 年，英特尔公司（Intel）发布了新款 16 位微处理器 Intel 8086 CPU 芯片。Intel 8086 CPU 芯片上集成了约 3 万个晶体管，晶体管栅极线宽为 3 μm，采用 HMOS[1] 工艺制造，+5 V 电源，时钟频率为 4.77 MHz ～ 10 MHz，外部数据总线均为 16 位，地址总线为 4+16 位。Intel 8086 CPU 内部显微照片和三款封装芯片的外观如图 1–17 所示。

图 1–17　Intel 8086 CPU 内部显微照片和三款封装芯片的外观

Intel 8086 CPU 开创了 x86 架构计算机的新时代。这一阶段也是多个 x86“王朝”更替的时代，先后经历了 286、386、486 时代的更替，它们代代向下兼容，代代向上升级，不断在 PC 上传承。x86 架构是一种不断扩充和完善的 CPU 指令集，也是一种 CPU 芯片内部架构，同时还是一种 PC 的行业标准。

1979 年，英特尔公司推出了主频为 5 MHz 的 8088 微处理器，它是 8086 微处理器的变化版本。8088 微处理器后来被 IBM 公司采用，开启了英特尔和 IBM 公司合作生产 PC 的新时代。

1980 年，日本东芝公司（Toshiba Corporation）的粲冈富士雄（Fujio Masuoka）发明了闪速存储器（简称闪存），他也被誉为“闪存之父”。闪存包括 NOR 闪存和 NAND 闪存两种结构形式。图 1–18 所示为粲冈富士雄与他发明的 NOR 闪存和 NAND 闪存的内部结构。

1　HMOS：高性能金属氧化物半导体（High-performance Metal Oxide Semiconductor）。

舛冈富士雄
(1943—至今)

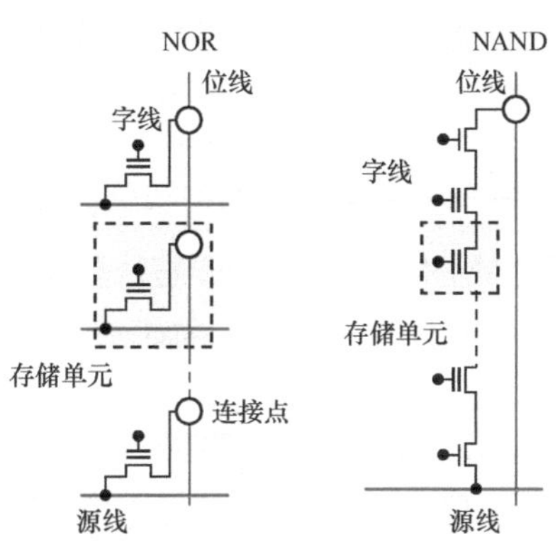

图 1-18　舛冈富士雄与他发明的 NOR 闪存和 NAND 闪存的内部结构

1981 年，IBM 公司基于 Intel 8088 推出了全球第一台 IBM PC。该 PC 选用了主频为 4.77 MHz 的 Intel 8088 CPU 芯片，以及微软公司的 MS-DOS[1] 操作系统。可以说，PC 的发展史大致等同于 IBM 公司 20 世纪 80 年代的发展史。研制这台 IBM PC 的项目主管是年轻的工程师唐 · 埃斯特利奇（Don Estridge），他后来也被誉为“IBM PC 之父”，可惜他因飞机失事早逝于 1985 年。图 1-19 所示为埃斯特利奇与他主持开发的第一台 IBM PC。

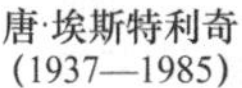
唐·埃斯特利奇
(1937—1985)

图 1-19　埃斯特利奇与他主持开发的第一台 IBM PC

从 IBM PC 开始，PC 开始真正走进普通人的工作和生活，这标志着计

1　MS-DOS：微软磁盘操作系统（Microsoft Disk Operating System）。

算机应用普及时代的开始，也标志着 PC 消费促进芯片技术创新和芯片产业发展的开始。

1981 年，日本企业领先于美国企业，率先推出 256 Kb DRAM 和 64 Kb CMOS SRAM 芯片。DRAM 芯片在所有芯片中用量最大。1983 年，日本成为全球最大的 DRAM 芯片生产国。

当时，世界上能生产销售最大容量的 256 Kb DRAM 芯片的公司中，日本有富士通、日立、三菱、NEC 和东芝 5 家公司，而美国只有摩托罗拉 1 家公司。美国是存储器芯片技术的发源地，而 10 多年后，日本却成了 DRAM 芯片技术和生产的强国。大量物美价廉的 DRAM 芯片出口到美国，严重影响了美国芯片公司的生存和发展。

1982 年，英特尔公司推出 Intel 80286 微处理器芯片（图 1-20），用它装配的 PC 简称 286。

以 x86 命名的桌面计算机的时代开启，桌面互联网时代来临。从 1978 年开始，英特尔公司基本上每两三年就会推出新款的 CPU 芯片。早期产品以 8086、80186、80286、80386、80486 为代表，Intel CPU 芯片基本主导了台式计算机和笔记本电脑（也称笔记本计算机）的天下，IBM PC 和兼容 PC 的型号大多数以“公司名 + CPU 名”来命名，例如 ××286、××386 等。Intel CPU 代表了当时全球最先进的芯片技术，它按照摩尔定律引领了芯片前沿技术的发展方向。图 1-20 所示为三款 Intel CPU 内部显微照片和封装芯片的外观图，外观图位于 CPU 内部显微照片的左上角。

1984 年，日本有芯片公司宣布推出 1Mb DRAM 和 256 Kb SRAM 芯片（1 Mb = 1024 Kb）。

1985 年，美国微软公司推出 Windows 操作系统。早期的 Windows 1.x、2.x 和 3.x 可以说是 MS-DOS 的图形界面外壳版。直到 1995 年推出 Windows 95 后，微软公司才逐步以 Windows 系统取代之前的 MS-DOS 底层系统。之后，微软公司与英特尔公司强强联合，形成 Windows+Intel 的 WinTel 计算机架构，极大地促进了桌面计算机的普及，同时全球网络化和信息化浪潮也促进了芯片产业的大力发展。

Intel 80286
1982年2月推出
封装：68p PLCC/68p PGA/100p PQFP
工艺：1.5 μm
工作电压：5 V
时钟频率：4 MHz～25 MHz
晶体管数：13.4万
指令集：x86-16

Intel 80386
1985年10月推出
封装：132p PGA/132p PQFP (DX)
88p PGA/100p PQFP(SX)
工艺：1.5 μm～1μm
工作电压：5 V
时钟频率：12 MHz～40 MHz
晶体管数：27.5万
指令集：x86-32

Intel 80486
1989年4月推出
封装：196p PQFP/208p SQFP
工艺：1 μm
工作电压：5 V/3.3 V
时钟频率：16 MHz～150 MHz
晶体管数：118.02万
指令集：x86-32

图 1-20　Intel 80286/80386/80486 CPU 内部显微照片和封装芯片的外观图

1985 年，英特尔公司推出 Intel 80386 微处理器芯片，如图 1-20 所示。

1986 年，日本 NEC 公司开发出世界上第一颗 4 Mb DRAM 芯片。日本 NTT 公司更是在次年推出了 16 Mb DRAM 芯片。到了 1988 年，全球二十大半导体芯片企业中，日本共 11 家，美国只有 5 家。

1986 年 9 月 2 日，日本通产省与美国商务部第一次签署《美日半导体协议》（1986—1991 年），1991 年第二次续签《美日半导体协议》（1991—1996 年）。协议主要内容：一是要求日本政府加强对半导体芯片价格监督，防止对外低价倾销；二是要求日本政府对外开放市场，并保证外国企业 5 年内获得 20% 的日本市场占有率。1987 年 4 月 17 日，美国对日本出口的半导体芯片及电子产品征收 100% 的惩罚性关税。10 年过后，日本半导体芯片产业整体衰落，只有设备和材料在芯片产业链国际化分工协作中仍保持绝对的优势。

1987 年，美国德州仪器公司原副总裁张忠谋为实现他的晶圆代工梦，回到中国台湾创立了台湾积体电路制造股份有限公司（TSMC[1]），即台积电，这是一家专门替别人制造芯片的企业。“替别人制造芯片”在业内称为“晶圆代工”。

TSMC 的创立是台湾半导体芯片产业崛起的开始，之后台湾就以制造工艺技术积极参与到芯片产业链的国际化分工协作中，并逐渐成长为重要的参与方之一。

1988 年，英特尔公司看到闪存芯片的巨大发展潜力，推出了首款商用的闪存芯片，并成功用它取代了可擦可编程只读存储器（EPROM[2]）。当时闪存芯片主要用于存储计算机软件。

1988 年，芯片行业推出 16 Mb DRAM 芯片，在不到 1 cm^2 大小的硅片上集成了大约 3 500 万个晶体管，标志着芯片技术进入特大规模集成电路（ULSI[3]）阶段。

1989 年，英特尔公司推出 Intel 80486 微处理器芯片，如图 1-20 所示。

1991 年，ARM 公司[4]于英国剑桥成立，后逐步成长为移动互联网时代最著名的芯片设计公司之一。ARM 公司是一家精简指令集计算机（RISC[5]）的 CPU IP[6] 供应商，以 CPU IP 授权使用和技术服务获取利润，是全球众多知名半导体企业、芯片设计公司、软件和 OEM 厂商的合作伙伴，旨在使他们较容易地设计含有 CPU 的芯片。后来，ARM 公司培育了一个庞大的 CPU 芯片和片上系统（SoC[7]）的“家族”，这一家族中的 CPU 和 SoC 芯片都含有 ARM 公司精简指令集计算机 CPU 的基因。ARM 公司初期仅支持芯片设计公司开发移动终端的 CPU 和 SoC 芯片，现在已逐步延伸到 PC、服务器的

1　TSMC：台湾积体电路制造股份有限公司（Taiwan Semiconductor Manufacturing Company Ltd.）。
2　EPROM：可擦可编程只读存储器（Erasable Programmable Read Only Memory）。
3　ULSI：特大规模集成电路（Ultra Large Scale Integrated circuit）。
4　ARM 公司：先进的 RISC 机器制造公司（Advanced RISC Machines Ltd.）。
5　RISC：精简指令集计算机（Reduced Instruction Set Computer）。
6　IP：知识产权（Intellectual Property）。
7　SoC：片上系统（System on Chip），SoC 芯片也称为系统级芯片。

CPU 芯片，这也形成了对“CPU 芯片巨人”英特尔公司的挑战。图 1-21 展示了 ARM 公司精简指令集计算机 CPU 架构截止 2021 年的发展历程，之后的 ARM CPU IP 的更新换代更加频繁。

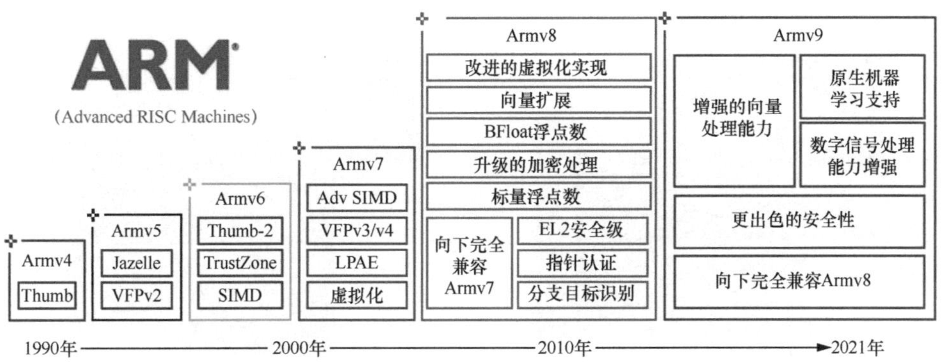

图 1-21　ARM 公司精简指令集计算机 CPU 架构的发展历程

1992 年，芯片行业推出 64 Mb DRAM 芯片。

1993 年前后，韩国三星集团在韩国政府扶持半导体芯片政策的支持下，凭借高工资、提供房子和汽车、配备秘书等优厚待遇从日本吸引了大量的工程技术人员，半导体芯片技术发生大转移。这是韩国半导体芯片产业崛起的开始。

在英特尔公司推出 80486 CPU 4 年之后，人们预测 80586 CPU 即将推出。但英特尔公司在 1993 年向用户展示的是新的 CPU 系列，名为奔腾（Pentium），计算机的“奔腾”时代到来。奔腾 CPU 每个时钟周期可以执行两条指令，在相同时钟速度下，奔腾 CPU 执行指令的速度大约是 80486 CPU 的 6 倍。图 1-22 所示为两款 Intel 奔腾 CPU 内部显微照片和封装芯片的外观。

奔腾 CPU 经过数代升级后，英特尔公司开始推出新系列的奔腾 CPU。1997 年，英特尔公司推出奔腾Ⅱ系列 CPU 芯片；1999 年，推出奔腾Ⅲ系列 CPU 芯片；2000 年，推出奔腾Ⅳ系列 CPU 芯片。每一种奔腾 CPU 产品都有好几代的升级版本或特色款式。

图 1-23 所示为 Intel 奔腾Ⅱ / 奔腾Ⅲ / 奔腾Ⅳ CPU 内部显微照片和封装芯片的外观。在其中的每一个子图中，顶部或左上角是芯片封装外观，中间部分是芯片裸片的显微照片，底部则是芯片的型号、推出日期、封装方式、工作电压和时钟频率、晶体管数等信息。

Intel Pentium CPU
第一代（P5，80501）
发布日期：1993.3.22
封装：273p PGA
工艺：0.8 μm
工作电压：5 V
时钟频率：60 MHz～66 MHz
晶体管数：310万

Intel Pentium CPU
第二代（P54C，80502）
发布日期：1994.10.10
封装：273p PGA/321p PGA
工艺：0.6 μm
工作电压：3.3 V
时钟频率：75 MHz～120 MHz
晶体管数：320万

图 1-22　两款 Intel 奔腾 CPU 内部显微照片和封装芯片的外观

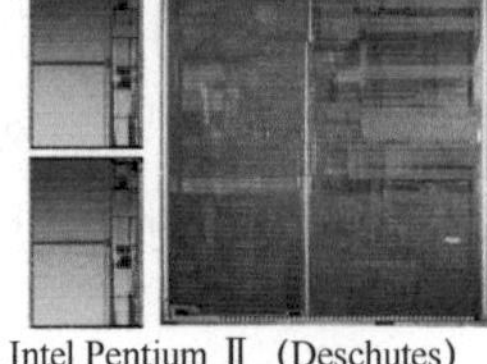

Intel Pentium Ⅱ（Deschutes）
1998年1月26日推出
封装：Slot1（卡匣外形）
工艺：0.25 μm
工作电压：2.0 V
时钟频率：266 MHz～450 MHz
晶体管数：750万
指令集：x86-32+MMX

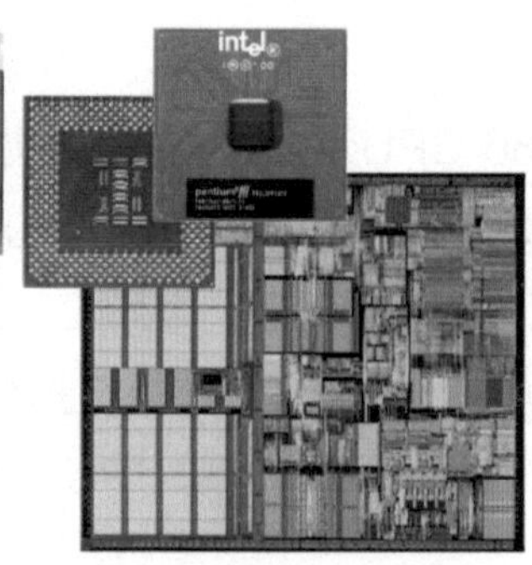

Intel PentiumⅢ（Coppermine）
1999年10月25日推出
封装：Socket370/Slot1（卡匣外形）
工艺：0.18 μm
工作电压：1.6 V～1.75 V
时钟频率：500 MHz～1133 MHz
晶体管数：2 800万
指令集：x86-32+MMX，SSE

Intel Pentium Ⅳ（Willamette）
2000年11月20日推出
封装：Socket423/Socket478
工艺：0.18 μm
工作电压：1.56 V～1.70 V
时钟频率：1.3 GHz～2. 0 GHz
晶体管数：4 200万
指令集：x86-32+MMX，SSE，SSE2

图 1-23　Intel 奔腾Ⅱ / 奔腾Ⅲ / 奔腾Ⅳ CPU 内部显微照片和封装芯片的外观

1993 年，IBM 公司推出全球第一部触屏智能手机 IBM Simon。它集手提电话、个人数字助理、传呼机、传真机、日历、行程表、世界时钟、计算器、记事本、电子邮件、游戏等功能于一身，这在当时引起了不小的轰动。IBM Simon 触屏智能手机 1994 年全面上市时的价格为 899 美元。2002 年，诺基亚公司推出 Nokia 9210 翻盖智能手机，它除了是一部电话，还是一部掌上计算机。图 1-24 所示为 IBM Simon 触屏智能手机与 Nokia 9210 翻盖智能手机，这些新型移动通信终端的问世反映了芯片技术的进步。

IBM Simon触屏智能手机

Nokia 9210翻盖智能手机

图 1-24　IBM Simon 触屏智能手机和 Nokia 9210 翻盖智能手机

1995 年，日本 NEC 公司开发出全球第一块 1 Gb[1] DRAM 芯片，该芯片集成了超过 10 亿个晶体管，标志着芯片技术进入巨大规模集成电路（GSI[2]）时代。

1997 年，IBM 公司开发出芯片铜互连[3]技术，图 1-25 所示为通过扫描电子显微镜（Scanning Electron Microscope，SEM）看到的 IBM 铜互连的微观结构。当时的铝互连技术已无法满足 180 nm CMOS 电路对执行速度的要求。IBM 公司早期的研究显示，铜的电阻比铝的电阻低了 40%，能使微处理器执行速度暴增 15% 以上，铜的可靠性更是远超铝的可靠性。1998 年，IBM 公司使用铜互连技术生产的 PowerPC 芯片与上一代 PowerPC 芯片相比，芯片的执行速度提高了 33%。

1997 年，英特尔公司开始推出奔腾 II 系列 CPU 芯片。

1　1 Gb = 1024 Mb，1 Mb = 1024 Kb，1 Kb = 1024 bit，1 bit 表示存储器中的一个二进制位。

2　GSI：巨大规模集成电路（Giga Scale Integrated circuit）。

3　铜互连：芯片中晶体管之间、电源和晶体管之间用金属细线连接，早期用铝，称为铝互连；后来用铜，称为铜互连。

图 1-25 通过扫描电子显微镜看到的 IBM 铜互连的微观结构

1998 年，美国奥森太珂（AuthenTec）公司成立。奥森太珂公司是全球感应性指纹识别传感器最大的供应商，其指纹识别组件很多年前就被嵌入 Windows 笔记本电脑，该公司也是苹果公司 iPhone 手机上的 Touch ID[1] 的缔造者。图 1-26 所示为奥森太珂公司指纹识别与苹果公司产品的广告图。2012 年，奥森太珂公司被苹果公司收购，其指纹识别芯片产品全部被用于苹果公司的智能手机和平板电脑等产品。

1999 年，美国摩托罗拉公司（Motorola Inc.）推出智能手机 A6188，如图 1-27 所示。这是一部触控屏手机，也是第一部可中文手写识别输入的智能手机，一经面世便迅速风靡全球。

图 1-26 奥森太珂公司指纹识别与苹果公司产品的广告图

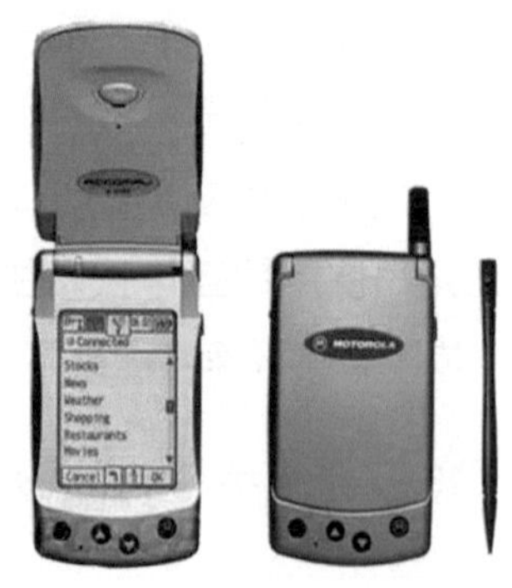

图 1-27 摩托罗拉公司 A6188 触屏智能手机

1 Touch ID：触控识别（Touch Identification）。

1999 年，胡正明教授发明了鳍式场效应晶体管（FinFET[1]）技术。他也被誉为“3D 晶体管之父”。2016 年，胡正明教授因发明 FinFET 技术而获得 2015 年度美国最高科技奖。他还是 2020 年 IEEE 最高荣誉奖章的获得者。

当晶体管的尺寸小于 25 nm 时，传统的平面晶体管尺寸已经难以缩小，FinFET 技术能将晶体管立体化，使晶体管面积变小、密度进一步加大，它让摩尔定律在今天继续谱写着传奇。这项发明被公认为 50 多年来芯片技术的重大创新。FinFET 技术是现代纳米半导体器件制造的基础，7 nm 工艺制造的芯片使用的就是 FinFET 技术。

2003 年，安迪 · 鲁宾（Andy Rubin）等人创建安卓（Android）公司，组建了 Android 操作系统的研发团队。2005 年，美国谷歌公司低调收购了这个成立仅 22 个月的高科技企业及其团队。安迪 · 鲁宾成为谷歌公司工程部副总裁，继续负责 Android 操作系统项目。

Android 操作系统是面向移动终端的开源操作系统，后来在谷歌公司加持下，其影响力不断提升，应用也越来越广。它与苹果公司的封闭式操作系统 iOS 分庭抗衡，占据着智能手机、平板电脑等移动终端产品的半壁江山。图 1-28 所示为 Android 操作系统形象机器人与安迪 · 鲁宾。

图 1-28　Android 操作系统形象机器人与安迪 · 鲁宾

2005 年，英特尔公司把旗下的通信与应用处理器业务部门出售给美国美满电子科技（Marvell Technology）公司，从此退出移动终端芯片领域。英特尔公司做出此决策的原因是当年全球的手机应用处理器市场仅为 8.39 亿美元左右，其中德州仪器公司占据 69% 的市场份额，美国高通公司占据 17% 的市场份额，而英特尔公司仅占据 7% 的市场份额。英特尔公司的这个决定是基于当时市场数据做出的决策，而不是基于长远预期。英特尔公司丢掉了移动

1　FinFET：鳍式场效应晶体管（Fin Field Effect Transistor）。

终端芯片业务，由此错失了移动互联网时代。

英特尔公司后来也看到了这是一个大机会，想重新抓住它，但经过多番努力都没有成功。ARM 系芯片与 Intel 系芯片在市场上展开激烈竞争，英特尔公司犹如一位“学院派”专家，不大懂“乡下”的生活，也很难深入应用领域去了解移动终端五花八门的实际需求，最终被 ARM 公司率领的成千上万的应用型芯片设计公司排挤出局，这是芯片领域“农村包围城市”在移动互联网时代的精彩演绎。图 1-29 所示的广告画形象地道出了这种角力、竞争的关系。

图 1-29　移动互联网时代 ARM 系芯片与英特尔系芯片的市场角力

2005 年，台湾联发科技股份有限公司（MediaTek.Inc，简称联发科或 MTK）完成了手机 GSM[1] 处理器芯片的开发。为了销售手机芯片，联发科把手机应用处理器和 GSM 处理器整合到一起，提供 MTK 手机芯片一站式解决方案，同时还提供全套软件开发套件（SDK[2]）。联发科把手机芯片和软件平台预先整合在一起，这使得手机厂商研发一款新手机的门槛大大降低。

2007 年，我国手机牌照放开，深圳市出现了许多手机小厂家，借助 MTK 芯片和解决方案，生产了许多小品牌手机和贴牌手机，它们以价格和实用取胜，畅销四方。联发科赶上了移动互联网时代的快车。图 1-30 所示为台湾联发科总部与深圳华强北电子一条街的鸟瞰图。

2006 年，英特尔公司的酷睿（Core）CPU 时代来临，多核心 CPU 登上历史舞台，英特尔长达 12 年的“奔腾”处理器的时代开始落幕。刚开始时，酷睿 CPU 主要用于便携式计算机，但上市不久后即被酷睿 2 系列取代，英特尔公司后续又推出了酷睿 i3、酷睿 i5、酷睿 i7 和酷睿 i9 等多核心 CPU 系列。

1　GSM：全球移动通信系统（Global System for Mobile Communications）。

2　SDK：软件开发工具包（Software Development Kit）。

同年 11 月，英特尔公司又推出了面向服务器、工作站和高端 PC 的 CPU 系列，它们分别是至强（Xeon）5300 及酷睿 2 双核心和 4 核心的至尊版。与上一代台式机 CPU 相比，酷睿 2 双核心 CPU 在性能方面提高 40%，功耗反而降低 40%。2006 年被认为是多核心 CPU 的元年。

图 1-30　台湾联发科总部与深圳华强北电子一条街的鸟瞰图

3. 移动互联网应用推动芯片技术发展阶段（2007—2020 年）

在这一阶段，智能手机和 3G/4G/5G 通信网络建设使人类快速进入移动互联网时代，智能手机、平板电脑、笔记本电脑等移动终端，还有网络基站等对芯片产业提出了新的要求，移动互联网应用逐步超越桌面互联网应用成为推动芯片技术发展的中坚力量。这一阶段的技术创新点除了晶体管微缩，还有多点触控和指纹技术、SoC 芯片技术、多核心 CPU 技术、3D 封装和晶圆级封装技术、3D 堆叠集成技术等。这一阶段也是 Intel 酷睿（Core）系列计算机的黄金时代。

2007 年 3 月，韩国 LG 公司推出的 Parada 手机带有多点电容式触控屏，它不再需要触控笔，开创了多点触控手机的先河。

2007 年 7 月，苹果公司推出 iPhone 系列手机，树立了智能手机的样板。之前的手机有按键式、滑盖式、翻盖式、笔触控式等多种款式，iPhone 手机推出之后，一统智能手机“江山”，后来的智能手机都以“平板 + 触屏”的面貌出现。图 1-31 所示为早期 iPhone 手机的“全家福”。iPhone 手机促进了移动智能终端（包括智能电话、平板电脑等）的普及应用，对移动互联网产业发展起到重要的推动作用，也进一步促进了芯片技术创新和芯片产业的快速发展。

图 1-31　早期 iPhone 手机的“全家福”

2007 年 11 月，谷歌公司向外界展示了名为 Android（安卓）的移动终端操作系统，同时宣布建立一个全球性的手机生态联盟，该联盟由 34 家芯片制造商、手机制造商、软件开发商、电信运营商共同组成，并与 84 家硬件厂商、软件厂商及电信营运商组成开放的手持设备联盟来共同研发和改良 Android 操作系统。2011 年的数据显示，Android 手机在智能手机市场中的占有率已经达到 43%。

移动终端操作系统及其应用产品分为三大阵营。刚开始时，谷歌公司的开源操作系统 Android 与苹果公司的封闭操作系统 iOS 形成了移动互联网时代的操作系统双雄——苹果系和安卓系，它们互相借鉴，相互竞争，不断发展壮大。现在，第三大移动终端操作系统已加入市场竞争，它就是中国华为的鸿蒙操作系统（HarmonyOS），如图 1-32 所示。鸿蒙操作系统也是一个开源操作系统，它基于华为已有和未来庞大的国产移动终端用户群和产业生态，已成为全球第三大移动终端操作系统。

图 1-32　移动终端操作系统及其应用产品的三大阵营（苹果系统、安卓系统和鸿蒙系统）

2008 年，采用美国高通（Qualcomm）公司 MSM720 处理器的全球首款 Android 手机 T-Mobile G1 由台湾 HTC[1] 推出。该手机的处理器采用了双核构架，内部包含 3D 图形处理模块和 3G 通信模块，其中 3D 图形处理模块可提供高分辨率的图像及视频播放功能，流媒体功能表现也十分出色。美国高通公司是一家大力支持 Android 操作系统的芯片公司，并由此对苹果 iOS 系统和相关产品形成了竞争态势。

高通公司从通信行业一路走来，十分明白智能手机的 SoC 芯片如何才能做到最好。联发科也对市场有很深的认识，从贴牌手机和小品牌手机一路做起，最终发展成为高通公司强有力的竞争者。高通公司和联发科最后成为移动终端芯片的双雄，其他的竞争者还有美国苹果公司、韩国的三星半导体、国内的华为海思等。图 1-33 所示为移动终端芯片设计公司早年推出的部分 SoC 芯片，上方型号的芯片性能高于下方的型号。

高通		三星	联发科	华为	苹果
					A13
	骁龙855 Plus			麒麟990	
	骁龙855	Exynos 9820			A12
				麒麟980	
	骁龙845	Exynos 9810			
			Helio G90T	麒麟810	A11
骁龙730	骁龙835 (MSM8998)	Exynos 8895		麒麟970	
snapdragon		Samsung Exynos	MEDIATEK	HUAWEI	

图 1-33　移动终端芯片设计公司早年推出的部分 SoC 芯片

2008 年，苹果智能手机的示范效应使得

1　HTC：宏达国际电子股份有限公司（High Tech Computer Corporation），简称 HTC 或宏达电。

多点触控和指纹识别芯片的应用大爆发。苹果 iPhone 系列手机、iPad 等移动终端产品推出之后，全球掀起了一场“多点触控风暴”，多点触控芯片成为各种智能手机、液晶电视、平板电脑、便携式播放器等电子产品用户接口的首选，开发触控芯片和指纹识别芯片的公司大量涌现。

触控芯片龙头企业包括新突思科技（Synaptics）、爱特梅尔（ATmel）、赛普拉斯（Cypress）、敦泰科技（FocalTech）、汇顶科技（GOODix）、晨星半导体（MStar）等。指纹识别芯片龙头企业包括奥森太珂、汇顶科技、思立微、敦泰科技等，如图 1-34 所示。其中奥森太珂于 2012 年被苹果公司收购。

图 1-34　全球主要的触控芯片和指纹芯片供应商

2008 年，英特尔公司推出 4 核心的酷睿 2 CPU 芯片，型号是 Core 2 Quad。它采用 45 nm 的制造工艺。

2009 年，深圳汇顶科技公司借助苹果触摸屏示范效应的东风，经营业绩连续多年腾飞。这一年，汇顶科技推出了一颗十点触控芯片，成为苹果公司之外第一个做出十点触控芯片的国内厂商。波导公司是使用汇顶科技方案的首个手机厂商。图 1-35 的左图是汇顶科技市场热点产品推出时间表；如图 1-35 的右图所示，汇顶科技为国内智能手机厂家提供了物美价廉的触控产品，公司业绩实现了爆发性增长，营业收入由 2011 年的仅 8 652.8 万元增长到 2012 年的 5.56 亿元，2019 年营业收入达到 64.73 亿元。

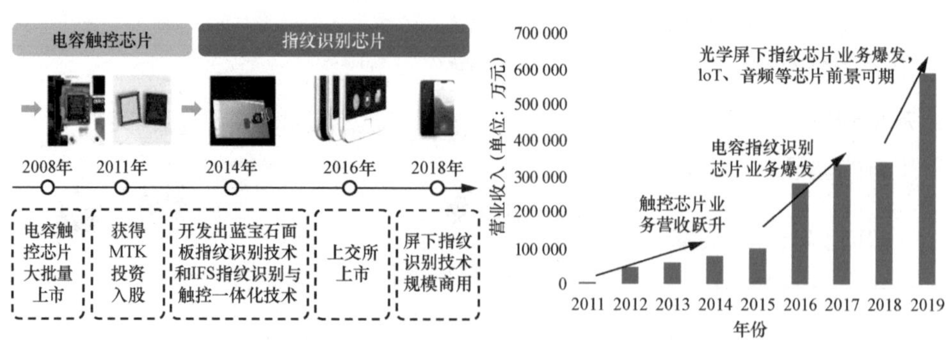

图 1-35　汇顶科技的触控芯片和指纹芯片使公司业绩高速增长

从 2010 年开始，英特尔公司先后推出了多核心的 Intel 酷睿 i 系列 CPU 芯片，其中包括酷睿 i3 系列（2 核心）、酷睿 i5 系列（2 核心、4 核心）、酷睿 i7 系列（2 核心、4 核心和 6 核心）、酷睿 i9 系列（最多 12 核心）等，开始采用领先的 32 nm 制造工艺，后续 22 nm、14 nm 等新工艺版本相继推出。

一个 CPU 核心就相当于一个传统的单核心 CPU 芯片，多核心 CPU 就相当于把多个单核心 CPU 芯片集成在一个芯片里，实现了 CPU 芯片更强大的处理能力。图 1-36 所示为三款 Intel 酷睿系列多核心 CPU，每一个子图的顶部是 CPU 芯片的裸片显微照片，其中对 CPU 核心和主要的功能模块进行了标注；底部的注释文字是 CPU 芯片的主要指标和参数说明，包括制造工艺、时钟频率和封装形式等。

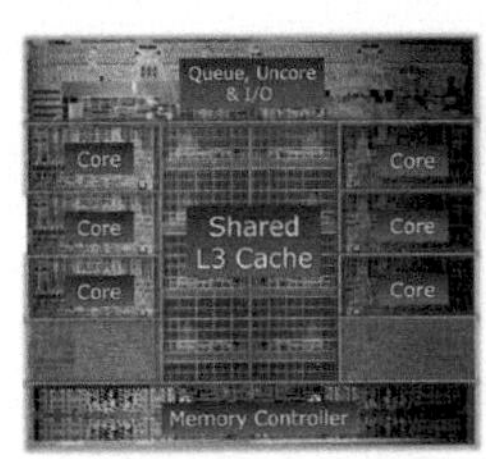

Intel Core i7-3960X
2011年上市
封装：Socket 2011 LGA
工艺：32 nm
工作电压：0.925 V
时钟频率：3.3 GHz
晶体管数：超过20亿
核心数：6
线程数：12
指令集：x86 + MMX,SSE,EM64T等

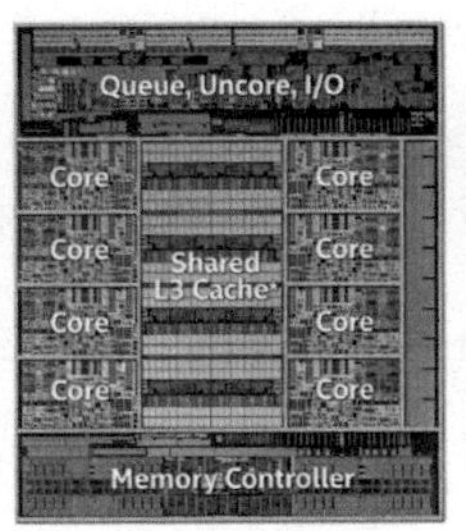

Intel Core i7-5960X
2014年上市
封装：Socket 2011 LGA
工艺：22 nm
工作电压：1.012 V
时钟频率：3.5 GHz
晶体管数：超过26亿
核心数：8
线程数：16
指令集：x86+MMX、SSE、EM64T等

Intel Core i9-10900K
2020年上市
封装：Socket 1200 LGA
工艺：14 nm
工作电压：0.828 V
时钟频率：3.7 GHz
晶体管数：超过40亿
核心数：10
线程数：20
指令集：x86+MMX、SSE、EM64T等

图 1-36　三款 Intel 酷睿系列多核心 CPU

注：CPU 芯片的裸片显微照片中的英文为专有名词，为了不引起歧义，所以没有翻译。

2011 年，英特尔公司推出了商业化的 FinFET 工艺，并应用在后续的 22 nm 芯片的制造中。

需要说明的是，虽然笔者沿着英特尔公司芯片技术发展脉络，介绍了 CPU 芯片技术沿摩尔定律演进，以及桌面 CPU 芯片的发展轨迹。但是，我们也不能不提 AMD 公司。

AMD 公司成立于 1969 年，从“血缘关系”来讲应该是英特尔公司的族弟，它伴随着英特尔公司“神”一样地存在，并默默发展着。如果说英特尔公司是桌面 CPU 芯片的“大哥”，那么 AMD 公司就是“二哥”。老大偶尔想“欺负”一下老二也难有成功，更不敢奢望“挤垮”这个族弟。实际上，AMD 公司的存在让英特尔公司没有了行业垄断之嫌，这是英特尔公司最看重的地方。

英特尔公司和 AMD 公司沿着 x86 路线同向而行，互相借鉴，努力创新，对芯片技术的发展都作出了卓越贡献。这两家公司的发展历程可以用它们的桌面 CPU 芯片推出的年代表清晰地表达出来。表 1-1 所示为英特尔和 AMD 推出的 CPU 芯片的年代、代号和工艺（截至 2015 年）。

表 1-1　英特尔和 AMD 推出的 CPU 芯片的年代、代号和工艺

Intel CPU 年代		代号与工艺		AMD CPU 年代		代号与工艺	
第 6 代 Core i	2015 年	Skylake	14 nm	第 3 代 APU	2014 年	Kaveri	28 nm
第 5 代 Core i	2014 年	Haswell-E/ Broadwell	22/14 nm	第 2 代 APU	2012 年	Piledriver	32 nm
第 4 代 Core i	2013 年	Haswell	22 nm	推土机 FX	2011 年	Bullduzer	32 nm
第 3 代 Core i	2012 年	Ivy Bridge	22 nm	第 1 代 APU	2011 年	Llano	32 nm
第 2 代 Core i	2011 年	Sandy Bridge	32 nm	羿龙系列	2007—2009 年	K10	45 nm
第 1 代 Core i	2008—2010 年	Nehalem	32 nm	速龙 64 系列	2003—2007 年	K8	65 nm
酷睿 2 系列	2006—2008 年	Conroe	65/45 nm	速龙 XP 系列	1999—2004 年	K7	130 nm

2012 年，韩国三星半导体公司发明了堆叠式 3D NAND Flash 技术，芯片技术走进 3D 芯片时代。三星半导体公司 2013 年推出第 1 代 24 层 3D NAND 闪存芯片，2014 年推出第 2 代 32 层 V-NAND 闪存芯片。2022 年 11 月 7 日，三星半导体公司宣布已经开始批量生产 236 层的 3D NAND 闪存芯片，这是该公司的第 8 代 V-NAND 产品。3D 芯片和高层住宅相似，为了节省面积，它们都采取了向上发展的策略。3D 芯片中电路层堆叠的层数十年间增长了约 10 倍。

图 1-37 对三星半导体公司的前两代 3D NAND 闪存芯片技术进行了比较。其中，左图是闪存芯片中立体的 24 层存储单元阵列的示意图；中间图是 24 层 3D NAND 闪存的俯视平面图，其中的绿色区域是存储单元阵列，底部则是存取缓冲器和控制器；右图是 32 层 3D NAND 闪存的俯视平面图，其中的红色区域是存储单元阵列，底部是存取缓冲器和控制器。右图的存储阵列面积约为中间图的一半，但存储单元层数是 32，比中间图多出了 8 层，面积虽小却仍然实现了 128 Gb 的存储容量。

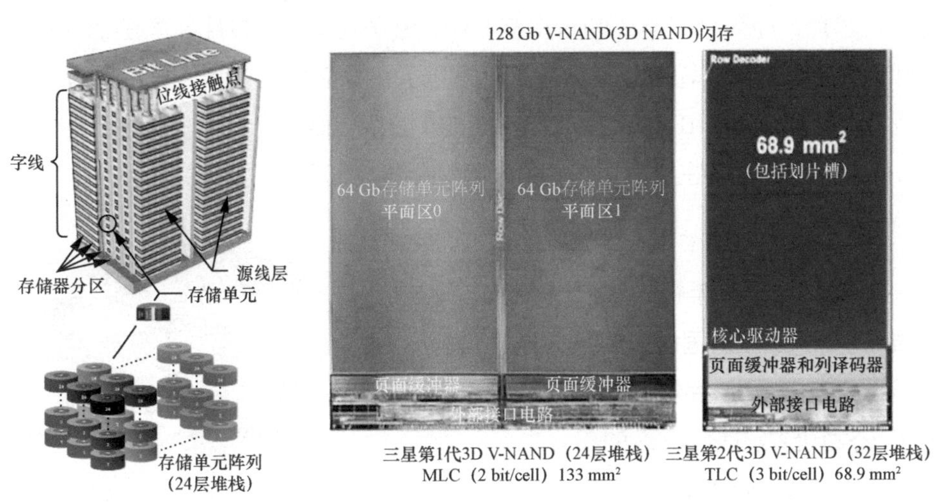

图 1-37　三星半导体公司前两代 3D NAND 闪存芯片技术的比较

2013 年，苹果公司发布了带指纹识别功能的手机，指纹识别功能成为智能手机的标配。

2014 年，汇顶科技推出了指纹触控产品样机，正式进入指纹识别市场。汇顶科技采用低压驱动方式，而非欧美企业普遍采用高压驱动方式。同年 11 月，魅族 MX4 Pro 智能手机发布，它搭载了汇顶科技的正面按压式指纹识别技术，不仅打破了 Touch ID 在正面按压式指纹识别技术上的垄断，也打破了瑞典 FPC 公司[1]在指纹识别技术上的垄断。

2014 年，华为海思半导体公司推出第一款手机 SoC 芯片——麒麟 910。

1　瑞典 FPC 公司：一家瑞典公司，名为 Fingerprint Cards AB。

它使用了当时主流的 28 nm HPM[1] 制造工艺，初次在手机 SoC 芯片市场崭露头角。同年 6 月，华为海思半导体公司发布了麒麟 920 芯片，全球首次商用 LTE Cat.6，并采用业界最先进 4xA15 + 4xA7 的 8 核心 SoC 异构架构，性能非常强悍，可以满足 3G 向 4G 转换时期用户对高速上网体验的需求。那一年，搭载了麒麟 920 芯片的荣耀 6、荣耀 6 Plus、华为 Mate 7 系列成为市场追捧的手机型号。

2015 年，韩国三星半导体公司的旗舰产品 Galaxy S6 弃用美国高通公司的手机芯片，而采用了自研的猎户座 Exynos 7420 手机芯片。早在 2011 年 2 月，三星半导体公司就正式将自家处理器品牌命名为 Exynos。它由两个希腊语单词 Exypnos 和 Prasinos 组合而成，分别代表“智能”与“环保”之意。Exynos 系列处理器主要应用在智能手机和平板电脑等移动终端上。

2015 年，瑞典 FPC 公司几乎垄断着安卓系手机指纹芯片市场。2016 年，国内厂商已经抢回不少指纹芯片份额，但 FPC 公司仍然占据 40% 的份额。图 1-38 所示为 FPC 公司的一款电容式光学指纹模组。

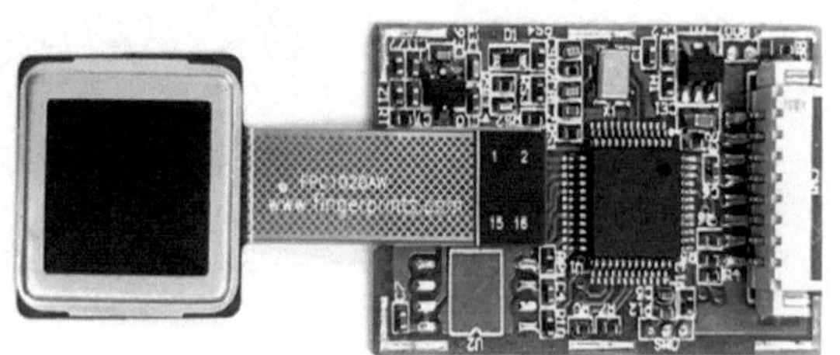

图 1-38　FPC 公司的一款电容式光学指纹模组——FPC1020AM

2016 年，华为海思半导体公司推出麒麟 960 芯片。该芯片各方面综合性能均达到业界一流水准，正式跻身于顶级手机芯片行列。搭载麒麟 960 芯片的华为 Mate 9 系列、P10 系列、荣耀 9、荣耀 V9 等手机在市场上取得了巨大的成功。2017 年，华为海思半导体公司发布了麒麟 970 芯片，首次在 SoC 芯片中集成了人工智能计算平台 NPU[2]，开创了终端人工智能应用的先河。在手机芯片上，华为海思半导体公司与美国高通公司、苹果公司形成了三足鼎立之势。

2017 年，汇顶科技的指纹识别芯片降至每颗 10 元左右，华为手机淘汰

1　HPM：移动高能低功耗制程工艺（High Performance Mobile）。

2　NPU：神经网络处理器（Neural network Process Unit）。

了 FPC 公司的产品，在旗舰新机 P10 上选用了汇顶科技的产品，这具有里程碑的意义。2018 年，汇顶科技推出了屏下指纹芯片。vivo X21、Galaxy J7 Duo 等手机相继采用了汇顶科技的解决方案。在 2019 年的全球屏下指纹芯片出货量占比中，汇顶科技独占鳌头，如图 1-39 所示。

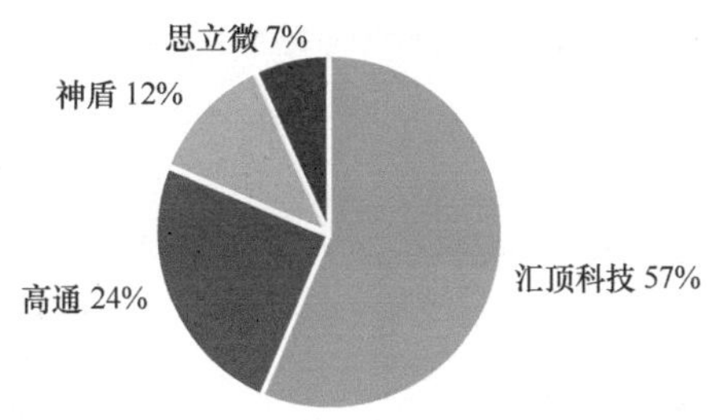

图 1-39　2019 年全球屏下指纹芯片出货量占比

2017 年 7 月，长江存储研制成功了国内首颗 3D NAND 闪存芯片。2018 年 3 季度，32 层产品实现量产；2019 年 3 季度，64 层产品实现量产；目前已宣布成功研发出 128 层的 3D NAND 闪存芯片。长江存储 3D NAND 闪存技术的快速发展，得益于其独创的“把存储阵列电路和外围控制电路分开制造，再合并封装在一起”的 Xtacking™ 技术，如图 1-40 所示。

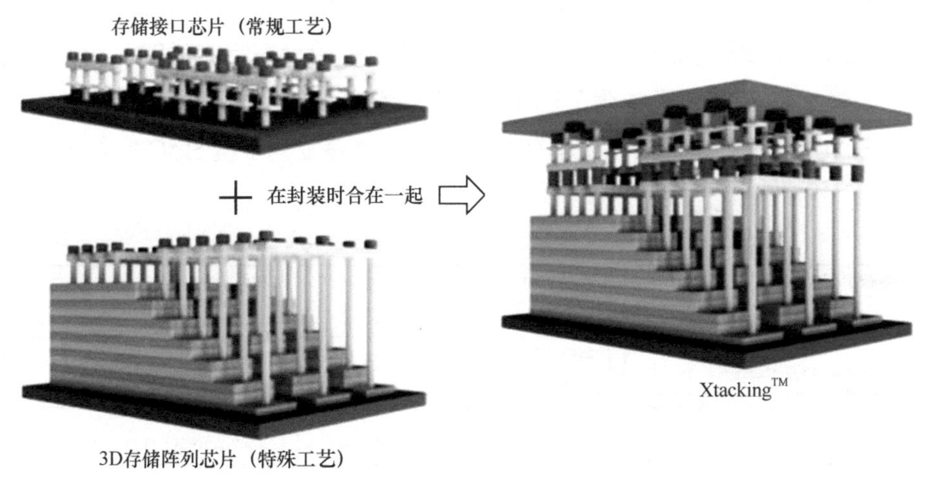

图 1-40　长江存储的 Xtacking™ 技术的示意图

2018 年，英特尔公司推出服务器 CPU 芯片 Intel Xeon W-3175X，采用了 14 nm 制造工艺，28 核心、56 线程，主频为 3.1 GHz ～ 4.3 GHz，38.5 MB 三级缓存，内存支持 6 通道 DDR4 2666 ECC/512GB，封装接口 LGA 3647，搭配芯片组 C621，售价高达 2 999 美元。图 1-41 所示为该服

务器 CPU 芯片的外观与内部系统框图。

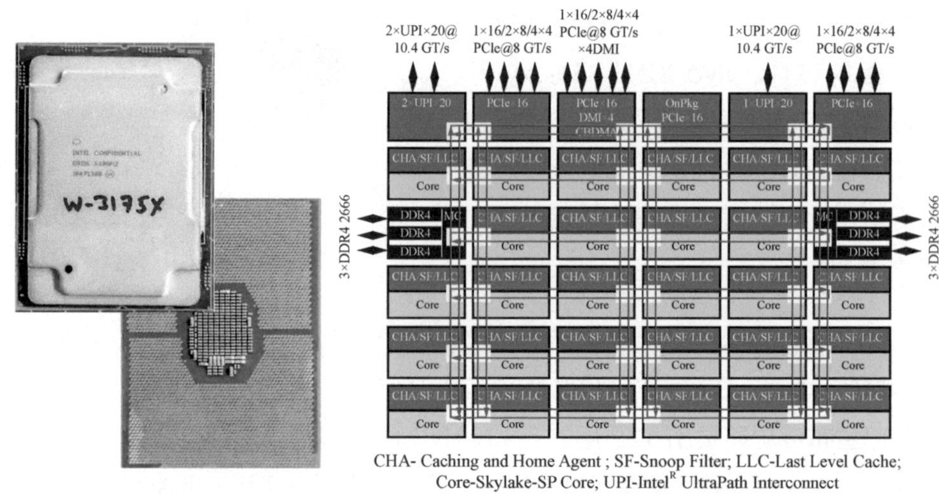

图 1-41　含有 28 核心的服务器 CPU 芯片 Intel Xeon W-3175X

2019 年，华为海思半导体公司发布了新一代旗舰手机芯片麒麟 990 系列，包括麒麟 990 和麒麟 990 5G。麒麟 990 采用台积电二代的 7 nm 制造工艺，最大的亮点在于内置了巴龙 5000 基带电路，可以实现真正的 5G 上网。图 1-42 所示为华为海思半导体公司多年来开发的手机 SoC 芯片的“全家福”。

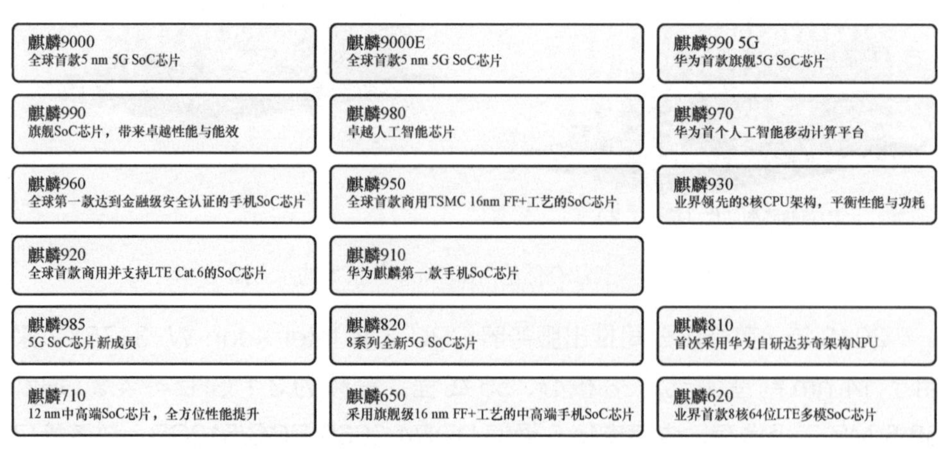

图 1-42　华为海思半导体公司的手机 SoC 芯片的“全家福”

2020 年，美国美光科技公司（Micron Technology，Inc.）开始批量生产 176 层的 3D NAND 闪存芯片。第一批为 TLC（Trinary-Level Cell）颗粒，单个裸片的容量为 512 Gb（64 GB）。它采用了将 176 层存储单元纵向堆叠的设计，如图 1-43 所示。含有 176 层存储单元的裸片厚度仅为 45 μm，在对 16 层裸片进行堆叠封装后，最终芯片厚度不到 1.5 mm，能满足大多数小型存储卡的使用场景。

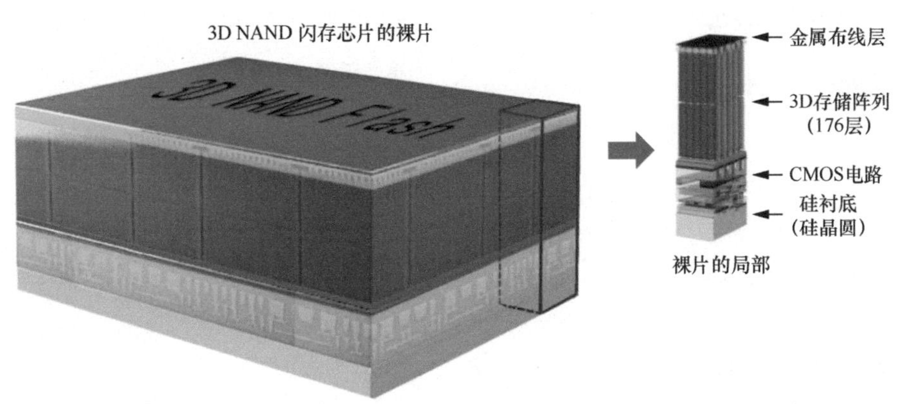

图 1-43　美国美光科技公司的 176 层 3D NAND 闪存芯片的结构示意图

2020 年 10 月，华为海思半导体公司发布了基于 5 nm 制造工艺的功能与性能最强的手机 SoC 芯片麒麟 9000。该芯片上集成了 8 个 CPU 核心、3 个 NPU 核心和 24 个 GPU 核心，采用 5 nm 的制造工艺，总共集成了 153 亿个晶体管。

由于应用需求和市场竞争的需要，芯片科技人员追求芯片更小、更薄、集成度更高的目标之心永不停歇。2020 年以后，芯片制造工艺发展到 7 nm 及以下，芯片设计和芯片制造的费用极其高昂，这让有些高端芯片研发止步不前。为了挖掘潜力，先进的芯片封装技术成为这些高端芯片研发的主要选项。

先进芯片封装技术追求的目标也是芯片更小、更薄、集成度更高。现在，许多芯片制造工艺已被应用到先进封装技术中，比较成熟的先进封装技术已经有数十余种，比如 WLP、FIWLP、FOWLP、eWLB、CSP、WLCSP、

CoW、WoW、FOPLP、INFO、CoWoS、HBM、HMC、Wide-IO、EMIB、Foveros、Co-EMIB、ODI、3D IC、SoIC、X-Cube、SiP 等。由于这些封装技术较为专业和复杂，此处略去不讲。不过，读者可以浏览一下主流先进封装技术的发展年表，详见表 1-2。

表 1-2　主流先进封装技术的发展年表

序号	年份	封装技术	2D/2.5D/3D	功能密度	应用	主要制造商
1	2009	FOWLP	2D	低	智能手机、5G、AI	Infineon/NXP
2	2012	CoWoS	2.5D	中等	高端服务器和高端企业，以及 HPC[1]	TSMC
3	2012	HMC	3D	高	高端服务器和高端企业，以及 HPC	Micron/SAMSUNG/IBM/ARM/Microsoft
4	2012	Wide-IO	3D	中等	高端智能手机	SAMSUNG
5	2015	HBM	3D+2.5D	高	图形、HPC	AMD/NVIDIA/Hynix/Intel/SAMSUNG
6	2016	INFO	2D	中等	iPhone、5G、AI	TSMC
7	2017	FOPLP	2D	中等	移动设备、5G、AI	SAMSUNG
8	2018	EMIB	2D	中等	图形、HPC	Intel
9	2018	Foveros	3D	中等	高端服务器和高端企业，以及 HPC	Intel
10	2019	Co-EMIB	3D+2D	高	高端服务器和高端企业，以及 HPC	Intel
11	2020	TSMC-SoIC	3D	非常高	5G、AI、可穿戴设备或移动设备	TSMC
12	2020	X-Cube	3D	高	5G、AI、可穿戴设备或移动设备	SAMSUNG

前面所列的先进封装技术中，有些在第 5 章“芯片封装和测试”中有详细

1　HPC：高性能计算（High Performance Computing）。

介绍，如WLP[1]、FIWLP[2]、FOWLP[3]、CSP[4]、WLCSP[5]、3D IC[6]等。图1-44列出了几种先进封装技术的简要结构示意图，详细内容在第 5 章“芯片封装和测试”中也有介绍。

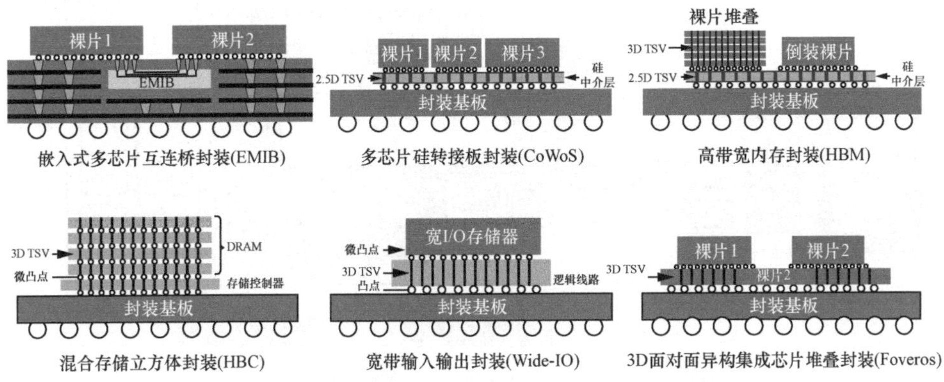

图 1-44　几种先进封装技术的简要结构示意图

4. 人工智能崛起引发变革阶段（2020 年以后）

2016 年，AlphaGo 围棋机器人大胜人类围棋高手，标志着人工智能（AI[7]）技术进入蓬勃发展的新时期。“大数据、大计算、大决策”三位一体的机器学习和深度学习算法不断成熟，人脸识别、自然语言对话、智能驾驶等许多应用不断成熟落地，传统计算技术和集成电路技术迎来了新的发展变革时期。变革就需要创新，突破将会带来新的发展契机。目前，芯片科技人员已在人工智能主要领域，包括边缘计算 AI 芯片、云端计算 AI 芯片、推理和训练 AI 芯片等方面，展开了深入研究。

2019 年 8 月，华为公司发布了当时最强算力的 AI 处理器芯片昇腾 910（Ascend 910），并宣布正式商用。图 1-45 所示为华为公司的 AI 处理器芯

1　WLP：晶圆级封装（Wafer Level Packaging）。
2　FIWLP：扇入型晶圆级封装（Fan-In Wafer Level Packaging）。
3　FOWLP：扇出型晶圆级封装（Fan-Out Wafer Level Packaging）。
4　CSP：芯片级封装（Chip Scale Package）。
5　WLCSP：晶圆级芯片尺寸封装（Wafer Level Chip Scale Packaging）。
6　3D IC：三维立体芯片封装（Three-Dimensional Integrated Circuits）。
7　AI：人工智能（Artificial Intelligence）。

片 Ascend 910 的外观及内部架构。

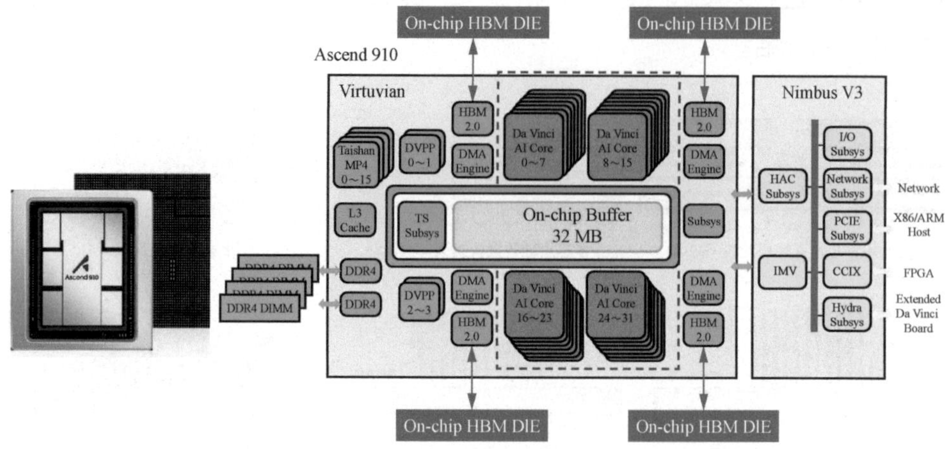

图 1-45　Ascend 910 芯片的外观及内部架构

（注：图中英文为专有名词，为了不引起歧义，所以没有汉化。）

该芯片采用了 7 nm + EUV 制造工艺，基于达芬奇（Da Vinci）架构，共有 32 个 Da Vinci AI 处理器核心。它与深度学习计算框架配套，可构建全栈、全场景 AI 解决方案。由 1 024 颗 Ascend 910 芯片构成的分布式 AI 训练系统可以提供256 PetaFLOPS[1]超高算力，并以前所未有的速度进行AI模型训练。

表 1-3 列出了由英国资深芯片工程师 James W. Hanlon 盘点的 2019 年全球十大 AI 训练芯片及其性能参数，它从侧面反映了全球高科技公司在人工智能领域研究的深度和广度。

2019 年 11 月，位于美国硅谷的 Cerebras Systems 公司发布了世界上面积最大的 AI 训练芯片 WSE1。该公司不仅是一家 AI 技术公司，而且是一家芯片设计公司。WSE1 芯片面积巨大，以至于一片晶圆上只能生产一块 WSE1 芯片。WSE1 芯片上集成了 40 万个 AI 核心和 1.2 万亿个晶体管，裸片面积高达 46 000 mm^2。它采用台积电的 16 nm 制造工艺，规模是美国英伟达公司用于 AI 加速的大核心 GV100 的 56.7 倍之多，功耗高达 15 kW，单颗售价 200 多万美元。

1　PetaFLOPS：每秒千万亿次浮点运算（Peta FLoating-point Operations Per Second），1 Peta = 10^{15}。

表 1-3　2019 年全球十大 AI 训练芯片及其性能参数（* 代表推测，+ 代表单芯片数据）

AI 训练芯片	制造工艺	芯片面积（mm^2）	功耗（W）	片上 RAM（MB）	FP32 峰值（TeraFLOPS）	FP16 峰值（TeraFLOPS）	Mem b/w（GB/s）	I/O b/w（GB/s）
Cerebras WSE+	TSMC 16 nm	510	180	225	40.6	N/A	0	
Google TPU v1	28 nm	未知	75	28	N/A	23(INT16)	30(DDR3)	14
Google TPU v2	20 nm*	未知	200*	未知	未知	45	600(HBM)	8*
Google TPU v3	16/12 mm*	未知	200*	未知	未知	90	1 200(HBM2)*	8*
Graphcore IPU	16 nm	800*	150	300	未知	125	0	384
Habana Gaudi	TSMC 16 nm	500*	300	未知	未知	未知	1 000(HBM2)	250
华为 Ascend 910	7 nm+ EUV	456	350	64	未知	256	1 200(HBM2)	115
Intel NNP-T	TSMC 16FF+	688	250	60	未知	110	1 220(HBM2)	447
NVIDIA Volta	TSMC 12 nm FFN	815	300	21.1	15.7	125	900(HBM2)	300
NVIDIA Turing	TSMC 12 nm FFN	754	250	24.6	16.3	130.5	672(HBM2)	100

2021 年 8 月，Cerebras Systems 公司推出了 WSE2 芯片，关于它的具体信息还不够多，但相较于 WSE1 芯片，其制造工艺升级到了 7 nm，AI 处理器核心数翻倍到了 85 万，晶体管数翻倍到了 2.6 万亿。该公司还宣布推出了世界上第一个人脑规模的 AI 解决方案——CS-2 型 AI 计算机。它可以支持规模超过 120 万亿参数的 AI 训练，与之类比，人脑大约有 100 万亿个突触。此外，该公司还实现了 192 台 CS-2 型 AI 计算机近乎线性的可扩展性，从而可以打造出包含高达 1.63 亿个 AI 核心的 AI 计算集群。

图 1-46 所示为 Cerebras Systems 公司推出的二代晶圆级引擎的外观和参数。其中，左图是WSE2芯片与传统最大的GPU[1]芯片的大小对比，中间图是手拿 WSE2 芯片的大小参考，右图是 WSE1 和 WSE2 芯片的技术参数对比。第一代芯片 WSE1 和第二代芯片 WSE2 的硅片面积均为 46 225 mm^2，对角线为 8.5 in[2]，所以需要用 12 英寸的晶圆来制造，一片晶圆上只能生产一颗芯片。

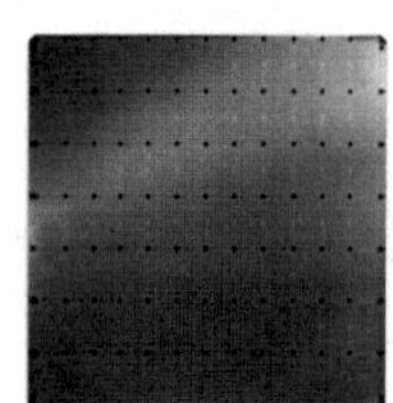

Cerebras WSE-2
硅片面积46 225 mm^2
2.6万亿个晶体管

最大的GPU芯片
硅片面积826 mm^2
542亿个晶体管

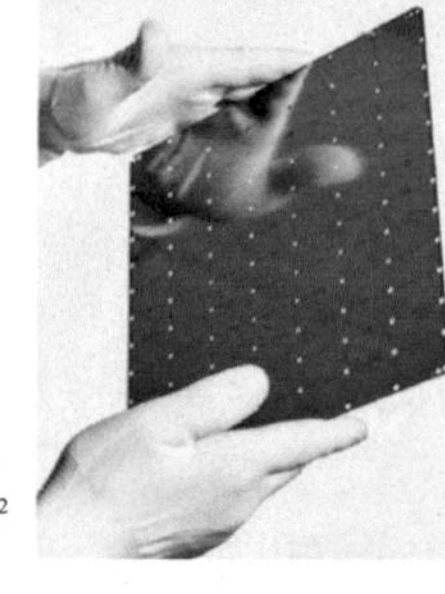

两代晶圆级芯片的参数比较

参数	WSE-1	WSE-2
芯片制造工艺	16 nm	7 nm
硅片面积	46 225 mm^2	46 225 mm^2
晶体管数	1.2万亿	2.6万亿
AI核心数	400 000	850 000
片上存储容量	18 GB	40 GB
存储器带宽	9 PB/S	20 PB/S
结构带宽	100 PB/S	220 PB/S

图 1-46　Cerebras Systems 公司推出的二代晶圆级引擎的外观和参数

2021 年，寒武纪公司推出首颗 AI 训练芯片思元 290，它采用台积电 7 nm 先进工艺，集成了 460 亿个晶体管。思元 290 加速卡的型号是 MLU290-M5，在 350 W 的最大散热功耗下提供的 AI 算力高达 1 024 TeraFLOPS[3]，全面支持 AI 训练、推理或混合型人工智能的计算加速任务。AI 训练芯片思元 290 以及由它组装的 AI 加速卡的外观如图 1-47 所示。

1　GPU：图形处理器（Graphics Processing Unit）。

2　in：英寸，1 in ≈ 2.54 cm。

3　TeraFLOPS：每秒万亿次浮点运算（Tera FLoating-point Operations Per Second），1 Tera = 10^{12}。

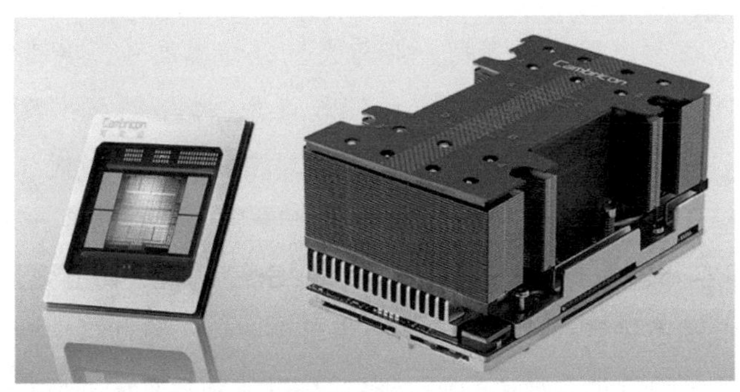

图 1-47　寒武纪公司推出的 AI 训练芯片思元 290 以及由它组装的 AI 加速卡的外观

2023 年 3 月，美国英伟达（NVIDIA）公司推出一款针对大语言模型训练应用的双 GPU 的 AI 加速器 H100 NVL。它搭载了两颗基于 Hopper 架构的 H100 GPU 芯片，顶部配备了三个 NVLink 连接器，使用了两个相邻的 PCIe 插槽。H100 NVL AI 加速卡的 FP64 计算性能为 134 TeraFLOPS，TF32 计算性能达到了 1 979 TeraFLOPS，售价约为 24.2 万元。如图 1-48 所示，H100 GPU 芯片于 2022 年上市，芯片上集成了 800 亿只晶体管，采用台积电为其量身定制的 4N 工艺制造，还采用了 2.5D 晶圆级封装技术。

图 1-48　英伟达公司推出的采用 Hopper 架构的 H100 GPU 芯片的外观

知识点：芯片技术发展过程中的十三件大事，桌面 CPU 芯片的三个时代，手机 SoC 芯片公司五强，移动终端操作系统三大阵营

记忆语：芯片技术发展过程中的十三件大事是晶体管发明、扩散和离子注入工艺发明、芯片发明、MOSFET 发明、平面制造工艺（光刻工艺）技术

发明、CMOS 逻辑电路技术发明、非易失性存储器发明、单晶体管 DRAM 发明、闪存（Flash）发明、微处理器 CPU 诞生、铜互连技术发明、晶圆代工模式创立、FinFET 晶体管发明。**桌面 CPU 芯片的三个时代**分别是 x86 时代（286、386、486）、奔腾时代（奔腾Ⅱ、奔腾Ⅲ、奔腾Ⅳ）和酷睿时代（酷睿 i3、酷睿 i5、酷睿 i7、酷睿 i9）。**手机 SoC 芯片公司五强**是高通公司、苹果公司、三星半导体、联发科和华为海思半导体。**移动终端操作系统三大阵营**是苹果公司的专用系统（iOS）、谷歌公司的安卓系统（Android System）和华为公司的鸿蒙系统（HarmonyOS）。

1.6　从军需到智能手机：芯片技术发展的三次浪潮

芯片技术和产业的发展由芯片应用需求来驱动，没有需求的科技是不会发展的。在芯片技术发展的 60 多年里，芯片技术主要经历过三次大的驱动浪潮。第一次是军需（军用需求的简称）和电子计算机应用的驱动浪潮，第二次是桌面计算和网络化应用的驱动浪潮，第三次是移动通信应用的驱动浪潮。除了这三次大的驱动浪潮，还有一些驱动小波浪也推动着芯片技术向前发展，例如芯片民用消费和工业用消费、物联网、云计算、大数据应用带来的芯片技术创新和芯片消费高潮。

军需和电子计算机应用的驱动浪潮（1960—1980 年）发生在芯片技术诞生之初。和许多高新技术一样，芯片技术诞生后首先被应用于军需、电子计算机、航空航天等项目。例如，1961 年美国德州仪器公司为美国空军开发了首台由芯片制造的电子计算机，这一时期的阿波罗导航计算机和星际监视探测器也都使用了芯片。

桌面计算和网络化应用的驱动浪潮（1980—2000 年）是指全球化的桌面计算机普及以及全球互联网的广泛使用，以 Intel x86 系列 CPU、奔腾系列 CPU 为代表的中央处理器芯片用量猛增，驱动芯片技术沿着摩尔定律不断更新换代，向前发展。

移动通信应用的驱动浪潮（2000—2020 年）是指全球移动通信带动了以

手机为代表的移动终端的消费量猛增，驱动着芯片技术向着芯片集成度更高、更小、更薄和更省电的方向发展。晶体管微缩技术、3D 堆叠集成技术、多点触控和指纹识别技术、SoC 芯片技术、多核心 CPU 技术、3D 和晶圆级封装技术等，以及以 Intel 酷睿 i 系列为代表的桌面多核心 CPU 芯片、以麒麟 990 系列为代表的移动多核心 SoC 芯片技术等，在这一时期都得到了快速发展。

芯片的工业用、商用和民用消费是芯片技术发展的长期驱动力。早在 1964 年，IBM 公司就开发了世界上首台工业用和商用的芯片计算机——IBM 360。因为所用的芯片、计算机语言、系统等都是专门研制的，它们组成了一个复杂的系统，该计算机也被人们习惯称作 System 360，图 1-49 所示为 IBM 大型计算机 System 360 的机房场景。它每台售价在 250 万美元到 300 万美元之间，大约折合现在的 2 000 万美元。虽然售价高得惊人，但它上市后订单蜂拥而至，用户包括美国太空总署的阿波罗登月工程、银行跨行交易系统、航空在线票务系统等。

图 1-49　IBM 公司首台商用大型计算机 System 360 的机房场景

芯片最早的民用消费举例是，1970 年美国汉米尔顿（Hamilton）公司推出一款名叫脉冲星（Pulsar）的数字腕表，如图 1-50 左图所示。其中 P1 型内部用了多颗小芯片，改进的 P2 型则把多颗小芯片集成在一起，如图 1-50 右图所示。它的售价高达 2 100 美元，与当时一辆汽车的价格相当。

芯片的应用领域不同，对芯片的需求不同，特定的应用需求必然推动芯片技术在某些方面快速发展。芯片的工业用和商用消费推动提高了芯片的可靠性；芯片的民用消费推动了芯片技术向更高的性价比和大工业化生产方向发展；物联网应用促进了芯片微功耗技术和嵌入式技术的发展；云计算和大数据应用促进芯片技术解决了超大算力和海量存储的应用需求。未来，人工智能应用可能是芯片技术创新发展的下一个巨大的驱动浪潮。

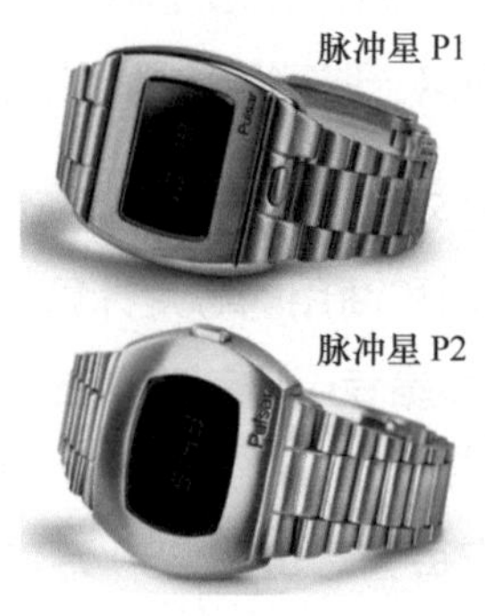

图 1-50 脉冲星 P1 型和 P2 型腕表的外观，以及脉冲星 P2 型腕表的内部照片

知识点：驱动浪潮，军需应用，桌面互联网应用，移动互联网应用，人工智能应用，长期驱动力

记忆语：芯片技术发展过程中的**驱动浪潮**主要由**军需应用**、**桌面互联网应用**、**移动互联网应用**和**人工智能应用**推动。芯片的工业用、商用和民用消费是芯片技术发展的**长期驱动力**。

1.7 从硅谷到世界：全球芯片产业链的形成与演变

芯片技术和产业的发展历史表明，芯片产业是技术密集、资金密集、应用面广、市场化要求高的产业，这些特点决定了它是一个全球化、专业化分工协作的高技术产业，普通国家或地区很难拥有完整的完全自主可控的芯片产业链。早期，芯片技术在关键环节上的创新突破是一些技术发明人的贡献；后来，整个芯片产业的技术进步却是多个国家和地区大批科学家和专业技术人员共同努力的结果。20 世纪 60 年代后，芯片产业曾在不同国家和地区之间发生过三次大的迁移。

美国硅谷是芯片技术的发源地。20 世纪 50 年代末至 70 年代中期，美国是芯片产业的中心，骨干的芯片研究机构和企业有德州仪器、仙童半导体、英特尔、美国国家半导体、摩托罗拉、莫斯泰克等。

第一次芯片产业的大迁移发生在 20 世纪 70 年代中期，由美国迁移至日本，造就了日立、三菱、富士通、东芝、NEC 等世界顶级的芯片制造商。这次迁移是日本企业不懈地追求芯片的品质卓越、生产高效率、产品高性价比而形成的结果，完全是市场因素导致了芯片产业的迁移。

第二次芯片产业的大迁移发生在 20 世纪 80 年代末期，由日本迁移至韩国与中国台湾地区，造就了韩国的三星半导体、现代电子、LG 半导体等公司，以及中国台湾地区的台积电和新竹科学园的一批芯片公司。这次迁移是美国意愿和《美日半导体协议》效应综合作用的结果。

第三次芯片产业的大迁移发生在 20 世纪 90 年代末期，由美国、韩国和中国台湾地区向中国大陆部分迁移。这次迁移的主要方式是境外芯片制造和封装测试公司在中国大陆设厂，或者境外公司在中国大陆设立研发中心。这次迁移是价值链低端的劳动密集、制造密集的产业链环节向适合地区转移的结果，也是我国对外开放、吸收外资和技术引进的结果，是纯市场因素主导的结果。这次迁移完善了我国芯片产业链，提高了国内芯片产业的水平，支持了芯片设计业的发展，促进了国内的芯片应用创新。国内涌现出华为海思半导体、汇顶科技、紫光展锐、珠海炬力、福州瑞芯微、中星微电子、中芯国际、华润微电子、上海微电子等一批芯片龙头企业。

每次芯片产业大迁移过后，迁移源头所在地区并不是一无所剩，而是保留了各自产业链、价值链的特色部分和技术强项。例如美国主要保留了芯片核心技术、芯片设计、技术创新的优势，日本主要保留了芯片制造关键原材料和设备优势，韩国和中国台湾地区主要保留了制造工艺技术和芯片设计的优势，中国大陆则形成了芯片封装测试、部分芯片制造、芯片设计和应用创新的优势。

芯片产业链国际化分工协作蜜月期是指 20 世纪 90 年代末到 2018 年这段时期，上述三次芯片产业大迁移经过的国家和地区按照自身的技术优势，在全球芯片产业链中占据了各自有利地位，大家分工协作，互惠互利，从材料、设备，芯片设计、制造、封装测试到芯片应用创新，形成了一条最符合市场规律的高效和经济的全球化芯片产业链格局。

这条芯片产业链既是芯片技术创新迭代的闭环，也是芯片技术不断发展成熟的基础，如图 1-51 所示。这条芯片产业链并不是某个参与方的有意安排，而是由市场规律的“无形之手”推动形成的。在这 20 多年的时间里，全球芯片产业链国际化分工协作是科学、高效且默契的。

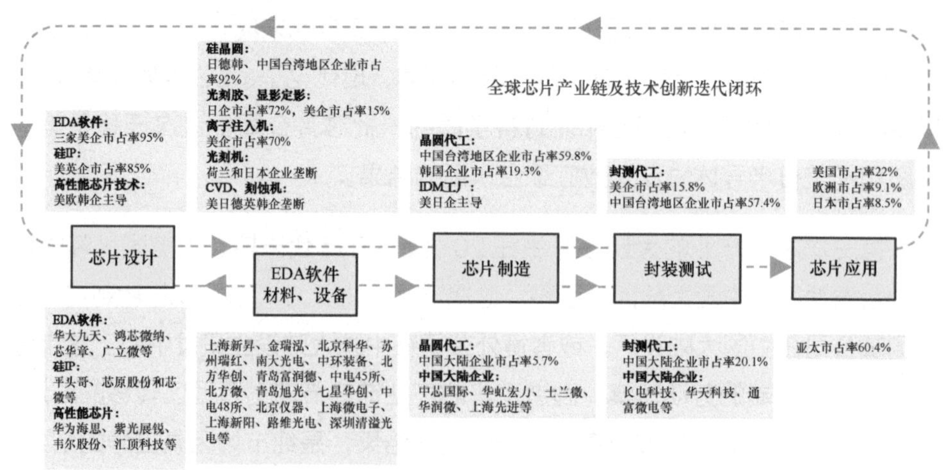

图 1-51　全球芯片产业链及技术创新迭代闭环的示意图

从图 1-51 中可以看到，支撑芯片设计的重要技术（包括 EDA[1] 软件、硅 IP[2]、高性能芯片技术）主要由美国企业主导；材料和设备相关技术主要由美国、日本、德国、荷兰和韩国企业主导；芯片制造的晶圆代工方面，中国大陆企业市场占有率（简称市占率）仅为 5.7%，其他 79.1% 由中国台湾地区和韩国企业瓜分；三业合一的芯片公司以美、日企业为主；封装测试（图中简称封测）方面，中国大陆企业市场占有率达到 20.1%，美国和中国台湾地区企业市场占有率为 73.2%；在芯片应用创新方面，中国大陆芯片市场规模占全球比例达到 60.4%，美国、日韩、欧洲企业合计占到 39.6%。

2018 年之前，芯片产业链国际化分工协作有以下三个特点：一是芯片关

1　EDA：电子设计自动化（Electronic Design Automation）。

2　硅 IP：硅知识产权（Silicon Intellectual Property）。

键核心技术基本由美国、日本、欧洲、韩国和中国台湾地区企业把持；二是中国大陆有些公司的芯片设计能力达到了国际水平，但支撑技术被美国企业垄断；三是中国从芯片设计和芯片应用创新环节深度参与了芯片产业链国际化分工协作。中国芯片设计与芯片创新应用相结合，在促进国内电子信息产业蓬勃发展的同时，也进一步完善了芯片技术创新迭代闭环，为全球芯片产业链的完善和芯片技术进步作出了中国贡献。

2019 年之后，全球芯片产业链国际化分工协作的局面遭到人为破坏，这些破坏对全球芯片产业链合作的各参与方都造成了伤害，各参与方都在设法“补链、强链”，我国也开始了继续坚持开放合作、自立自强地发展我国芯片产业的新征程。2020 年之后，美国加速把芯片产业链向本土转移，市场规律的“无形之手”也在推动劳动密集、制造密集的产业链环节向东南亚国家和地区迁移，这次迁移可以看作芯片产业第 4 次大迁移。

知识点：芯片产业的三次大迁移，芯片产业链，芯片产业链国际化分工协作的参与方，芯片产业的第三次大迁移

记忆语：芯片产业的三次大迁移是 20 世纪 70 年代中期由美国向日本的迁移，20 世纪 80 年代末由日本向韩国和中国台湾地区的迁移，以及 20 世纪 90 年代末由美国、韩国和中国台湾地区向中国大陆的部分迁移。**芯片产业链**主要包括 EDA 软件、芯片材料和设备，芯片设计、制造、封装和测试，以及芯片应用创新等。**芯片产业链国际化分工协作的参与方**主要包括欧洲个别企业、美国企业、日本企业、韩国企业、中国台湾地区企业和中国大陆企业。**芯片产业的第三次大迁移**是由美国、韩国和中国台湾地区向中国大陆的部分迁移。这次迁移的作用是完善了我国芯片产业链，提高了国内芯片产业的水平，支持了芯片设计业的发展，促进了国内的芯片应用创新。

1.8　从手绘到自动化：芯片设计 60 年的惊人演化

要制造芯片，就需要先设计芯片，芯片设计就是设计出制造芯片用的电路布图（layout），也称为电路版图。然后由电路布图制作出光掩膜版（mask），

也称为光罩。如今的芯片设计方法非常先进，工程师使用 EDA 软件，在专用计算机上就可以完成非常复杂的芯片设计任务。

芯片自从被发明出来到 20 世纪 70 年代，芯片设计处在手工化的“石器”时代，其后经历了借助计算机处理图形的计算机辅助设计时代，最后才发展到如今依靠 EDA 软件来设计芯片的电子设计自动化时代，未来也许会进入一个全新的电子设计人工智能化时代。

1. 芯片设计的“石器”时代（国外 1958—1975 年，国内 1965—1985 年）

这一时期之所以被称为芯片设计的“石器”时代，是因为芯片设计工具和制作光掩膜版的方法十分原始和简陋。

那时，进行芯片设计的第一步是在坐标纸上手绘电路版图，如图 1–52 的左图所示。第二步是刻红膜，首先把坐标纸上的图形按 1∶1 的比例描绘在红膜（rubylith）上，然后用刀片和直尺刻红膜。红膜是附在透明基片上的一层红色薄膜，刻红膜就是切开红膜上图形的边界（不能切断基片），图形外的红膜就可以从基片上揭掉，这些区域就变成透光区域；图形内的红膜保留在基片上，这些区域是遮光区域。图 1–52 的右图是手工刻红膜和人工检查图形的工作场景。第三步是微缩制版，刻好的红膜需要经过多次微缩照相，最终才能制成按特定比例缩小的光掩膜版。

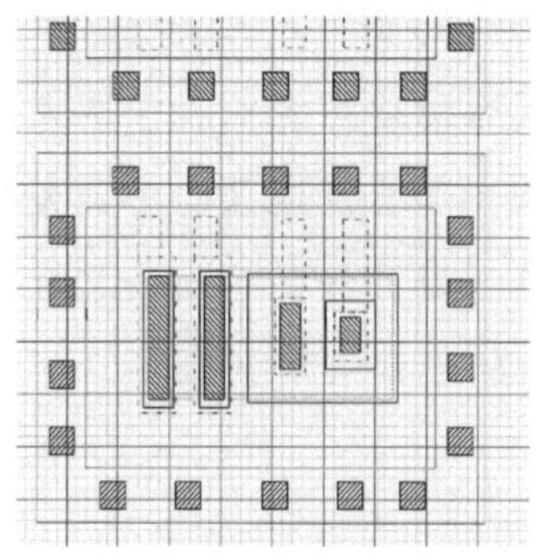

图 1–52　在坐标纸上绘制的电路版图，以及手工刻红膜和人工检查图形的工作场景

芯片制造工艺需要多少层的光掩膜版，工程师就得绘制多少层的电路版图并刻制多少层的红膜。在芯片设计的“石器”时代，电路版图要靠手工绘制，

红膜上的图形要靠人工刻出，采用这种原始方法无法设计出大规模的芯片，一般只能设计小规模集成电路，这种芯片上集成的晶体管数量在几十到几百之间。

1971 年，英特尔公司推出全球第一颗 4 位的中央处理器芯片——Intel 4004。它集成了 2 250 只晶体管，采用了 10 μm 制造工艺，内部的显微照片如图 1-53 所示。

图 1-53　Intel 4004 微处理器的内部显微照片

至于该芯片的光掩膜版是不是用人工刻红膜的方式制作的，笔者无法确定。如果以人工方式刻红膜，无疑工作量非常大，但仍然可行，毕竟当时没有更先进的设计手段和工具。

2. 计算机辅助设计时代（国外 1975—1990 年，国内 1985—1995 年）

这一时期，工程师在设计芯片时，既可以用坐标纸画电路版图，也可以在计算机上设计电路版图。坐标纸上的电路版图可以通过数字化仪输入计算机中，计算机中的电路版图也可以利用软件（例如 L-EDIT 软件等）在计算机屏幕上检查或修改。此外，还可以利用软件（例如 SPICE 软件等）进行晶体管等电路元器件的性能模拟。最后，可以通过计算机控制绘图仪绘制出电路版图以供检查或存档，或者通过刻图机刻好红膜，再经过多次微缩照相，制作出光掩膜版。

图 1-54 的左图是 Tanner Research 公司的电路版图编辑软件 L-EDIT 的用户工作界面，电路版图中不同的电路层采用不同的颜色来表示。该软件可以定义、输入、修改、删除、移动电路图层，也可以定义、移动和删除电路单元，还可以通过绘图仪绘制电路版图，以及转换电路版图的文件格式等。图 1-54 的右图是芯片设计人员在计算机上绘制和检查电路版图的工作场景。

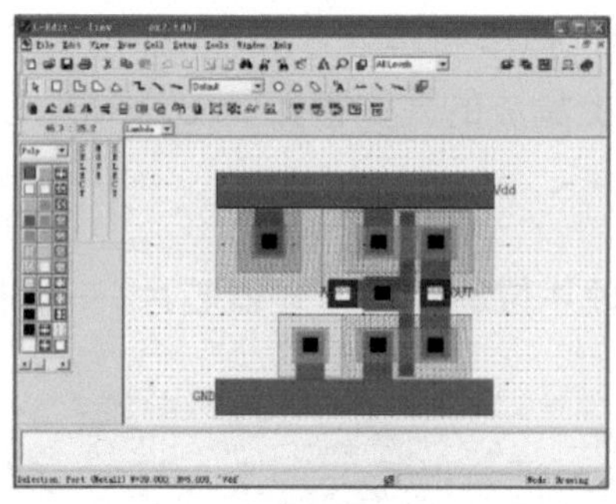

图 1-54　电路版图编辑软件 L-EDIT 的用户工作界面与芯片设计人员在计算机上绘制和检查电路版图的场景

1974 年，英特尔公司推出了 8 位的 CPU 芯片 Intel 8080，它采用 6 μm 的制造工艺，集成了 6 000 多只晶体管。图 1-55 的左图是 Intel 8080 CPU 芯片的内部显微照片，中间图是英特尔公司三位创始人与该芯片红膜的合影（左起分别是安迪 · 格罗夫、罗伯特 · 诺伊斯和戈登 · 摩尔，他们前面的工作台上平铺着该芯片的一张红膜），右图所示为 Intel 8080 CPU 芯片的封装外观。笔者认为这个芯片应该是采用计算机辅助设计方法设计的，用人工画图的方法不可能完成这个芯片的设计。

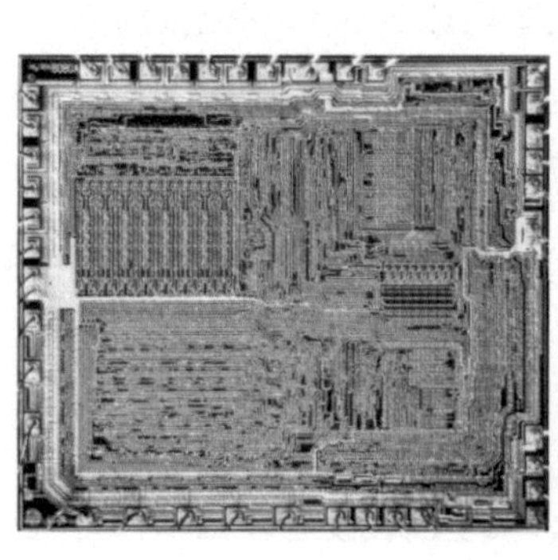

图 1-55　Intel 8080 CPU 芯片的内部显微照片、英特尔公司三位创始人与该芯片红膜的合影，以及该芯片的封装外观

3. 电子设计自动化时代（国外 1990 年以后，国内 1995 年以后）

这一时期，芯片行业普遍采用了 EDA 软件，工程师使用 EDA 软件在计

算机上完成芯片的功能设计、结构设计和版图设计，如图 1-56 所示。EDA 软件还可以完成复杂而精确的设计规则检查、功能模拟和性能仿真等，保证集成了上百亿只晶体管的复杂芯片设计万无一失。芯片设计完成后，设计数据会被传送到芯片制造工厂，芯片制造工厂通过自动化设备完成光掩膜版的制作。最后，整套光掩膜版将用于芯片制造。

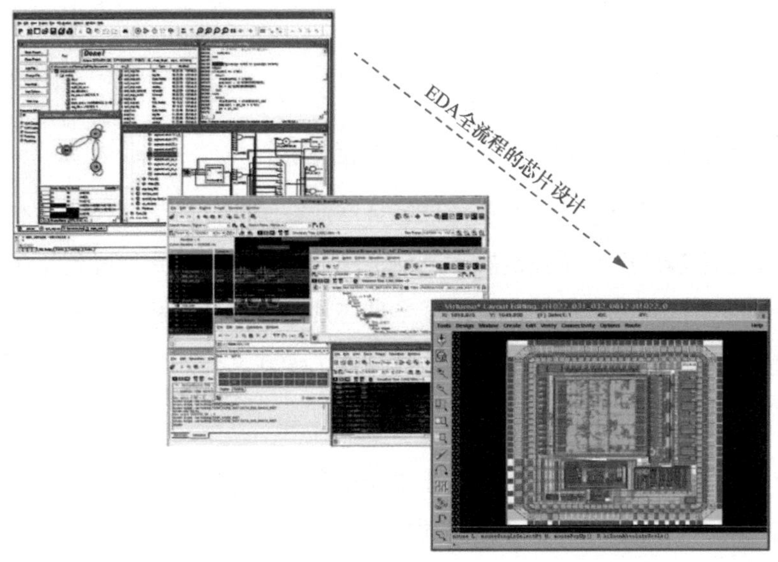

图 1-56　EDA 软件的功能设计、结构设计、版图设计全流程的示意图

全球 EDA 软件公司通过不断整合、兼并和重组，大浪淘沙，逐步形成了目前国外三家龙头 EDA 软件厂商，它们分别是新思科技（Synopsys）、楷登电子（Cadence）和西门子 EDA（Siemens EDA）。这一时期，芯片制造工艺沿着摩尔定律快速升级，工艺特征线宽由 0.35 μm 缩小到 5 nm，EDA 软件跟随芯片制造工艺的发展步伐，不断地完善升级，已可以设计出规模巨大的芯片。上述三大 EDA 软件厂商先后于 1990 年前后进入中国市场，加快了中国芯片设计产业的发展。国内顶级的芯片设计公司是华为海思半导体，该公司有能力设计出集成上百亿只晶体管的高端芯片。

知识点：芯片设计的三个发展阶段，电路版图，光掩膜版，刻红膜，EDA 软件

记忆语：芯片设计的三个发展阶段是早期的“石器”时代，中期的计算机辅助设计时代和现在的电子设计自动化时代。**电路版图**是芯片设计的结果，电路版图用于制作**光掩膜版**，光掩膜版用于芯片制造。**刻红膜**是手工设计芯片时代（即芯片设计的“石器”时代）的一道工序，它把坐标纸上绘制的电路版图刻制成红膜底片，再经过微缩照相，最后制作出光掩膜版。**EDA 软件**是电子设计自动化软件的简称，它是当下芯片设计的必备工具。

1.9 晶圆代工模式改变了芯片产业格局

中国台湾地区的芯片产业在全球芯片产业链国际化分工协作中占有重要地位。台湾地区芯片产业聚集发展，产业链配套齐全，特别是晶圆代工模式创立于台湾地区，独大于全世界，推动了全球芯片产业的变革和发展。那么，台湾地区的芯片产业是如何发展壮大的？晶圆代工模式又是如何创立的？它对全球芯片产业产生了什么影响？本节将回答这些问题。

台湾地区芯片产业的发展开始于 1966 年前后。当时，台湾地区大力发展出口加工业，以廉价劳动力吸引全世界的芯片制造厂商在高雄市的出口加工园区设厂，飞利浦（Philips）、德州仪器（Texas Instruments，TI）、日立（Hitachi）、三菱（Mitsubishi）等公司先后来此设厂，这些为台湾地区承接芯片技术和芯片专业人才打下了良好的基础。

台湾地区大力发展芯片技术研发和产业聚集区建设。1973 年，台湾地区的工业技术研究院（简称工研院）宣告成立，1976 年，建设了台湾新竹科学工业园，形成了产业链上下游企业、大学、研究机构聚集的产业园区。逐步地，这里聚集了许多研发机构和专业化公司，涵盖芯片技术研发、芯片设计、光掩膜版（光罩）制作，以及芯片制造、封装和测试的各个环节，形成了良好的芯片产业发展生态。

台湾地区在培养和吸引芯片人才方面不遗余力，设立了芯片产业发展基金，成立了电子技术顾问委员会（Technical Advisory Committee，TAC），

1975 年还出资和推出了“积体电路示范工厂设置计划”（集成电路在台湾地区被称为积体电路）。后来，TAC 与一些美国芯片公司达成协议，开展了 330 人次的专业培训实习计划，先后培养了一大批电路设计、光掩膜版制造、晶圆制造、封装测试、系统应用和生产管理等方面的专业人才。如图 1-57 所示，以新竹科学工业园为核心的半导体产业对周边地区形成了外溢和带动作用。

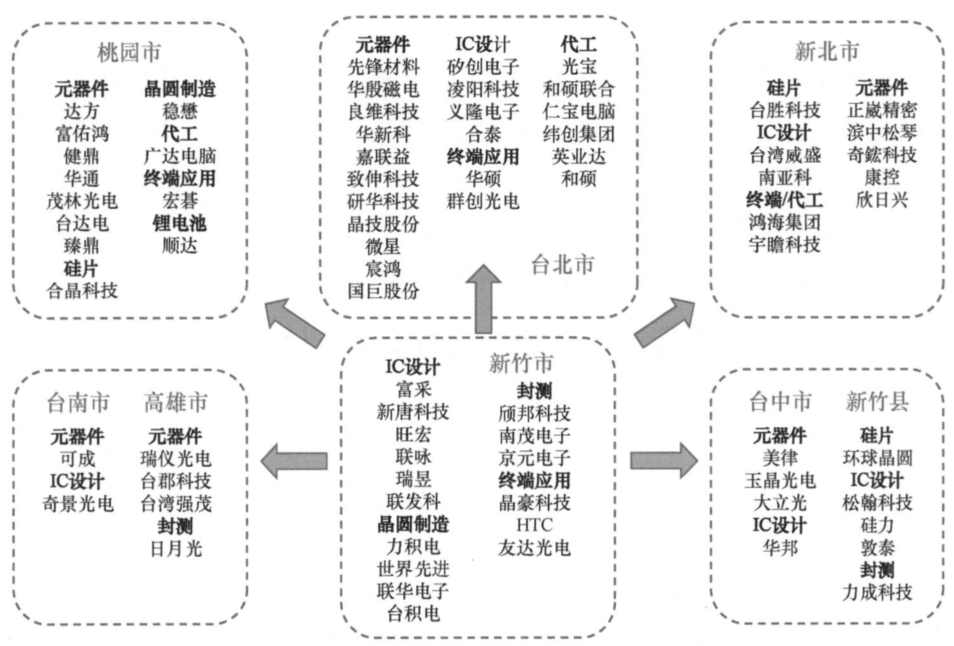

图 1-57　台湾以新竹科学工业园为核心的半导体产业集群

台湾地区的研究机构担当了引进和吸收先进芯片技术，开展共性技术研发和产业化，促进产学研合作，以市场化方式孵化企业的多重职能，图 1-58 是位于新竹的台湾地区的某研究机构总部大楼。台湾地区的某研究机构自成立以来，先后培育了

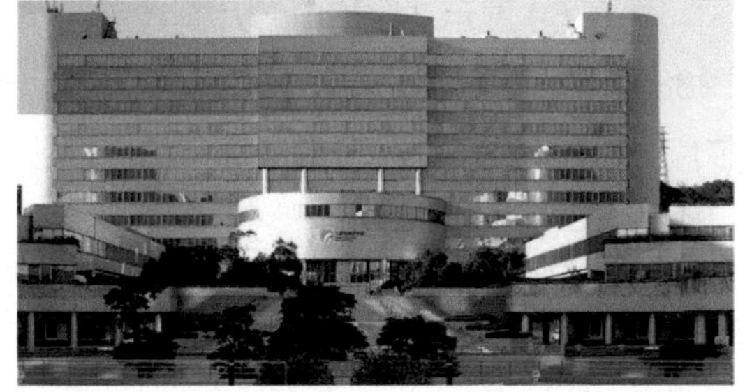

图 1-58　位于新竹的台湾地区的某研究机构总部大楼

70多位企业CEO[1]，创立和孵化了220多家公司，积累了近2万项专利，为台湾地区的芯片产业发展立下了汗马功劳。

晶圆代工模式的创立既得益于台湾地区的芯片产业良好的发展基础，也离不开张忠谋创立台积电（TSMC[2]）的功劳。1987年，张忠谋创办了台湾积体电路制造股份有限公司（简称台积电），台积电只接受芯片设计公司的委托，专做芯片代加工业务。这种业务在芯片行业被称为晶圆代工。

张忠谋56岁创办台积电是为了实现他在美国德州仪器公司工作时的一个梦想。他主张把芯片制造任务从IDM[3]型芯片公司中剥离出来，成立专门的芯片制造公司。芯片制造公司努力把芯片制造工艺做全、做精、做好，以接受更多芯片公司的委托制造订单。而芯片设计公司甩掉芯片制造投入巨大、工艺难以做精的包袱，可以潜心做好芯片设计和技术创新。

台积电刚起步的时候，晶圆代工业务开展并不顺利。原因是客户对于把自己的设计数据交给台积电很不放心，并且对台积电能否很好地完成委托制造任务心存顾虑。张忠谋依靠自己在美国硅谷大公司工作的人脉，争取到了英特尔公司的技术支持和芯片委托制造大单。有了英特尔公司订单的示范效应，台积电的晶圆代工业务慢慢步入正轨。张忠谋也践行了晶圆代工厂要把芯片制造工艺做全、做精、做好的理念，持续大力度投入新工艺节点的研发，使台积电一直走在制造工艺更替的前沿，很快发展成为晶圆代工行业的“领头羊”。

图1-59展示了台积电芯片制造工艺技术的发展历程，从中可以看到，从1988年到2019年约30年时间里，芯片制造工艺从1.5 μm发展到5 nm，芯片中的最窄线条大约微缩到原来的三百分之一。

20世纪90年代，桌面计算机和网络化快速发展，全球芯片产业发展充分

1 CEO：首席执行官（Chief Executive Officer）。

2 TSMC：台湾积体电路制造股份有限公司（Taiwan Semiconductor Manufacturing Company Ltd.），简称台积电。

3 IDM：设计制造一体化（Integrated Design and Manufacture）。

验证了张忠谋对芯片产业必须走专业化分工协作这一判断的正确性。高通、苹果、英伟达、华为海思半导体、联发科等头部公司均专注于芯片设计，而把芯片制造全部委托给台积电这样的晶圆代工厂。

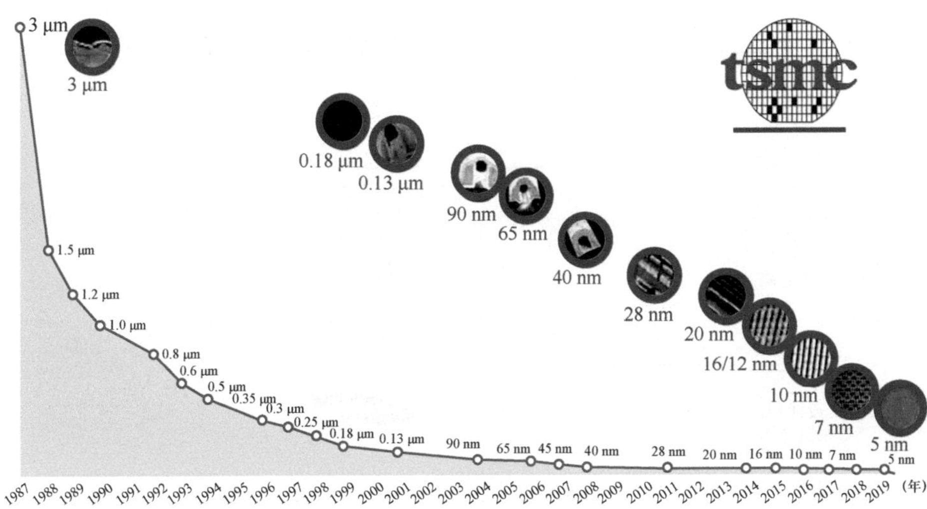

图 1-59　台积电芯片制造工艺技术的发展历程

晶圆代工模式的创立对全球芯片产业的促进作用巨大。该模式实现了又一次芯片产业专业化分工，造就了如今芯片设计业、制造业和封装测试业三业并举的发展格局，也因此成就了台积电全球晶圆代工的霸主地位。

知识点：台湾地区的工业技术研究院，台湾地区的新竹科学工业园，晶圆代工模式，三业并举

记忆语：台湾地区的工业技术研究院担当了引进和吸收先进芯片技术，开展共性技术研发和产业化，促进产学研合作，以市场化方式孵化企业的多重职能。**台湾地区的新竹科学工业园**是一个半导体和芯片产业链上下游企业、大学、研究机构聚集合作的产业园区。**晶圆代工模式**是张忠谋创办台积电后，践行和创立的一种芯片行业商业模式，台积电只接受芯片设计公司委托，代为加工和制造芯片，而没有自己的芯片出售。**三业并举**是指芯片设计业、制造业和封装测试业专业分离，并行发展。

1.10 细分制胜：芯片产业的三次专业化分工

全球芯片产业在发展过程中，按照市场竞争和择优演化的规律，一共经历了三次专业化分工，它们分别是芯片与系统分离、设计与制造分离、硅 IP[1] 与设计分离，如图 1-60 所示。专业化分工按照“专业的人干专业的事”的原则，实现了更高的生产效率和更好的产品性价比，芯片产业链的分工协作更加合理。

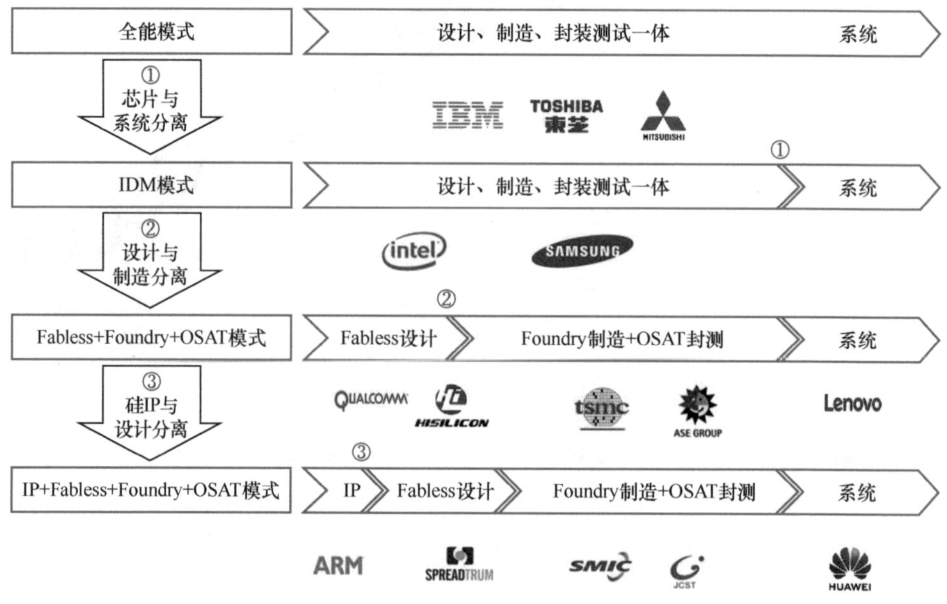

图 1-60 芯片产业的三次专业化分工示意图

1. 第一次专业化分工

如图 1-60 中的①所示，第一次专业化分工把全能型公司分成了 IDM 型芯片公司和整机系统公司，IDM 型芯片公司设计和制造芯片，整机系统公司则组装整机和系统产品。这次专业化分工的基础条件是芯片实现了标准化和通用化，多家整机系统公司可以方便地选购和使用这些标准化、通用化的芯片，用于制造不同品牌的整机和系统产品。

1 硅 IP：硅知识产权（Silicon Intellectual Property），硅 IP 是具有特定功能的电路模块的成熟化设计。

之前，全能型公司是那些研制整机和系统产品的公司，所需要的芯片都由公司自己设计和制造。二十世纪六七十年代，国外很多大型公司属于全能型公司，例如美国的 IBM、摩托罗拉，以及日本的东芝、三菱等，这些公司的整机和系统产品所用的芯片基本上是由自己设计和制造的。

IDM 型芯片公司是指从芯片的设计、制造、封装、测试到销售，全部由自己包办的那些公司。IDM 型芯片公司也因为上至芯片设计，下至芯片销售，从上到下各个环节都在公司内部整合，被称为垂直整合制造型芯片公司。

进入 20 世纪 70 年代后期，由于市场竞争需要以及芯片标准化发展趋势，许多公司发展成了 IDM 型芯片公司。IDM 型芯片公司一般是发展历史较长的公司，例如英特尔、三星、东芝、德州仪器、意法半导体（ST）等，近年来新成立的 IDM 型芯片公司比较少见。

2. 第二次专业化分工

第二次专业化分工如图 1-60 中的②所示，IDM 型芯片公司被分为芯片设计公司、芯片制造厂和芯片封装测试厂。这次专业化分工是从台积电成立，由张忠谋创立的晶圆代工业务兴起后开始的。之后芯片企业就包括了芯片设计公司、芯片制造厂、芯片封装测试厂三种类型。

芯片设计公司又称 Fabless[1] 型芯片公司。例如，高通、博通（Broadcom）、英伟达（NVIDIA）、超威（AMD）、华为海思半导体、联发科等都是芯片设计公司。

芯片制造厂也称晶圆代工厂，简称 Foundry，该词的原意是“拿别人的图纸替别人生产成品”。在芯片行业，Foundry 就是拿着芯片设计图纸，替芯片设计公司制造芯片的工厂。台积电、中芯国际（SMIC）等公司都是芯片制造厂。

芯片封装测试厂主要承接外包的芯片封装和测试业务，简称 OSAT[2]。日月

1　Fabless：Fabrication 和 less 的组合词，意为无制造业务。

2　OSAT：承接外包的芯片封装和测试业务（Outsourced Semiconductor Assembly and Testing）。

光（ASE Group）、安靠（Amkor）、长电科技（Changdian Tech.）等公司都是芯片封装测试厂。

3. 第三次专业化分工

如图 1-60 中的③所示，第三次专业化分工把 IP 公司从设计公司中分离了出来，芯片设计公司更加专注于 SoC 的设计和应用创新。IP 公司则用心设计出具有特定功能的、成熟化的电路模块，这些电路模块就是硅 IP，它们可以在芯片设计中重复使用。这一时期，SoC 芯片的电路规模越来越大、功能模块越来越多，设计复杂的 SoC 芯片必须化繁为简，要用硅 IP 像搭积木一样来设计整个 SoC 芯片。这次专业化分工使中小设计公司借助硅 IP 就可以设计出复杂的芯片。

以上三次专业化分工实际上是对芯片产业链的细化，芯片产业链上的企业被细分为 IP 供应商、芯片设计公司（Fabless）、芯片制造厂（Foundry）和芯片封装测试厂（OSAT）4 种。

知识点：三次专业化分工，IDM 型芯片公司，Fabless 型芯片公司，Foundry、OSAT

记忆语：芯片产业的**三次专业化分工**分别是芯片与系统分离、设计与制造分离、硅 IP 与设计分离。**IDM 型芯片公司**是芯片的设计、制造、封装测试和销售全部由自己包办的芯片公司。**Fabless 型芯片公司**就是芯片设计公司。**Foundry** 就是芯片制造厂，也称为晶圆代工厂。**OSAT** 就是芯片封装测试厂。

1.11 芯片改变世界：让人类进入信息化和智能化社会

人类已经悄然进入数字化和信息化社会，并且正向着智能化和人工智能化的时代迈进。这些变化在我们身边潜移默化地发生着，但很少有人会思考这些变化是怎么来的，以及哪些技术起到了关键作用。其实，把人类带进数字化和信息化社会的新技术有很多，它们一起交叉作用，共同推动才形成了今天的结果。但是，其中起主要作用的是半导体和芯片技术，它们是推动人类进入数字化和信息化社会的中坚力量。

各种媒体上关于数字化的说法有很多，例如企业数字化、办公数字化、文物保护数字化等。另外，数字经济、数字中国、数字城市等也都和数字化有关。数字经济包括数字化、互联网、物联网、5G 通信、大数据、云计算、区块链和人工智能等，数字化是它们的基础技术支撑，芯片则是基础技术支撑的关键。

要了解数字化这个概念，我们首先需要了解什么是模拟量，以及什么是数字量。

现实世界中，大多数物理量是连续变化的。例如，海拔的变化、丘陵连绵起伏的变化、声音的大小、温度的高低、车速的快慢等。这种随着位置或时间连续变化的物理量称为模拟量（analog quantity），一般用曲线来表示模拟量连续变化的特征。如图 1-61 左图所示，青岛至拉萨的海拔随着所处位置的不同而变化，海拔就是一个模拟量；如图 1-61 右图所示，人的体温在一天时间里也是不断变化的，人的体温也是一个模拟量。

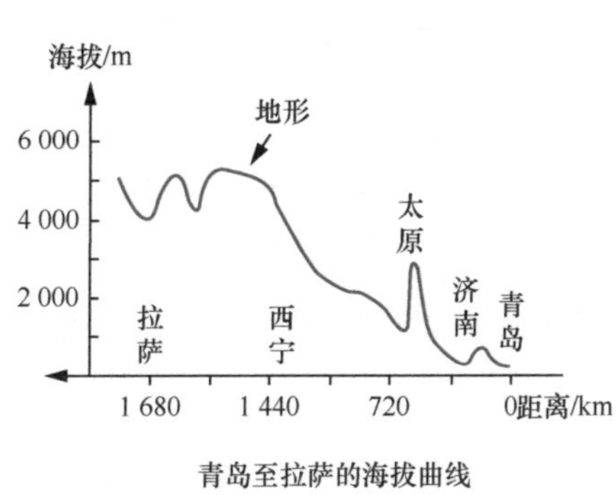

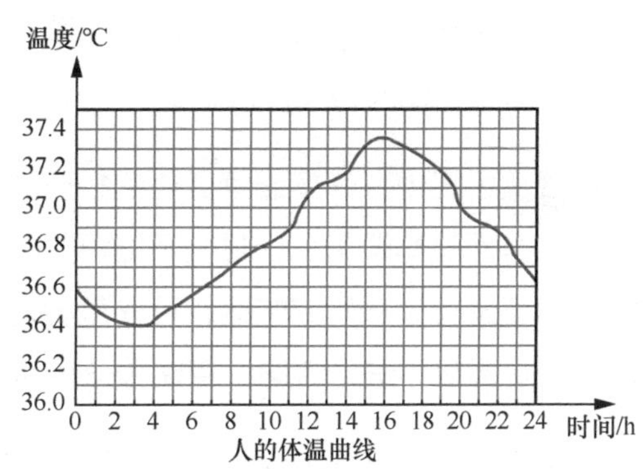

图 1-61　青岛至拉萨的海拔曲线和人的体温曲线

数字量（digital quantity）是模拟量曲线上某一点的测量数值。如图 1-62 所示，人的体温是一个模拟量，不管人们测量不测量它，这个物理量都是存在的，而且是随时间不断变化的。在监控人的体温时，如果按时间双数整点来测量，会得到 12 个温度测量值（如图 1-62 中的蓝色箭头所示），可用 *T*2、

*T*4、*T*6、…、*T*20、*T*22、*T*24 来表示，这些数值都是数字量。如果进一步缩短测量的时间间隔，就会得到更多的顺序数字量。这些顺序数字量可以近似表达这条曲线的变化。测量的次数越多，用顺序数字量表达这条曲线就越精准。

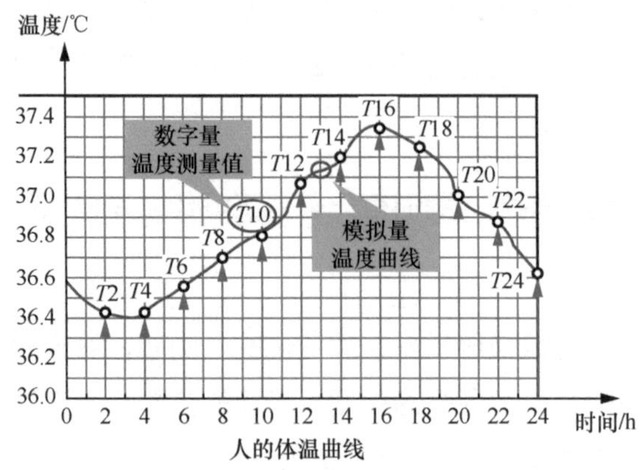

图 1-62　用一组顺序数字量近似表示模拟量曲线

对模拟量进行密集的等间距测量，得到一组顺序数字量的过程称为模拟量的数字化（digitization）。测量的时间间隔称为采样间隔，也称采样周期。数字化时的采样间隔越短，顺序数字量就越多，对模拟量曲线的数字化表达就越准确，数字化的质量就越高。

现实世界中有许多连续变化的物理量，如温度、压力、亮度、高度、重量等，这些都是模拟量，计算机不能直接处理这些模拟量。如果要用计算机对这些模拟量进行分析研究的话，首先就要对这些模拟量进行测量和数字化，然后才能在计算机中进行传输、存储和分析研究。

我们身边数字化的例子有很多，比如旧的电影胶片、照片、音乐磁带、手稿、敦煌壁画、故宫的字画等，都保存在自然材料和模拟介质上。在长时间保存过程中，它们很容易损坏或者质量变差。因此，人们就借助数字化技术，把电影胶片变成数码电影，把照片变成数码照片，把音乐磁带变成数码歌曲，把手稿扫描成电子文件。这些以数字化格式存储在计算机中的数据可以永久保存，并且可以方便地在计算机中进行传输和处理。

数字化是通过芯片来实现的。图 1–63 是数字化及其逆过程（即模拟化）的示意图。

如图 1–63 所示，数字化过程可以简述如下：先用传感器芯片把物理世界中的模拟量转换为电压模拟量 V，再用模数转换器（ADC[1]）芯片把电压模拟量转换为一串数字量，保存在计算机中并进行相应的数据处理。反过来，有时也需要把一串数字量传送给数模转换器（DAC[2]）芯片，经 DAC 芯片转换为一个连续变化的模拟量，这个过程称为模拟化。如图 1–63 所示，借助 ADC 芯片从左向右的转换是数字化，借助 DAC 芯片从右向左的转换是模拟化。

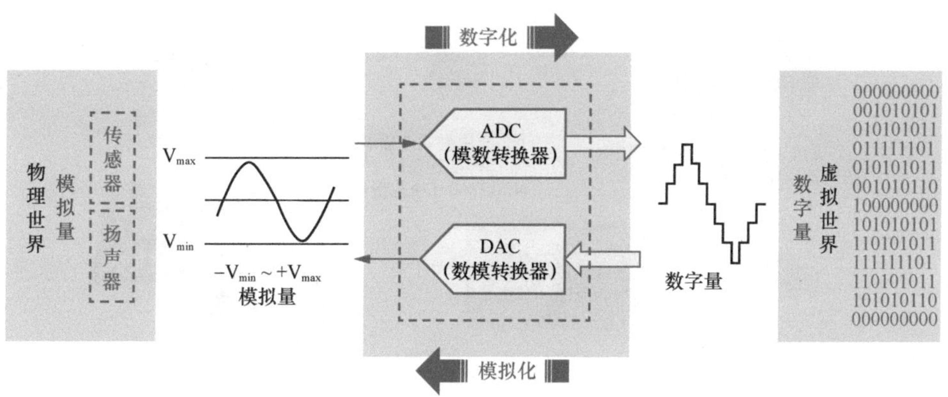

图 1–63　数字化和模拟化的示意图

例如，我们要用手机录制一首歌，歌声悠扬婉转，是模拟量。手机会先用声音传感器（即麦克风）把歌声转换为变化的电压模拟量，再把电压模拟量发送给 ADC 芯片进行模数转换，歌声就被转换为一连串的数字量，并按照 MP3 格式存储在手机里（MP3 是一种常见的音乐文件格式），这是图 1–63 中从左到右的数字化过程。反过来，如果要把手机里的 MP3 音乐播放出来，就需要把 MP3 文件里一连串的数字量发送给 DAC 芯片，进行数模转换，得到不断变化的电压模拟量后，驱动扬声器播放音乐，这是图 1–63 中从右向左的模拟化过程。

1　ADC：模数转换器（Analog-to-Digital Converter）。

2　DAC：数模转换器（Digital-to-Analog Converter）。

ADC 芯片和 DAC 芯片是模拟量的物理世界与数字量的虚拟世界的转换接口。数字化离不开 ADC 芯片，模拟化离不开 DAC 芯片。传感器芯片、ADC 芯片、DAC 芯片和计算机芯片都是非常重要的芯片。没有这些芯片，人类就无法步入数字化和信息化社会。

下面介绍一些传感器芯片、ADC 芯片和 DAC 芯片。

图 1-64 是一些传感器芯片的外观。其中有压力传感器、温度传感器、图像传感器、拾音器等。它们把物理模拟量转换为电压模拟量，或者经传感器芯片内部的 ADC 电路直接被转换为数字量，而后送出芯片。

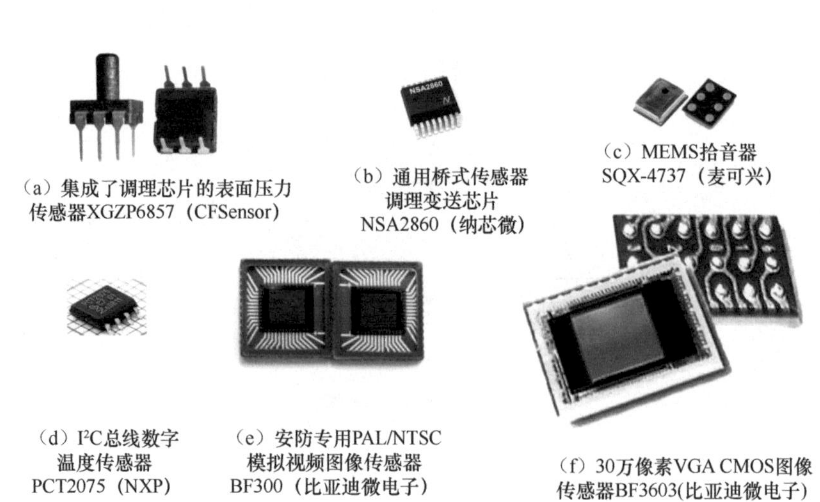

图 1-64　一些传感器芯片的外观

图 1-65 是一些 ADC 芯片和 DAC 芯片的外观及其内部电路框图。其中有 8 位 8 通道的 ADC 芯片，也有 24 位的高精度 ADC 芯片，还有 16 位的立体声 DAC 芯片，以及手机用的双通道、高音质 DAC 芯片。在图 1-65 中，每个子图的左边是内部电路框图，右边是封装芯片的外观图。

随着传感器、ADC 芯片、DAC 芯片、计算机、物联网和移动通信技术的发展，应用数字化技术的领域越来越多，渗透的经济和社会活动越来越广，数字化极大地改变了人类社会的样貌。可以说，芯片实现了数字化，数字化开辟了人类社会信息化和智能化世界的新纪元。

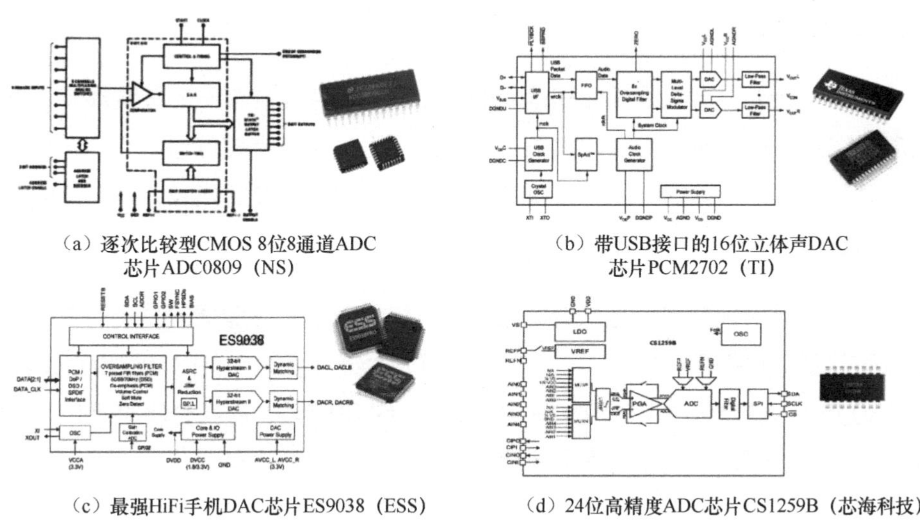

（a）逐次比较型CMOS 8位8通道ADC芯片ADC0809（NS）

（b）带USB接口的16位立体声DAC芯片PCM2702（TI）

（c）最强HiFi手机DAC芯片ES9038（ESS）

（d）24位高精度ADC芯片CS1259B（芯海科技）

图 1-65　一些 ADC 芯片和 DAC 芯片的外观及其内部电路框图

知识点：模拟量，数字量，数字化，模数转换器（ADC），数模转换器（DAC），物理世界，虚拟世界，物理世界和虚拟世界的接口，芯片实现了数字化

记忆语：模拟量是连续变化的量。**数字量**是模拟量曲线上某一点的测量数值。对模拟量进行密集的等间距测量，得到一组顺序数字量的过程称为模拟量的**数字化**。**模数转换器（ADC）**用于测量模拟量曲线上某一点的值，并把它转换为一个数字量。**数模转换器（DAC）**用于把一个数字量转换为模拟量曲线上一点的值。**物理世界**是模拟量的世界，**虚拟世界**是数字量的世界，**物理世界和虚拟世界的接口**是传感器、ADC 芯片、DAC 芯片。**芯片实现了数字化**，数字化开辟了人类社会信息化和智能化世界的新纪元。

1.12　信息爆炸时代的幕后英雄：芯片存储技术

进入 21 世纪以来，社会信息量呈现爆炸式增长。工业和农业不断产生大量运行数据，网店不时地更新商品信息，交通运输的即时信息瞬息万变，公众也在社交媒体上频繁产生着海量娱乐信息。特别是在移动互联网时代，天空中到处都有电磁波在传递着数据，信息铺天盖地，无处不在。在此条件下，大数据行业应运而生。

信息和数据有产生、存储和运用的生命周期，存储是其中的关键环节。一段演讲如果不被记录，讲完即消失，就不能成为信息。支撑信息爆炸式增长的科技基础是芯片存储器技术。没有芯片存储器容量的爆炸式增长，就不可能有当今信息爆炸的信息化世界。

存储器是用来存储信息的设备和器件。如果要追溯存储器的发展历史，不妨按照存储介质和所处年代来划分，大致可分为纸介质时代（1840—1970 年，约 130 年）、磁介质时代（1930—2010 年，约 80 年）、芯片介质时代（1970 年至今，约 55 年）和光介质时代（1980 年至今，约 45 年）。

信息爆炸发生在芯片介质和光介质时代。在此之前，原始的存储器容量非常有限，不可能支撑信息爆炸式增长。光介质存储器只适用于存储海量静态数据，主要用作计算机的外部存储器。而芯片介质存储器可供计算机快速访问数据，主要用作计算机的内部和外部存储器。芯片介质存储器简称芯片存储器。

为了存储信息，人类从 19 世纪开始就进行着许多探索和发明，先后经历了穿孔纸带和穿孔纸卡、磁鼓和磁心存储器、磁带机和磁盘机的应用阶段。另外，威廉姆斯管、汞延迟线、计数电子管也曾用于存储数据，只是它们在历史上昙花一现，应用价值不高。

存储器存储容量大小的单位有 b、B、KB、MB、GB 和 TB 等。其中，最小单位是数位（bit，也翻译为“比特”），用 b 表示；8 个数位构成 1 字节（Byte），用 B 表示。一般来说，字节是数据和信息的最小单位。存储器存储容量的单位换算关系如下：1 TB = 1 024 GB，1 GB = 1 024 MB，1 MB = 1 024 KB，1 KB = 1 024 B，1 B = 8 b。在无须精确计算的场合，涉及存储器存储容量时可用 1 000 代替 1 024 来换算。

1. 穿孔纸带和穿孔纸卡

1846 年，传真机和电传电报机的发明人——美国物理学家亚历山大 · 贝恩（Alexander Bain）最早使用了穿孔纸带，穿孔纸带沿用了 130 多年。

图 1-66 左图是计算机操作员检查穿孔纸带的工作照，图 1-66 右图是穿孔纸带的照片。穿孔纸带上的每个孔位代表 1 位数据，1 行代表 1 字节。它的存储容量为每 10 米存储 3 937 个字符，而且是固定存储，与如今 64 GB 的 U 盘相比，存储容量约是后者的一千五百万分之一。

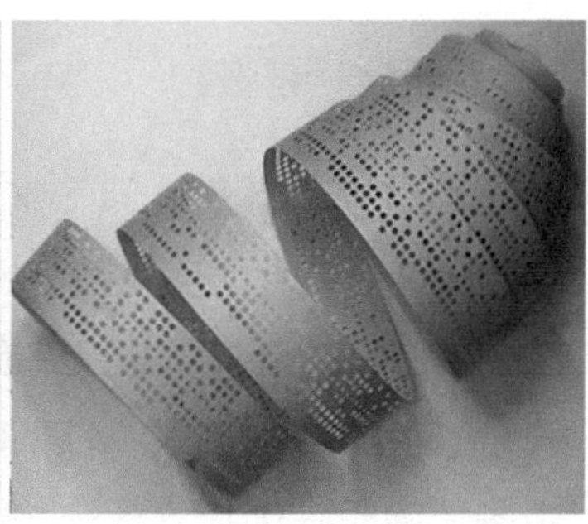

图 1-66　计算机操作员检查穿孔纸带

1888 年，美国统计学家赫尔曼 · 霍尔瑞斯（Herman Hollerith）研制出了穿孔制表机，采用在纸卡上打孔的方式记录统计数据。霍尔瑞斯同期还发明了自动制表机，被用于 1890 年以后历次的美国人口普查，获得了巨大的成功。直到 1930 年，IBM 公司每年仍要销售上千万张穿孔纸卡。图 1-67 是打卡员、输入员和统计员使用穿孔纸卡的场景。穿孔纸卡上的每个孔位代表 1 位数据，它的存储容量为每张卡存储 100 个字符，而且是固定存储。这样的 100 张卡与如今 64 GB 的 U 盘相比，容量约为后者的六百万分之一。

图 1-67　打卡员、输入员和统计员使用穿孔纸卡的场景

2. 磁鼓、磁心存储器

1932 年，IBM 公司的奥地利裔工程师古斯塔夫 · 陶舍克（Gustav Tauschek）发明了一种曾被广泛使用的“磁鼓存储器”，作为计算机的存储器。IBM 701 计算机使用磁鼓存储器作为内部存储器。磁鼓存储器内部的磁鼓长度为 16 英寸，有 40 个磁道，每分钟可旋转 12 500 转，仅可以存储约 10 KB

数据，如图 1-68 所示。磁鼓存储器内部的磁鼓有多个磁道，每个磁道被分成许多点，根据每个点上磁性的正反存储 1 位数据。其优点是可读写。与如今 64 GB 的 U 盘相比，容量约为后者的六百万分之一。

图 1-68　磁鼓存储器的外观和内部磁鼓

1949 年，美国哈佛大学实验室的王安（An Wang）博士发明了磁心存储器。直到 20 世纪 70 年代，磁心存储器才被英特尔公司的芯片存储器淘汰。磁心存储器一般作为计算机的内部存储器使用，可以是一块平面的磁心阵列板，也可以由多块磁心阵列板堆叠在一起，形成磁心存储器阵列，如图 1-69 所示。磁心存储器上的 1 个磁心可存储 1 位数据，它的存储容量与磁心阵列板的层数和板上磁心的数目有关。

图 1-69　磁心存储器阵列（左）、磁心阵列板（中）、磁心存储器的发明人王安博士（右）

3. 磁带机、早期磁盘机

20 世纪 50 年代，磁带录音技术开始被应用于计算机领域，出现了数据存储磁带机，也称磁带存储器。磁带机的存储容量较大，但只能顺序访问，查找数据的速度很慢，在计算机上只能用作数据备份的存储装置。图 1-70 所示为国外计算机机房里的磁带机和查找磁带的计算机操作员。直到 20 世纪 80 年代，国内重要科研院所仍在使用这种柜式磁带机作为计算机的外部存储器来备份重要数据。

图 1-70　国外计算机机房里的磁带机和查找磁带的计算机操作员

早期磁盘机也曾被用作计算机的外部存储器。磁盘机也称为硬盘，可以随机访问，数据查找速度快，是磁带机的替代方案。1956 年，IBM 公司发布了一款型号为 IBM 305 RAMAC 的硬盘，如图 1-71 的右图所示。因为它实在太大、太重了，有时需要搬上飞机来托运，如图 1-71 的左图所示。当时的新闻报道称，“这个上吨重的硬盘，在存储容量方面有着革命性的变化，它可以存储海量数据，容量高达 4.4 MB，相当于 50 个 24 英寸（in）的磁盘”。现在看来，当时所谓的“海量”有些夸张，它与如今 64 GB 的 U 盘相比，容量也不过后者的一万五千分之一。

图 1-71　IBM 305 RAMAC 需要搬上飞机来托运

4. 现代磁盘机、软磁盘机

现代磁盘机（也称硬盘）的体积越来越小，容量却越来越大，如图 1-72 所示。1980 年，希捷公司推出 ST-506 5MB 5.25 英寸中型硬盘，标志着硬盘进入民用时代。1983 年，第一款 3.5 英寸小型硬盘出现，容量仍然处在 MB 量级。1988 年，首款 2.5 英寸微型硬盘出现。1991 年，IBM 公司推出 3.5 英寸的 1 GB 硬盘 IBM 0663-E12，从此硬盘容量开始进入 GB 量级。1997 年，IBM 公司推出巨磁阻磁头技术，使磁盘容量提高至原来的 8 倍。

图 1-72　现代磁盘机的体积越来越小，容量却越来越大

后来，3.5 英寸硬盘成为台式计算机的标准规格，2.5 英寸硬盘则成为笔记本电脑的标配。现在，笔记本电脑内装硬盘和外用移动硬盘可选用 2.5 英寸或 1.8 英寸的规格，体积更小，容量则高达 2 TB。

软磁盘机（也称为软盘）使用软磁盘片来存储数据，是一种可移动的数据存储器。1967 年，IBM 公司推出世界上首张直径 32 英寸的软盘。1971 年，IBM 公司的阿兰·舒加特（Alan Shugart）推出直径 8 英寸的软盘。1976 年，IBM PC 中使用了舒加特研制的 5.25 英寸软盘，容量为 700 MB。舒加特后来创办了希捷（Seagate）公司，被誉为“磁盘之父”。1979 年，索尼公司推出 3.5 英寸的双面软盘。后来流行的软盘主要有 5.25 英寸和 3.5 英寸两种，容量也从 360 KB、720 KB 增长到 1.44 MB。图 1-73 给出了三种规格软盘的照片。从 1980 年到 2000 年的 20 年里，后两种软盘成为 PC 的主要外部可移动存储器。

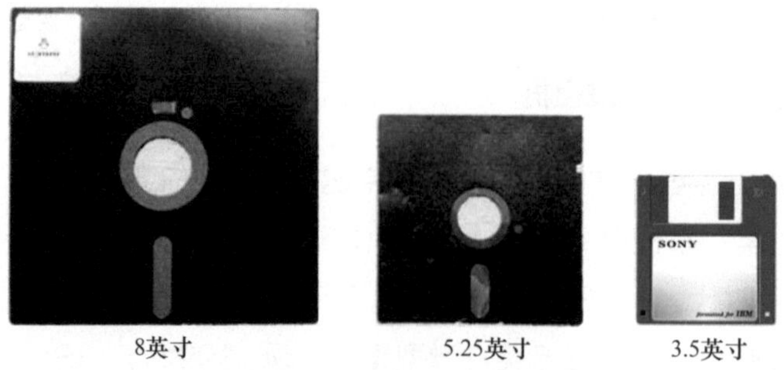

图 1-73　三种规格软盘的照片

早期的那些原始存储器可以看成存储技术发展的“石器”时代的产品。后

来，现代硬盘（Hard Disk，HD）和光盘才担负起计算机外部存储器的重任，它们的体积不断缩小，存储容量却快速提升。图 1-74 是现代硬盘的存储容量快速提升曲线图，从 1956 年开始，存储器的容量在 MB 量级延续了大约 35 年，而后在 GB 量级停留了约 16 年，从 2007 年开始，存储器的容量进入 TB 量级。

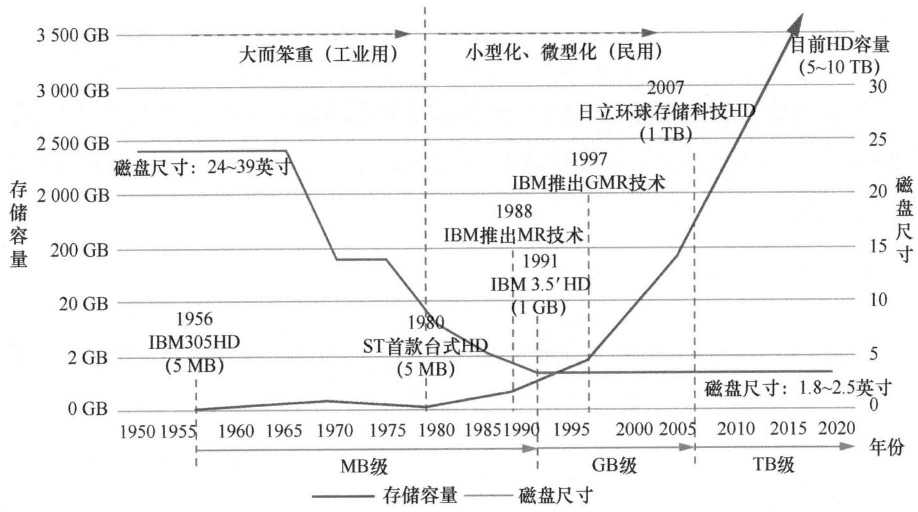

图 1-74 现代硬盘的存储容量快速提升曲线图

5. 光盘存储器

光盘存储器是软盘存储器的替代品，因为它们都是可移动存储器。1985 年，飞利浦（Philips）公司和索尼（Sony）公司公布了在光盘上记录计算机数据的黄皮书，之后 CD-ROM[1] 便在计算机领域得到广泛应用。光盘具有存储容量大、可随机存取、保存寿命长等优点，适用于大数据量的信息存储和交换，并且能够同时存储文件、音乐、视频、照片等多种信息。

光盘的标准有很多，“60 后”“70 后”中的许多人接触过 CD-ROM、CD-R、CD-RW、DVD-ROM、DVD-R、DVD-RAM、DVD-RW、DVD+RW 等光盘，存储容量从 700 MB 到 4.7 GB 不等。图 1-75 是几款光盘和光盘驱动器的举例，这种光盘如今仍有人在使用。

1 CD-ROM：只读存储光盘（Compact Disc Read-Only Memory）。

图 1-75　几款光盘和光盘驱动器的举例

如果说现代硬盘和光盘是桌面计算机和互联网时代支持信息爆炸式发展的主角，那么芯片存储器就是移动计算机和移动互联网时代支持信息爆炸式发展的中坚力量。

6. 芯片存储器

芯片存储器是以芯片为介质的存储器。1966 年，IBM 公司的研究人员罗伯特 · H. 登纳德（Robert H. Dennard）博士发明了晶体管动态随机存储器（DRAM），并在 1968 年获得专利。1970 年 10 月，英特尔公司推出了首颗 DRAM 芯片 C1103，容量仅 1 Kb，售价 10 美元。组装一个 1 MB 的内存板卡，造价竟高达 8 万多美元。1974 年，英特尔公司 DRAM 芯片全球市场份额占比高达 82.9%。以 DRAM 为代表的芯片存储器也成了磁鼓、磁心等原始存储器的终结者。图 1-76 是美国 Prime 公司计算机存储器板上的大量 C1103 芯片的照片。

图 1-76　美国 Prime 公司计算机存储器板上的大量 C1103 芯片的照片

50 多年来，随着计算机和智能设备在各行各业的广泛应用，芯片存储器的特殊需求增多，多种类型的芯片存储器被研制出来。芯片存储器主要有可编程只读存储器（PROM[1]）、动态随机存储器（DRAM）、静态随机存储器

1　PROM：可编程只读存储器（Programmable Read-Only Memory）。

（SRAM）、闪存（Flash Memory[1]）等。

闪存是一种断电后数据仍然可以永久保存的存储器，既可以用作内存，也可以用作外存。闪存芯片可以用来制作 U 盘、存储卡和固态硬盘等。图 1–77 所示为几种主要的芯片存储器的外观。

图 1–77　几种主要的芯片存储器的外观

7. 从应用举例看芯片存储器对信息爆炸时代的支撑

（1）芯片存储器在移动存储方面的应用。21 世纪初，U 盘、微型存储卡、移动硬盘应运而生，很好地满足了人们对容量大、访问速度快的移动存储器的需求。软盘首先被淘汰，光盘也部分地被芯片存储器取代，并且随着芯片存储器容量的不断增大，由 Flash 芯片实现的固态硬盘发展快速，大有逐步取代硬盘和光盘的趋势。目前 U 盘的容量可达 256 GB，微型存储卡的容量也高达 512 GB，固态硬盘的容量甚至高达 1 TB。图 1–78 所示是用芯片存储器实现的各种 U 盘、微型存储卡和固态硬盘的样貌。

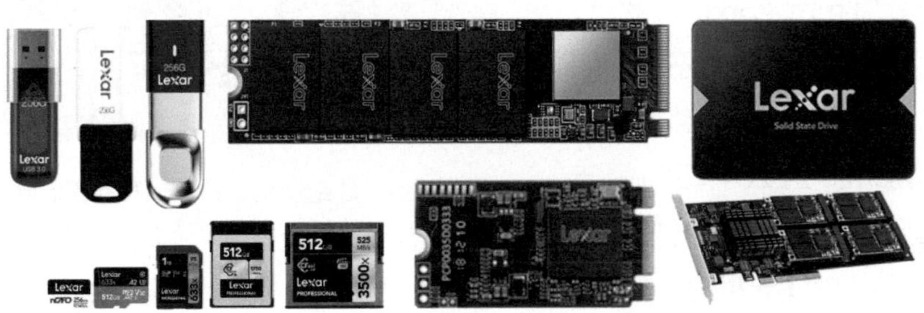

图 1–78　U 盘、微型存储卡和固态硬盘的样貌

1　Flash Memory：闪速存储器，简称闪存。

（2）芯片存储器使智能手机的存储容量大增。当下，智能手机配 128 GB 内存不算太大，256 GB 还算凑合，高配则需要 512 GB。因为白领人士需要掌上办公、安装许多软件和存放公文，所以智能手机需要更大的存储容量。普通人也需要安装各种 APP[1]，存放更多自拍的美图和视频，所以也需要更大的存储容量。只要价格可以接受，内存多多益善。内存大小为 512 GB 是什么概念？512 GB 相当于 100 多张 DVD 光盘的存储容量。华为 Mate20X 5G 智能手机的存储容量是 8 GB 内存加上 256 GB 闪存，图 1-79 所示是该手机主板上芯片存储器的安装位置（如红框、橙框和黄框所示）和存储容量。

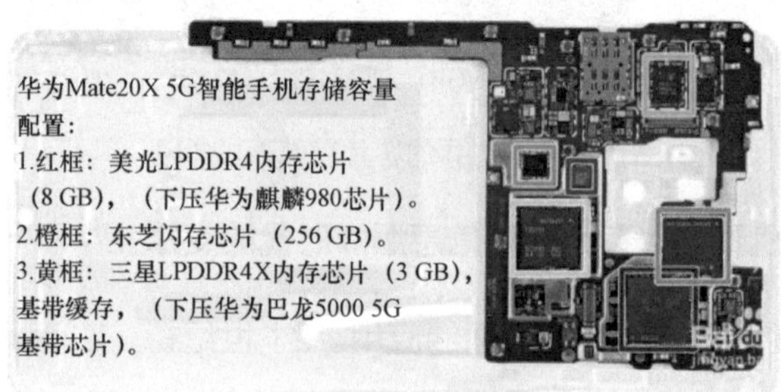

图 1-79　华为 Mate20X 5G 智能手机主板上芯片存储器的安装位置和存储容量

（3）用芯片存储器实现的固态移动硬盘将取代磁盘。2020 年，江波龙公司旗下国际品牌雷克沙（Lexar）推出 SL100 Pro 移动固态硬盘，如图 1-80 所示。其仅有 73 mm × 55 mm 大小，重量仅 70 g，存储容量竟达到 1 TB，而且数据访问速度达到 950 MB/s。这么小巧的固态移动硬盘的存储容量竟相当于 200 多张 DVD 光盘的存储容量，并且比传统硬盘的数据读写速度快很多。

图 1-80　雷克沙 SL100 Pro 移动固态硬盘

（4）芯片存储器使小型存储卡实现了超大的存储容量。SD 卡是用闪

1　APP：英文 Application 的简写，原意是应用，现在特指智能手机上的应用程序。

存芯片制作的标准型存储卡，由松下电器（Panasonic）、东芝公司、闪迪（SanDisk）公司于 1999 年推出。2003 年，闪迪公司推出了小一号的 Mini SD 卡，不久后又与摩托罗拉公司联手推出更小的 TF 卡，2005 年 TF 卡被纳入 SD 协会的行业标准，改名为 Micro SD 卡。在之后的 10 多年里，Micro SD 卡被许多数码产品选用。经过多年升级，Micro SD 卡的外形虽然未变，但它的存储容量随着 Flash 芯片技术的进步也在不断扩大。

2018 年，华为公司发布了一种 Nano 存储卡（也称为 NM 卡[1]），并宣布 Mate 20 系列手机全面支持 NM 卡。NM 卡的体积比当时流行的 Micro SD 卡小了 45%，成为全球体积最小的手机存储卡。江波龙公司旗下的国际品牌雷克沙推出了与 NM 卡兼容的 nCARD，它是江波龙公司在获得华为 NM 卡相关专利授权后推出的新品。目前 Micro SD 卡、NM 卡和 nCARD 的存储容量都可以做到 512 GB。如图 1-81 所示，小型存储卡实现了超大的存储容量。

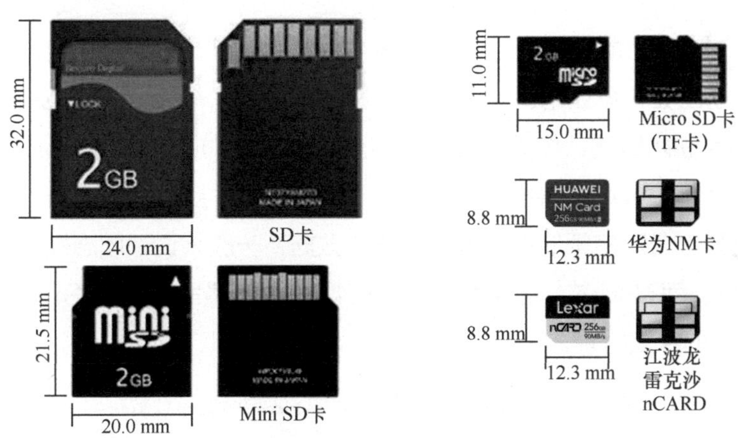

图 1-81　小型存储卡实现了超大的存储容量

（5）小型存储卡的超大存储容量完全依赖芯片 3D 堆叠封装技术来实现。如今，在不到 10 mm × 10 mm 的闪存裸片[2]上，已经可以集成 256 Gb 的存储容量。按照 NM 卡的平面尺寸，卡壳里只能装入 1 个闪存裸片。如果要研制一款 256 GB 容量的 NM 卡，那么卡壳里至少需要装入 8 个闪存裸片。所以

1　NM 卡：Nano Memory card。

2　裸片指的是未封装的芯片。

只能把 8 个闪存裸片堆叠封装在一起，这就是 3D 堆叠封装技术，前提是裸片必须被打磨得足够薄。2018 年，华为和江波龙先后推出的 NM 卡和 nCARD 都使用了 3D 堆叠封装技术，所采用的 256 Gb 的闪存裸片厚度仅为 30 μm，相当于头发丝直径的三分之一，8 个闪存裸片堆叠在一起并加上基板，厚度合计不超过 0.7 mm。假如把 NM 卡一刀切开，就可以看到图 1–82 所示的横截面，闪存裸片堆叠放置在基板上，裸片之间、裸片与基板之间相互连接，基板底部有金色的金属触点外露，它们与读卡器插槽的触点接触即可读写数据。

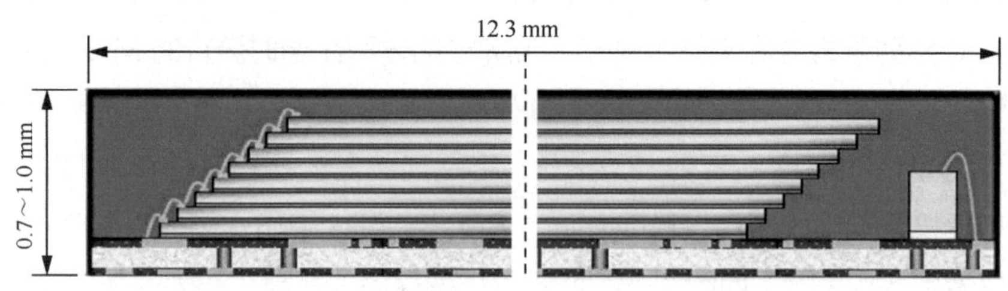

图 1–82　NM 卡的 3D 堆叠封装示意图（8 个闪存裸片堆叠封装在一起）

（6）芯片存储器实现和保证了个人的存储消费需求。PC 出现之前，存储消费主要是工业和商业用途的消费。进入 PC 时代后，民用存储消费快速增加。到了移动互联网时代，个人消费成为存储消费的主力。未来，5G 应用还将进一步引发信息的爆炸式增长，芯片存储器的个人消费量还将大幅增加。表 1–4 是一名典型办公室白领的存储器消费统计数据，一般来说，固态硬盘容量需要 2 048 GB、DRAM 芯片容量需要 16 GB、闪存容量需要 992 GB，合计需要 3 056 GB 的存储容量。

表 1–4　一名典型办公室白领的存储器消费统计数据

个人存储器消费	电子用品	固态硬盘	DRAM 芯片	闪存
基本需求	台式办公计算机	1 024 GB	8 GB	
	笔记本电脑	1 024 GB	4 GB	
	智能手机		4 GB	128 GB
	U 盘、存储卡			32 GB + 128 GB
可选需求	移动固态硬盘			480 GB
	车载设备			32 GB
	相机、随身听			64 GB + 128 GB
芯片存储器容量合计		2 048 GB	16 GB	992 GB

存储器的分类如图 1–83 所示，其中包括内部存储器、外部存储器和移动存储器等。DRAM、闪存和硬盘是目前存储器应用的三大主力（已用红星标识）。磁带早已被硬盘和光盘取代；软盘已被芯片存储器实现的 U 盘、小型存储卡取代；部分机械硬盘也正在被芯片存储器实现的固态硬盘取代。芯片存储器已经统治了存储器应用的“大部分江山”。近期，机械硬盘和光盘还会有一定的用途，它们将在固定的大数据备份的应用场合继续发挥作用。但从长远看，随着芯片存储器技术的进一步发展，硬盘和光盘也许会被芯片存储器完全取代。

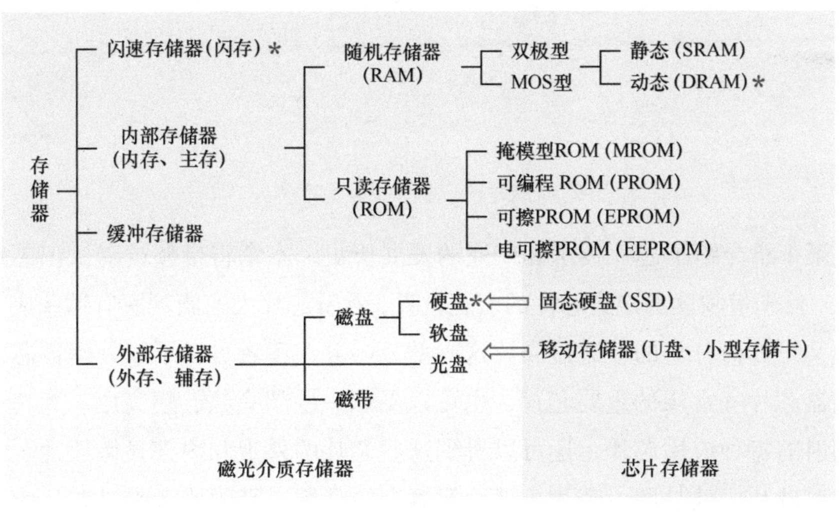

图 1–83　存储器的分类

知识点：存储器，芯片存储器，原始的存储器，芯片存储器的主要种类，移动存储器，裸片，3D 堆叠封装，存储器的版图

记忆语：存储器是用来存储信息的设备和器件。以芯片为介质的存储器称为**芯片存储器**。**原始的存储器**主要有穿孔纸带和穿孔纸卡、磁鼓和磁心存储器、磁带机和早期磁盘机等。**芯片存储器的主要种类**有 PROM、DRAM、SRAM 和闪存。**移动存储器**包括小型存储卡、U 盘和固态硬盘。**裸片**指的是还未封装的芯片。**3D 堆叠封装**技术旨在把多个闪存裸片堆叠、连接和封装在一起。未来**存储器的版图**主要由芯片存储器占领，少量地盘会留给机械硬盘和光盘。

第2章 初识芯片的样貌

第1章介绍了芯片技术和产业的发展历史，本章将带领读者认识芯片的样貌。首先带领读者走进芯片的宏观世界，看看芯片大家族到底有哪些成员，它们又是如何分类的。通过阅读这一部分内容，读者可以了解处理器芯片、存储器芯片等常规的重要芯片，也可以见识一些超高频、超高压、大功率、抗辐射的特种应用芯片，还可以看到这些芯片的外观和内部显微照片。然后通过对硅片、硅晶圆、芯片、裸片等概念的介绍，带领读者走进芯片的微观世界，看看芯片到底有多么精密复杂和神奇，了解设计和制造芯片到底有多难。通过对芯片中“层”的剖析，读者可以了解什么是二维的平面芯片、什么是三维的立体芯片等。

2.1　什么是集成电路（芯片）?

电路是各种电子元器件连接在一起形成的一个复杂回路，电流通过这个回路不断流动，就形成了特定的电路功能。小至电话机和收音机，大到电子计算机，所有电子产品中最重要的部分都是电路，它是电子产品的心脏。图 2-1 是一个最简单的电路，其中有晶体管、电阻、电容、发光二极管和按钮开关。开关按下时，电流按箭头方向流动，发光二极管点亮；开关松开时，发光二极管熄灭。

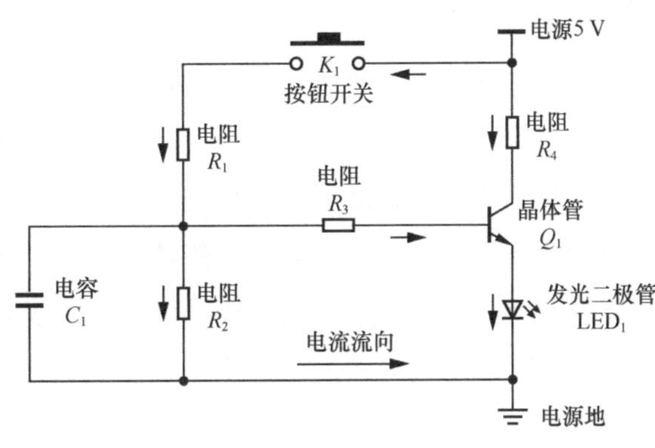

图 2-1　一个最简单的电路

集成电路是把电路中的分立电子元器件集成在一个很小的半导体晶片上，经封装后形成的具有完整电路功能的器件。图 2-2 是把左图红线框中的晶体管、电阻等分立电子元器件集成在右图芯片上的示意图。

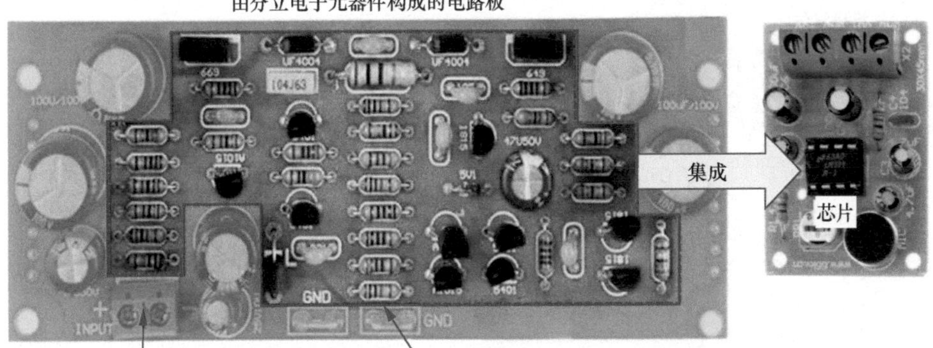

图 2-2　将分立电子元器件集成在芯片上的示意图

注意，图 2-2 左图红色虚线框内的电子元器件可以集成在一起，红色虚线框之外的电子元器件则不能被集成，包括大的电容、电感等。在图 2-2 中，左右两块电路板的功能是相同的，利用芯片可使电路板的尺寸大幅减小、可靠性大大增加。

对于电子产品和整机系统来说，芯片也是一种电子元器件，只不过它的功能比晶体管、电阻和电容等电子元器件要复杂得多。芯片中集成的电子元器件数目是芯片复杂度最直接的表达，早期芯片中最多只能集成数千个电子元器件，现在的芯片最多能集成数百亿个电子元器件。

为了进一步认识芯片，我们需要看看芯片的内部结构和外部结构。芯片的封装形式有很多，不同应用的芯片，封装形式是大不相同的。一般来说，芯片内部会有一个半导体晶片，所有电子元器件（主要是晶体管）及其连线集成在这个半导体晶片上，这个半导体晶片称为裸片。半导体晶片四周边沿有许多电信号引出点，这些电信号引出点通过金属引线与封装外部的信号引脚相连。所以，芯片的内部结构包括裸片和金属引线，芯片的外部结构包括封装壳、信号引脚以及封装壳上的标识。

我们首先来看两个简单封装芯片的结构。如图 2-3 所示，左图是一个双列直插封装（DIP[1]）的芯片，右图是一个塑料四方扁平封装（PQFP[2]）的芯片，它们的结构都包括了裸片、金属引线、信号引脚和封装壳，封装壳起到对裸片和金属引线的固定和保护作用，这是芯片最一般、最基本的结构。

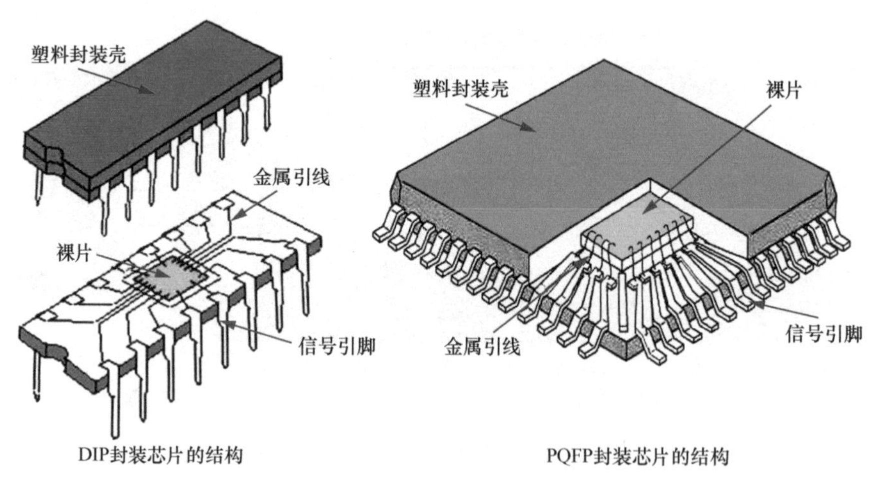

图 2-3　两个简单封装芯片的结构

1　DIP：双列直插封装（Dual In-line Package）。
2　PQFP：塑料四方扁平封装（Plastic Quad Flat Package）。

我们再来看一个复杂封装芯片的内部结构和外部展示。这个芯片是 Intel 80486 CPU，有 168 个信号引脚，采用镀金插针网格阵列（PGA[1]）陶瓷封装。其内部结构和外观如图 2-4 所示。

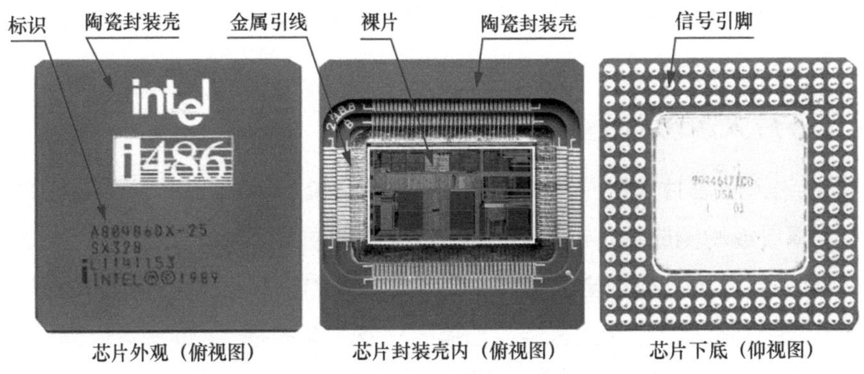

图 2-4　一个复杂封装芯片的内部结构和外观

图 2-4 的左图是芯片外观的俯视图，陶瓷封装壳上印有芯片型号、公司和出品时间等标识。图 2-4 右图是芯片下底的仰视图，芯片中心的正方形是镀金屏蔽壳，周围是 168 个镀金的引脚插针阵列。这种芯片在使用时，会被安插在计算机主板的 CPU 插座上。图 2-4 中间图是芯片开盖后，芯片封装壳内的俯视图，中间的白框里是 CPU 的裸片，裸片四周是电信号引出点，这些电信号引出点由纯金引线与芯片下底的镀金插针相连接，由于裸片四周的电信号引出点太多、太密，纯金引线只好分成了三层，它们分别穿过封装壳，与芯片下底的镀金插针相连接。

通过对这三种封装芯片的剖析，相信读者已经对芯片结构有了一定的了解。其实，芯片已被广泛应用于国民经济的几乎所有领域中，芯片的种类非常繁杂，其内部结构和外观也五花八门。2.2 节将介绍芯片大家族的所有成员，到时候相信读者会对芯片有更深刻的认识。

知识点：电路，集成电路，芯片，裸片，金属引线，封装壳，信号引脚，标识

1　PGA：插针网格阵列（Pin Grid Array）。

记忆语：电路是各种电子元器件连接起来形成的复杂回路。**集成电路**是把电路中的分立电子元器件集成在一个很小的半导体晶片上，经封装后形成的具有完整电路功能的器件，集成电路也称**芯片**。芯片的结构包括内部的**裸片**和**金属引线**，以及外部的**封装壳**、**信号引脚**和**标识**。

2.2　芯片大家族都有哪些成员？

如果进入了芯片大世界，就会发现芯片种类繁多，犹如进入了峰峦叠嶂的大山，“横看成岭侧成峰，远近高低各不同”，即便是芯片行业内的人士，也很难对芯片进行准确分类和全面了解。公众对芯片的了解更是管中窥豹，很难知其全貌。本节尝试给芯片大家族“拍摄”一套“全家福”，读者可以通过这套“全家福”对芯片家族有一个全面的了解。其实，这个尝试相当困难，芯片好比浩瀚宇宙里的繁星，观察得越仔细，就会发现得越多，观察的角度不同，得出的结论也会不同。

要想全面了解芯片大家族，首先就要对芯片进行分类。芯片的分类方法有很多种，比如可以按晶体管工作状态、制造工艺、适用性、集成规模、功率大小、封装形式、应用环境、功能用途等对芯片进行分类。在这里笔者简单地按晶体管工作状态将芯片划分为 4 大类，分别是数字电路芯片、模拟电路芯片、数模混合电路芯片和特种电路芯片，如图 2-5 所示。

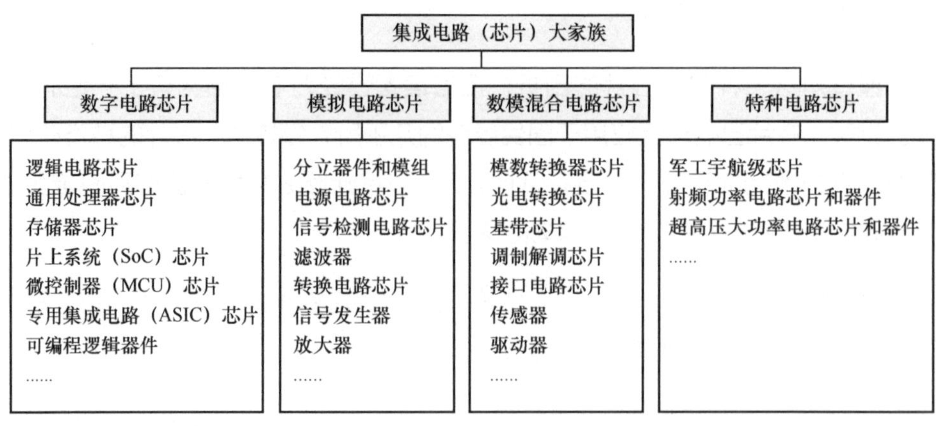

图 2-5　芯片大家族的简单分类

1. 数字电路芯片

数字电路是处理数字信号的电路，由于数字电路中的晶体管一般工作在开关状态，也被称为开关电路或逻辑电路。数字电路芯片主要包括以下 7 类。

（1）**逻辑电路芯片**（包括与门、或门、非门、锁存器、移位器、计数器、编码器、译码器、选择器、比较器、运算器等）：国际通用的逻辑电路芯片有 74 系列、40 系列、54 系列、厂家兼容系列等。以 74 系列为例，它的功能型号超过 90 种，每种型号根据输入输出数、电源、功耗、速度的不同，又可衍生出 4 倍以上的品种，总共 400 多个品种。所有的通用系列的型号加起来，逻辑电路芯片的品种就更多、更繁杂了。但是，逻辑电路芯片的品种再多，也都可以由“与门”“或门”“非门”电路组合而成，因此逻辑电路也称为组合逻辑电路。例如，图 2-6 中的第一排子图分别给出了“与门”“或门”“非门”的符号图和真值表，图 2-6 中的第二排子图分别是这三种门电路的实际芯片举例，每个子图左侧是芯片的逻辑电路图，右侧是芯片的封装图。

X　Y　X AND Y　X·Y

X	Y	X AND Y
0	0	0
0	1	0
1	0	0
1	1	1

（a）与门的符号图和真值表

X　Y　X OR Y　X+Y

X	Y	X OR Y
0	0	0
0	1	1
1	0	1
1	1	1

（b）或门的符号图和真值表

X　NOT X　X′

X	NOT X
0	1
1	0

（c）非门的符号图和真值表

（d）2输入4与门芯片74LS08　（e）3输入3或门芯片CD4075　（f）6非门芯片74LS04

图 2-6　三种最基本的逻辑电路芯片

图 2-7 也是一些组合逻辑电路芯片。如果将这些芯片的逻辑电路图分解和细化，就会得到由许多“与门”“或门”“非门”电路经复杂连接而形成的电路。“与门”“或门”“非门”是组合逻辑电路的最基本单元。

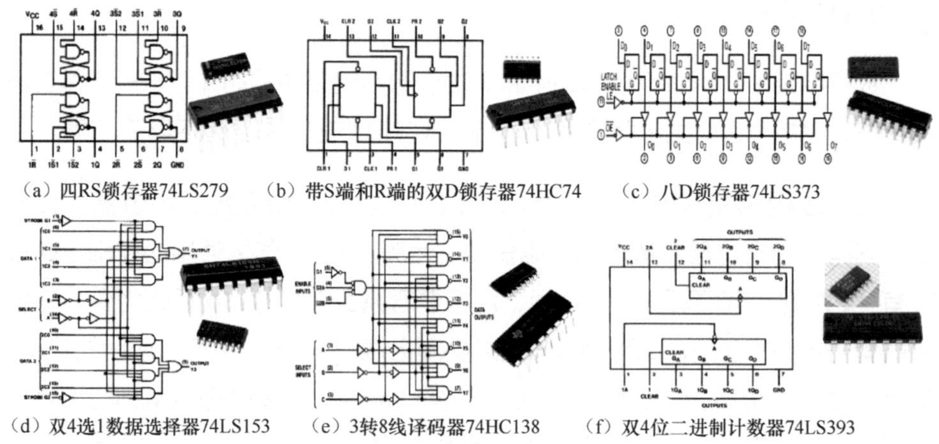

（a）四RS锁存器74LS279 （b）带S端和R端的双D锁存器74HC74 （c）八D锁存器74LS373

（d）双4选1数据选择器74LS153 （e）3转8线译码器74HC138 （f）双4位二进制计数器74LS393

图 2-7 一些组合逻辑电路芯片

早期芯片的集成度不高，电子产品和系统均由大量的组合逻辑电路芯片搭建而成的。现在，一颗芯片就可以实现很复杂的电路功能，例如 CPU ；一个芯片甚至可以实现一个完整的系统，例如 SoC。所以，如今逻辑电路芯片的用量已经很小。就像盖房子一样，可以全部用砖和瓦来建，砖和瓦的用量就很大；也可以用一些大型构件来建，砖和瓦成了辅助建材，用量自然就很少了。大型构件就好比 CPU、SoC 等复杂芯片，组合逻辑电路就好比砖和瓦。

（2）**通用处理器芯片**（包括 CPU、GPU、DSP 等）：通用处理器芯片是电子产品和信息系统的大脑和中枢，也是规模最大、结构最复杂的一类数字电路芯片。CPU 用于管理、调度、控制电子产品和信息系统各组成部分协调高效工作。图形处理器（GPU[1]）既接收中央处理器的指令来工作，也可以独立管理、调度和控制有关图像显示、图形处理等的事务。数字信号处理器（DSP[2]）也接受 CPU 管理，但它可以独立完成大量、成批、规整的数据和信息的快速运算及处理。随着人工智能技术的快速发展，传统的处理器结构已经无法适应人工智能系统的需要，处理器结构的创新正蔚然成风，人工智能处理器已成为微处理器的一个重要分支，目前的代表产品有 IBM 公司的 TrueNorth、高通

1 GPU：图形处理器（Graphics Processing Unit）。

2 DSP：数字信号处理器（Digital Signal Processor）。

公司的 Zeroth、谷歌公司的 TPU[1]、微软公司的 Brainwave、寒武纪公司的 Cambricon-1A 和燧原科技的邃思 DTU[2] 等。

图 2-8 所示为一些通用处理器芯片的外观。通用处理器芯片的特点是按照摩尔定律不断迭代，不断推陈出新，因而形成了若干产品系列，例如英特尔公司和 AMD 的 x86 系列、IBM 公司的 PowerPC 系列、美普思科技公司（MIPS）的嵌入式 CPU 系列和 ARM RISC 系列等。图 2-8 的左上角是 Intel 和 AMD CPU 的天梯图[3]，它反映了 Intel 和 AMD CPU 芯片不断迭代升级的趋势。

（a）英特尔公司的CPU芯片 Core i7

（b）AMD公司的CPU芯片 FX-8350

（c）NVIDIA公司的GPU芯片 GeForce 7050

（d）TI公司的DSP芯片 TMS320DM6446

（e）燧原科技的AI芯片 邃思DTU

图 2-8　一些通用处理器芯片的外观

（3）**存储器芯片**（包括 SRAM、DRAM、LPDDR、PROM、闪存芯片

1　TPU：张量处理器（Tensor Processing Unit）。

2　DTU：深层思考单元（Deep Thinking Unit）。

3　CPU 的天梯图：CPU 性能由低到高向上排列的一张图，更高性能的新型号不断向上叠加，就像向上延伸的梯子。

等）：存储器用于存储数据和信息，具体可细分为静态随机存储器（SRAM）、动态随机存储器（DRAM）、低功耗双倍数据速率内存（LPDDR[1]）、可编程只读存储器（PROM）、闪存等。图 2-9 所示为一些存储器芯片的外观。存储器芯片的用量很大，种类也很多。

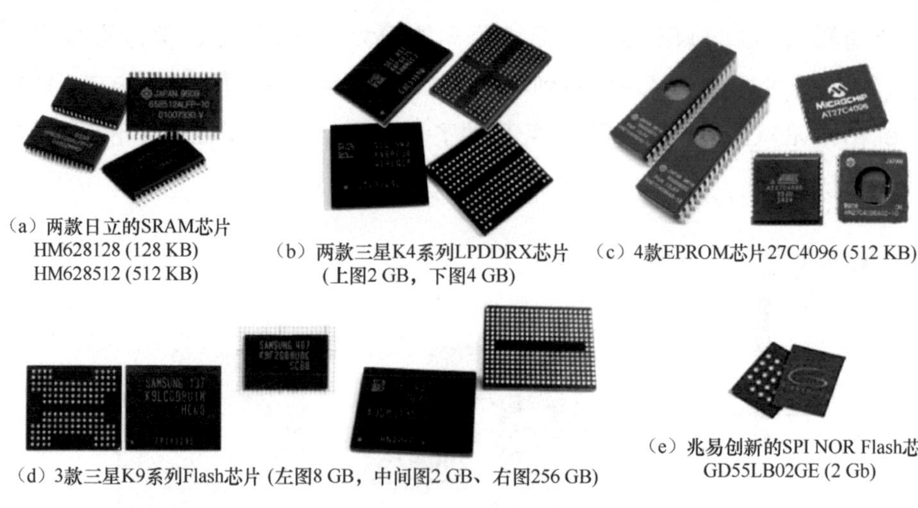

（a）两款日立的SRAM芯片 HM628128 (128 KB) HM628512 (512 KB)
（b）两款三星K4系列LPDDRX芯片 (上图2 GB，下图4 GB)
（c）4款EPROM芯片27C4096 (512 KB)
（d）3款三星K9系列Flash芯片 (左图8 GB，中间图2 GB、右图256 GB)
（e）兆易创新的SPI NOR Flash芯片 GD55LB02GE (2 Gb)

图 2-9　一些存储器芯片的外观

SRAM 和 DRAM 都用于在电子产品中存储数据，DRAM 存储容量大，但需要不断刷新才能保持数据不变，断电后存储的数据都会丢失。而闪存在通电时保持数据不变，断电时数据也不会丢失。PROM 一旦用特殊手段写入数据，不论通电与否数据都不会丢失。前两种存储器称为易失性存储器，后两种存储器芯片称为非易失性存储器。

（4）**片上系统（SoC）芯片**：SoC 芯片把整个电子系统全部集成到了一颗芯片中，只要给它加上电源和少量外部电路，就可以实现一个完整的电子产品或系统的功能。例如音 / 视频播放器、汽车导航仪、手机等的功能，都可以用一个 SoC 芯片加少量外部元器件来实现。SoC 芯片内部一般由 CPU 核、嵌入式存储器、I/O 接口（比如按键、触控、USB[2]、Wi-Fi）等部分组成，是面向具体应用领域而设计的专用芯片。例如，医疗设备、汽车电子、抄表系统、

1　LPDDR：低功耗双倍数据速率内存（Low Power Double Data Rate SDRAM）。

2　USB：通用串行总线（Universal Serial Bus）。

智能手机、智慧电视等领域都有专用的 SoC 芯片。SoC 芯片不像 CPU 芯片那样可以跨领域通用。图 2-10 所示为一些面向特定应用的 SoC 芯片的外观。SoC 芯片是很重要的芯片，它的电路集成度是各种芯片中最高的。

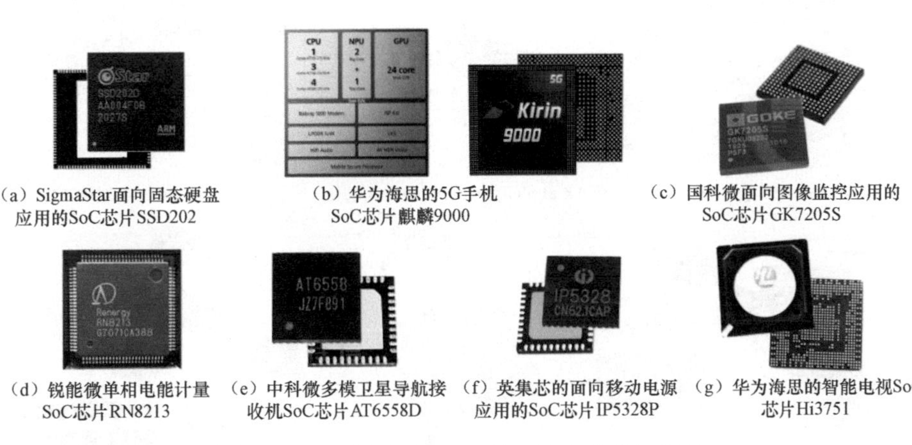

（a）SigmaStar面向固态硬盘应用的SoC芯片SSD202　（b）华为海思的5G手机SoC芯片麒麟9000　（c）国科微面向图像监控应用的SoC芯片GK7205S

（d）锐能微单相电能计量SoC芯片RN8213　（e）中科微多模卫星导航接收机SoC芯片AT6558D　（f）英集芯的面向移动电源应用的SoC芯片IP5328P　（g）华为海思的智能电视SoC芯片Hi3751

图 2-10　一些面向特定应用的 SoC 芯片的外观

（5）**微控制器（MCU[1]）芯片**：MCU 芯片通常也称为单片机，是简化版的 SoC 芯片，简化主要体现在处理字宽、处理器和指令架构、内存大小、时钟速度等方面。MCU 芯片一般用在较简单的小型电子产品或系统中，用于完成简单的控制和数据处理任务。但在大型系统中，也可以用多个 MCU 芯片完成复杂的控制任务。MCU 芯片的应用面十分广泛，小型应用有阳台定时浇花器、电饭锅、电冰箱等的系统控制，中型应用有工业仪器、仪表、自动化生产线等的系统控制，大型应用有汽车、高铁、飞机等的系统控制。

以 MCU 或 SoC 芯片为核心搭建的电子系统称为嵌入式系统，MCU 和 SoC 也称为嵌入式微处理器。MCU 的种类特别多，主要产品有 70 多个系列，500 多个品种，比如 MCS-51 系列、PIC 系列、STM32 系列、MSP430 系列、TMS 系列、AVR 系列、STC 系列等。MCU 芯片按照一个机器周期有几个时钟周期可划分为多种规格，12T（T 表示时钟周期）的芯片有 MCS-51 系列的 8051、8031、AT89C51、8032 等，6T 的芯片有 STC89 系列等，4T 的芯片有 80C320、W77E58 等，1T 的芯片有 STC 系列等。此外，不同

1　MCU：微控制器（Micro Controller Unit）。

的厂家和品牌，也会有许多不同的型号和品种。图 2-11 所示为一些 MCU 芯片的外观。

（a）ATMEL的AT89C系列MCU芯片　（b）Freescale的MC56F系列MCU芯片　（c）MicroChip的PIC系列MCU芯片

（d）赛元的SC92F系列MCU芯片　（e）STM32系列MCU芯片　（f）STMicro的STC系列MCU芯片

图 2-11　一些 MCU 芯片的外观

（6）**专用集成电路（ASIC）芯片**：用户也可以不使用通用芯片，而是按照自己的应用要求定制一款芯片，这种芯片被称为专用集成电路（ASIC[1]）芯片。二代身份证芯片就是典型的 ASIC 芯片。整机厂商之所以定制 ASIC 芯片，一是为了保护产品的技术细节和诀窍，二是因为 ASIC 芯片更加适合自己产品的需要，三是只要产品能上量就可以摊薄 ASIC 芯片的定制费用。图 2-12 所示为一些 ASIC 芯片的外观。

（7）**可编程逻辑器件**（包括 PLD[2]、PLA[3]、PAL[4]、GAL[5]、FPGA[6] 等）：前面介绍的 6 种数字电路芯片都是固定逻辑电路芯片，它们从芯片代工厂生产出来后，功能就被固定下来，不能再进行任何改变。如果需要完善和升级，就

1　ASIC：专用集成电路（Application Specific Integrated Circuit），ASIC 芯片也称为全定制芯片。

2　PLD：可编程逻辑器件（Programmable Logic Device）。

3　PLA：可编程逻辑阵列（Programmable Logic Array）。

4　PAL：可编程阵列逻辑（Programmable Array Logic）。

5　GAL：通用阵列逻辑（Generic Array Logic）。

6　FPGA：现场可编程逻辑门阵列（Field Programmable Gate Array）。

得先修改设计，再交由代工厂重新生产。修改设计和重新生产的成本很高，只有需求量很大的芯片才有必要按照固定逻辑电路的模式进行开发。需求量小、有更新和升级可能的芯片，应按照可编程逻辑器件的模式进行开发。图 2-13 所示为一些可编程逻辑器件的外观。

（a）虹膜生物识别乾芯 ASIC芯片Q80等

（b）CMOS低压光电烟雾探测器ASIC芯片RE46C191

（c）红外热成像图像处理 ASIC芯片JL7665S等

（d）比特币矿机ASIC芯片 BM1387B

（e）金属接近传感器ASIC 芯片LD209A

（f）NVIDIA的人工智能 ASIC芯片Tesla P100

图 2-12　一些 ASIC 芯片的外观

（a）PAL、GAL、PLA、PLD芯片

（b）Altera的FPGA

（c）Lattice的FPGA芯片

（d）Xilinx的FPGA芯片

（e）紫光同创的FPGA芯片

图 2-13　一些可编程逻辑器件的外观

可编程逻辑器件主要有 PLD、PLA、PAL、GAL、FPGA 等几种类型。可编程逻辑器件从工厂生产出来后，功能还没有确定，需要由设计人员按需求

进行编程，才能表现出所希望的功能。有些可编程逻辑器件还可以多次编程，十分适合可能需要对芯片功能进行完善和升级的应用场合，例如移动通信领域的基站、通信设备等。

可编程逻辑器件在编程之前属于通用芯片，厂家可以批量生产，以满足不同领域的应用需求。而在经过编程之后，它们就变成了专用芯片，只能满足某具体领域的特殊应用需求。可编程逻辑器件又称为半定制芯片。

目前应用最广的可编程逻辑器件是 FPGA 芯片。FPGA 芯片在通信、安防监控、自动控制、人工智能、军工与航天等领域，以及芯片设计的原型验证、算法模拟与嵌入式系统开发等方面都有应用。

有人喜欢对 ASIC 芯片和可编程逻辑器件进行对比，因为 ASIC 芯片与编程后的可编程逻辑器件都是专用芯片。但它们有以下区别：一是前者是交由设计者和制造厂定制的，而后者是用户自己编程定制的；二是前者在生产完成后，芯片功能不能改动，而后者在经过后期编程后，芯片功能还可以完善和升级；三是前者的生产定制代价很高，多用于大批量产品生产，而后者的生产定制成本很低，适合小批量产品生产。

2. 模拟电路芯片

模拟电路是用来对模拟信号进行检测、传输、变换、处理、放大等工作的电路。模拟电路中的元件除了晶体管，还包括二极管、电阻、电容和电感等。模拟电路中的晶体管一般工作在线性放大状态。模拟电路芯片功能很多，种类也很多，很难形成系列。与数字电路芯片相比，模拟电路芯片的设计难度更大，需要更长时间的技术积累，对设计人员的要求更高。

特别说明一下，在后面的模拟电路芯片举例图中，我们不仅给出了芯片封装外观，还给出了芯片的电路内部结构图。这些图看似复杂，其实模拟电路芯片的规模一般比数字电路芯片要小。因为数字电路芯片中的晶体管数量以百亿计，其复杂的内部电路结构很难画出，所以不要误以为模拟电路芯片都比数字电路芯片复杂。

（1）**分立器件和模组**（包括二极管、三极管、MOSFET、IGBT 等）：分立器件和模组的外观虽然不同于一般的芯片，但同样是采用集成电路平面工艺制作而成的，所以也可以归属于集成电路的范畴。图 2-14 所示为一些分立器件和模组的外观。分立器件内部的元件数量虽然很少，但是它们在设计和制造时，工程师对其中元件参数的控制非常讲究。器件和模组以参数优先，数字电路以功能优先。

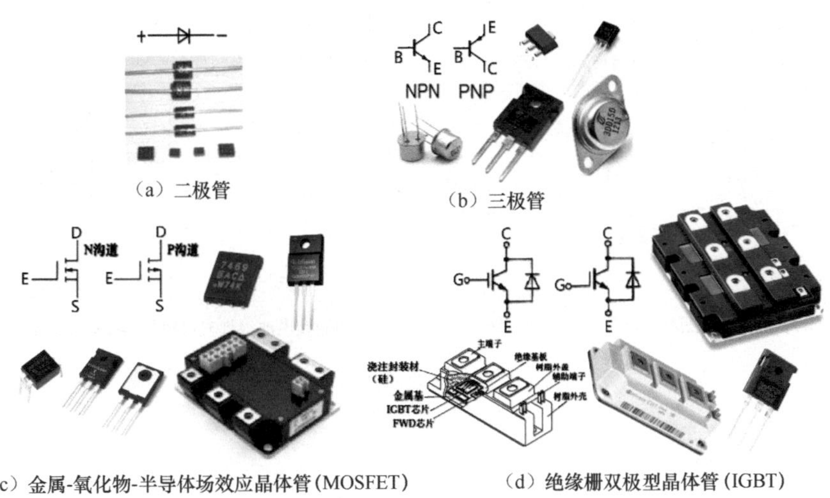

（a）二极管　（b）三极管

（c）金属-氧化物-半导体场效应晶体管（MOSFET）　（d）绝缘栅双极型晶体管（IGBT）

图 2-14　一些分立器件和模组的外观

（2）**电源电路芯片**：电源电路芯片用于把 200 V/50 Hz（国外为 110 V/60 Hz）的交流电转换为不同输出电压和电流的直流电，从而向电子产品和系统提供所需电源。电压变换芯片、电源管理芯片、充电管理芯片等都属于电源电路芯片的范畴。电源电路芯片种类繁多，仅以常用的开关电源芯片为例，其型号就有 300 多种（其中 DC/DC 型电源芯片 160 多种，AC/DC 型电源芯片 60 多种，电源控制器芯片 30 多种，充电控制器芯片 50 多种），而且各种新型的开关电源芯片仍在不断推出。图 2-15 所示为一些电源电路芯片的内部电路和外观。

（3）**信号检测电路芯片**：信号检测电路芯片用于检测微弱的电信号，这些电信号在经过滤波、放大等多种前端处理后，将变成便于计算机和系统处理的大信号或数字信号。图 2-16 所示为一些信号检测电路芯片的内部电路和外观。

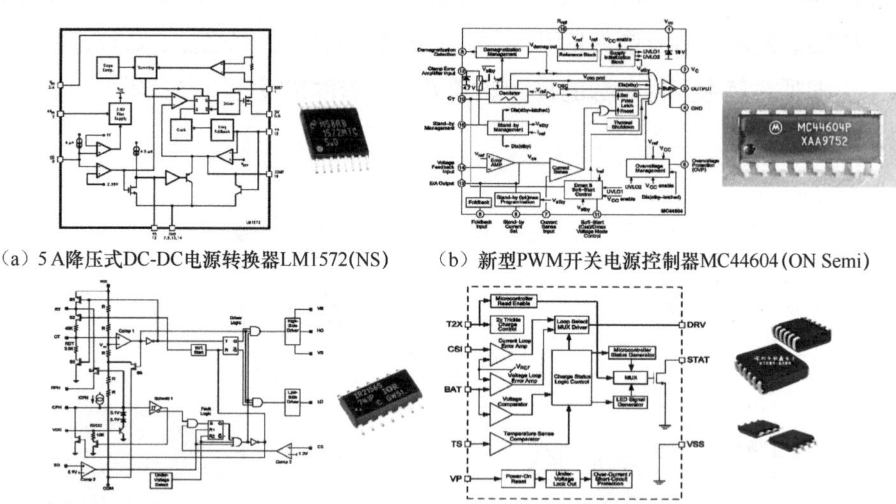

（a）5 A降压式DC-DC电源转换器LM1572(NS)　（b）新型PWM开关电源控制器MC44604(ON Semi)

（c）电子镇流器自振荡半桥驱动芯片IR2156(IR)　（d）多功能锂电池线性充电控制器AAT3680(AATI)

图 2-15　一些电源电路芯片的内部电路和外观

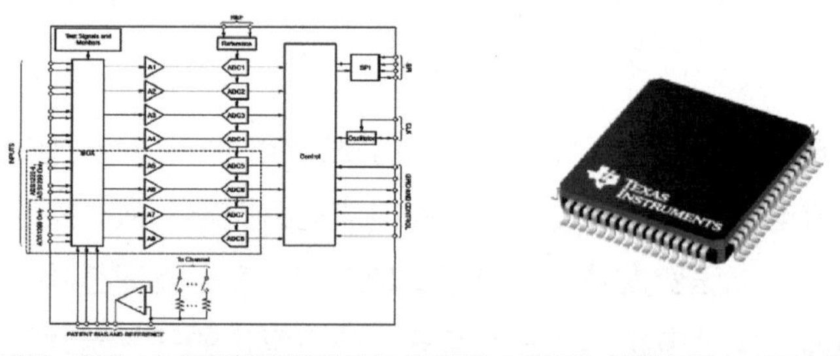

（a）低功耗、8通道、24位模拟前端信号检测和处理芯片ADS129X（德州仪器），用于生物电势测量，已被广泛用在心电图(ECG)、肌电图(EMG)和脑电图(EEG)等各种医疗检查设备中

（b）漏电保护装置专用芯片VG54123(复旦微电子)，用于家用电器的漏电保护　（c）超低功耗双路负载检测芯片SGM790A(圣邦微电子)，用于判断电子产品是否在用，以及是否需要进入省电状态

图 2-16　一些信号检测电路芯片的内部电路和外观

（4）**滤波器**：滤波器用于信号的提取、变换或抗干扰。作为一种选频电路，滤波器可以使信号中特定频率的信号通过，同时极大地衰减其他频率的信号。因此滤波器有低通、带通和高通滤波器之分，还有无源和有源滤波器之分，滤波器一般是有源滤波器。图 2-17 所示为一些滤波器的内部电路和外观。

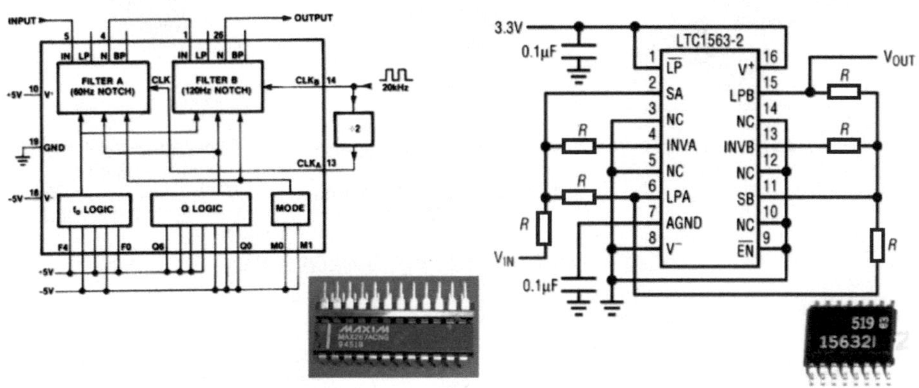

（a）60 Hz~120 Hz可编程带通滤波器MAX267(Maxim)，主要用于数字信号处理、声纳和航空电子设备等

（b）256 Hz~256 kHz低通滤波器LTC1563（ADI），主要用于低通滤波和锁相环等

图 2-17　一些滤波器的内部电路和外观

（5）**转换电路芯片**：转换电路芯片可以用于把电流信号转换为电压信号或将电压信号转换为电流信号，也可以用于将直流信号转换为交流信号或将交流信号转换为直流信号，还可以用于将直流电压转换为与之成正比的频率等。开关电源、稳压电路、电平转换、ADC、DAC 等也是转换电路。ADC 和 DAC 属于数模混合电路，详见 2.3 节。图 2-18 所示为一些转换电路芯片的内部电路和外观。

（6）**信号发生器**：信号发生器用于产生正弦波、矩形波、三角波、锯齿波等，主要包括函数信号发生器，以及一些特殊频率、波形的信号发生器和脉冲信号发生器等。根据应用需要，信号发生器产生的信号种类也在不断增加。图 2-19 所示为一些信号发生器的内部电路和外观。

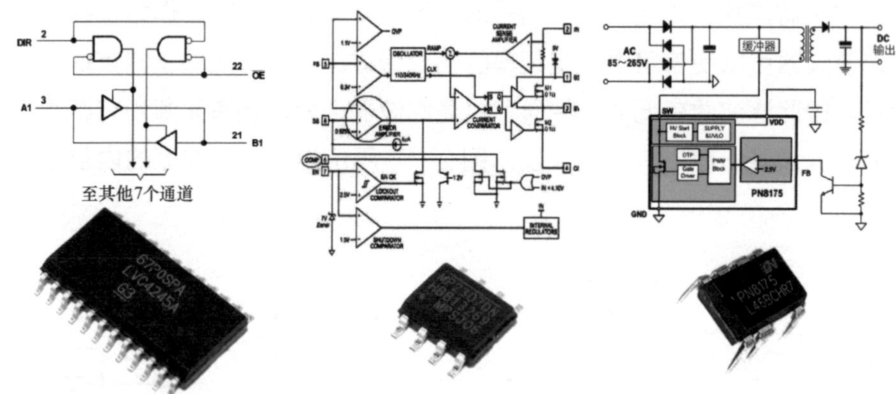

（a）三态输出的8路总线收发器和3.3 V至5 V转换芯片SN74LVC4245A（TI），主要用于不同供电系统之间的总线电平转换

（b）小体积DC/DC同步整流降压芯片MP2307DN（MPS），主要用于移动电源、通信设备供电，以及对体积和重量有要求的场合

（c）交直流转换开关电源芯片PN8175（中铭电子），主要用于高性能、外围元器件简单的交直流转换开关电源

图 2-18　一些转换电路芯片的内部电路和外观

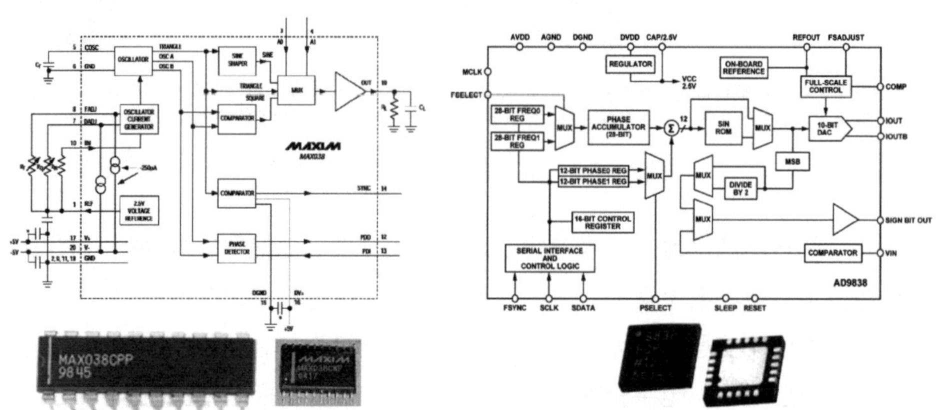

（a）高频精密函数信号发生器MAX038（Maxim），主要用于锁相环、压控振荡器等

（b）直接数字频率合成（DDS）信号发生器AD9838（ADI），主要用于航空航天、通信、消费电子、医疗、仪器仪表等

图 2-19　一些信号发生器的内部电路和外观

（7）**放大器**：放大器用于对信号的电压、电流或功率进行放大，主要包括前置放大器、运算放大器和功率放大器等。根据信号频率高低，放大器还可分为低频放大器、中频放大器、高频放大器、射频放大器等。另外，因应用场合不同，用户对放大器有不同的性能要求，也会出现不同的放大器命名方式。图 2-20 所示为一些放大器的内部电路和外观。

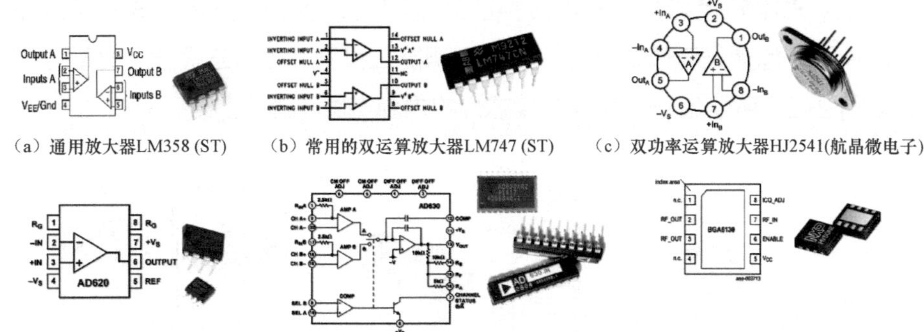

（a）通用放大器LM358 (ST)　（b）常用的双运算放大器LM747 (ST)　（c）双功率运算放大器HJ2541(航晶微电子)

（d）主流仪器仪表用放大器AD620 (ADI)　（e）一般锁相用放大器AD630 (ADI)　（f）射频中功率放大器BGA6130 (NXP)

图 2-20　一些放大器的内部电路和外观

3. 数模混合电路芯片

数模混合电路芯片是指芯片上既有数字电路模块，也有模拟电路模块，二者配合起来协调工作。数模混合电路芯片有以下几种。

（1）**模 - 数转换器芯片**：ADC 和 DAC 芯片是现实世界与数字世界的电路接口，没有这些芯片就没有当今的数字化世界。这类芯片根据通道数量、转换位数、转换速率、精度等，可以细分为许多种类，芯片型号非常多。图 2-21 所示为一些 ADC 和 DAC 芯片的内部电路和外观。

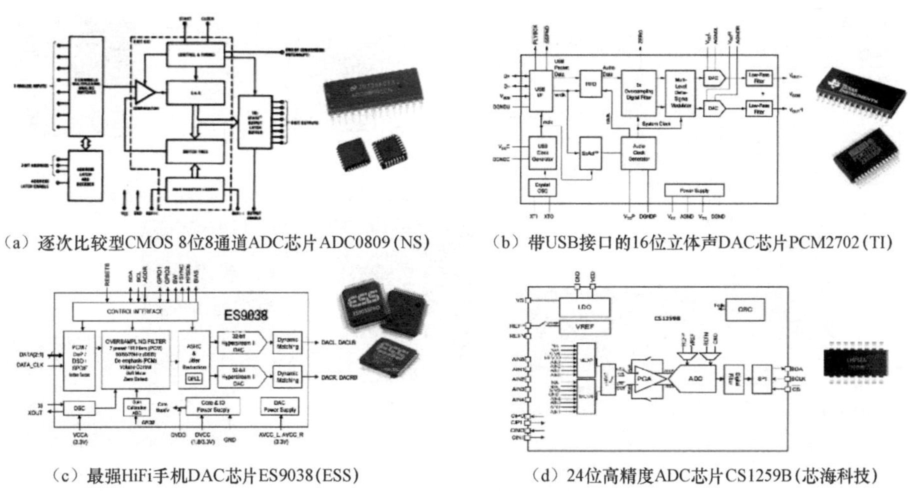

（a）逐次比较型CMOS 8位8通道ADC芯片ADC0809 (NS)　（b）带USB接口的16位立体声DAC芯片PCM2702 (TI)

（c）最强HiFi手机DAC芯片ES9038 (ESS)　（d）24位高精度ADC芯片CS1259B (芯海科技)

图 2-21　一些 ADC 和 DAC 芯片的内部电路和外观

（2）**光电转换芯片**：光电转换芯片是实现光通信和光电系统不可或缺的芯片种类，包括光电耦合器件、光电探测器二极管、光敏三极管、光敏电阻器等。图 2-22 所示为一些光电转换芯片的内部电路和外观。

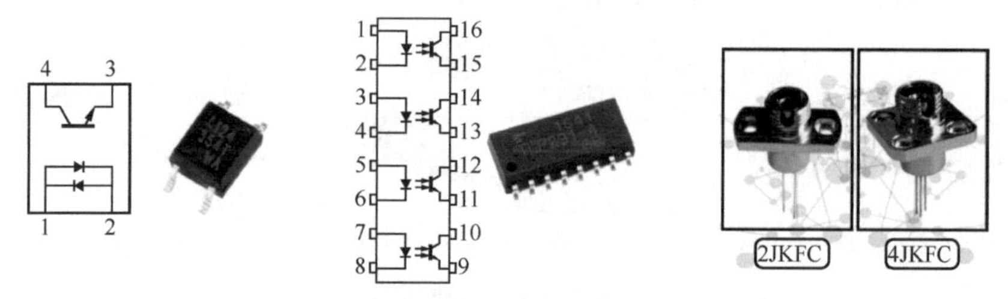

（a）晶体管输出光电耦合器 LTV-354T　（b）4路晶体管输出光电耦合器 TLP291-4　（c）800 nm～1700 nm 6 GHz铟镓砷PIN光电探测器二极管光纤耦合器）

图 2-22　一些光电转换芯片的内部电路和外观

（3）**基带芯片**：基带芯片主要由微处理器、信道编码器、数字信号处理器、调制解调器和接口模块组成，用于生成即将发射的射频信号，或对接收到的射频信号进行解码。目前，基带芯片只有高通、英特尔、三星、华为海思、联发科、紫光展讯、中兴等少数厂商可以设计生产。图 2-23 所示为一些基带芯片的列表和基带芯片外观展示。图 2-23 左上角的表格中给出了部分厂商的基带芯片的型号、工艺和模式。

厂商	型号	工艺	模式
华为海思	巴龙5000	7 nm	多模
高通	X50	28 nm	单模
高通	X55	7 nm	多模
联发科	M70	7 nm	多模
紫光展讯	春腾510	12 nm	多模
三星	Exynos 5100	10 nm	多模

巴龙5000，业界标杆5G多模终端芯片

业界标杆2G/3G/4G/5G单芯片多模终端芯片
业界标杆5G峰值下载速率
4.6 Gbit/s@ Sub-6G 200 MHz
6.5 Gbit/s@ mmWave 800 MHz
率先支持NR TDD和FDD全频谱

同时支持NSA/SA组网方式
率先支持Sub-6G 100 MHz*2CC带宽
率先支持3GPP R14 V2X

（a）全球首款7 nm工艺5G多模手机基带芯片巴龙5000（华为海思）

7 nm 单芯片5G到2G多模

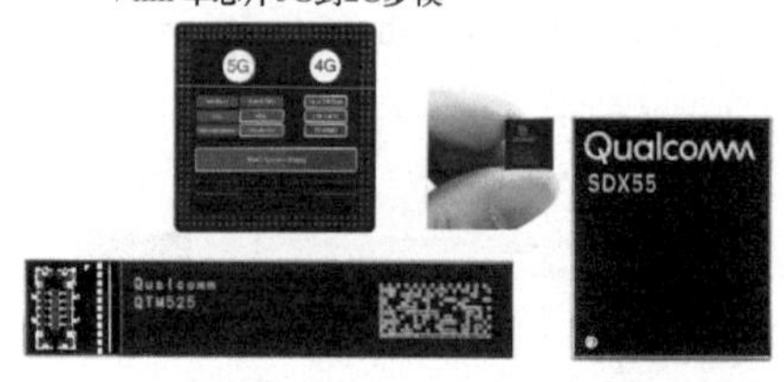

（b）7 nm工艺、支持5G到2G多模的手机基带芯片骁龙X55（高通），以及天线模组QTM525（高通）

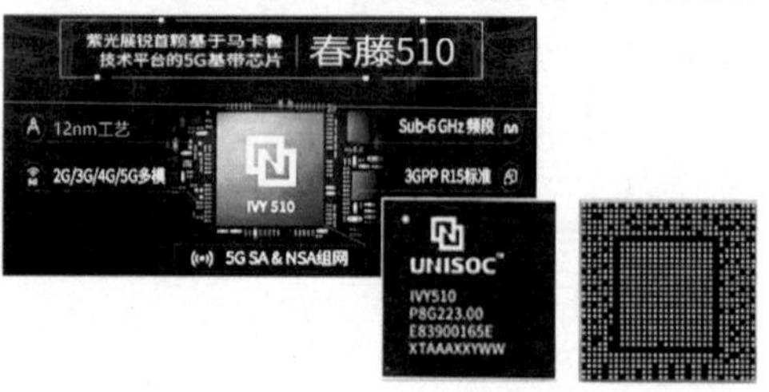

（c）以12 nm工艺打造的5G基带芯片春藤510（紫光展讯）

图 2-23　一些基带芯片的列表和基带芯片外观

（4）**调制解调芯片**：调制解调芯片用于实现信号的调制或解调。调制是指把变化着的基带信号转换为对应变化着的载波的幅度（调幅）、频率（调频）或相位（调相）等模拟量。解调则是指把变化着的载波的幅度（调幅）、频率（调频）或相位（调相）等模拟量转换为对应变化着的基带信号。调制和解调互为逆过程。调制解调芯片在无线电收发报机、无线广播电视、无线通信、宽带网络和光纤网络等方面应用广泛。图 2-24 所示为一些调制解调芯片的列表以及三款调制解调芯片的内部电路和外观。

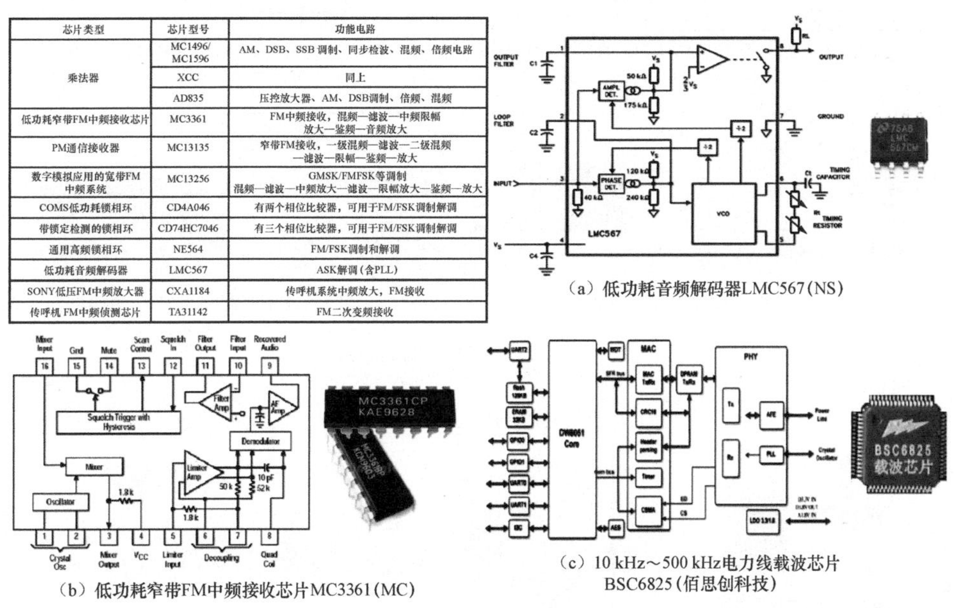

芯片类型	芯片型号	功能电路
乘法器	MC1496/MC1596	AM、DSB、SSB 调制、同步检波、混频、倍频电路
	XCC	同上
	AD835	压控放大器、AM、DSB调制、倍频、混频
低功耗窄带FM中频接收芯片	MC3361	FM中频接收，混频—滤波—中频限幅放大—鉴频—音频放大
PM通信接收器	MC13135	窄带FM接收，一级混频—滤波—二级混频—滤波—限幅—鉴频—放大
数字模拟应用的宽带FM中频系统	MC13256	GMSK/FMFSK等调制 混频—滤波—中频放大—滤波—限幅放大—鉴频—放大
COMS低功耗锁相环	CD4A046	有两个相位比较器，可用于FM/FSK调制解调
带锁定检测的锁相环	CD74HC7046	有三个相位比较器，可用于FM/FSK调制解调
通用高频锁相环	NE564	FM/FSK调制和解调
低功耗音频解码器	LMC567	ASK解调（含PLL）
SONY低压FM中频放大器	CXA1184	传呼机系统中频放大，FM接收
传呼机 FM中频侦测芯片	TA31142	FM二次变频接收

（a）低功耗音频解码器LMC567（NS）

（b）低功耗窄带FM中频接收芯片MC3361（MC）

（c）10 kHz～500 kHz电力线载波芯片BSC6825（佰思创科技）

图 2-24　一些调制解调芯片的列表以及三款调制解调芯片的内部电路和外观

（5）**接口电路芯片**：接口电路是芯片内部之间、芯片之间、芯片与外界之间、系统与系统之间的连接和转换电路，承担着系统的搭建任务，具有承上启下的重要作用。接口电路的细分种类非常繁杂。图 2-25 所示为一些接口电路芯片，每个子图的左侧是芯片列表或芯片内部电路，右侧是芯片封装的外观图。

（6）**传感器**：传感器用于测量和感知现实世界中的各种物理量，如磁力、运动、压力、温度、湿度、图像、声音等。传感器的细分种类非常多，一般以器件而不是芯片的形式存在，即使有芯片，它们也被封装在器件之内。图 2-26 所示为一些传感器的内部电路或外观。

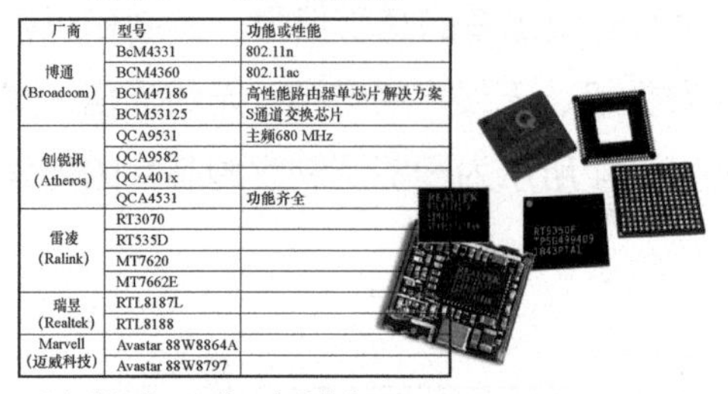

常用的WiFi接口电路芯片

厂商	型号	功能或性能
博通 (Broadcom)	BcM4331	802.11n
	BCM4360	802.11ac
	BCM47186	高性能路由器单芯片解决方案
	BCM53125	S通道交换芯片
创锐讯 (Atheros)	QCA9531	主频680 MHz
	QCA9582	
	QCA401x	
	QCA4531	功能齐全
雷凌 (Ralink)	RT3070	
	RT535D	
	MT7620	
	MT7662E	
瑞昱 (Realtek)	RTL8187L	
	RTL8188	
Marvell (迈威科技)	Avastar 88W8864A	
	Avastar 88W8797	

（a）常用的WiFi接口电路芯片QCA9531、RT5350、RTL8188

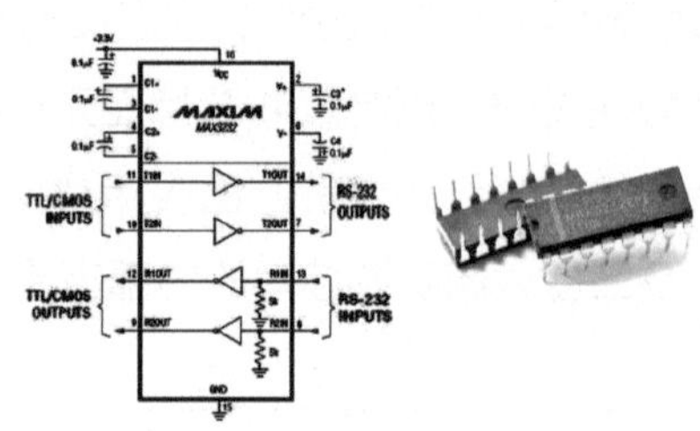

（b）3.3V RS232接口电路芯片MAX3232 (Maxim)

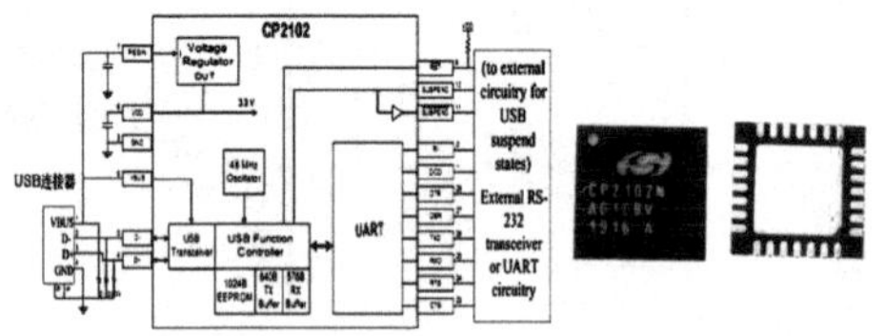

（c）USB转串口芯片CP2102N (Silicon Labs)

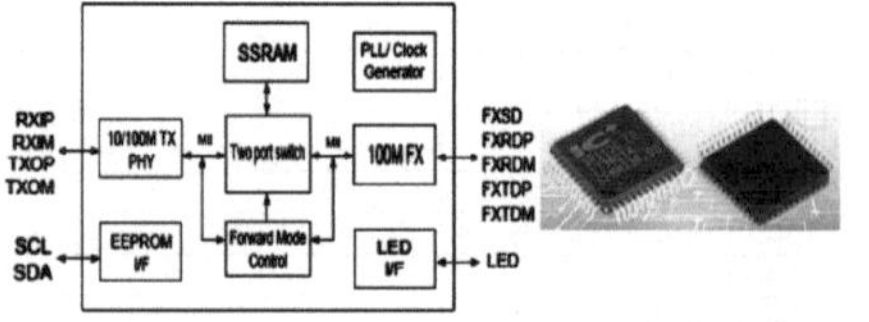

（d）光纤收发器芯片IP113C (九旸电子)

图 2-25　一些接口电路芯片

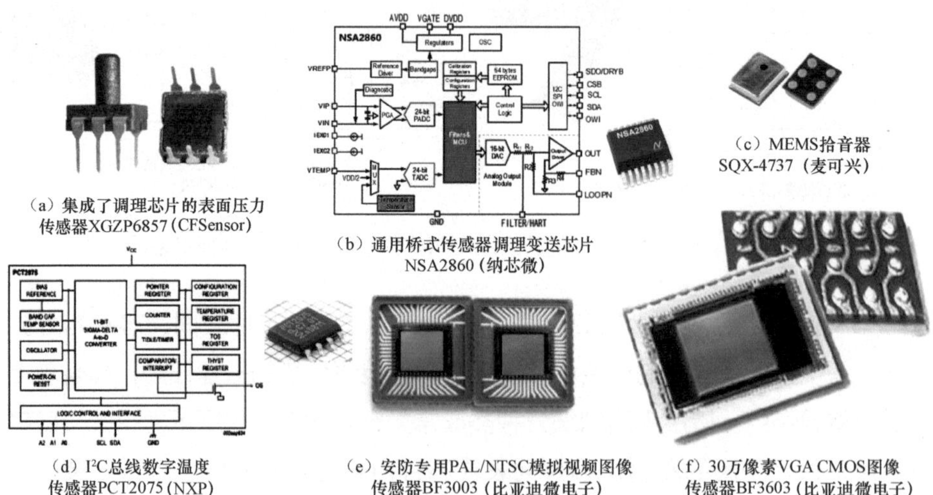

（a）集成了调理芯片的表面压力传感器XGZP6857 (CFSensor)

（b）通用桥式传感器调理变送芯片NSA2860 (纳芯微)

（c）MEMS拾音器SQX-4737（麦可兴）

（d）I²C总线数字温度传感器PCT2075 (NXP)

（e）安防专用PAL/NTSC模拟视频图像传感器BF3003（比亚迪微电子）

（f）30万像素VGA CMOS图像传感器BF3603（比亚迪微电子）

图 2-26　一些传感器的内部电路或外观

（7）**驱动器**：小到数码管、液晶和发光二极管显示驱动，中到电机驱动、半导体照明驱动，大到电力开关驱动、电动汽车和机车动力驱动，驱动器的细分种类很多，数量也多。图 2-27 所示为一些驱动器的内部电路和外观。

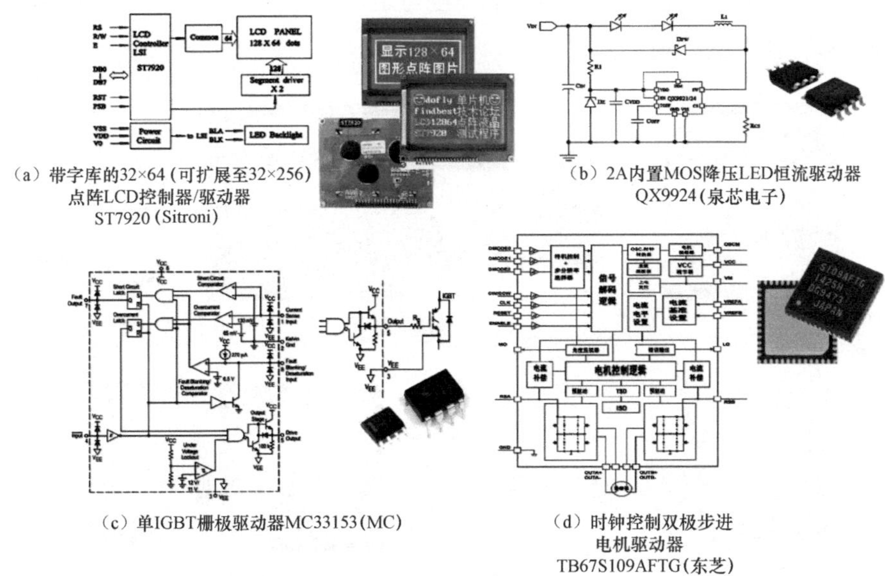

（a）带字库的32×64（可扩展至32×256）点阵LCD控制器/驱动器ST7920（Sitroni）

（b）2A内置MOS降压LED恒流驱动器QX9924（泉芯电子）

（c）单IGBT栅极驱动器MC33153（MC）

（d）时钟控制双极步进电机驱动器TB67S109AFTG（东芝）

图 2-27　一些驱动器的内部电路和外观

4. 特种电路芯片

特种电路芯片主要用于特殊场合，对芯片性能有特殊要求，例如能耐超低温和超高温、能抗宇宙离子辐射影响、能工作在超高电压和超大功率条件下、能工作在超高频率的场合等。特种电路芯片因为用量小或制造困难，一般价格很高。下面介绍三类特种电路芯片。

（1）**军工宇航级芯片**：军工宇航级芯片不但在工作温度上要优于军品级芯片（工作温度为 -55℃～ 125℃），而且有抗辐射等方面的要求。军工宇航级芯片一般采用陶瓷或带保护屏蔽壳封装，在功能、性能、温度、抗辐射、可靠性等方面都有绝佳表现。由于垄断程度很高，需求量又小，这种芯片造价十分高昂，据说有些芯片每颗售价 50 万～ 200 万元。图 2-28 所示为一些军工宇航级芯片的外观。

（2）**射频功率电路芯片和器件**：人们对无线通信高速度和高质量的不断追求，对用于无线传输的射频功率电路芯片和器件提出了严苛的要求，而且这些芯片和器件属于模拟电路，它们可以说是芯片皇冠上的明珠，只有靠长期研发投入和技术积累才能摘取，没有其他捷径可走。图 2-29 所示为一些射频功率电路芯片和器件的外观。

（a）Actel的军工宇航级FPGA芯片A54SX72A

（b）陶瓷封装或具有防辐射保护的军工宇航级芯片

（c）Atmel的抗辐射SPARC V8处理器芯片AT697F

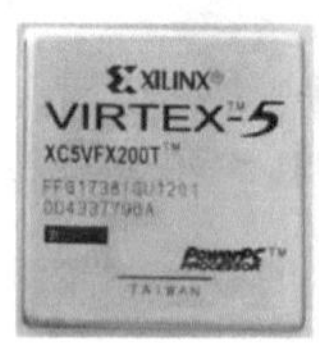

（d）Xilinx军工宇航级FPGA芯片XC5VFX200T、XQR2V3000、XQR2V6000

图 2-28　一些军工宇航级芯片的外观

（a）CREE的射频功率电路芯片(GaN 30 W～200 W 1.8 GHz～9.6 GHz)

（b）Qorvo的5G射频前端模组(GaN 1W 26 GHz～30 GHz)

（c）飞思卡尔的100 W射频功率晶体管MRFE6VP100H

（d）RFMD的GaN宽带功率放大器、天线开关、多模射频前端模组

（e）SkyWords的多模多频射频功放模组

（f）TriQuint的射频功率放大器芯片TGA2590-CP(GaN 30 W 6 GHz～12 GHz)

图 2-29　一些射频功率电路芯片和器件的外观

（3）**超高压大功率电路芯片和器件**：硅功率器件由于价格较便宜，目前仍然广泛应用在 600 V 以下的场合，但如果电压要求进一步提高，特别是对效率和温度有较高要求的场合，则只能选择使用碳化硅（SiC）等宽禁带半导体材料制作的芯片和器件。图 2-30 所示为一些超高压大功率电路芯片和器件的外观。

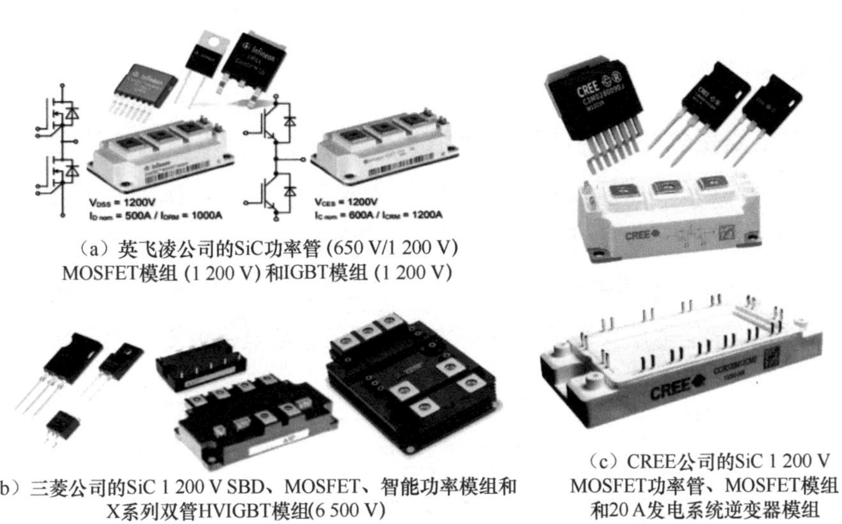

（a）英飞凌公司的SiC功率管（650 V/1 200 V）MOSFET模组（1 200 V）和IGBT模组（1 200 V）

（b）三菱公司的SiC 1 200 V SBD、MOSFET、智能功率模组和X系列双管HVIGBT模组(6 500 V)

（c）CREE公司的SiC 1 200 V MOSFET功率管、MOSFET模组和20 A发电系统逆变器模组

图 2-30　一些超高压大功率电路芯片和器件的外观

限于篇幅，本节对芯片的分类较为简单和宏观，所列举的芯片和器件也未必最具代表性，而且每个大类中还有细分芯片种类可以补充。不过，通过本节对芯片大家族粗线条的勾画，相信读者对整个芯片大世界已经有了一个宏观和概括的了解。

知识点：芯片分类，数字电路，模拟电路，数模混合电路芯片，特种电路芯片

记忆语：**芯片分类**的方法有很多，本书出于科普目的，把芯片简单分为数字电路芯片、模拟电路芯片、数模混合电路芯片和特种电路芯片 4 大类。**数字电路**是处理数字信号的电路，用于对二进制数字数据进行存储、传输和运算。**模拟电路**是对模拟信号进行检测、传输、变换、处理、放大等工作的电路。**数模混合电路芯片**是指芯片上既有数字电路模块，也有模拟电路模

块，二者配合起来协调工作。**特种电路芯片**主要用于特殊场合，一般具有超宽的温度适应范围，能抗宇宙离子辐射影响，并能在超高压和超大功率条件下工作。

2.3 什么是数字电路、模拟电路、数模混合电路?

1. 数字电路

数字电路是处理数字信号的电路。数字信号是一串由高电平和低电平构成的信号，它在某时刻为“低电平”，表示数字“0”，在某时刻为“高电平”，表示数字“1”，一串“0”和“1”就组成了一个二进制数字数据。这串高低电平在数字电路中的传输可看成二进制数字数据在数字电路中的传输。图 2-31 是数字信号所代表的二进制数字数据在数字电路中传输的示意图。

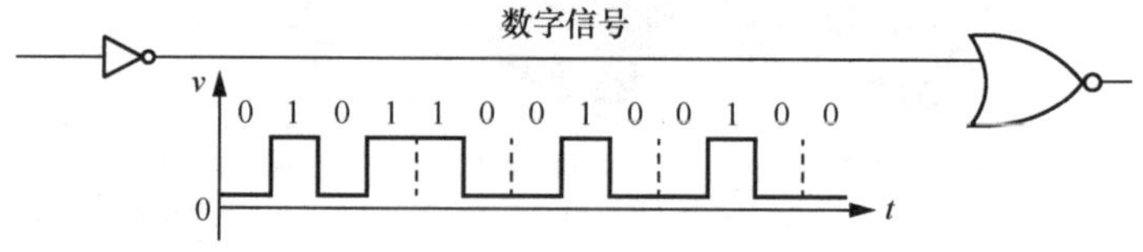

图 2-31 数字信号所代表的二进制数字数据在数字电路中传输的示意图

数字电路主要由工作在开关状态的晶体管构成，晶体管的“开”和“关”分别用来表达数字“1”和“0”，或者逻辑判断的“是”与“非”，所以数字电路也称为开关电路或逻辑电路。

数字电路的单元电路有与门、或门、非门、锁存器、移位器、计数器、编码器、译码器、选择器、比较器、运算器等。“与门”“或门”“非门”是数字电路最基本的单元电路，无论多么复杂的数字电路，都可以由这三个门电路的组合来实现。图 2-32 所示为与门、或门、非门的电路原理图、真值表和逻辑符号。

数字电路芯片中的电子元器件以晶体管为主，通常按晶体管数目的多少来衡量芯片规模大小。规模小的芯片中只有几个晶体管构成逻辑门电路，规模大的芯片中可包含上百亿只晶体管构成功能强大的微处理器芯片。数字电路芯片主要包括逻辑电路芯片、通用处理器（CPU、GPU）芯片、存储器（SRAM、DRAM、Flash）芯片、片上系统（SoC）芯片、微控制器（MCU[1]）芯片、专用集成电路（ASIC）芯片、可编程逻辑器件（PLD）芯片等。图 2-33 所示为一个简单的数字电路芯片应用举例。

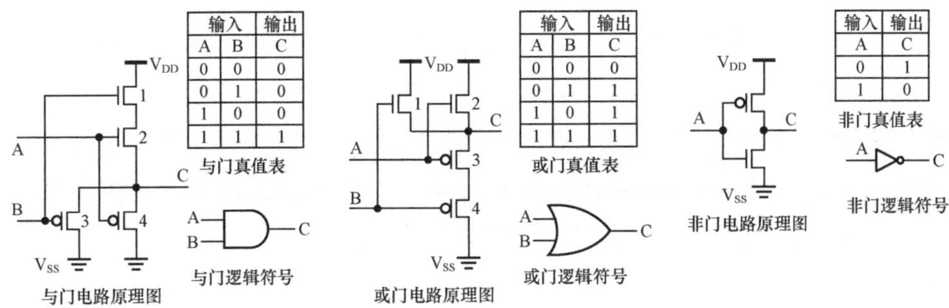

与门真值表

输入		输出
A	B	C
0	0	0
0	1	0
1	0	0
1	1	1

或门真值表

输入		输出
A	B	C
0	0	0
0	1	1
1	0	1
1	1	1

非门真值表

输入	输出
A	C
0	1
1	0

图 2-32　与门、或门、非门的电路原理图、真值表和逻辑符号

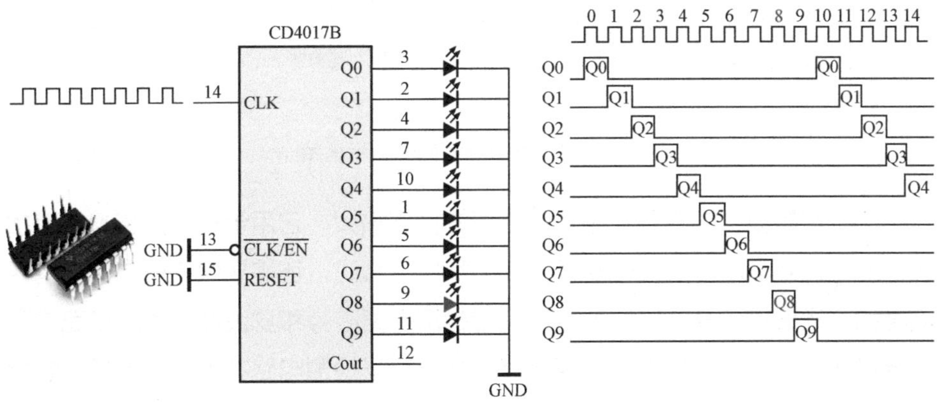

图 2-33　用数字电路芯片制作跑马灯的应用举例

如图 2-33 所示，该例使用一个 10 选 1 的计数器芯片 CD4017B 和 10 个发光二极管来制作跑马灯。芯片首先接上电源，把引脚 Q0 ~ Q9 分别连接至发光二极管的正极，负极接地。打开电源后，在时钟（CLK）引脚接入连续脉冲信号，10 个发光二极管便会轮流点亮。图中第 8 个时钟到来时会使 Q8 引脚输出高电平，使得 Q8 引脚上的发光二极管点亮。同样，下一个时钟到来时将使 Q9 引脚上的发光二极管点亮，前面点亮的发光二极管熄灭，以此类推。

1　MCU：微控制器（Micro Controller Unit）。

把 10 个发光二极管围成圆形，每个时刻只有一个发光二极管点亮，其余的 9 个不亮，亮点就会沿着圆圈跑动，实现跑马灯的效果。

2. 模拟电路

模拟电路是对模拟信号进行检测、传输、变换、处理、放大等工作的电路。模拟电路中的元件除了晶体管，还包括二极管、电阻、电容和电感等。其中，晶体管大多不像数字电路那样工作在开关状态，而是工作在线性放大状态。模拟信号是随时间不断变化的电信号，例如音响的功率放大器输出的电信号就是一个大小随着时间不断变化的模拟信号，这个模拟信号承载的内容可以是语音，也可以是音乐、戏曲等，如图 2-34 所示。

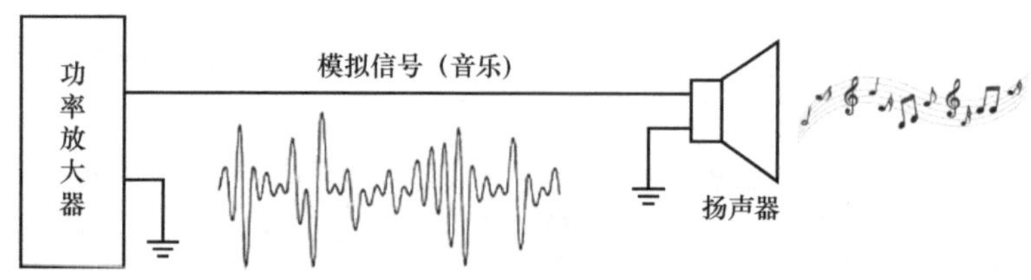

图 2-34　模拟信号传输的示意图

在所有的模拟电路芯片中，放大器的占比很大，它用于把小的模拟信号放大。另外，当有用信号比较弱而干扰信号比较强时，还需要用特殊芯片把有用信号和干扰信号分开，因此就有了信号检测电路芯片和滤波器。模拟电路芯片主要包括分立器件和模组、电源电路芯片、信号检测电路芯片、滤波器、转换电路芯片、信号发生器和放大器等。

举一个放大器的例子，如图 2-35 所示。这是低功耗仪器前置放大器 INA102，它可以用在医院的心电图机上。该芯片是一个三级的差分运算放大器，最大放大倍数可达 1 000 倍。它会对人体探头上检测到的微弱电信号进行放大，而后传送给心电图机的主控计算机，主控计算机则进一步分析、显示和打印心电图。

通过图 2-35，相信读者已经对模拟信号和模拟电路有了进一步了解。微弱的电信号在经过放大器放大后，变成振幅很大的心电波形。放大器中包括了对微弱的电信号进行检测、滤波、信号放大等功能的电路模块。

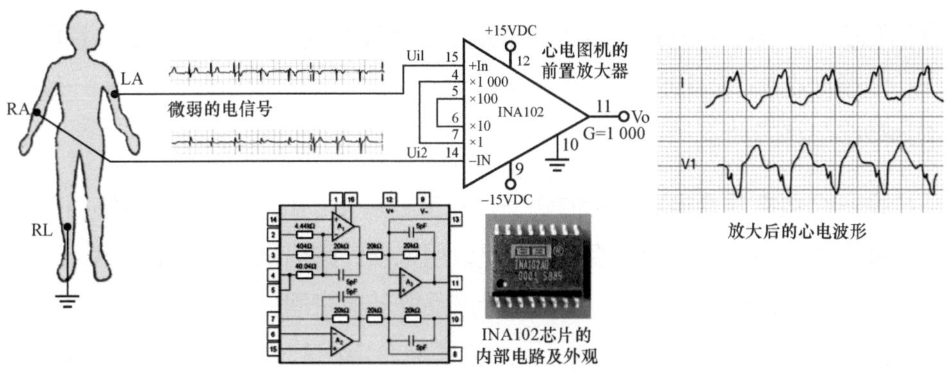

图 2-35　模拟信号放大器应用举例

3. 数模混合电路

数模混合电路芯片内既有处理数字信号的电路模块，也有处理模拟信号的电路模块。这样一颗芯片就能很好地把系统的所有部件都集成在一起，从而构成一个整体，形成一个片上系统（SoC）。

数字电路中处理的数字信号是“高电平”和“低电平”，它们分别代表 1 和 0，高低电平之间没有中间值，因此数字电路抗干扰噪声的能力很强。而模拟电路处理的模拟信号是在“最小值”和“最大值”之间随意变化的信号，干扰噪声很容易叠加到模拟信号上，数字信号产生的高频噪声也会串扰到模拟信号。因此，数模混合电路设计的一个挑战就是抗干扰问题。

另一个挑战是制造工艺的相容性问题。数字电路芯片的制造工艺和模拟电路芯片的制造工艺有时难以兼顾，数模混合电路芯片难以在一个工艺线上实现生产，这就需要采用厚膜或薄膜混合集成电路（HIC[1]）或者新兴的多芯片封装（MCP[2]）技术来实现。但在有些情况下，制造工艺是可以兼顾的，此时设计出来的数模混合电路芯片就可以用同一种芯片制造工艺制造出来。

1　HIC：混合集成电路（Hybrid Integrated Circuit）。

2　MCP：多芯片封装（Multi-Chip Package）。

数模混合电路芯片主要包括模数转换器（ADC）芯片、数模转换器（DAC）芯片、光电转换芯片、基带芯片、调制解调芯片、接口电路芯片、传感器和驱动器等。有些片上系统（SoC）芯片和微控制器（MCU）芯片也包含少量模拟电路接口和内部模拟电路，但因为数字电路占比很大，它们一般归类为数字电路芯片。

举一个数模混合电路芯片的例子，语音芯片 ISD4004 是一个能够循环录音和播放声音的数模混合电路芯片，可以用来设计数码录音机、复读机、语音记录仪、广告语句播放器等，用它设计产品既节省空间，价格也便宜，因而具有很好的实用价值。图 2-36 所示为数模混合电路芯片 ISD4004 的内部电路框图和外观，浅红色的模块是数字电路部分，浅蓝色的模块是模拟电路部分。

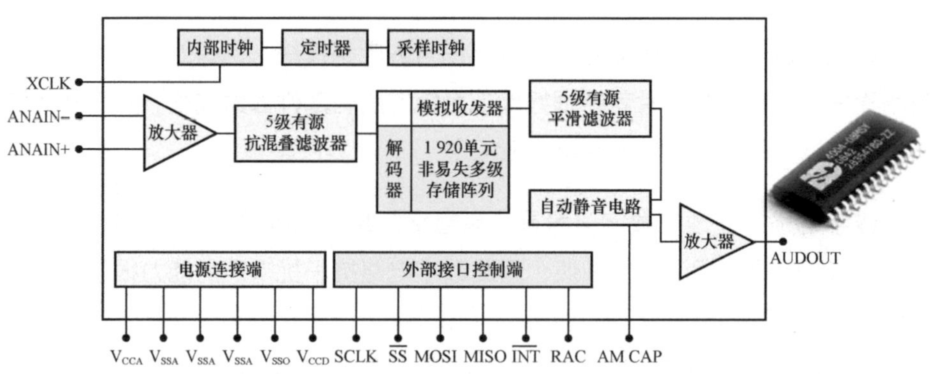

图 2-36　数模混合电路芯片 ISD4004 的内部电路框图和外观

将该芯片接上电源、麦克风、扬声器和按键等，就能实现上述的数码录音机、复读机等功能。

知识点：数字电路，模拟电路，数模混合电路芯片

记忆语：数字电路是处理数字信号的电路，用来对二进制数字数据进行存储、传输和运算。**模拟电路**是对模拟信号进行检测、传输、变换、处理、放大等工作的电路。**数模混合电路芯片**上既有数字电路模块，也有模拟电路模块，二者配合起来协调工作。

2.4　什么是 MCU、CPU、SoC，三者有何区别?

电子产品和电子系统中的功能部件有很多，其中最重要的是控制和指挥其他部件协调一致、共同工作的部件。这个部件在小型电子产品和电子系统中称作微控制器（MCU），在大的通用型电子产品或电子系统中称作中央控制器（CPU），在独立且复杂的电子终端产品中称作片上系统（SoC），它们都是电子产品和电子系统的大脑和指挥中枢。

1. 微控制器（MCU）

微控制器（MCU）是小型电子产品和电子系统的控制中心。MCU 按照内部程序的存储形式可分为以下三种类型：掩膜型（Mask）MCU 在出厂时，程序已固化在芯片内部，程序功能不可变化；一次性编程型（OTP[1]）MCU 购买后，由用户自己向芯片中烧录程序，烧录后程序功能就固定下来，不可再改；可多次编程型（Flash）MCU 买回来后，也由用户自己向芯片中烧录程序，程序功能如果需要改变，还可以重新烧录程序。图 2-37 所示为一些 MCU 芯片的外观。

（a）ATMEL的AT89C系列MCU　（b）Freescale的MC56F系列MCU　（c）MicroChip的PIC系列MCU

（d）赛元的SC92F系列MCU　（e）STM32系列MCU　（f）STMicro的STC系列MCU

图 2-37　一些 MCU 芯片的外观

MCU 芯片内部除了运算、控制和存储部件，还包括系统需要的一些通用的外部接口，例如中断控制器、看门狗、计数器、串口和并口等，再加上

1　OTP：一次性可编程（One Time Programmable）。

USB[1]接口、模-数转换器、LCD[2]驱动器等，就可以形成一个可独立工作的系统。因此，MCU 芯片也被称作单片机，可以看作 SoC 芯片的缩小版。“缩小”体现在处理字宽、工作频率和包含的晶体管数目等方面，MCU 芯片一般为 4 位、8 位或 16 位，内存容量较少，主频不超过 100 MHz，晶体管数目也不超过 100 亿，而且没有操作系统支持。如果 MCU 芯片的各项指标向上提升，例如处理字宽由 8 位、16 位提升为 32 位或 64 位，那它就可以称为 SoC 芯片了。

MCU 芯片和 SoC 芯片的边界在哪里？业界对此并没有明确的规定，一般认为芯片的电路规模、处理能力、有无操作系统、是否集成了更多行业应用的部件等，是区分 MCU 芯片和 SoC 芯片的主要因素。

图 2-38 所示为一款国产 MCU 芯片的内部框图，由它可一窥 MCU 芯片的内部结构。该芯片采用 1T 8051 内核，除了有一般的通用外围接口 [如中断控制器、看门狗计时器（WDT[3]）、计数器、通用异步接收发送设备（UART[4]）和并口（I/O）等]，还增加了高精度内部时钟（HPC[5]）、模 - 数转换器（如 ADC）等。

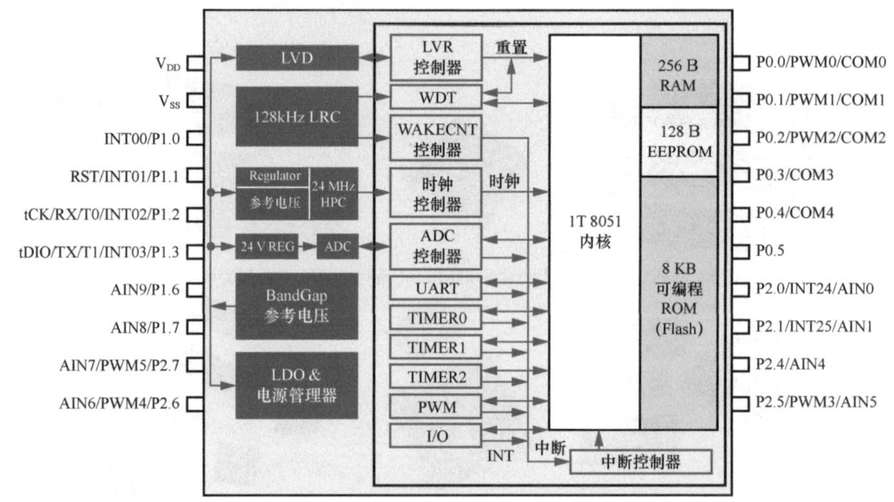

图 2-38　一款国产 MCU 芯片的内部框图

1　USB：通用串行总线（Universal Serial Bus）。

2　LCD：液晶显示（Liquid Crystal Display）。

3　WDT：看门狗计时器（Watch Dog Timer）。

4　UART：通用异步接收发送设备（Universal Asynchronous Receiver/Transmitter）。

5　HPC：高精度内部时钟（High Precision Clock）。

2. 中央处理器（CPU）

中央处理器（CPU）是通用电子计算机和大型电子系统的中央控制中枢。在所有的自动化系统和智能系统中，计算机是核心部件，而 CPU 是计算机的核心部件。CPU 龙头企业英特尔公司的 CPU 芯片声名显赫，有些人甚至还了解 Intel CPU 芯片曾经历 286 到 486、奔腾 1 到奔腾 4、酷睿 2 到酷睿 i9 的世代更替。虽然十分复杂，但 CPU 芯片对公众来说并不陌生。

CPU 芯片在计算机和芯片技术发展的早期就已出现。计算机从诞生之日起，一直按照冯 · 诺依曼架构发展。冯 · 诺依曼架构将计算机分为 5 部分，分别是运算器、控制器、存储器、输入设备和输出设备，如图 2–39 的左图所示。芯片存储器诞生以后，计算机的存储器被分为两部分：一部分是容量大但读写速度较慢的存储器，如 DRAM、Flash、硬盘、光盘；另一部分是容量有限但读写速度很快的缓冲存储器。现代计算机架构将计算机分为 6 部分，如图 2–39 的右图所示。用集成电路技术把运算器、控制器和缓冲存储器集成在一块芯片中，就成了当今应用广泛的 CPU 芯片。

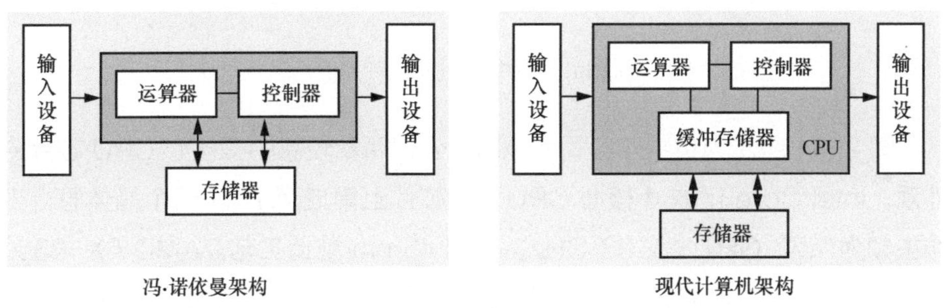

图 2–39　冯 · 诺依曼架构以及 CPU 芯片的内部组成

现代 CPU 芯片中集成了尽可能多的通用的系统部件，而且还出现了多核心 CPU 芯片。在多核心 CPU 芯片中，每一个核心（Core）都包含运算器、控制器和缓冲存储器这三个部分。多个核心同时并行工作，就可以成倍地提高 CPU 芯片的处理能力。

图 2–40 所示为 Intel 80286、80386 和 80486 CPU 芯片的外观和内

部显微照片。它们推出的时间相隔 3 至 4 年。集成度由 13 万只晶体管提升到 118 万只晶体管，电路规模更大，内部结构更复杂。工作时钟也由 25 MHz 提升到了 150 MHz。CPU 芯片技术的发展是不断积累经验和提升制造工艺技术的过程。

Intel 80286，1982年2月推出
封装：68p PLCC / 68p PGA / 100p PQFP
制造工艺：1.5 μm
工作电压：5 V
时钟频率：4 MHz～25 MHz
晶体管数：13.4万
指令集：x86-16

Intel 80386，1985年10月推出
封装：132p PGA / 132p PQFP(DX)
88p PGA / 100p PQFP(SX)
制造工艺：1.5 μm～1 μm
工作电压：5 V
时钟频率：12 MHz～40 MHz
晶体管数：27.5万
指令集：x86-32

Intel 80486，1989年4月推出
封装：196p PQFP / 208p SQFP
制造工艺：1 μm
工作电压：5 V/3.3 V
时钟频率：16 MHz～150 MHz
晶体管数：118.02万
指令集：x86-32

图 2-40　三款 Intel CPU 芯片的外观和内部显微照片

图 2-41 所示为英特尔公司和 AMD 公司两款较新的多核心 CPU 芯片的外观。Intel Core i7 是 4 核心 CPU，该芯片上集成了 7.74 亿个晶体管，工作主频为 1.73 GHz ～ 2.93 GHz，采用 45 nm 制造工艺。AMD FX-8350 是 8 核心 CPU，该芯片上集成了 12 亿个晶体管，工作主频为 4 GHz，采用 32 nm 制造工艺。图 2-41 的中间图是英特尔公司和 AMD 公司 CPU 芯片的天梯图[1]，它显示了英特尔公司和 AMD 公司你追我赶、技术竞争的情况。

1　CPU 芯片的天梯图：CPU 性能由低到高向上排列的一张图，更高性能的新型号不断向上叠加，就像向上延伸的梯子。

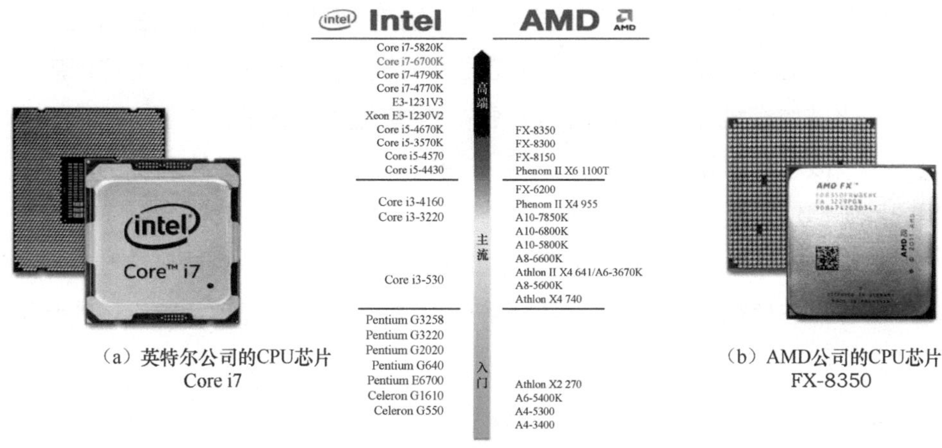

（a）英特尔公司的CPU芯片 Core i7

（b）AMD公司的CPU芯片 FX-8350

图 2-41　英特尔公司和 AMD 公司两款较新的 CPU 芯片的外观

3. 片上系统（SoC）

片上系统（SoC）芯片也称为系统级芯片。它的内部除了运算、控制和存储部件，还集成了系统需要的一些通用接口，如中断控制器、看门狗、计数器、串口和并口、USB 接口等。一些 SoC 芯片甚至集成了应用领域专用的功能部件，例如有的手机 SoC 芯片集成了基带电路，电表 SoC 芯片集成了电能计量模块，还有的 SoC 芯片集成了模 - 数转换器、液晶显示驱动器等。所以，SoC 芯片可看作面向应用领域的能够独立工作的复杂系统。图 2-42 所示为一些 SoC 芯片的外观。

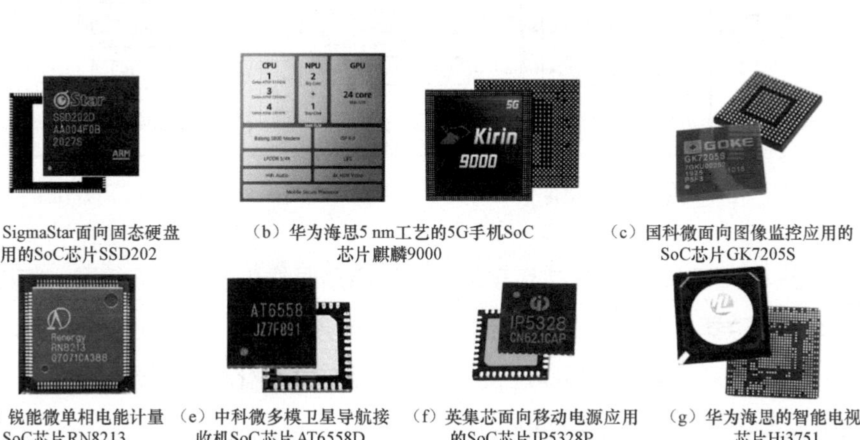

（a）SigmaStar面向固态硬盘应用的SoC芯片SSD202

（b）华为海思5 nm工艺的5G手机SoC芯片麒麟9000

（c）国科微面向图像监控应用的SoC芯片GK7205S

（d）锐能微单相电能计量SoC芯片RN8213

（e）中科微多模卫星导航接收机SoC芯片AT6558D

（f）英集芯面向移动电源应用的SoC芯片IP5328P

（g）华为海思的智能电视SoC芯片Hi3751

图 2-42　一些 SoC 芯片的外观

图 2-43 举例说明了一个 SoC 芯片的内部系统框图和应用方法。Hi3516 是由华为海思半导体公司开发的网络化高清摄像头 SoC 芯片，可广泛应用于智能化监控领域，包括安防监控系统、家庭监护系统等。从图 2-43 中可以看出，该芯片除了包含 ARM 子系统模块（浅黄色部分）和两侧的大批通用的系统模块，还包含了右上角的图像子系统模块和中下部的视频子系统模块（浅蓝色部分），它们是面向应用领域的专用功能部件。集成了这些专用的功能部件，芯片就成了一个完整的系统。它是一款面向视频监控应用的专用芯片。

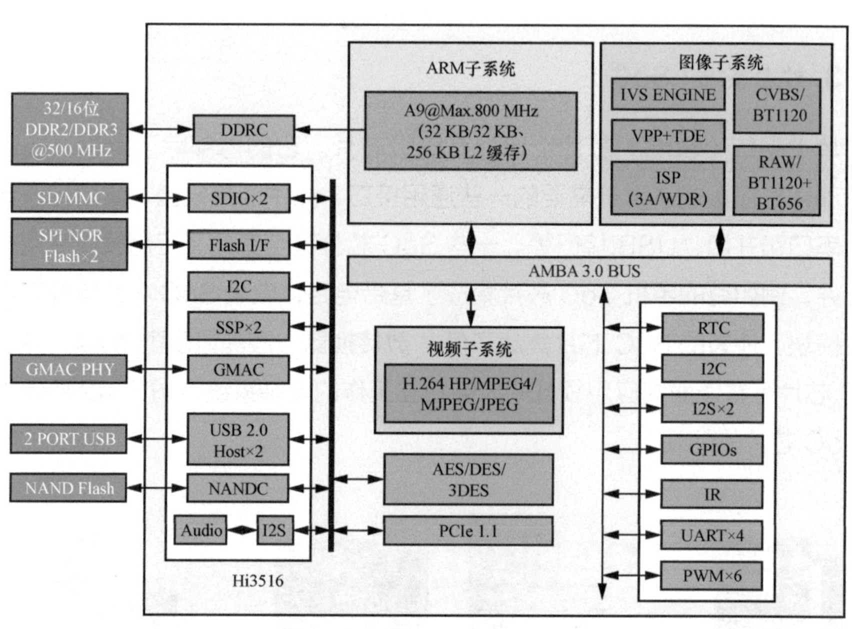

图 2-43　网络化高清摄像头 SoC 芯片 Hi3516 的内部系统框图和应用方法

图 2-44 是用 Hi3516 芯片实现网络化高清录像机的系统连接图。将该芯片与图像传感器、麦克风、扬声器 / 耳机、补光灯、SD 卡、遥控器、Wi-Fi 网口、有线网口、高清监视器连接，就可以组成网络化的高清录像机、音 / 视频系统、安防监控系统等实际的应用系统。

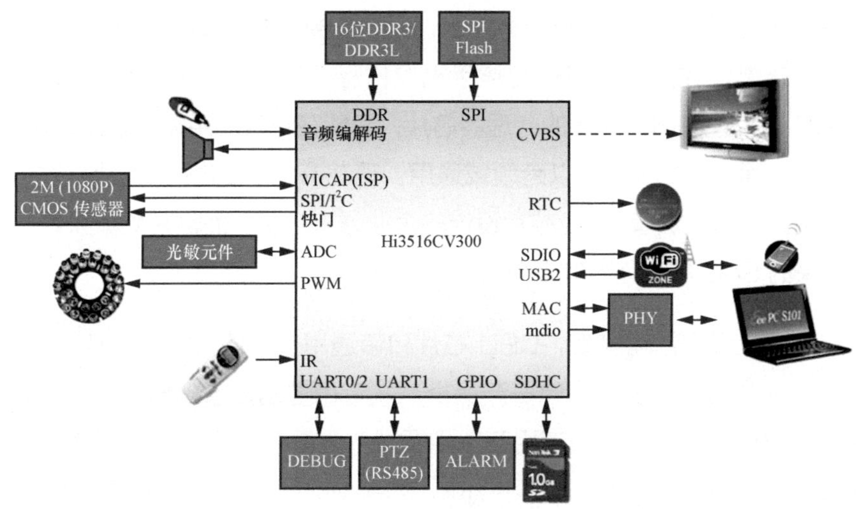

图 2-44　用 Hi3516 芯片实现网络化高清录像机的系统连接图

4. MCU 芯片、CPU 芯片和 SoC 芯片三者的区别

MCU 芯片在历史上出现得较早，它和 CPU 芯片并肩发展，由简单逐步走向复杂和成熟，分别占领了小电子产品和大系统应用两个不同的芯片应用市场。MCU 芯片的电路规模小，处理能力不太强，在要求不高的场合够用即可。它的优势是价格便宜，易于学习和使用，因此被广泛应用在小电子产品、小系统、物联网以及工业控制系统上，如遥控器、小家电、跟读笔、无人机等都大量使用 MCU 芯片。

CPU 芯片主要应用在通用计算机和大型电子系统上，它的处理能力和通用性是两个十分重要的考虑指标。CPU 芯片的电路规模很大，价格较为昂贵，只有专业人员才能掌握其应用知识。CPU 芯片的设计制造企业和芯片种类有限，龙头企业英特尔公司和 AMD 公司具有市场竞争优势。

SoC 芯片在历史上出现得较晚，是在芯片制造工艺不断进步，IP 复用技术完善后，才由面向应用的全定制芯片逐步发展起来的。它除了要把 CPU 的功能集成在芯片中，还要把尽可能多的外部功能部件集成在同一芯片中，如 USB 接口、蓝牙接口、Wi-Fi、模 - 数转换器、显示控制器等。

SoC 芯片是系统级的处理器芯片，但它需要做得比通用 CPU 芯片更小、更薄、更省电，才能应用在像智能手机这样轻、薄、短、小的移动终端产品中。SoC 芯片还是面向应用的处理器芯片，只能在特定应用领域使用，不能跨领域通用，而 CPU 芯片可以跨领域通用。现在 IP 复用技术大大降低了 SoC 芯片的设计门槛，从事 SoC 芯片设计的企业越来越多，而且越贴近系统应用，设计出来的 SoC 芯片就越有竞争力。

总之，从通用性角度看，CPU 芯片和带通用接口的 MCU 芯片可分别应用在各个领域的大系统和小电子产品上。从专用性角度看，SoC 芯片和带专用接口的 MCU 芯片可分别应用在专用领域的大系统和小电子产品上。MCU 芯片和 SoC 芯片的边界划分并不明确，如果 MCU 芯片电路规模变大、变复杂、功能变强，那它自然就变成了 SoC 芯片。

知识点：微控制器（MCU），中央处理器（CPU），片上系统（SoC），以及它们三者之间的关系

记忆语：微控制器（MCU）、中央处理器（CPU）和片上系统（SoC）是电子产品和系统的大脑。**它们三者之间的关系**是，从电路规模和处理能力来看，MCU 最小，只能应用在小型电子产品和小系统上；SoC 最大，可以应用在专用的大型电子产品和大系统上；CPU 介于两者之间，主要应用在通用计算机和大型电子系统上。此外，CPU 面向所有应用领域，追求通用性和高性能；SoC 面向特定应用领域，追求专用性、微小化和低功耗；MCU 早于 SoC 出现，MCU 是缩小版的 SoC。

2.5　什么是 GPU、APU、NPU？

GPU、APU、NPU 实际上是 CPU 的“本家兄弟”，都是微处理器这个大家族的成员。以前，计算机需要处理的事务不多，计算的数据量不大，中央处理器（CPU）可以独当一面，包揽一切。这些“本家兄弟”根本没有出头露面的机会，有的甚至连名分都没有。而在如今的信息化、智能化社会里，计算机需要实时处理的事务太多、太复杂，计算的数据量又非常大，CPU 根本应

接不暇，不得已之下才把规格化的大量数据计算和一些实时处理任务交给“本家兄弟”来分担，这就出现了专门从事图像处理的图形处理器（GPU）、专门从事数据快速计算的加速处理器（APU[1]）、专门从事神经网络处理的神经网络处理器（NPU[2]）等。它们和 CPU 一样，都属于微处理器家族的成员，只是任务分工不同罢了。它们都要听从系统中的 CPU 的统一调遣。

1. 图形处理器（GPU）

图形处理器（GPU）是计算机中专门负责处理图像和图形数据的微处理器，是计算机的显示核心和视觉处理中心。台式计算机中的 GPU 芯片一般安装在显卡上，因此也称为显示处理器。手机 SoC 芯片中除了集成 CPU 的功能，也集成了 GPU 的功能。

1999 年 8 月，英伟达（NVIDIA）推出了世界上第一颗 GPU 芯片 GeForce 256，用它设计的计算机显卡如图 2-45 的左图所示。图 2-45 的右图所示为 2008 年上市的高性能 GPU 芯片 Geforce 9600GT 的外观，它采用 65 nm 制造工艺，裸片尺寸为 240 mm^2，该芯片上集成了 5.05 亿个晶体管。

图 2-45 全球首款用 GPU 设计的计算机显卡（左）和 GPU 芯片的外观（右）

众所周知，计算机可以显示漂亮的图像、视频、游戏和动画。但很多人未必知道，计算机屏幕上的一幅画面是由从上到下一行行的扫描线组成的，而每一行扫描线又是由从左到右一个个的像素点构成的。

例如，要显示一幅 1080P 高清画面，计算机就要处理 1920×1080 =

1 APU：加速处理器（Accelerated Processing Unit）。

2 NPU：神经网络处理器（Neural network Processing Unit）。

207.36 万个像素点。每个像素点的颜色和明暗占 3 字节，一幅画面的显示数据就有 622.08 万字节（约 6 MB）。这些显示数据的处理要在极短时间内完成，否则画面就不再流畅，出现闪烁。用于工程绘图或打游戏的计算机所要处理的显示数据量更大，因此处理速度需要更快。

早期计算机显示的分辨率较低，而且在没有 3D 动画显示的时候，CPU 曾经包办过显示数据处理工作。现在，高清显示和 3D 动画显示使得显示数据量大增，这些显示数据仅靠 CPU 来处理就完全不可能了，必须使用 GPU，这样 CPU 只需向 GPU 发出“如何显示”的指令就可以了。所以，用于工程绘图或打游戏的计算机需要安装高性能显卡。GPU 芯片性能的优劣决定了显卡的好坏。如果手机经常用于打游戏，用户就会关注手机 SoC 芯片中 GPU 功能的强弱。

GPU 最初只是为了快速处理显示数据而设计，它把显示数据分区分块，并行同时处理，并行处理流水线可多达上千条。GPU 的这种超强的并行处理能力也可用于其他需要并行处理的场合。因此，GPU 曾被广泛用于比特币挖矿，现在则被用于人工智能深度学习模型的加速训练。如今的 GPU 芯片兼顾了图像处理和人工智能应用的需要，性能更加强大。原来只为计算机显卡供货的 GPU 芯片厂商英伟达公司在经历了比特币挖矿盛世后，现在又赶上了人工智能应用的黄金时代。

2. 加速处理器（APU）

加速处理器（APU）是微处理器芯片厂商 AMD 公司于 2011 年推出的一款“融聚未来”理念的产品。它把 CPU 和 GPU 的功能集成在一颗芯片中，使这颗芯片同时具有 CPU 和 GPU 的功能，可以简单表达为 APU = CPU + GPU。用 APU 芯片组装的台式计算机不用再配装显卡。

图 2–46 的左图是 AMD 公司 APU 裸片的模块结构图，其中的左侧是 4 核心的 CPU 部分，右侧是 GPU 部分。2018 年，AMD 公司推出了锐龙第二代 APU 芯片 R5–2600，它采用 12 nm 制造工艺，内置了 Radeon ™ Vega 8 GPU 平台，其中包含 8 个处理器核心，可以执行 16 线程的并行计算。

图 2-46 的右图所示为 AMD 公司的锐龙第二代 APU 芯片 R5-2600 的外观展示。

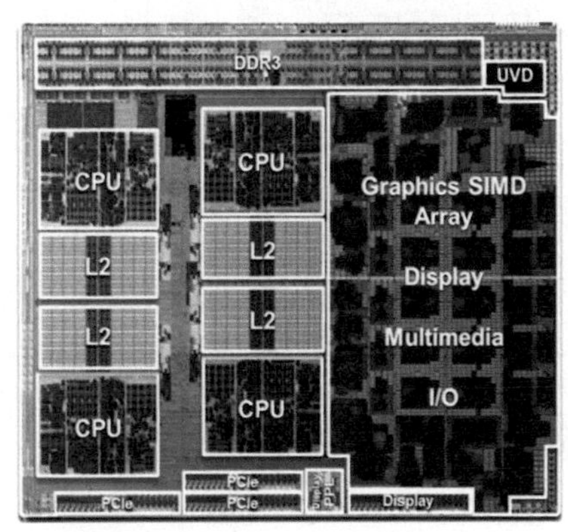

图 2-46　AMD 公司 APU 裸片的模块结构图和锐龙第二代 APU 芯片 R5-2600 的外观展示

3. 神经网络处理器（NPU）

神经网络处理器（NPU）是一种模仿人脑神经网络的电路系统，是实现人工智能中神经网络计算的专用处理器，主要用于人工智能深度学习模型的加速训练。人工智能要模仿人脑的工作方式，首先就要用电路模仿人脑大量神经元并行处理问题的能力，所以 NPU 要用大量计算单元（也称为“算子”）构成一个神经网络，而且这些算子的数据存储和计算是一体化的。这就突破了传统的冯 · 诺依曼计算机架构，因为冯 · 诺依曼计算机架构中数据的存储和计算是分开的。存算一体化是近年来计算技术上的重大创新。

NPU 中的计算对象分为单数据的标量（Scalar）、一维数据的向量（Vector）、二维数据的矩阵（Matrix）和 n 维数据的张量（Tensor）。计算量最大的是矩阵乘法运算，如果增加算子数量，提高矩阵乘法的运算效率，就能最大程度提升 NPU 的算力。

2019 年 8 月，华为海思推出了当时世界上具有最强算力的 NPU 芯片——Ascend 910。该芯片采用 7 nm 制造工艺，还采用了全新的达芬奇架构，大幅提升了算力。图 2-47 是华为海思推出的 Ascend 910 芯片的系统框图。

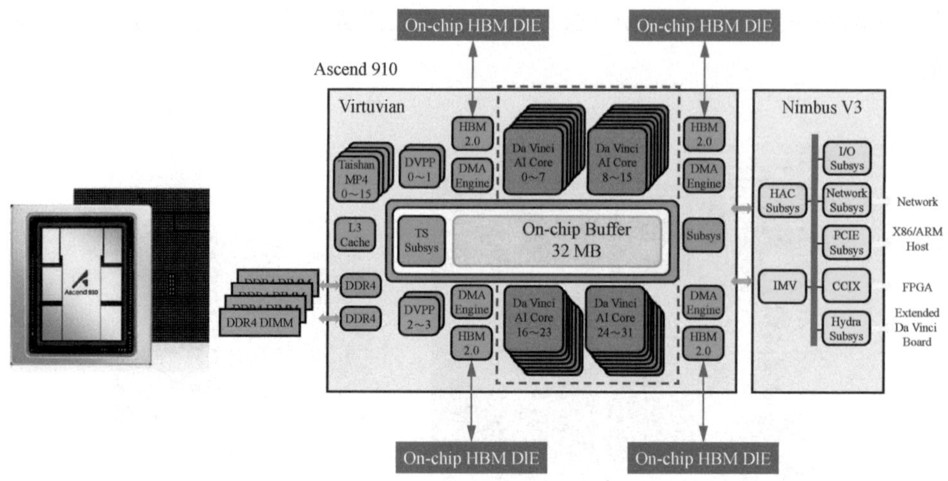

图 2-47　华为海思 Ascend 910 芯片的系统框图

与以往的标量、向量运算模式不同，达芬奇架构采用了乘累加器（MAC[1]）的三维立方体（3D Cube）结构。例如，假设要进行两个 $N \times N$ 的矩阵 $\boldsymbol{A}$ 和 $\boldsymbol{B}$ 的乘法运算，如果用一维（1 D）MAC 队列来计算，则需要 N^2 个计算周期；如果用二维（2D）MAC 阵列来计算，则需要 N 个计算周期；Ascend 910 的达芬奇架构采用三维（3D）MAC 立方体来计算，只需要 1 个计算周期。图 2-48 对达芬奇架构的三维 MAC 立方体与一维和二维 MAC 架构做了比较。

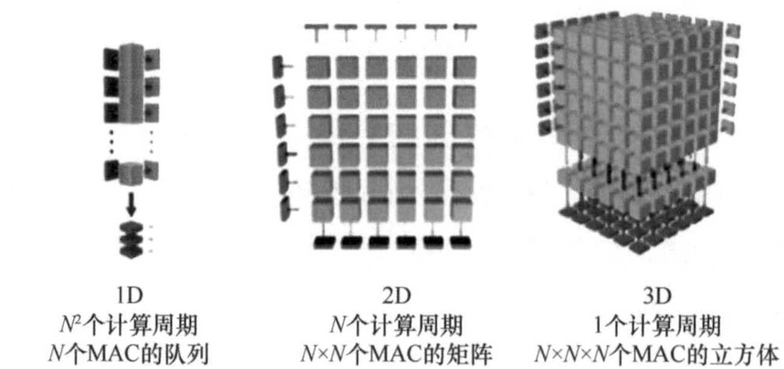

图 2-48　达芬奇架构的三维 MAC 立方体与一维和二维 MAC 架构的比较

NPU 芯片的性能指标包括算力、能耗效率、延迟和稳定性等。算力

1　MAC：乘累加器（Multiplier And Accumulation）。

用 NPU 芯片每秒所能够完成的浮点运算次数（FLOPS[1]）来表示；能耗效率通常通过功耗和性能之比来衡量；延迟是 NPU 芯片完成一个任务所需要的时间，单位是毫秒。Ascend 910 的算力是 256 TeraFLOPS（FP16[2]）或 512 TeraFLOPS（FP8），最大功耗 310 W，算子数量超过 240，是当时计算密度最大的人工智能单芯片。Ascend 910 采用 2.5D 先进封装工艺，把 8 个裸片封装在了一颗芯片中，如图 2-49 的中间图所示。图 2-49 的右图是 8 个裸片的位置示意图，其中左上和右上两个 Dummy 裸片[3]没有电路功能。

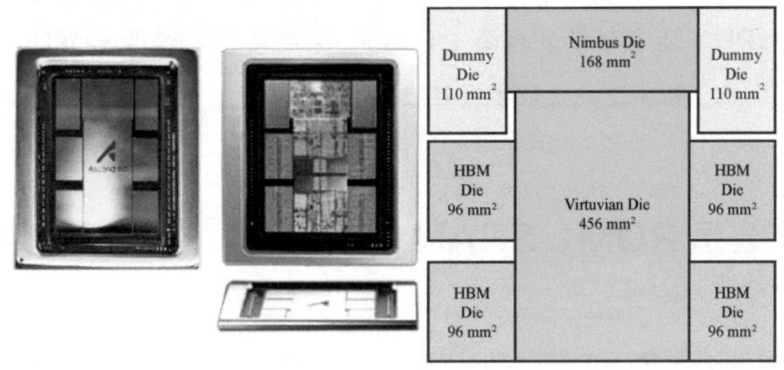

图 2-49　华为海思 Ascend 910 芯片的内部结构和外观

4. 其他专用处理器（xPU, x = T、D、B、I 等）

前面分别介绍了 GPU、APU、NPU，其实还有更多的处理器种类，例如 TPU[4]、DPU[5]、BPU[6]、IPU[7]等。本书不打算逐一介绍，它们都是用来完成特定计算和处理任务的专用处理器，例如 TPU 是张量处理器、DPU 是深度学习处理器、BPU 是大脑处理器、IPU 是基础设施处理器等，相信未来还会出现更多新的处理器种类。

1　FLOPS：每秒浮点运算次数（Floating point Operations Per Second）。
2　FP16：FP16 是双字节的浮点数。相应地，FP8 是单字节的浮点数。
3　Dummy 裸片：没有电路功能的裸片，在封装工艺中有特殊用途。
4　TPU：张量处理器（Tensor Processing Unit）。
5　DPU：深度学习处理器（Deep learning Processing Unit）。
6　BPU：大脑处理器（Brain Processing Unit）。
7　IPU：基础设施处理器（Infrastructure Processing Unit）。

知识点：图形处理器（GPU），GPU 芯片的用途，加速处理器（APU），神经网络处理器（NPU），其他专用处理器（xPU）

记忆语：**图形处理器（GPU）**是计算机中专门负责处理图像和图形数据的微处理器，是计算机的显示核心和视觉中心。**GPU 芯片的用途**除了用于显卡，还能用于人工智能等并行计算领域。**加速处理器（APU）**把 CPU 和 GPU 的功能集成在了一颗芯片中，这颗芯片既承担 CPU 的任务，又承担 GPU 的快速并行计算任务。**神经网络处理器（NPU）**是一种模仿人脑神经网络的电路系统，是实现人工智能中神经网络计算的专用处理器。**其他专用处理器（xPU）**还有张量处理器（TPU）、深度学习处理器（DPU）、大脑处理器（BPU）、基础设施处理器（IPU）等。

2.6 什么是 ROM、SRAM、DRAM，存储器芯片有哪些分类？

芯片的种类很多，存储器芯片只是其中一个分支，如果对存储器芯片进一步细分的话，它的细分种类也不少。存储器芯片对信息社会的贡献不亚于处理器芯片，是信息化社会和大数据时代的重要基础技术支撑。本节重点介绍只读存储器（ROM）、静态随机存储器（SRAM）和动态随机存储器（DRAM），并概述存储器芯片还有哪些细分种类。

1. 只读存储器（ROM）

只读存储器（ROM）是一种只能从中读出数据，而不能写入数据的存储器。这种存储器一般用来存储固定数据和程序，例如电子产品和系统用的汉字点阵库、控制程序等。假如每个汉字的点阵采用 32 行 ×32 列的点阵格式，那么一个汉字点阵的数据就有 128 字节（Byte）。GB/T 2312—1980 汉字库有 6763 个汉字，需要用至少 850 KB 的 ROM 芯片来存储。

ROM 既然是一种只能读出的存储器，那它里面的数据又是如何存储进去的呢？主要有两种方法。一种方法是由设计公司提前把数据交给芯片制造厂，芯片制造厂在生产芯片时通过光掩膜版（Mask）把数据或程序以电路形式写入芯片中，这种芯片也称为掩膜型 ROM 芯片，用 MROM[1] 表示。MROM 芯片面积较小，造价低廉，用量很大的 ROM 芯片会按照 MROM 模式来生产。另一种方法是，用户买回通用的空白 PROM 芯片，借助 PROM 编程器把数据写入芯片，之后该芯片就只能读出数据了。这种芯片因为可以由用户自己写入数据——芯片可编程，所以又称为可编程的 ROM 芯片。图 2-50 所示为 ROM 芯片的外观展示以及数据读出原理的示意图。

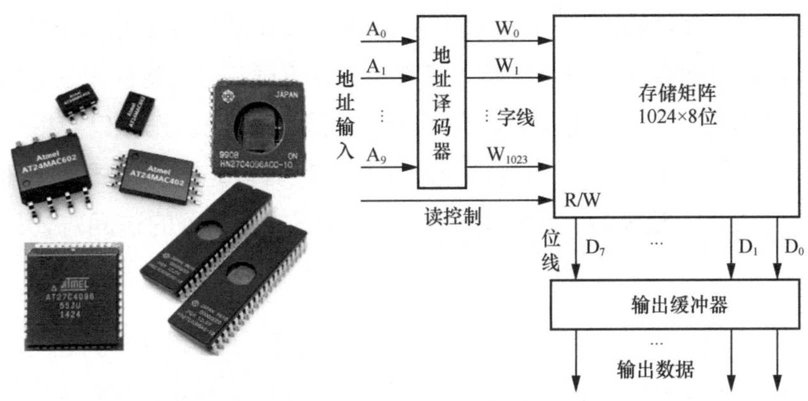

图 2-50　ROM 芯片的外观展示以及数据读出原理的示意图

PROM 芯片又可分为一次性可编程 ROM 芯片和多次可编程 ROM 芯片。多次可编程是指在将编程后的 ROM 芯片应用在产品上之后，发现产品设计缺陷需要完善，或者产品性能需要升级，需要修改 ROM 芯片中的数据时，整机厂可以借助 ROM 编程器把 ROM 芯片中的旧数据擦除，并在其中写入新的数据。

在图 2-50 左图所示的 ROM 芯片中，有些芯片上开了透明窗口，通过它可以看到里面的裸片。这种芯片就是用紫外线照射来擦除芯片中旧数据的多次可编程 ROM 芯片。没有开窗的芯片是电可擦除 PROM 芯片。图 2-50 的右图所示为 ROM 芯片数据读出原理示意图，CPU 向 ROM 芯片发出要读出的存储单元的地址和读出信号，经地址译码后，相应的字线为高电平，从而驱动

1　MROM：掩膜型只读存储器（Mask Read-Only Memory）。

存储阵列把该存储单元的数据发送到输出缓冲器中，再由 CPU 取走。

总之，ROM 可细分为掩膜型 ROM（MROM）、可编程 ROM（PROM）、可擦可编程 ROM（EPROM[1]）、电擦除可编程 ROM（EEPROM[2]）等类型。

ROM 芯片断电后，其中的数据不会丢失，因此 ROM 又被称为非易失性存储器（NVM[3]）。

2. 静态随机存储器（SRAM）

在学习 SRAM 之前，我们需要先了解什么是随机存储器（RAM）。存储器有很多存储单元，每个存储单元都有地址可寻，数据就存储在这些存储单元中。随机存取就是想对哪个存储单元写入或读出数据，只要根据其地址直接访问它就可以了。但随机存取在芯片存储器之前的旧式存储器（例如纸带、磁带、磁盘等）中很难做到，这些旧式存储器的访问方式是顺序存取。

静态随机存储器（SRAM）是一种随机存储器，只要芯片保持通电，它里面的数据就一直保持不变，这是一种数据的“静态”，直至它接收到数据写入命令，里面的数据被改写后，才再次进入数据的“静态”。SRAM 的任何一个存储单元都可以读出和写入数据。CPU 某时刻对 SRAM 的操作是读还是写?这是靠读 / 写（R/W）控制信号来控制的，高电平是读出，低电平是写入，如图 2-51 的右图所示。

图 2-51 的左图所示为 SRAM 芯片的外观展示，右图所示为 SRAM 芯片数据读出 / 写入的示意图。读出时，R/W=1 表示进行数据读出，CPU 向 SRAM 芯片发出要读出的存储单元地址，经地址译码后，相应的字线为高电平，从而驱动存储阵列把该存储单元的数据发送到输出缓冲器中，再由 CPU 取走。写入时，R/W=0 表示进行数据写入，CPU 向 SRAM 芯片发出要写入的存储单元地址，经地址译码后，相应的字线为高电平，CPU 向输入缓冲器

1 EPROM：可擦可编程 ROM（Erasable Programmable Read-Only Memory）。

2 EEPROM：电擦除可编程 ROM（Electrically Erasable Programmable Read-Only Memory）。

3 NVM：非易失性存储器（Non-Volatile Memory）。

发出要写入的数据，存储阵列在 R/W 控制信号的控制下把输入缓冲器中的数据写入存储单元。

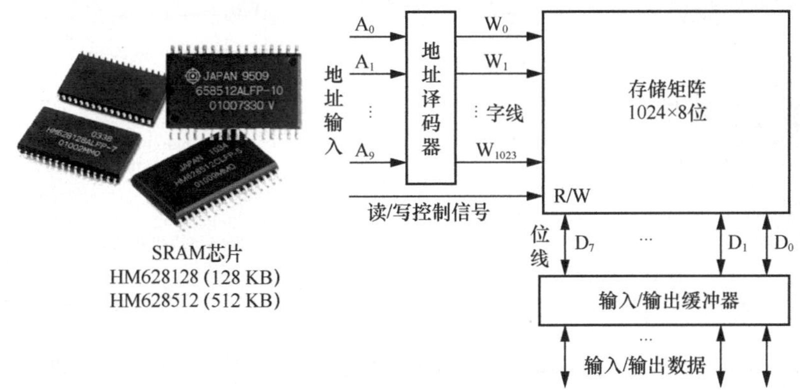

图 2-51　SRAM 芯片的外观展示和数据读出 / 写入的示意图

SRAM 芯片断电后，其中的数据会丢失，因此也被称为易失性存储器（VM[1]）。

3. 动态随机存储器（DRAM）

动态随机存储器（DRAM）也是一种随机存储器，芯片在通电的情况下，其中的数据需要定时地不断刷新（refresh）才能保持不变。刷新就是读一遍存储器中所有存储单元里的数据，但不用把数据输出到芯片之外。刷新是芯片内部的操作。如果不进行不间断的刷新，DRAM 中的数据就会丢失。通过不断刷新来存储数据是一种“动态”的数据存储状态，所以这种存储器称为动态随机存储器。DRAM 的动态刷新、数据读出和数据写入过程较为专业和复杂，故而略去不表。图 2-52 的左图所示为 DRAM 芯片的外观展示，中间图与右图对 DRAM 和 SRAM 存储单元做了比较。

从图 2-52 的中间图和右图可以看出，DRAM 的存储单元约为 SRAM 存储单元的 1/6。所以，DRAM 和 SRAM 相比，在同样芯片面积的条件下，前者的存储容量可以做得很大，价格相对便宜，DRAM 用量较大，被广泛用作计算机的内部存储器。

1　VM：易失性存储器（Volatile Memory）。

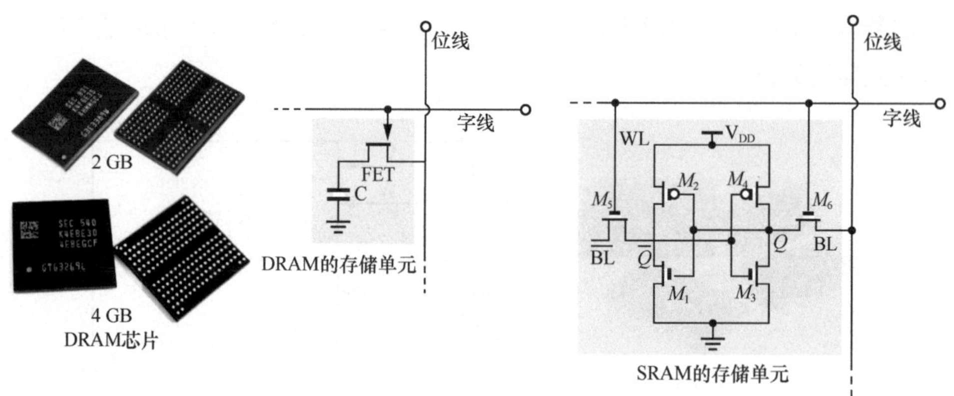

图 2-52　DRAM 芯片的外观以及 DRAM 和 SRAM 存储单元的比较

DRAM 芯片断电后，其中的数据会丢失，同样属于易失性存储器（VM）。

4. 存储器的分类

通过以上对 ROM、SRAM 和 DRAM 的介绍，我们可以发现存储器的内部结构不同，特性就不同，因而应用场合也大不相同。其实，存储器芯片的种类还有很多，特别是闪存，它很重要，我们将专门对它进行介绍，详见2.7节。图 2-53 是芯片存储器的一种大致分类，其中给出了只读存储器（ROM）的一些细分种类。其实，静态随机存储器（SRAM）和动态随机存储器（DRAM）也有很多细分种类，但因为太过专业和复杂，故而略去不表。SRAM 和 DRAM 都可以用作缓冲存储器。

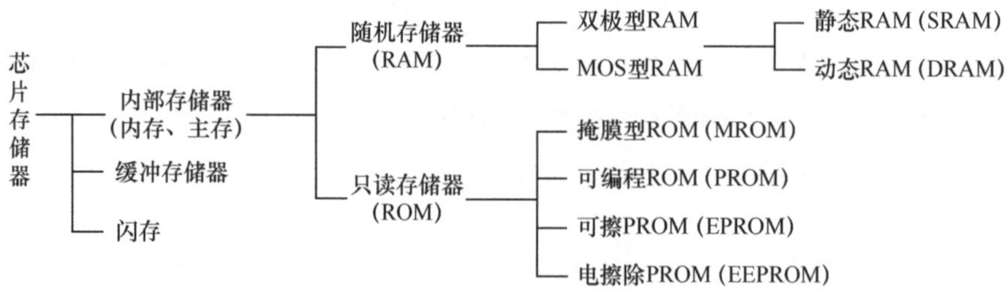

图 2-53　芯片存储器的分类

知识点： 只读存储器（ROM），静态随机存储器（SRAM），动态随机存储器（DRAM），非易失性存储器（NVM），易失性存储器（VM）

记忆语：只读存储器（ROM）是一种只能从中读出数据，而不能写入数据的存储器。**静态随机存储器（SRAM）**是一种随机存储器，芯片只要保持通电，里面的数据就一直保持不变，数据可以通过写入命令来改变。**动态随机存储器（DRAM）**也是一种随机存储器，芯片在通电的情况下，其中的数据需要定时地不断刷新才能保持不变，数据可以通过写入命令来改变。**非易失性存储器（NVM）**是指芯片断电后，其中的数据不会丢失的存储器。反之，芯片断电后，其中的数据会丢失，这种存储器就是**易失性存储器（VM）**。

2.7 什么是 Flash 芯片，闪存有哪些分类?

Flash 芯片是指闪存（Flash Memory）芯片。闪存简称 Flash。Flash 是一种非易失性存储器，既能像 ROM 一样，在芯片断电情况下，保证数据不丢失；又能像 RAM 一样，方便地随机写入和读出数据；还能像 DRAM 一样，容量做得很大。因此，Flash 兼具 ROM、RAM 和 DRAM 的优点，具有数据的非易失性、可快速读写性，以及容量可以做得很大的优越特性，自问世以来，得到了快速发展和广泛应用。

Flash 主要分为 NOR Flash[1] 和 NAND Flash[2] 两种类型。图 2-54 的左图所示为 Flash 芯片的外观，中间图和右图所示为两种 Flash 的存储阵列示意图。NOR Flash 的存储阵列被设计成了逻辑“或非门”的结构，NAND Flash 的存储阵列被设计成了逻辑“与非门”的结构，但这两种类型 Flash 的存储单元都是单个浮栅场效应晶体管，如图 2-54 的中间图所示。给这只晶体管的浮栅注入电子，就代表这个单元存储了“0”；如果把浮栅中的电子泄放掉，则代表这个单元存储了“1”。对这只晶体管的浮栅注入电子或泄放掉电子的操作过程较为专业和复杂，故而略去不表。

NOR Flash 具有可靠性高、可随机读取数据、数据读取速度快、可以

1 NOR Flash：逻辑或非门结构的闪速存储器。

2 NAND Flash：逻辑与非门结构的闪速存储器。

直接从存储器中读取和执行程序代码等优点；缺点是数据在写入前必须按块（block）擦除旧数据，擦除的时间长，因而写入数据的时间长。NOR Flash 很适合用在无须频繁写入数据，而主要是执行程序代码的场合。例如，NOR Flash 很适合用于存储 PC 的基本输入输出系统（BIOS[1]）程序，以及硬盘驱动器的控制程序等。

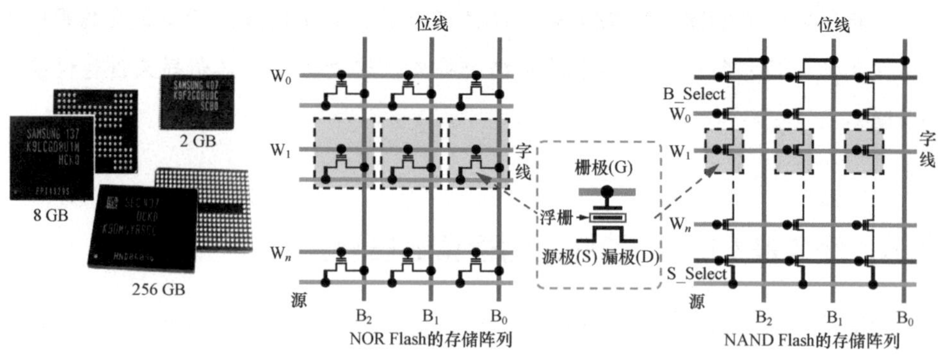

图 2-54 Flash 芯片的外观和两种 Flash 的存储阵列示意图

NAND Flash 以页（page）为单位读出和写入数据，所以数据读出和写入的速度较快。它的存储单元尺寸较小，芯片存储容量可以做得很大。它的失效块可以通过检测登记，使芯片即便有瑕疵也不影响正常使用。因此，NAND Flash 就像硬盘一样，适用于存储数据和文件。NAND Flash 主要用作小型存储卡、U 盘、闪存硬盘、手机存储器等的存储介质，其中最重要的应用是用作手机的数据存储器。随着 NAND Flash 芯片的容量越来越大，价格越来越低，闪存硬盘很有可能取代传统硬盘。

知识点： Flash 芯片，闪存（Flash Memory），NOR Flash，NAND Flash

记忆语： Flash 芯片是指闪存芯片。闪存（Flash Memory）是一种非易失性存储器，兼具 ROM、RAM 和 DRAM 的优点，因而得到广泛应用。Flash 有 NOR Flash 和 NAND Flash 之分。NOR Flash 主要用于存储固定数据和可以运行的存储程序。NAND Flash 主要用于存储数据文件、照片和视频等，已被广泛地用作 U 盘、小型存储卡、手机存储器和闪存硬盘等的存储介质。

1 BIOS：基本输入输出系统（Basic Input Output System）。

2.8 什么是硅片、硅晶圆、裸片、芯片，它们之间有何关系?

硅片是由单晶硅锭经过切片、研磨、抛光等工艺制造而成的硅单晶圆片。硅片也称为硅晶圆、晶圆。芯片级硅片的纯度需要达到 99.999 999 999%（即 11 个 9），这个纯度相当于 1 000 kg 的硅材料中不能有超过 0.01 g 的杂质。硅片的平坦度要小于 1 μm，相当于一根头发直径的百分之一。硅片按直径的大小主要分为 1 英寸、2 英寸、4 英寸、6 英寸、8 英寸、12 英寸以及未来的 18 英寸共 7 种规格。图 2-55 给出了这 7 种硅片规格及其开始应用的年份。

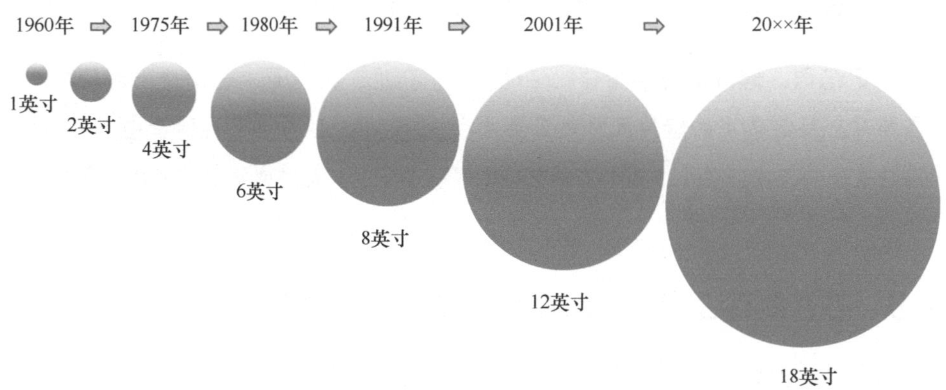

图 2-55　7 种硅片规格及其开始应用的年份

裸片是一小块方形硅片，其上集成电路已经制造完毕，但还没有封装。裸片封装后就成了芯片。图 2-56 是硅片、裸片和芯片之间转换关系的示意图。

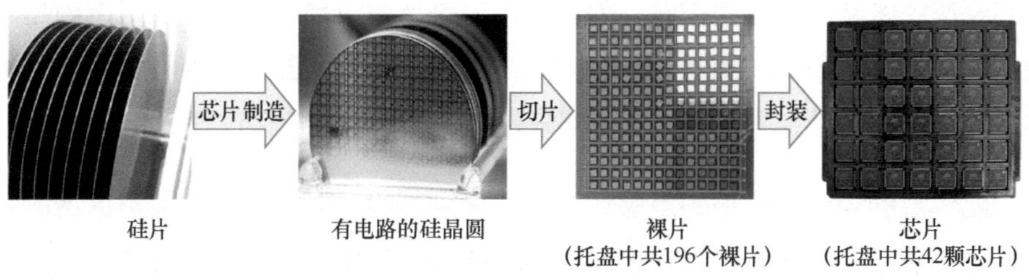

图 2-56　硅片、裸片和芯片之间转换关系的示意图

在图 2-56 中可以看到，硅片在经过芯片制造工序后，就成了有电路的硅晶圆，其中的电路整齐排列，其间留有切割的间隙。硅晶圆在经过切片工序后，就变成一个个方形的裸片（图中的裸片托盘里有 14 × 14=196 个裸片），裸片经过封装工序后就变成了芯片（图中的芯片托盘里有 7 × 6=42 颗芯片）。

需要说明的是，像图 2-56 那样把裸片摆放在托盘里，是个别特殊场合才会出现的情况，例如以前的人工绑定（bonding）封装会用到裸片，展厅里的展品也会用到少量裸片。如今在全自动芯片封装线上已很难看到裸片，因为从做好电路的硅晶圆到封装好的芯片，都是在全自动生产线上完成的。

知识点：硅片，硅片尺寸，硅晶圆，裸片，芯片

记忆语：硅片是由单晶硅锭经过切片、研磨、抛光等工艺制造而成的硅单晶圆片。目前常用的**硅片尺寸**是 8 英寸和 12 英寸。硅片也称为**硅晶圆**、晶圆。**裸片**是一小块方形硅片，其上集成电路已经制造完毕。裸片封装后就变成了**芯片**。

2.9　芯片制造工艺 14 nm 是一个什么尺寸?

芯片公司在推出新款芯片时，除了介绍它的功能，还会介绍它是以什么工艺制造的，例如 28 nm、14 nm、7 nm，这些以 nm 为单位的尺寸是一个什么尺寸？要回答这个问题，我们首先得弄清楚芯片技术中的几个相关尺寸，它们分别是晶体管的沟道长度、栅极线条宽度、特征尺寸、半节距等。

图 2-57 的左图是场效应晶体管的电路版图，右图是硅晶圆上立体的晶体管结构图，左图是右图的“设计图纸”，右图是左图的成型“产品”。图 2-57 中的蓝灰色区域是硅晶圆衬底，绿色范围内是场效应晶体管，黄色范围内是源极（S）和漏极（D），红色线条是栅极（G），栅极下压的灰色薄层是氧化绝缘层，蓝色线条是金属连线，黑色部分是上下层导电的连接过孔。

晶体管的沟道长度指的是晶体管的源极到漏极之间，被栅极覆盖区域的长度，在图 2-57 的右图中用 L 表示。红色的栅极线条宽度在图 2-57 的左图中用 W 表示。因为栅极线条一般是芯片中最细的线条，栅极线条的宽度代表了

芯片制造工艺的精细化程度，所以栅极线条的宽度 W 也称为芯片的特征尺寸。一般来说，芯片的特征尺寸越小，芯片的集成度越高、功耗越低、性能越好。

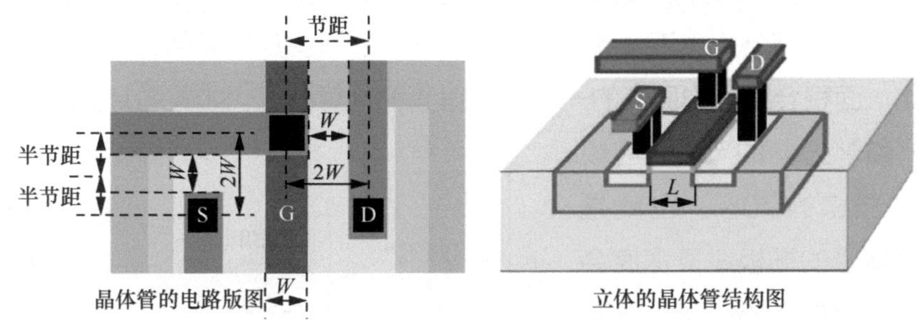

图 2-57　晶体管的电路版图以及立体的晶体管结构图

由图 2-57 可以看出：

芯片的特征尺寸 = 栅极线条宽度 W= 晶体管的沟道长度 L　（2.1）

早期手工设计芯片时，为了简化电路版图的布局和布线，除了主电源走线用特殊宽度以外，其他线条都采用统一宽度，线条之间要留出与线条等宽的距离。这时就要用到节距的概念了。节距（pitch）是芯片中同一层的线条之间的距离，半节距（half-pitch）就是节距的一半。参见图 2-57 的左图，蓝色的金属连线在同一层中，它们之间应保持一定距离以免电路短路。由图 2-57 的左图可以看出：

节距 =$W/2+W+W/2=2W$，半节距 = 栅极线条宽度 W　（2.2）

芯片的特征尺寸 = 栅极线条宽度 W= 晶体管的沟道长度 L= 半节距（2.3）

芯片公司一般采用晶体管的沟道长度 L、栅极线条宽度 W、特征尺寸、半节距来命名自己的芯片制造工艺。由于晶体管的沟道长度 L、栅极线条宽度 W、特征尺寸和半节距的值相同，无论用其中哪一个来表征芯片制造工艺都是一样的。栅极线条是芯片中最窄的线条，它表征了芯片制造工艺的精细化程度。

芯片制造工艺是 14 nm 就表明芯片上最窄的线条宽度是 14 nm，也表明晶体管的栅极线条宽度是 14 nm，还表明晶体管的沟道长度是 14 nm。

世界半导体行业机构定期会联合发布《国际半导体技术蓝图》（*ITRS*[1]），它根据摩尔定律对芯片制造工艺技术发展的关键节点（简称工艺节点）进行预测，目的是为芯片行业的发展指明努力的方向。其预测依据是摩尔定律——每18～24个月就会出现下一代芯片制造工艺，它所生产的晶体管与原来的晶体管相比，面积会缩小到原来的一半。根据面积计算公式，如果芯片面积缩小一半，*X* 和 *Y* 方向的尺寸就应该缩小到原来的70%。也就是说，晶体管的栅极线条宽度会缩小到原来的70%。图2-58给出了面积缩小50%与尺寸缩小30%的等价关系。

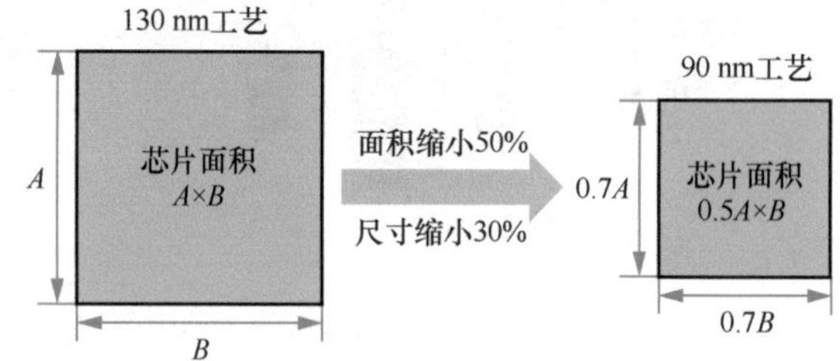

图2-58　面积缩小50%与尺寸缩小30%的等价关系

根据上述等价关系，*ITRS* 由当前工艺节点可以计算下一代工艺节点。图2-59是计算的工艺节点曲线（蓝色）与实际的晶体管的沟道长度曲线（棕色）的对照图。*ITRS* 计算和公布下一代工艺节点的意义在于，在每个新工艺节点到来之前的两年里，芯片公司会加大投入，努力研发，希望抢先实现新工艺节点产品的量产，从而抢占市场先机。

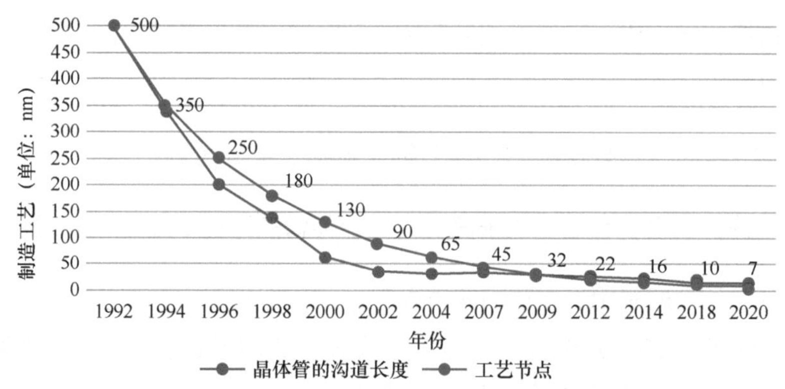

图2-59　计算的工艺节点曲线与实际的晶体管的沟道长度曲线

20世纪90年代至2010年，芯片企业的制造工艺名称由 *ITRS* 工艺节点

1　*ITRS*：《国际半导体技术蓝图》（*International Technology Roadmap for Semiconductors*）。

引领，工艺名称就是芯片制造的工艺尺寸。但是有些芯片厂家生产的晶体管的沟道长度比同时期工艺节点的尺寸还小。例如，工艺节点 130 nm 下的晶体管的沟道长度才 45 nm，而在 22 nm 工艺节点之后，晶体管的实际沟道长度大于工艺节点的尺寸。有些厂家还在工艺节点前后增加了新的制造工艺，例如在 32 nm 后增加 28 nm，在 16 nm 后增加 14 nm 等，这些都表明芯片厂家并不满足于跟着 *ITRS* 工艺节点的节奏前进，而是在努力创新、小步快跑。

从 2010 年开始，新型晶体管结构（例如 FinFET[1]、GAAFET[2] 等）出现，芯片制造工艺进入 7 nm 节点以后，已经很难再用晶体管的平面尺寸来命名制造工艺。芯片厂家对制造工艺的命名也出现了各自为政的局面，业界已很难横向比较各个芯片厂家的工艺水平。例如，英特尔公司基于 GAA 工艺技术有 Intel 20A 和 Intel 18A 工艺，台积电公司有 N3E 和 N2 工艺。这些工艺名称一般不好理解，需要阅读厂家资料才能了解它们所代表的工艺技术的真谛。

知识点：芯片制造工艺尺寸，晶体管的沟道长度，栅极线条宽度，特征尺寸，工艺节点

记忆语：芯片制造工艺尺寸表明了芯片制造工艺的精细化程度，用晶体管的沟道长度来表示，单位由微米（μm）发展到纳米（nm）。由晶体管的结构可知，**晶体管的沟道长度**、**栅极线条宽度**和**特征尺寸**是相等的。**工艺节点**是芯片制造工艺技术发展的关键节点，由上一工艺节点尺寸缩小 30% 得来。

2.10　进入芯片微观世界，看看芯片到底有多么精细和复杂

通过阅读 2.2 节“芯片大家族都有哪些成员？”，读者了解了芯片的简单分类、各种芯片的简单介绍和外观。也许读者还希望了解一下芯片里面到底是什么样子的。本节就带领读者进入芯片微观世界，看看芯片里面的别样精彩。

我们将对比两款芯片。一款是英特尔公司于 1971 年推出的世界上第一款 CPU 芯片 Intel 4004，这是一款 4 位的 CPU 芯片，采用 10 μm 制造工艺，

1　FinFET：鳍式场效应晶体管（Fin Field-Effect Transistor），简称鳍式晶体管。

2　GAAFET：全环绕栅极场效应晶体管（Gate-All-Around FET），简称全环绕栅极晶体管。

裸片尺寸为 3 mm×4 mm，上面集成了 2 250 个晶体管。另一款是英特尔公司于 2021 年推出的台式计算机旗舰 CPU 芯片 Intel Core i9，这是一款较新的 64 位 CPU 芯片，采用 7 nm 制造工艺，裸片尺寸为 20.5 mm×10.5 mm，上面集成了约 217 亿个晶体管。Intel Core i9 是 16 核心、24 线程的 CPU 芯片，可以同时处理 24 项工作任务。

时隔 50 年，我们通过对比可以看到芯片技术翻天覆地的变化。表 2-1 是 Intel 4004 和 Intel Core i9 的芯片参数对照表。从中可以看出，Intel 4004 的裸片面积比较小，Intel Core i9 的裸片面积约是前者的 18 倍。Intel Core i9 单个处理器核心的晶体管数目约是 Intel 4004 的 964 万倍，两者的处理能力天差地别。此外，后者有 16 个处理器核心同时工作，处理能力更强大。Intel 4004 的时钟频率只有 740 kHz，而 Intel Core i9 的时钟频率是 5.2 GHz，是前者的 7 000 多倍。但是对比二者的售价，后者只提高了大约 87%。

表 2-1 Intel 4004、Intel Core i9 芯片的参数对照表

CPU 型号	Intel 4004	Intel Core i9
推出时间	1971 年 11 月	2021 年 10 月
价格（2021 年）	$401.41（折价）	$589
价格（1971 年）	$60	$87.82（折价）
工作主频	740 kHz	5.20 GHz
处理器字宽	4 位	64 位
处理器核心数	1 个	16 个
并行处理线程数	1 条	24 条
存储器最大空间	4 KB	128 GB
功率	1 W	125 W～241 W
工艺尺寸	10 000 nm（10 μm）	7 nm（0.007 μm）
裸片尺寸	4 mm×3 mm	20.5 mm×10.5 mm
晶体管数目	2 250 个	217 亿个
引脚数目（封装）	16 个（DIP）	1 700 个（LGA）

图 2-60 所示为 Intel 4004 和 Intel Core i9 的外观和内部显微照片。注意，左右两个裸片的比例尺不同，如果比例尺相同，右边裸片面积将是左边裸片面积的将近 18 倍。

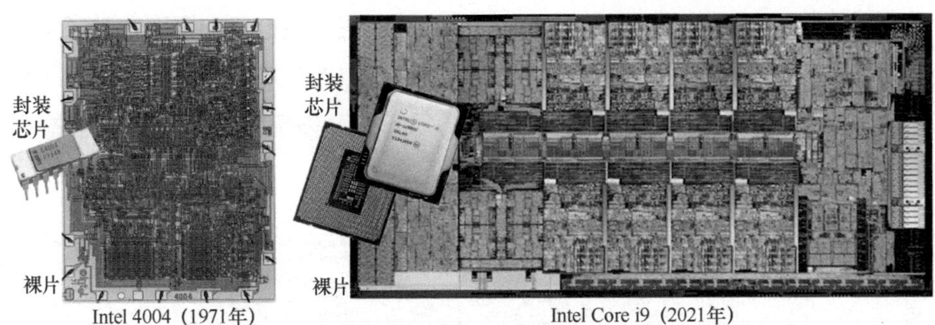

图 2-60　Intel 4004 和 Intel Core i9 的外观和内部显微照片

图 2-60 的左图所示为 Intel 4004 的外观和内部显微照片。裸片上隐约可以看到很多电路结构和线条，它们纵横交错，但排列有序。裸片的四周有 16 个黑条，这是裸片通向外面引脚的连线焊点，Intel 4004 有 16 个引脚，底部的边框上还光刻了 4004 作为裸片的标志。

Intel 4004 的裸片尺寸为 4 mm × 3 mm，最细的线条宽度是 10 μm。如果把线条宽度放大 1 000 倍变为 10 mm，裸片尺寸就是 4 m × 3 m，这 12 m^2 的裸片面积上布满了由 10 mm 线条构成的复杂电路结构，其中包含 2 250 个晶体管。这是 1971 年芯片的复杂程度。

图 2-60 的右图所示为 Intel Core i9 的外观和内部显微照片。裸片上方块状的色块很多，这些块状区域是芯片上大大小小的电路功能模块，它们之间由电路连线连接起来。裸片上看不清电路结构和线条，这是因芯片采用 7 nm 制造工艺，电路线条十分细密，照片缩小的倍数太大所致的。

Intel Core i9 的裸片尺寸为 20.5 mm × 10.5 mm，最细的线条宽度是 7 nm。如果把线条宽度从 7 nm 放大到 10 mm，Intel Core i9 的裸片就变成了 439.2 km^2 的“大芯片”（大约相当于 1 000 个天安门广场的大小），其中包含 217 亿个晶体管。这个“大芯片”好比一座用最细 10 mm 的线条，上下左右、纵横交错搭建的电路元器件和连线构成的“电路大都市”，其中的电路和连线细密如织，一望无际。图 2-61 模拟展示了我们在这个“电路大都市”上看到的震撼画面。实际上，这个“电路大都市”在微缩了大约 142.85 万倍后，竟然可以集成在一块南瓜子大小的硅片上。

图 2-61 的左图是芯片局部电路结构的俯视图，我们只能看到芯片顶层的样子；右图是降低观察高度后的斜视图，我们可以看到芯片中的线条构成了复杂的立体结构，这里最细的线条为 7 nm，大约是头发直径的一万四千分之一。这是芯片内部电路结构十分精细复杂的一个缩影。

俯视图　　斜视图

图 2-61　芯片局部的电路结构

通过以上介绍，我们希望给读者留下芯片内部电路规模宏大、线条十分精细且结构极其复杂的深刻印象。

知识点：Intel 4004，Intel Core i9，处理器核心，7 nm 的宽度，140 多万倍

记忆语：Intel 4004 是英特尔公司于 1971 年推出的世界上第一颗微处理器（CPU）芯片。Intel Core i9 是英特尔公司于 2021 年推出的一款 64 位、16 核心的台式计算机旗舰 CPU 芯片。芯片集成度提高后，一颗芯片中可以集成多个处理器同时协调工作，这些处理器称为**处理器核心**。**7 nm 的宽度**大约是头发直径的一万四千分之一。要想看清楚 Intel Core i9 芯片中的电路细节，就得把它放大 **140 多万倍**，这时 7 nm 宽的电路线条就变为 10 mm 宽，芯片的裸片面积就有 439.2 km^2，上面铺满了由 10 mm 线条搭建的、上下左右纵横交错的电路元器件和连线，细密如织。

2.11　芯片设计和制造到底有多难?

近年来，集成电路（芯片）技术和产业的重要性已深入人心，公众对于实现我国芯片产业自立自强任务的艰巨性和长期性也已有所了解。但是对于芯

片到底有多复杂，发展我国芯片产业的任务有多艰巨，公众未必都有深刻的理解。本节将从 6 个视角聊一聊芯片的复杂性和发展芯片产业的难度，希望大家能在战略上藐视困难，在战术上重视困难，切实促进我国芯片技术和产业更快、更好得发展。

1. 多学科知识综合运用之难

集成电路是一门多学科知识综合运用的技术，2020 年我国把“集成电路科学与工程”列为一级学科，并明确了它的交叉学科定位。“集成电路科学与工程”涉及固体物理学、量子力学、热力学与统计物理学、几何光学、材料科学、化学等，还涉及电子线路、信号处理、计算机辅助设计、自动控制、测试和加工、图论等多个领域。所以，要培养和积累更多跨领域的专业技术人才，需要高校、芯片产业链上下游更紧密地合作。

我们仅以化学为例，芯片制造流程中涉及的化学反应就有 100 多种，如图 2-62 所示。随着新材料的应用和工艺技术的进步，芯片制造中还会应用更多的化学反应。

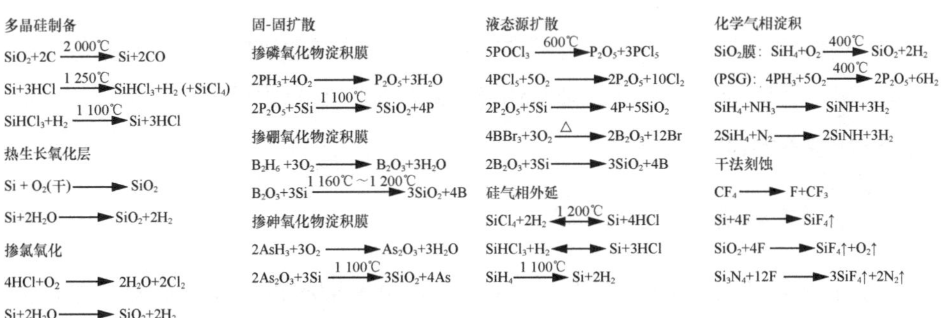

图 2-62　芯片制造涉及的部分化学反应

2. 芯片内部的精密复杂之难

头发的直径一般是 0.1 mm。把一根头发切断，在显微镜下看，发丝横切面就是直径 0.1 mm（即 100 μm）的圆，假如这个圆是硅片上的一部分，就可以在上面制造集成电路了。按照目前 7 nm 的逻辑电路加工工艺，我们在这么小的硅片上可以集成约 100 个晶体管，或者制造 2 127 条并排连线（线宽

7 nm，间距 40 nm，一条线的占位就是 47 nm，100 000/47 ≈ 2127）。当然，集成电路不是简单的晶体管堆积和连线排列，而是有着极其复杂的电路结构。

图 2-63 所示为在发丝横切面大小的硅片上制造芯片的示意图，左图是发丝横切面的图示；中间图显示了在这个直径 0.1 mm 的圆上，由晶体管等元器件及其连线构成的复杂电路，右下角的小黑点是一个晶体管，与发丝横截面相比，晶体管虽然很小，但它也有复杂的电路结构；右图所示的方框中给出了晶体管的符号及其在硅片上的结构示意图。

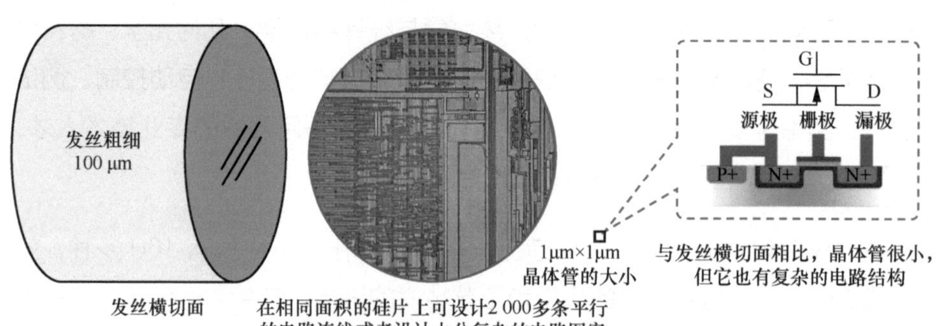

图 2-63　在发丝横切面大小的硅片上制造芯片的示意图

在发丝横切面大小的硅片上制作芯片是一个非常直观的比喻。通过这个比喻我们可以了解到芯片细微、精密和复杂的程度，芯片内部用“精密至极”来概括一点也不为过。

3. 芯片中电路规模巨大之难

芯片中电路规模（后文称芯片规模）大小是指芯片中集成的晶体管等元器件的多少。芯片功能越复杂，集成的元器件数量越多，芯片规模就越大。目前，面积不到 1 cm^2 的 CPU 芯片中可集成多达数百亿个晶体管，存储器芯片中可集成多达数万亿个存储单元。例如，华为海思的手机芯片麒麟 990 采用了 7 nm 的制造工艺，它的裸片面积是 113 mm^2，其中集成了大约 103 亿个晶体管。长江存储推出的 128 层 3D NAND 闪存芯片 X2-6070，容量达到了 1.33 Tb，即芯片中至少集成了 1.33 万亿个存储单元。此外，随着芯片制造工艺的进步，芯片规模还会继续增大。

我们在 2.10 节用 Intel Core i9 做了一个比喻。Intel Core i9 采用的是 7 nm 制造工艺，如果把 7 nm 的线宽放大到 10 mm，Intel Core i9 的裸片就变成了 439.2 km^2 的“大芯片”，其中包含 217 亿只晶体管。这个“大芯片”好比一座用最细 10 mm 的线条，上下左右、纵横交错搭建的电路元器件和连线构成的“电路大都市”，它的面积为 439.2 km^2（比原深圳经济特区的面积 327.5 km^2 还要大）。图 2-61 模拟展示了我们在这个“电路大都市”上看到的震撼画面。然而实际上，这个“电路大都市”在微缩了大约 142.85 万倍后，竟可以集成在南瓜子大小的硅片上。芯片中电路规模巨大之难可想而知。

4．芯片设计和制造复杂之难

芯片的复杂性是由芯片规模巨大和精密至极两个特点决定的，可以从电路结构、EDA 软件、制造设备、制造过程、条件保障等方面说明芯片设计和制造复杂之难。

电路结构复杂：芯片应用五花八门，芯片内部的结构也千变万化。最复杂的芯片当属 CPU 芯片、GPU 芯片、人工智能芯片等，如人工智能芯片，数百亿只晶体管连接成预设的电路功能，在软件配合下完成像人脑一样的工作，复杂性和难度可想而知。

EDA 软件复杂：EDA 软件就是电子设计自动化软件。EDA 软件的使用很复杂，开发更复杂。EDA 软件需要把数百亿（甚至更多）个晶体管摆放在面积不到 1 cm^2（甚至更小）的硅片上，并且连接成理想的电路功能。另外，EDA 软件还需要具有仿真和验证功能，以保证送到芯片制造厂的设计数据万无一失，这个要求十分苛刻。而随着芯片制造技术的不断更新和换代，EDA 软件也要随之不断更新和升级，有时还需要重新开发。

制造设备复杂：芯片制造用到的设备很多，主要包括单晶炉、气相外延炉、氧化炉、磁控溅射台、化学 - 机械抛光机、光刻机、刻蚀机、离子注入机、晶圆减薄机、晶圆切割机、引线键合机等。大家对光刻机已不陌生，光刻机的精密程度决定了芯片制造工艺的精度。先进的 EUV（Extreme Ultra-Violet）光刻机只有荷兰阿斯麦（ASML）公司能生产，售价每台高达 1.2 亿美元，有时有钱也难以买到。

制造过程复杂：芯片制造过程一般包括芯片设计、晶圆片制造、晶圆上电路制作、芯片封装和测试等环节。首先根据芯片设计数据制作多层的光掩膜版（mask）。然后制作晶圆表面上的电路，按照制造工艺和光掩膜版数量，从第一层开始有选择地循环进行“晶圆涂布光刻胶、晶圆光刻显影、蚀刻、掺加杂质和氧化膜、抛光”，直至硅片上的电路层制造完成。最后进行晶圆测试、切割，芯片封装和成品测试。硅片上电路层的制作复杂性由光掩膜版的层数决定。目前，芯片制造有时需要执行 100 多道工序，芯片制造过程的复杂性超出常人想象，好在这些都是在自动化生产线上完成的。

条件保障复杂：芯片制造除了设备重要，水、电、气的条件保障也很重要。水是纯水，芯片制造厂要有高质量的纯水制备能力，这里的纯水比饮用水的纯净度要高很多。电力保障是更重要的一环，芯片制造厂要有双变电站并提供双线路的备份供电保障，严禁生产过程中断电停机。气是指生产中要用到 10 多种化学气体。

5. 芯片是各种化学元素之大成

世间万物都由化学元素构成，元素周期表列出了地球上已发现的所有化学元素，如图 2-64 所示。

IA	IIA	IIIB	IVB	VB	VIB	VIIB	VIII	VIII	VIII	IB	IIB	IIIA	IVA	VA	VIA	VIIA	VIIIA
1 H																	2 He
3 Li	4 Be											5 B	6 C	7 N	8 O	9 F	10 Ne
11 Na	12 Mg											13 Al	14 Si	15 P	16 S	17 Cl	18 Ar
19 K	20 Ca	21 Sc	22 Ti	23 V	24 Cr	25 Mn	26 Fe	27 Co	28 Ni	29 Cu	30 Zn	31 Ga	32 Ge	33 As	34 Se	35 Br	36 Kr
37 Rb	38 Sr	39 Y	40 Zr	41 Nb	42 Mo	43 Tc	44 Ru	45 Rh	46 Pd	47 Ag	48 Cd	49 In	50 Sn	51 Sb	52 Te	53 I	54 Xe
55 Cs	56 Ba	57 La	72 Hf	73 Ta	74 W	75 Re	76 Os	77 Ir	78 Pt	79 Au	80 Hg	81 Tl	82 Pb	83 Bi	84 Po	85 At	86 Rn
87 Fr	88 Ra	89 Ac															
			58 Ce	59 Pr	60 Nd	61 Pm	62 Sm	63 Eu	64 Gd	65 Tb	66 Dy	67 Ho	68 Er	69 Tm	70 Yb	71 Lu	
			90 Th	91 Pa	92 U	93 Np	94 Pu	95 Am	96 Cm	97 Bk	98 Cf	99 Es	100 Fm	101 Md	102 No	103 Lr	

图 2-64　用颜色标出的是芯片制造中用到的化学元素

如果把芯片制造中用到的化学元素用彩色标出，则可以看到元素周期表被覆盖了一大半，覆盖率高达 52.68%。这些化学元素通过晶圆片、靶材、气体、光刻胶、抛光液等形式被应用在芯片制造工艺中。

6. 芯片行业是吸金的“猛兽”

芯片制造业投资巨大。新建一个特色工艺的 8 英寸晶圆代工厂需要数十亿乃至数百亿元人民币的投资，新建一个 12 英寸晶圆代工厂则需要数百亿美元的投资。另外，芯片设计公司研发一款先进工艺的芯片所需的资金投入也很大。一款高端芯片的研发、制造、封装和测试等费用合计在数千万元到数亿元人民币不等。

以上仅从 6 个视角介绍了发展芯片技术和产业的难处，实际上还有别的困难，例如人才培养。但是，芯片技术和产业是信息化、智能化社会的命脉，笔者相信通过全社会的共同努力和埋头苦干，我国芯片产业自立自强的目标一定能够实现。

知识点：交叉学科，头发的直径，芯片规模，芯片设计和制造之难，芯片设计和制造复杂之难

记忆语：集成电路科学与工程是一门**交叉学科**，现已升级为一级学科。**头发的直径**为 100 μm，人类已经能够在与发丝横切面大小相当的硅片上制作 2 000 多条并排连线或集成上百个晶体管。**芯片规模**可以简单理解为芯片上集成的晶体管数目，目前有些芯片上可集成数百亿个晶体管。**芯片设计和制造之难**可以从多学科知识综合运用之难、芯片内部的精密复杂之难、芯片中电路规模巨大之难、芯片设计和制造复杂之难、投资巨大等视角来理解。**芯片设计和制造复杂之难**表现在电路结构复杂、EDA 软件复杂、制造设备复杂、制造过程复杂、条件保障复杂等方面。

2.12　芯片里的“层”是指什么？

芯片上的电路是用光刻工艺一层一层制造而成的，所以芯片技术中就有

了“层”的概念。据说美光公司推出了 176 层的 3D NAND 闪存芯片，这里的“层”是什么意思？芯片技术共有哪些“层”的概念？本节将从科普的视角，对芯片里的“层”进行解析。

芯片里的“层”与电路版图的层、光掩膜版的层、芯片上的材料介质层有关，它们之间的对应关系如图 2-65 所示，其中左图晶体管的版图是电路版图的局部；中间图是光掩膜版的局部；右图的立体的晶体管是芯片的局部。它们三者之间的关系代表了电路版图的层、光掩膜版的层与芯片上的材料介质层之间的对应关系。

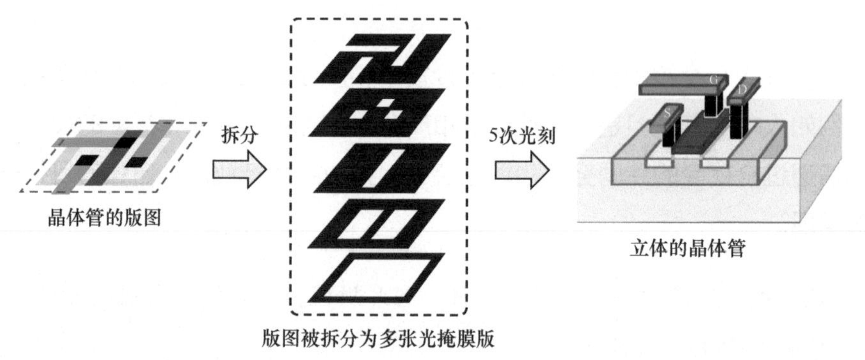

图 2-65　电路版图的层、光掩膜版的层与芯片上的材料介质层之间的对应关系

首先，我们需要知道芯片设计结果是一套电路版图，如图 2-65 的左图所示，晶体管的版图是电路版图的局部，其中包括多个层，每层用不同的颜色来表示。

制造芯片时，需要把电路版图的每一层上的图形制作在相应的光掩膜版上，如图 2-65 的中间图所示。每张光掩膜版用于在硅晶圆上制造一个半导体材料介质层（简称材料介质层），多次光刻工艺生成多个材料介质层，它们在硅晶圆上“堆叠和镶嵌”起来就形成了立体的电路元器件和电路连线，详见图 2-65 的右图。

以上是芯片制造的简要介绍，需要重点说明的是，芯片设计是分层的，芯片制造也是一层一层进行的，最后“堆叠和镶嵌”起来形成电路元器件和电路连线。芯片设计的层、光掩膜版的层、硅晶圆上的材料介质层都有层的概念，这些层之间是相互关联、相互对应的关系。

1. 材料介质层、电路层

芯片的制造过程就是按照电路版图，一层一层地在硅晶圆上制作带图形的材料介质层。芯片中的材料介质层有 P 型衬底层、N 型扩散区层、氧化膜绝缘层、多晶硅层、金属连线层等。这些材料介质层“堆叠和镶嵌”起来就形成了立体的电路元器件和连线，如图 2-66 的左图所示。电路元器件主要包括晶体管、存储单元、二极管、电阻、连线等。电路版图有多少层，制造完成的硅晶圆上基本就有多少材料介质层，根据芯片制造工艺的不同，有时材料介质层的数量还会更多。

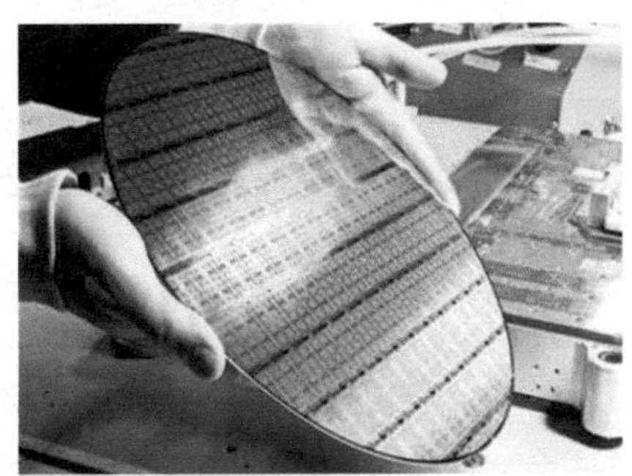

图 2-66　材料介质层是立体的（左图），而电路元器件和连线则平面分布在硅晶圆上（右图）

从图 2-66 左图可以看出，这些电路元器件和连线从材料介质层的角度看是纵横交错的、有结构的、立体的。但是，如果把这些电路元器件和连线作为一个整体来看，它们又是平面分布在硅晶圆（硅衬底）上的，如图 2-66 的右图所示。硅晶圆上的这一层电路元器件和连线称为电路层。这样的裸片封装起来就是传统的平面芯片，也称 2D 芯片。

2. 平面结构器件、侧向结构器件

在电路层中，电路元器件的结构如果是平面摆放的，则称之为平面结构器件。为了提高芯片的集成度，电路元器件的尺寸一直在缩小，当尺寸缩小到不能再缩小的时候，业界发明了把电路元器件竖起来的结构形式，有人把这种竖

起来的器件称为二维半（2.5 D）结构器件，也有人称之为侧向结构器件。

图 2-67 所示分别是平面和侧向的晶体管，以及平面和侧向的闪存单元，这些电路元器件和连线构成了芯片上的一个电路层。早期的芯片制造只能在硅晶圆上制造一个电路层，再经过切割、封装和测试，就完成了芯片制造的全过程。这种只有一个电路层的芯片就是早期传统的平面芯片，又称 2D 芯片。

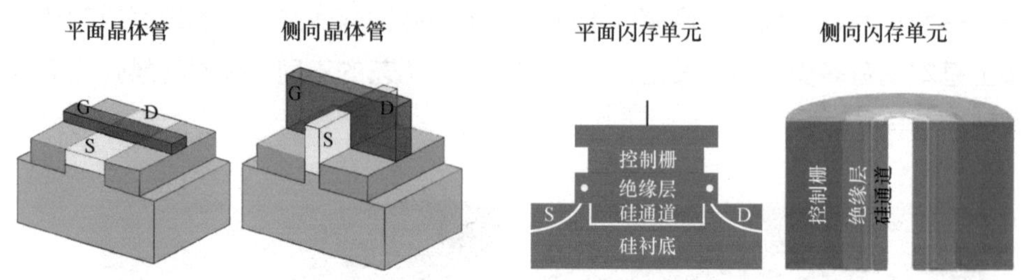

图 2-67 平面和侧向的晶体管，以及平面和侧向的闪存单元

3. 多个芯片堆叠封装形成伪 3D 芯片

随着芯片封装工艺的进步，为了缩小芯片尺寸，业界发明了多层裸片堆叠封装技术。开始时，堆叠封装是把多个裸片堆叠放置在一起，把芯片之间的信号线通过邦定（bonding）技术连接起来，组成内部的完整系统，并把需要外连的信号线连到封装下的信号引脚，最后封装成片上系统（SoC）芯片，如图 2-68 的左图所示。

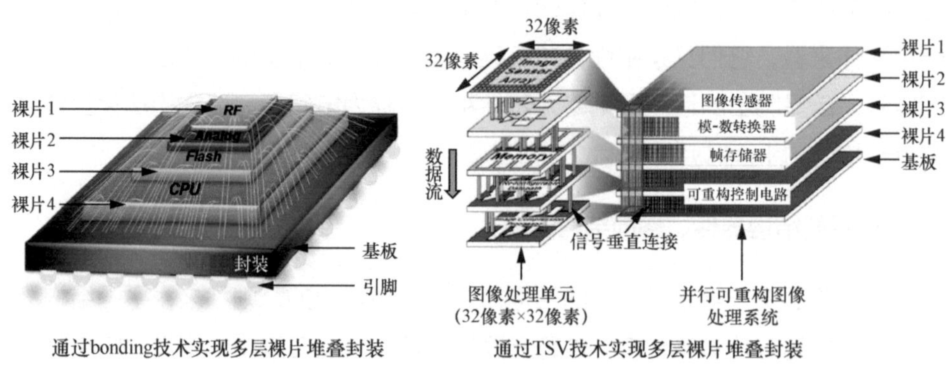

图 2-68 两种多裸片堆叠封装技术的示意图

后来，业界发明了硅通孔（TSV[1]）技术。利用这种技术，堆叠在一起的裸片之间的信号线可以通过 TSV 垂直连接在一起，从而形成更加紧凑的多层裸片堆叠封装，如图 2-68 的右图所示。邦定（bonding）和硅通孔技术是多芯片堆叠封装的两种电信号互连方式。

这种 SoC 芯片——多个裸片的多个电路层纵向堆叠在一起，被称为立体芯片或 3D 芯片。3D 芯片是纵向有多个电路层的芯片。但是，这种 3D 芯片是在封装阶段通过多个裸片堆叠形成的，从芯片制造角度看，这种 3D 芯片只能看作伪 3D 芯片。

4. 多个电路层堆叠制造形成真 3D 芯片

目前，芯片制造工艺已经发展到了炉火纯青的地步。为了节约硅片面积，在下面的电路层制作完成之后，可以继续在其上制作另一个电路层，形成两个甚至多个电路层在硅晶圆上的堆叠，从而在芯片制造阶段就实现 3D 芯片的制造。这种芯片是真正意义上的 3D 芯片。

这种技术目前主要应用在 3D NAND 闪存芯片等规则芯片的制造上。一般地，闪存芯片如果号称是 *N* 层的 NAND 闪存芯片，那就至少有 *N* 个电路层。目前，闪存芯片大厂三星半导体公司的 3D V-NAND 存储单元的层数已由 2009 年的 2 层逐渐提升至 24 层、64 层，再到 2021 年的第 7 代 V-NAND 闪存芯片，堆叠层数已提升至 176 层。同年，美光公司也发布了采用最新技术的第 5 代 176 层的 3D NAND 闪存芯片。

国内方面，长江存储于 2017 年 7 月研制成功了国内首颗 3D NAND 闪存芯片，2018 年 3 季度 32 层产品实现量产，2019 年 3 季度 64 层产品实现量产，目前已宣布成功研制 128 层的 3D NAND 闪存芯片。长江存储 3D NAND 闪存技术的快速发展，得益于其独创的“把存储阵列电路和外围控制电路分开制造，再合并封装在一起”的 Xtacking™ 技术。

知识点：材料介质层，电路层，2D 芯片，3D 芯片，3D 集成制造，真

1 TSV：硅通孔（Through Silicon Via）。

3D 芯片，3D 封装，伪 3D 芯片

记忆语：材料介质层是芯片制造过程中在硅晶圆上制作的由半导体材料或介质材料构成的层，它有复杂的几何图形和厚度，材料介质层的有序“堆叠和镶嵌”构成了电路元器件。**电路层**是硅晶圆上平铺的电路元器件和连线层。芯片中只有一个电路层的芯片称为 **2D 芯片**。芯片中纵向有多个电路层的芯片称为 **3D 芯片**。芯片制造过程中实现的多个电路层堆叠称为 **3D 集成制造**，经由 3D 集成制造得到的芯片称为**真 3D 芯片**。封装过程中实现的多个电路层堆叠也称 **3D 封装**，得到的芯片可称为**伪 3D 芯片**。

2.13 一片 12 英寸的硅晶圆上能生产多少颗芯片?

这是一个比较好回答的问题，答案是用硅晶圆的面积除以芯片的裸片面积，再减去一个修正量。晶圆代工厂采用以下公式来计算一片硅晶圆上可产出的裸片数量。

$$\text{裸片数量} = \frac{\text{硅晶圆面积}}{\text{裸片面积}} - \frac{\text{硅晶圆周长}}{\sqrt{2\times \text{裸片面积}}}$$

为什么要减去一个修正量呢? 因为硅晶圆片是圆形的，而芯片的裸片是方形的，所以硅晶圆片圆边的附近有许多弧形的边角料不能利用。另外，还应该从裸片面积中减去切割间隙所占的面积。

图 2-69 所示为硅晶圆上排列了不同大小芯片的示意图。蓝灰色的圆代表硅晶圆，黄色代表一个个芯片的裸片。在图 2-69 的左图中，芯片的裸片面积较大，弧形三角区域的面积也较大，硅晶圆的利用率较低；右图中，芯片的裸片面积较小，弧形三角区域的面积也较小，硅晶圆的利用率较高。实际上，芯片的裸片面积越小，硅晶圆的利用率就越高。

根据前面的公式，我们以华为旗舰手机芯片麒麟 990 为例，计算一个 12 英寸的硅晶圆上能生产多少颗麒麟 990 芯片。由 12 英寸硅晶圆的半径是 150 mm，可计算出它的周长是 940 mm，面积是 70 650 mm^2。麒麟 990 芯片的裸片面积为 113.3 mm^2，将相关数据代入以上公式，得出裸片数量为 561。考虑到制造工艺的良品率，裸片数量还会少一些，一片 12 英寸的硅晶圆约可生产麒麟 990 芯片 500 颗。

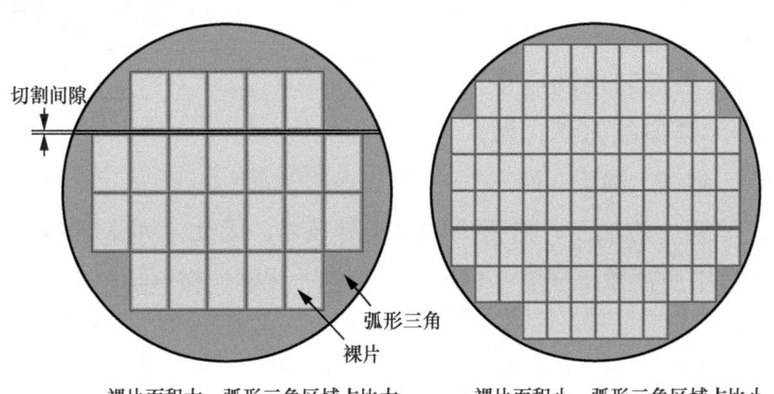

图 2-69　硅晶圆上排列了不同大小芯片的示意图

知识点：裸片数量，弧形三角区域，切割间隙，制造工艺的良品率

记忆语：一片 12 英寸的硅晶圆上所能产出的**裸片数量**（芯片颗数）与裸片面积的大小有关，但不能简单地由硅晶圆面积除以裸片面积得到，**弧形三角区域**的边角料和**切割间隙**所占的面积也应该考虑在内。将按照公式计算得到的裸片数量乘以**制造工艺的良品率**，才是这片 12 英寸的硅晶圆上所能生产的芯片颗数。

2.14　什么是 MEMS 芯片?

MEMS[1] 就是微电子机械系统，也称微机电系统、微系统、微机械等。MEMS 芯片中既有电子电路的部分，也有微机械运动的部分，二者被集成在一个封装外壳中，形成一个小型智能系统。它的外形尺寸一般为几毫米或者更小，内部结构一般在 μm 甚至 nm 量级。图 2-70 给出了一款用在手机中的 MEMS 硅麦克风和一款 MEMS 扬声器的外观展示。

1　MEMS：微电子机械系统（Micro-Electro-Mechanical System）。

MEMS 成品之所以称为 MEMS 芯片或 MEMS 器件，一是因为它的外形也像芯片一样轻、薄、短、小；二是因为它的制造工艺也利用了与制造芯片类似的方法，融合了光刻、刻蚀、薄膜、硅－微加工、非硅－微加工、精密机械加工等技术。因此，MEMS 技术涉及多门学科，其中包括微电子学、机械学、力学、化学、材料学等，是一种交叉技术。

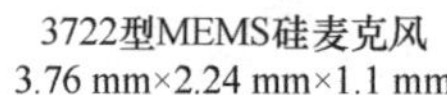

3722型MEMS硅麦克风
3.76 mm×2.24 mm×1.1 mm

MEMS高音微型扬声器
（在1美元硬币上）

图 2-70　MEMS 硅麦克风和 MEMS 扬声器的外观

与传统的机械装置相比，MEMS 器件具有微型化、高集成度和易于大批量生产的特点。常见的 MEMS 器件包括 MEMS 麦克风、MEMS 加速度计、MEMS 陀螺仪、MEMS 微电动机、MEMS 微泵、MEMS 微振镜、MEMS 磁传感器、BAW[1] 滤波器、MEMS 压力传感器、MEMS 指纹传感器、MEMS 距离传感器、MEMS 环境光传感器等。因此，MEMS 器件的应用领域非常广泛。

MEMS 芯片从功能上分为两大类。一类是 MEMS 传感器，例如 MEMS 麦克风、MEMS 陀螺仪、MEMS 加速度计、MEMS 距离传感器、MEMS 压力传感器等。图 2-71 所示为几款 MEMS 传感器的外观。

MEMS陀螺仪
（MPU-6050）
（4 mm×4 mm×0.9 mm）

MEMS加速度计
（ADXL356、ADXL357）

MEMS距离传感器
（VL6180X）

图 2-71　几款 MEMS 传感器的外观

MEMS 传感器具有体积小、重量轻、成本低、功耗低、精度较高的优

1　BAW：带谐振腔体声波滤波器（Bulk Acoustic Wave Filter）。

点。MEMS 陀螺仪是用来感测与维持运动体方向的装置，是惯性导航系统的核心部件之一。MEMS 加速度计是一种惯性传感器，能够测量物体的加速度。MEMS 距离传感器用于测量物体之间的距离。MEMS 传感器已被广泛应用于消费电子、智能家居、物联网、自动驾驶汽车、工业机器人、工业互联网等领域。

另一类是 MEMS 执行器，例如 MEMS 扬声器、MEMS 微泵、MEMS 微振镜、MEMS 微电机等。图 2-72 所示为几款 MEMS 执行器的外观。

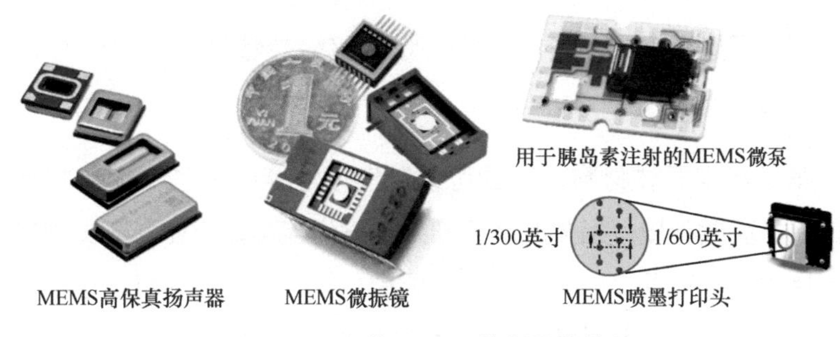

图 2-72 几款 MEMS 执行器的外观

MEMS 执行器用于接收控制信号，并执行指定的任务与功能，例如控制 MEMS 扬声器播放声音，控制 MEMS 微振镜偏转反光角度，控制 MEMS 微泵和 MEMS 打印头开通和关闭液体流动等。它们都具有体积小、重量轻、成本低、可靠性高等优点，因而应用越来越广泛。

知识点：微机电系统（MEMS），MEMS 成品的制造工艺，MEMS 芯片的分类，最常见的 MEMS 芯片

记忆语：微机电系统（MEMS）中既有电子电路的部分，也有微机械运动的部分，二者被集成在一个封装外壳中，形成一个小型智能系统。**MEMS 成品的制造工艺**利用了与制造芯片类似的方法，融合了光刻、刻蚀、薄膜、硅-微加工、非硅-微加工、精密机械加工等技术。**MEMS 芯片的分类：** MEMS 传感器和 MEMS 执行器两大类。**最常见的 MEMS 芯片**是手机上的麦克风和扬声器。

2.15　什么是第三代半导体？半导体材料如何分类？

第三代半导体材料简称第三代半导体。第三代半导体产业是第三代半导体材料、产品、技术及其应用形成的产业，第三代半导体产业有时也简称为第三代半导体。近年来，第三代半导体不仅成了产业界的热点，也成了投资界的风口。许多人按照移动通信 3G、4G 和 5G 换代升级的思维逻辑，认为只要大力发展第三代半导体产业，就可以在芯片领域实现跨越式赶超，甚至实现所谓的“弯道超车”“换道超车”。这其实是对第三代半导体产业的误解。

本节将采用拟人化的手法，让第三代半导体材料这个“三弟”以自我口吻介绍他们三兄弟一家人。

我叫第三代半导体材料，用我可以制造高性能的电子器件和芯片，并广泛应用在许多重要领域，相关的产业称为第三代半导体产业。下文中的我自称“三弟”，因为我还有两个哥哥。实话告诉您，第三代半导体材料这种叫法在国内外学术界少有采用，严谨的称呼应该是宽禁带半导体材料。国内投资界和金融市场的分析师更喜欢把我叫作第三代半导体。我的想法是，这样可能更容易使投资者产生像 3G、4G 和 5G 通信一样更新换代的联想，让投资者对未来充满想象。

1. 我对我们三兄弟的介绍

我大哥大约出生和实用于 20 世纪 50 年代，他叫作第一代半导体材料，主要指锗（Ge）和硅（Si）等半导体材料，它们主要用于分立器件和芯片制造，在信息技术、航空航天、国防军工、硅光伏等领域应用广泛。当时，为了改善晶体管特性，提高其稳定性，半导体材料的制备技术得到了迅速发展。20 世纪 50 年代，锗在半导体产业中占主导地位。20 世纪 60 年代后期，锗逐渐被硅取代。硅材料在自然界中的蕴藏量很大，大尺寸硅晶圆制备技术、硅基芯片制造工艺越来越成熟，硅基芯片技术沿着摩尔定律快速发展，形成规模巨大的芯片产业。图 2-73 所示为几款用硅材料制作的超大规模逻辑电路芯片的外观。

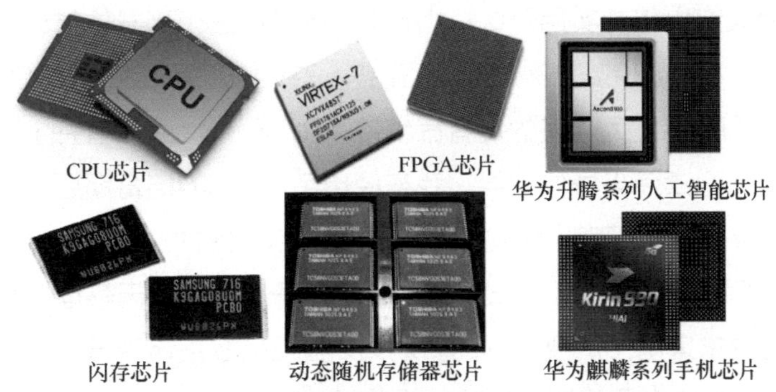

图 2-73　几款用硅材料制作的超大规模逻辑电路芯片的外观

我二哥大约出生并实用于 20 世纪 80 年代，他叫作第二代半导体材料，主要指化合物半导体材料，如砷化镓（GaAs）、锑化铟（InSb）等。小众的第二代半导体材料还有三元化合物半导体材料，如铝砷化镓（GaAsAl）、磷砷化镓（GaAsP）等。在我被发现和利用之前，二哥也因为相较于硅（Si）材料具有禁带宽度大、载流子浓度低、光电特性好，以及耐热、抗辐射性能好等特性，主要用于制造高速、高频、大功率的发光电子器件。二哥是制作高性能微波、毫米波器件的优良材料，被广泛应用于微波通信、光通信、卫星通信、光电器件、激光器和卫星导航等领域。但是砷化镓、锑化铟等化合物半导体材料十分稀缺，存在深能级缺陷、大尺寸晶圆制备难、价格贵等问题，并且具有毒性，易污染环境，这些缺点使二哥的应用受到一定的限制。图 2-74 所示为几款用砷化镓材料制作的电子元器件和芯片的外观。

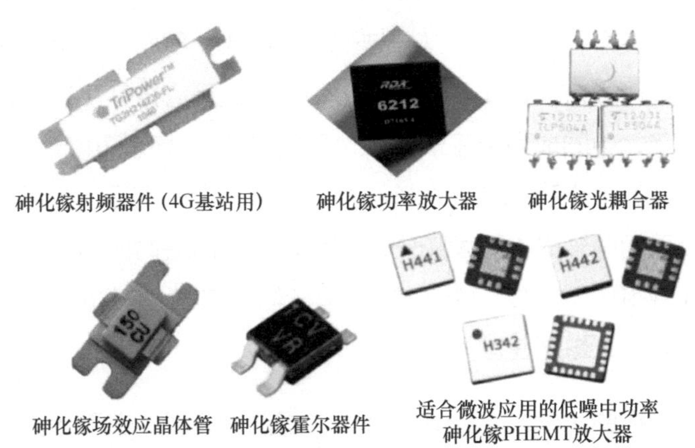

图 2-74　几款用砷化镓材料制作的电子元器件和芯片的外观

三弟我大约出生并实用于 21 世纪初，我是第三代半导体材料，主要是以碳化硅（SiC）、氮化镓（GaN）、氧化锌（ZnO）、氧化镓（GaO）、氮化铝（AlN）、金刚石（C）为代表的具有宽禁带（Eg > 2.3 eV）特性的半导体材料，因此也被称为宽禁带半导体材料。我在经历了 20 年的培育期后，才被广泛应用于制造耐高温、高频率、大功率和抗辐射的电子器件，应用范围涉及半导体照明、5G 通信、卫星通信、光通信、电力电子、航空航天等诸多领域。三弟我已被认可是未来电子产业发展的新动力。图 2-75 所示为一些用氮化镓、碳化硅等材料制作的电子元器件和芯片的外观。

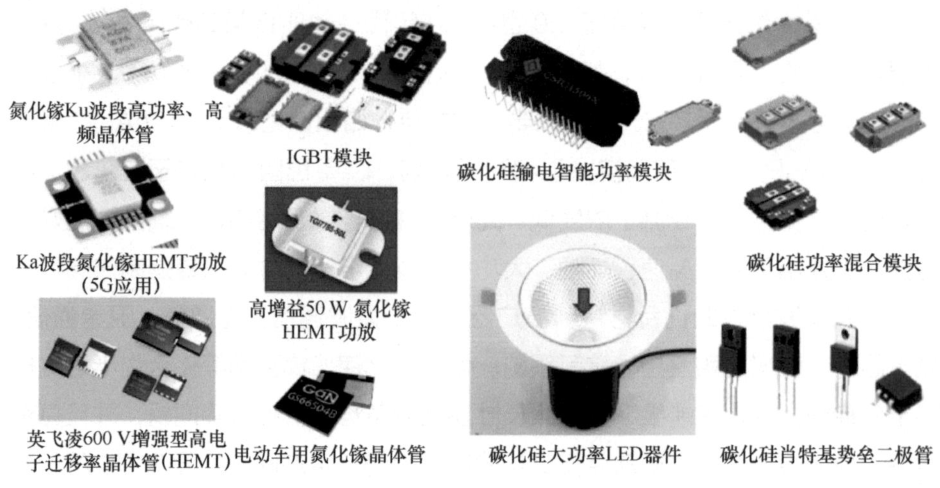

图 2-75　一些用氮化镓、碳化硅等材料制作的电子元器件和芯片的外观

大哥虽然出生早，几乎和“洋娃娃们”同时代、同水平，但后来由于国外物美价廉的芯片可以方便地买到，我们慢慢把产业重心放在了芯片的应用创新上，多年过去了，中国成为电子产品的世界制造工厂。我们用庞大的市场陪伴了国外芯片技术的进步和成长，从核心技术上看，大哥则远远落后于国外。但是，我们大量采用国外先进技术和先进芯片，使我国短时间内提升了电子信息产业的技术水平和综合实力，如今的中国在信息技术、移动互联网、电子商务、移动支付等领域均走在世界前列。

当年二哥问世的时候，也曾有人预计二哥前途无量，有取代大哥而独霸芯片世界的潜能。后来，二哥替代大哥的这种事情并没有发生，二哥也没有占领太多大哥的地盘。二哥的疆土倒是有些被我慢慢蚕食（有点不好意思……）。

我们兄弟三人都是半导体材料，半导体材料有各种特性，就像人有各种性格和特长一样，重要的是要因材施用。表 2-2 对三代半导体材料的性能和应用领域做了对比。

表 2-2　三代半导体材料的性能和应用领域对比

半导体材料	硅	磷化铟	砷化镓	氮化镓	碳化硅
分子式	Si	InP	GaAs	GaN	SiC
室温为 300 K（约 26.85℃）时的电子迁移率 [cm^3/（V·s）]	1 500	5 400	8 500	1 000 ～ 2 000	700
电子饱和速度（10^7 cm/s）	1.0	1.0	1.3	2.5	2.0
击穿强度（MV/cm）	0.3	0.5	0.4	3.3	3.0
热导率 [W/（m·K）]	0.015	0.007	0.005	>0.015	0.045
工作温度（℃）	250	300	350	>500	>500
介电常数 [C^2/（N·m^2）]	11.9	12.5	13.1	9.8	9.7
禁带宽度（eV）	1.1	1.3	1.4	3.4	3.2
优点	储量大，价格便宜	耐热、抗辐射	工作温度高、光电性能好、耐热、抗辐射	高频、高温、高压特性好、大功率、耐酸碱、抗腐蚀	高频、高温、大功率
应用领域	大功率晶体管、二极管、集成电路等	高频、高速和低功耗微波器件和电路	二极管、晶体管、集成电路、霍尔元件、IRLED、LED、激光二极管	LED、激光器、高频、大功率	高耐压、大功率电力电子器件、金属－氧化物半导体场效应管

表 2-2 中的禁带宽度、电子迁移率和电子饱和速度是考查半导体材料的重要技术指标。

2. 我们不是三代同堂，而是三兄弟一家亲

我们三兄弟的名字都很长，特别是有一代、二代、三代的称谓，所以人们

误以为我们是三代世家——以为我是孙子，第一代是爷爷，第二代是爸爸。其实，大家在看完我的介绍后，就会明白这里的“代”并没有下一代替换上一代的意思，我们不像移动通信 3G、4G、5G 家族那样，代代改朝换代，代代后浪把前浪拍死在沙滩上，我们是好兄弟一家亲。我们三兄弟因性能不同，差异化发展，在大海各自的彼岸享受着海风徐徐吹、阳光暖暖照的好日子。

如果把我们三兄弟看作三条赛道上的运动员，其实大家各有其道，只是起点不同罢了。图 2-76 所示为三代半导体材料各行其道、差异化发展的示意图。我们没有与洋娃娃们“弯道超车”“换道超车”一说。事实上，就像比赛一样，你跑人家也跑，重要的是看谁的资金投入更大，爆发力更强。如果没有这两个先决条件，单凭聪明和机巧，遇到弯道就想超车，说起来容易做起来难。

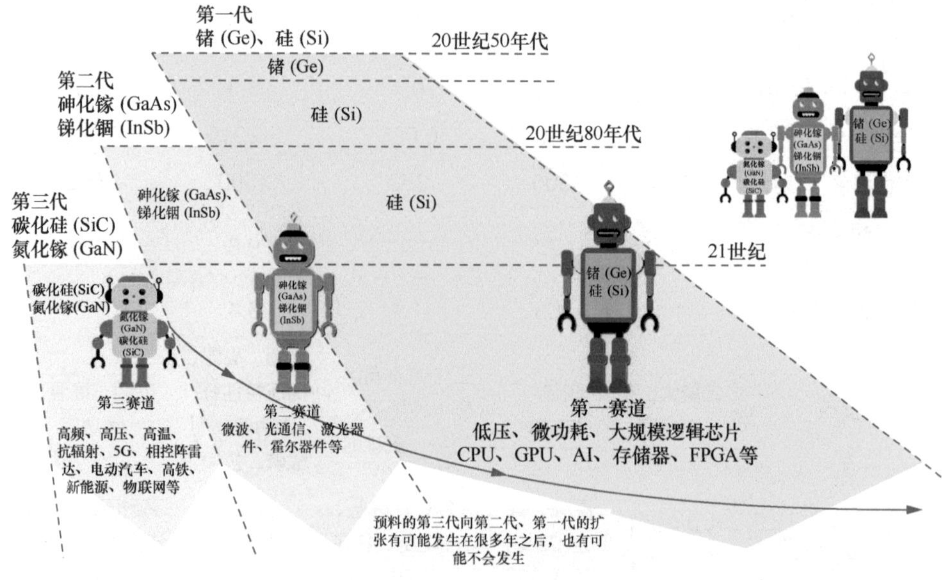

图 2-76 三代半导体材料各行其道、差异化发展的示意图

在二哥问世之前，大哥能独当一面，当人们把大而易坏的电子管换掉时，觉得锗（Ge）和硅（Si）两种材料太好了，并在所有应用领域都想尝试使用它们，所以在 20 世纪 80 年代之前，三条赛道上都有大哥的身影。二哥问世之后，二哥的优越性能使其更适合应用在高频、高速、低功耗的微波器件和芯片中。因此在这些应用领域，大哥被二哥挤了出去。

相同的一幕也在 20 世纪 80 年代到 21 世纪初上演，在特高压、特高频、特高温、抗辐射要求很高的应用中，我把二哥挤了出去。但在要求不太高的应用领域，当经济性是第一考量因素时，这些应用领域自然仍由二哥担当主角。

2018 年，我们三兄弟全球形成的产业销售额大约分别为 4 500 亿美元、350 亿美元、50 亿美元，国内形成的产业销售额大约分别为 3 500 亿元、238 亿元、64 亿元。三弟我还是个小弟弟。但我得意于自己是块好钢，好钢要用在刀刃上！例如 5G 基站、相控阵雷达、电动汽车、高铁、智慧能源网、物联网、航天器等，都要用到基于我研制的高性能电子器件和芯片。

3. 我们三兄弟都走在自己的康庄大道上

关于大哥，目前全球 95% 以上的半导体芯片和器件以硅作为基础功能材料。硅片占整个半导体材料市场的 35% 左右，市场空间约为 100 亿美元。硅基芯片市场规模高达 5 500 亿美元。大哥的步子似乎变慢了，因为快走到了摩尔定律（Moore’s law）的尽头。但“吉人自有天相”，没准有一天人类又会发明一些类似于 FinFET、GAAFET 的技术，拯救大哥沿着摩尔定律继续向前发展。

二哥砷化镓制造厂商市场份额最大的几家公司分别是美国的 Skyworks、Triquint、RFMD、Avago 等，合计约占全球市场 65% 的份额；而在砷化镓原材料领域，英国的 IQE、中国台湾地区的全新光电、美国的 Kopin 三家公司合计约占据市场 67.3% 的份额。

三弟我更适合制作耐高压、耐高温、高频率、高抗辐射的大功率器件，我在新能源汽车、新能源发电、轨道交通、航天航空、国防军工等极端环境下有着不可替代的应用优势。但我也有缺点，碳化硅晶体生长难度很大，经过数十年的研究发展，到目前为止只有美国的 Cree 公司、德国的 Si Crystal 公司和日本的新日铁公司等少数几家公司掌握 SiC 晶体的生长技术，能够生产出较好的产品，但离真正的大规模产业化应用仍有很长的距离要走。我国第三代半导体产业的特点是市场需求大，应用走在世界前列，产业瓶颈是原材料。

4. 三弟我的简单总结

虽然三弟我的势头正劲，甚至有人认为我可以取代大哥和二哥，独霸芯片王国，但我认为在相当长的时间里这是行不通的。大哥的优势在于制作低压、微功耗、超大规模的逻辑芯片，例如微处理器、图形处理器、存储器、现场可编程门阵列（FPGA）等。硅元素储量大，硅晶圆制备容易，这是大哥无可比拟的优势。大哥的市场规模达到 5 500 多亿美元，三弟我望尘莫及。至于二哥的地盘，我可能会慢慢挤占一部分，不过二哥的产业基础营造多年，体量也比我大，如果价格不占优势，想要占领他的地盘并不容易。三弟我的优势是耐高压、高频率、耐高温、高抗辐射，但材料相对较贵，主要用于研制高性能器件，好钢要用在刀刃上。

知识点：半导体材料，第一代半导体材料，第二代半导体材料，第三代半导体材料

记忆语：半导体材料按照发现和利用的时间先后，分为第一代、第二代、第三代半导体材料，更准确的说法应该是第一类、第二类、第三类半导体材料。**第一代半导体材料**以锗（Ge）和硅（Si）为代表，现在的大部分数字逻辑芯片是用硅晶圆制造的硅基芯片。**第二代半导体材料**以砷化镓（GaAs）、锑化铟（InSb）为代表，主要用于制作高速、高频率、大功率电子元器件，以及发光电子元器件等。**第三代半导体材料**以碳化硅（SiC）、氮化镓（GaN）为代表，被广泛用于制作超高温、超高频、超高压、大功率、抗辐射的电子元器件和芯片。

第3章 了解芯片如何设计

通过阅读前两章内容，读者已了解芯片技术的发展历史，初步认识了芯片的样貌，也许你还想了解芯片是如何设计的，因为芯片设计是芯片产业链上的第一个环节，也是芯片研制成功的关键。本章将重点介绍芯片是如何设计的，以及关于芯片设计的一些问题。例如，EDA 软件是什么软件？ IP 是什么？ MPW 是什么？

3.1 芯片产业链如何划分?

芯片技术和产业经过 50 多年的发展，已经实现了产业链的多次细化分工，芯片产业链分工的目的就是让专业的公司和专业的人去干专业的事情。一家公司不可能包揽芯片产业链上每个环节的所有工作。

一般来说，芯片产业链按专业分工主要分为芯片设计、芯片制造、芯片封测（封装和测试）三个环节。业界专家形象地将芯片研制过程与图书出版过程进行了类比：芯片设计可以类比为写书，芯片制造可以类比为图书印刷，芯片封测可以类比为图书装订。这种类比十分恰当且易于记忆，对于公众了解和记住芯片产业链的分工很有帮助。

芯片设计与作家写书类似，如图 3-1 所示。芯片设计要完成芯片的功能、性能、可制造性、可测试性的设计，并要保证设计数据绝对正确。芯片设计与作家写书都属于智力密集型的创作，是知识产权的产生过程，而且都处于产业链的开端。和作家拥有图书著作权一样，芯片设计公司拥有后续芯片的知识产权（也称版权），因而拥有产品的处置权和出售权。稿件最后要经过仔细校对才能送到印刷厂出样和批量印刷，设计的芯片也要经过严格的验证并送到芯片制造厂做少量样片，在证明芯片的功能和性能无误后，才可以大批量生产。

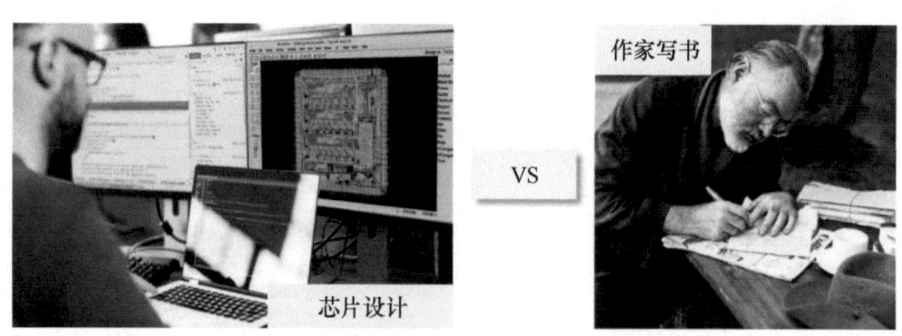

图 3-1　芯片设计与作家写书的类比

芯片制造与图书印刷类似，如图 3-2 所示。芯片制造是在晶圆片上制造电路的过程，最终得到的是芯片的裸片。芯片制造与图书印刷一样，是一个委托加工的过程，芯片设计公司是委托方，芯片制造厂是受托方。芯片制造厂（也称代工厂）收取委托加工费，并对生产的产品质量负责，而且没有最终产品的所有权和出售权。

图 3-2　芯片制造与图书印刷的类比

芯片封测与图书装订类似，如图 3-3 所示。芯片封测包括芯片封装和芯片测试。芯片封测指的是把芯片制造厂生产的裸片封装成芯片成品，并对芯片的功能和性能进行全面的测试。芯片封测与图书装订类似，也是一个委托加工的过程，芯片设计公司是委托方，芯片封测厂是受托方。芯片封测厂收取委托加工费，并对最终产品的质量负责，而且同样没有最终产品的所有权和出售权。

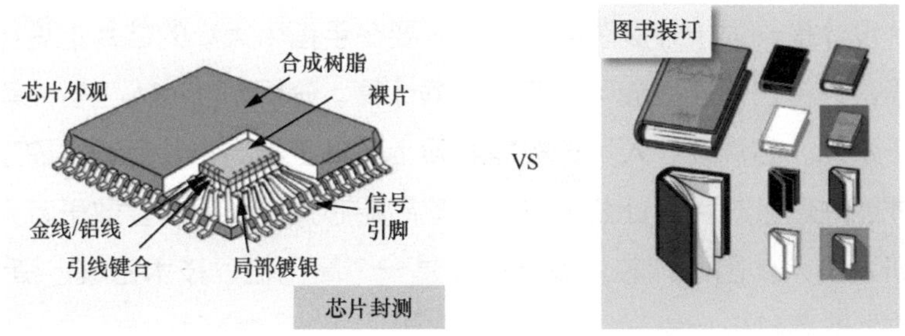

图 3-3　芯片封测与图书装订的类比

芯片产业链是很清晰的三级专业分工。芯片设计公司设计完芯片后，后续工作一般分别由芯片制造厂和芯片封测厂来完成，芯片设计公司与芯片制造厂和芯片封测厂是委托加工关系。而图书出版产业链上的图书印刷和装订一般由一家厂商完成，体现出二级专业分工。

芯片设计业是芯片产业链的龙头，是轻资产、技术密集型的行业，直接受芯片应用的拉动，在遇到新应用爆发的时候，芯片设计公司可实现业绩的爆发式增长。芯片制造业和芯片封测业属于高端加工制造业，依赖上游订单，是重资产、技术密集型的行业。由于芯片技术不断升级换代，芯片制造和芯片封测需要不断投入新设备，因此不易实现业绩的爆发式增长。

知识点：芯片产业链，芯片设计，芯片制造，芯片封测

记忆语：芯片产业链主要分为芯片设计、芯片制造、芯片封测（封装和测试）三个环节。**芯片设计**要完成芯片的功能、性能、可制造性、可测试性的设计，并要保证设计数据绝对正确。**芯片制造**是在晶圆片上制造电路的过程，最终得到的是芯片的裸片。**芯片封测**指的是把芯片制造厂生产的裸片封装成芯片成品，并对芯片的功能和性能进行全面的测试。

3.2　什么是芯片设计？

研制任何产品都要先进行设计，芯片也不例外。不同的产品设计，所要设计的内容和复杂程度是不同的，使用的设计工具也完全不同。芯片设计要完成芯片的功能、性能、可制造性、可测试性的设计，并要保证设计数据绝对正确。

芯片设计是一项十分复杂的工作——要在手指甲大小的硅片上设计数百亿个晶体管，并将它们连接成可以实现数据计算、分析判断、人工智能等复杂功能的电子系统。芯片设计人员一般需要硕士及以上学历，并且通常需工作四五年以上才能胜任。芯片设计公司研制一款高端芯片，一般需要数千万元甚至上亿元的研发投入。因此，芯片设计行业是一个高门槛、技术密集、资金密集、应用驱动型的高科技行业。

芯片设计公司的研发环境可以用“人脑＋计算机”来概括，如图3-4所示。这个环境与软件公司相似，软件工程师也是坐在计算机屏幕前工作，但软件工程师除了编写软件代码之外，所需掌握的硬件知识并不多。而芯片设计工程师除了编写软件代码之外，这些代码所涉及的芯片硬件知识才是最关键的内容，包括芯

图3-4　芯片设计公司的研发环境

片的内部电路结构、电路功能、电路功耗、执行速度等。此外，芯片设计工程师还要了解所设计芯片的制造工艺、封装工艺、测试流程等许多技术细节。

芯片设计的工作内容主要包括规划电路功能、编写软件代码、设计电路图、进行芯片上电路的布局和布线，以及进行整个芯片设计的检查和验证等。规划电路功能和编写软件代码的工作在专业上称为芯片行为设计，设计电路图的工作在专业上称为芯片逻辑设计（芯片行为设计和芯片逻辑设计也称前端设计），进行芯片上电路的布局和布线的工作在专业上称为芯片物理设计（也称后端设计）。图 3-5 是芯片设计三阶段工作的示意图。在每一个设计阶段，芯片设计工程师都需要进行许多的检查和验证工作。芯片设计各阶段结束后，在委托芯片制造厂生产芯片之前，还要进行一次全面的检查和验证，以确保设计数据绝对正确，万无一失。

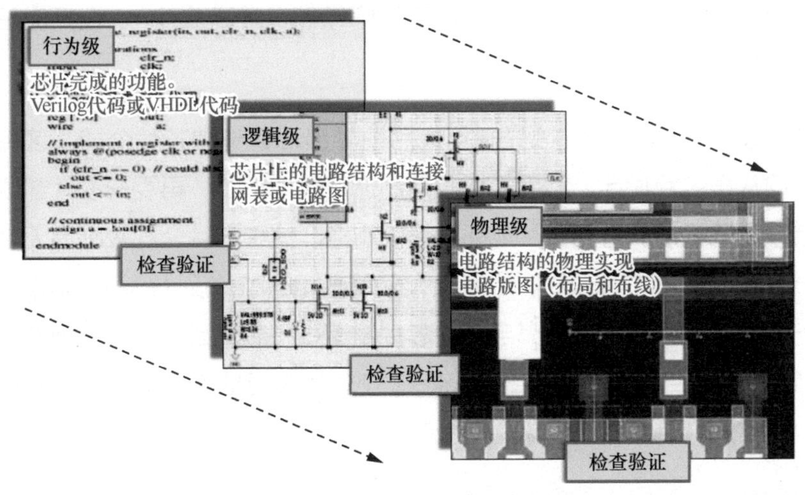

图 3-5　芯片设计三阶段工作的示意图

芯片设计的复杂性和难度首先表现在芯片中电路规模巨大带来的复杂性和难度；其次表现在按照芯片制造工艺的要求，必须严格遵守设计规则，保障芯片生产时的成品率和芯片可测试性等方面的复杂性和难度；最后表现在要保证芯片设计 100% 正确，反复进行检查和验证等方面的复杂性和难度。

下面以苹果公司较新的手机芯片 A16 为例，看看设计这样一款芯片的复杂性和难度。A16 芯片采用 4 nm 制造工艺，裸片面积是 132 mm^2，上面集成了大约 160 亿只晶体管。该芯片中最细的线条只有 4 nm 宽度，如果把它放大到 10 mm 宽度，相当于放大 250 万倍，裸片面积就达到了 826.56 km^2 左右。芯片设计工程师要在这么大的面积上布局和设计 160 亿只晶体管和连线，既要保证整个芯片的功能和性能要求，还要保证符合芯片制造工艺的要求，并且不能出任何差错，难度之大可想而知。

当然，上述芯片是不可能依靠手工设计的方法来完成的，必须借助电子设计自动化（EDA[1]）软件来完成。在芯片技术发展过程中，在 EDA 软件成熟之前，芯片设计也经历过纯手工画图的芯片设计“石器”时代和依靠计算机辅助设计（CAD[2]）的半自动化时代，只不过当时只能设计简单的中小规模芯片。如果没有 EDA 软件，如今功能复杂、电路规模巨大的高端芯片是不可能设计出来的。若没有 EDA 软件，芯片设计工程师纵然“才高八斗”，也只能是“无米之炊”的巧妇。

芯片设计公司是 20 世纪 80 年代后期才出现的一种芯片公司。这种芯片公司专门从事芯片设计，然后委托芯片制造厂代理加工，再委托芯片封测厂进行封装和测试，最后得到芯片成品并销往市场。这种芯片公司被称为无制造业务（Fabless[3]）的芯片公司，也就是大家所熟知的芯片设计公司。早期的芯片公司一般既有设计部门，也有自己的芯片制造厂和芯片封测厂，这种芯片公司也称 IDM[4] 型芯片公司。现在，Fabless 型芯片公司越来越多，IDM 型芯片公司则数量较少。

知识点：芯片设计，芯片设计的三个阶段，芯片行为设计，芯片逻辑设计，芯片物理设计，前端设计，后端设计

记忆语：芯片设计要完成芯片的功能、性能、可制造性、可测试性的设

1 EDA：电子设计自动化（Electronics Design Automation）。

2 CAD：计算机辅助设计（Computer Aided Design）。

3 Fabless：Fabrication 和 less 的组合词，意为无制造业务。

4 IDM：设计制造一体化（Integrated Design and Manufacture）。

计，并要保证设计数据绝对正确。**芯片设计的三个阶段**分别是**芯片行为设计、芯片逻辑设计和芯片物理设计**，芯片行为设计和芯片逻辑设计也称为**前端设计**。芯片物理设计包括芯片上电路的布局和布线，也称为**后端设计**。

3.3　EDA 软件是什么软件?

EDA 软件是电子设计自动化软件，芯片设计人员借助 EDA 软件可以把数百亿个晶体管、存储单元、电阻、电容等安排在 1 cm^2 不到的硅片上，并连接成功能极其复杂的电路，例如中央处理器（CPU）、片上系统（SoC）、闪速存储器等。用 EDA 软件设计芯片的流程一般包括：①硬件描述语言（HDL[1]）输入；②逻辑编译、简化和模块分割；③电路综合、优化、布局和布线；④电路仿真模拟；⑤制造数据生成。

其实，EDA 软件是许多 EDA 软件工具的总称，一个 EDA 软件工具只能完成上述芯片设计流程中一个部分或几个部分的工作。芯片设计工程师要完成整个芯片设计任务，需要交替使用一系列的 EDA 软件工具，例如，前端工具、后端工具、模拟仿真工具等。全球三大 EDA 软件供应商中，每家提供的 EDA 软件工具都很丰富，详见 3.5 节，这为芯片设计工程师优选 EDA 软件工具提供了方便。

EDA 软件是芯片设计的必备工具。如果没有 EDA 软件，就不可能设计出电路规模巨大、功能极其复杂的高端芯片，也就不可能有应用在各领域的智能终端，因而也就没有了如今的信息化社会。因此，EDA 软件被称为“芯片之母”和信息化社会之基石。

EDA 软件是从 20 世纪 70 年代开始逐步发展起来的，由计算机辅助设计（CAD）、计算机辅助制造（CAM[2]）、计算机辅助测试（CAT[3]）和计算机辅助

1　HDL：硬件描述语言（Hardware Description Language）。

2　CAM：计算机辅助制造（Computer Aided Manufacturing）。

3　CAT：计算机辅助测试（Computer Aided Test）。

工程（CAE[1]）等相关技术演变发展而来，已有 50 多年的发展史，大致经历了如下三个发展阶段。

第一阶段是计算机辅助设计的时代（20 世纪 70 年代到 20 世纪 80 年代）：在这一阶段，CAD 软件的主要功能是进行交互式的图形编辑，晶体管级的布图设计、布局和布线，设计规则的检查，门电路的模拟和验证等。

第二阶段是 EDA 软件走向商业化的时代（20 世纪 90 年代）：在这一阶段，VHDL[2] 和 Verilog 出现并得到了广泛应用，这为 EDA 软件功能提升和软件商业化打下了良好的基础。硬件描述语言的标准化和芯片设计方法的不断进步，推动了 EDA 软件的功能完善和应用普及。在这一阶段，EDA 软件的特征是硬件描述语言得到广泛应用，系统级仿真和综合技术不断完善，以及正向的自上而下设计方法成为主流。

第三阶段是 EDA 软件进入系统级设计的时代（从 21 世纪开始）：在这一阶段，EDA 软件在正向设计和仿真验证两个层面不断发展成熟，EDA 软件的功能更加完善和强大，系统级和行为级硬件描述语言趋于更加高效和简单。这些都使得中央处理器（CPU）、片上系统（SoC）芯片等电路规模巨大、功能复杂的高端芯片的设计成为可能。

经过近 30 年的市场博弈，EDA 软件行业的兼并重组不断出现，EDA 软件市场呈现出强者恒强的发展格局。全球 EDA 市场一直由新思科技（Synopsys）、楷登电子（Cadence）和西门子 EDA（Siemens EDA）三家国外 EDA 软件厂商把持。EDA 软件是我国芯片行业的痛点技术之一。图 3-6 所示为全球最大的三家 EDA 软件厂商的公司徽标。

SYNOPSYS®　cādence™　Siemens EDA

新思科技　楷登电子　西门子EDA

图 3-6　全球最大的三家 EDA 软件厂商的公司徽标

1　CAE：计算机辅助工程（Computer Aided Engineering）。

2　VHDL：超高速集成电路硬件描述语言（Very high speed integrated circuit Hardware Description Language）。

知识点： EDA 软件，芯片之母，全球 EDA 软件厂商前三强

记忆语：EDA 软件即电子设计自动化软件，它是芯片设计的必备工具，被誉为**芯片之母**。新思科技（Synopsys）、楷登电子（Cadence）和西门子 EDA（Siemens EDA）是**全球 EDA 软件厂商前三强**。

3.4　为什么说 EDA 软件开发很难？

EDA 软件是芯片设计的必备工具，EDA 软件的好坏决定了芯片设计的成败，因此也被誉为“芯片之母”。如果说设计芯片很难，那么开发 EDA 软件就是难上加难。本节将从 EDA 软件开发难度大、EDA 软件开发人才紧缺和 EDA 软件市场容量有限三个方面，简单介绍 EDA 软件行业的特点。

1. EDA 软件开发难度大

EDA 软件要处理数百亿个电路元件，并把它们连接成功能理想的芯片。进行这种处理和连接的难度犹如在超过 800 km^2 的平面上，布局 160 亿只晶体管并把它们用 10 mm 宽的线条上下左右、纵横交错地连接起来，电路之多、分布之密集、连接之复杂超乎想象。EDA 软件既要保证这种布局、连接、纵横交错完全不出错，还要满足电路参数、速度、功能、面积、功耗等制约条件。

一般的应用软件开发完成后，基本就可以定型并大量销售了，未来即便在实际应用时发现软件中的错误，也可以通过打补丁的方式来补救或者推出更新的版本。但是，EDA 软件中不能出现错误。否则，这些错误有可能导致芯片设计结果错误，造成数千万元甚至上亿元的研发投入付诸东流。因此，由事难可以想到成事工具之难，开发 EDA 软件的难度可想而知。

另外，EDA 软件开发完成后，还需要随着芯片制造工艺技术的不断进步，而不断更新或开发新版本。创新开发和更新开发需要不断地进行资金投入。因此，EDA 软件行业是一个持续研发、资金密集、技术密集的行业。

EDA 软件销售数量有限，巨大的研发投入和较少的销售数量，决定了 EDA 软件价格不菲。

2. EDA 软件开发人才紧缺

EDA 软件开发不同于普通应用软件开发，EDA 软件开发工程师既要精通软件工程学，又要熟悉半导体和微电子学。国内高校目前还没有这样二合一的学科设置，从业者通常在参加工作后半路转行，恶补另一个学科的知识，逐步进入 EDA 软件开发的生涯。精通软件开发的工程师学习半导体和微电子学知识相对容易一些，而精通半导体和微电子学的工程师学习计算机软件编程则较为困难。目前，集成电路科学与工程已被列为国家一级学科，相信今后国内许多集成电路学院会定向培养软件和微电子复合型人才，逐步缓解 EDA 软件开发人才紧缺的局面。

3. EDA 软件市场容量有限

国内芯片设计公司最多时大约有 1 500 家，其中大多是中小企业，很难做到按需购买正版 EDA 软件。即便每家公司都付费购买，按照平均每年每家购买 500 万元的 EDA 软件来计算，每年 EDA 软件市场容量也仅为 75 亿元。假如平均每年每家购买 1 000 万元，则每年 EDA 软件市场容量为 150 亿元。因此，EDA 软件的用户数量不多，国内市场容量较为有限。根据股票市场的公开信息，国外三家龙头 EDA 软件厂商 2020 年 EDA 软件全球销售总收入不超过 100 亿美元，目前国内 EDA 软件市场在全球 EDA 软件市场中的占比较低。

知识点：开发 EDA 软件的难度很大，国内 EDA 软件市场容量，EDA 软件售价高昂

记忆语：开发 EDA 软件的难度很大体现在 EDA 软件很复杂、EDA 软件中不能隐含错误、EDA 软件需要持续不断地更新、EDA 软件开发人才紧缺等方面。目前**国内 EDA 软件市场容量**不超过 150 亿元，国内 EDA 软件市场在全球 EDA 软件市场中的占比较低。EDA 软件需要不断开发、不断投入，而销售数量又很有限，这导致 **EDA 软件售价高昂**。

3.5　全球 EDA 软件公司哪家强？

全球排名前三的 EDA 软件公司分别是新思科技（Synopsys）、楷登电子（Cadence）和西门子 EDA（Siemens EDA）。根据 ESD Alliance 前瞻产业研究院整理的资料，2020 年这三家 EDA 软件公司的全球 EDA 市场占有率分别为 32.14%、23.4%、14%，合计市场占有率为 69.54%，其他 EDA 软件公司市场占有率合计为 30.46%。西门子 EDA 的前身是明导国际（Mentor Graphics），明导国际成立于 1981 年；新思科技成立于 1986 年，楷登电子成立于 1988 年。

这三家龙头 EDA 软件公司的发展史既是技术不断创新的历史，也是他们不断兼并小 EDA 软件公司的历史。他们通过兼并小的 EDA 软件公司，既消灭了竞争对手，也增强了自身的技术实力。EDA 软件行业呈现出进入门槛很高、强者恒强的发展格局。

1. 新思科技

新思科技是全球排名第一的 EDA 解决方案提供商，也是全球排名第一的芯片接口 IP 供应商，成立于 1986 年，公司总部位于美国加利福尼亚州山景市（Mountain View），在北美、欧洲和亚洲设有 60 多家分公司和研发中心。新思科技于 2002 年并购另一家 EDA 软件公司 Avant，从 2008 年开始，新思科技先后收购了 Synplicity、ORA、SpringSoft 等 EDA 厂商，超越楷登电子成为全球第一大 EDA 厂商。2012 年，新思科技又收购了当时全球第四大 EDA 厂商 Magma，进一步巩固了其市场霸主地位。新思科技于 1995 年进入中国市场，在北京、上海建立了研发中心。

新思科技 2020 年全年营收为 36.85 亿美元，净利润为 6.73 亿美元；2021 年全年营收为 42.04 亿美元，同比增长大约 14.08%，净利润为 7.58 亿美元，同比增长大约 14.16%。

表 3-1 是新思科技主要 EDA 软件工具的列表。将其中的各种 EDA 软件工具按照一定的顺序组织和使用，就可以搭建起一套芯片设计的工作流程。

表 3-1 新思科技主要 EDA 软件工具的列表

设计流程	EDA 软件分类	EDA 软件工具名称
仿真与验证	Digital Simulator	VCS
	Equivalence Check	Formality、ESP
	Analog Simulator	Hspice、NanoSim
	RTL Code Coverage	VCS
	RTL Syntax and SRS Checker	Leda
综合	Clock Gating	Power Compiler
	RTL Synthesis	Design Compiler
	Physical Synthesis	Physical Compiler、Blast Fusion
物理设计	Floor Plan	Floorplan Compiler、JupiterXT
	Cell Place and Route	ICC
	Clock Tree Synthesis	Astro
	Signal Integrity	PrimeTimeSI/Asto-Xtalk、Blast Noise
	IR Drop/Electromigration	Astro Rail、Blast Rail
	RC Extraction	Star-RCXT(3-D)
	LVS & DRC	Hercules
时序和功耗检查	StaticTiming Analysis	PrimeTimeSI
	Cell Level Power	Prime Power
	Transistor Level Timing	PathMill
	Transistor Power	PowerMill
	Dynamic Timing Analysis	VCS
定制设计	Layout Editor	Enterprise
可测试性设计	ATPG	TetraMAX
	Boundary Scan	BSD Compiler
	Scan Insertion	DFT Compiler
	Memory BIST	SoCBIST
RTL-to-GDSII	RTL-to-GDSII	Galaxy、Blaster
ESL	System Level Design & Simulation	ESL CoCentric System Studio

2. 楷登电子

楷登电子成立于 1988 年，公司总部位于美国加利福尼亚州圣何塞

（SanJose），是全球主要的 EDA 解决方案、半导体技术解决方案和设计服务供应商之一，在全球各地设有销售办事处、设计及研发中心。楷登电子于 1991 年并购了另一家 EDA 软件公司 Valid，于 1999 年收购了 OrCAD 公司，于 2019 年先后收购了射频设计软件公司 AWR 和 Integrand Software 公司。楷登电子于 1992 年进入中国市场，在北京、上海和深圳设立分公司，并在北京、上海建立了研发中心。

楷登电子 2020 年全年营收为 26.83 亿美元，净利润为 5.91 亿美元；2021 年全年营收为 29.88 亿美元，同比增长大约 11.36%，净利润为 6.96 亿美元，同比增长大约 17.76%。

表 3-2 是楷登电子主要 EDA 软件工具的列表。将其中的各种 EDA 软件工具按照一定的顺序组织和使用，就可以搭建起一套芯片设计的工作流程。

表 3-2　楷登电子主要 EDA 软件工具的列表

设计流程	EDA 软件分类	EDA 软件工具名称
仿真与验证	Digital Simulator	NC-Verilog/Verilog-XL
	Equivalence Check	Encounter Conformal Equivalence Checker
	Analog Simulator	Incisive AMS
物理设计	Floor Plan	First Encounter
	Cell Place and Route	SoC Encounter
	Clock Tree Synthesis	CTGen
	Scan Chain Reorder	Silicon Ensemble
	Signal Integrity	Celtic NDC
	RC Extraction	Fire&Ice(3-D)
		HyperExtract(2.5-D)
时序和功耗检查	Static Timing Analysis	Pearl
	Dynamic Timing Analysis	NC-Verilog/Verilog-XL
定制设计	Schematic Capture	Composer
	Spice Netlist	Cadence/MICA direct
	Layout Editor	Virtuoso
RTL-to-GDSII	RTL-to-GDSII	SoC Encounter

3. 西门子 EDA

西门子 EDA 是一家从事电子设计自动化软件业务的跨国公司，其前身是明导国际（Mentor Graphics）。明导国际成立于 1981 年，公司总部位于美国俄勒冈州的威尔逊维尔（Wilsonville）。明导国际于 1983 年收购了另一家 EDA 软件公司 Synergy Datawork，于 1988 年兼并了 tektronix 公司的 CAE 业务，于 1990 年收购了 Silicon Compiler Systems 公司，于 2008 年收购了 Flomerics PLC 公司，于 2008 年收购了 LogicVision 公司。2016 年，明导国际被西门子公司收购，2021 年更名为西门子 EDA。西门子 EDA 于 2019 年收购了 Z-Circuit Automation 公司，于 2021 年收购了 Pro Design 公司的 Pro FPGA 产品系列。明导国际于 1989 年进入中国市场。

表 3-3 是西门子 EDA 主要 EDA 软件工具的列表。将其中的各种 EDA 软件工具按照一定的顺序组织和使用，就可以搭建起一套芯片设计的工作流程。

表 3-3 西门子 EDA 主要 EDA 软件工具的列表

设计流程	EDA 软件分类	EDA 软件工具名称
仿真与验证	Equivalence Check	Formality Pro
	Analog Simulator	Advance MS
	C++ Based System Testbench	Nucleus C++
物理设计	LVS & DRC	Calibre
可测试性设计	ATPG	Fastscan
	Boundary Scan	BSDArchitect
	Scan Insertion	DFTAdvisor
	Memory BIST	mBISTArchitect
ESL	System Level Design & Simulation	Seamless Catapult

知识点：全球 EDA 软件公司前三强，龙头 EDA 软件公司的发展史

记忆语：全球 EDA 软件公司前三强分别是新思科技（Synopsys）、楷

登电子（Cadence）和西门子 EDA（Siemens EDA）。明导国际（Mentor Graphics）是西门子 EDA 的前身。**龙头 EDA 软件公司的发展史**既是技术不断创新的历史，也是他们不断兼并小 EDA 软件公司的历史，兼并的作用是消灭竞争对手，同时增强自身的技术实力。

3.6　芯片行业的 IP 是什么？

在芯片行业，人们经常说到 IP 这个词，例如 IP 开发、IP 交易、IP 复用、IP 厂商、IP 提供商等。行外人对 IP 这个词可能觉得不知所云，或者以为在说 IP 卡，或者以为在说互联网技术中的 IP 地址，其实都不是。

IP 共有三种。第一种 IP 是一个法律词汇，泛指普遍意义上的知识产权（IP）。现代社会中，越来越多的国家开始重视和保护知识产权。第二种 IP 是互联网领域的技术词汇，专指网络通信协议 TCP/IP[1] 或 IP 地址[2]。第三种 IP 是集成电路领域的知识产权，后来特指集成电路中功能模块设计的知识产权，也称为硅 IP。芯片行业所说的 IP 既是一个法律词汇，也是一套设计数据，而且这套设计数据是一种商品。因此，芯片行业就有了 IP 开发、IP 交易、IP 复用等科技和商业活动，也有一些企业被冠以 IP 厂商、IP 提供商的称谓。

1. 芯片行业的 IP 到底指什么？

芯片行业所说的 IP 是指芯片中具有独立功能的电路模块的成熟设计。该电路模块被设计得十分完美，并且进行了标准化，可以反复用在其他芯片设计中。所以这个电路模块的设计凝聚着设计者的智慧和付出，体现了设计者的知识产权，所以芯片行业就用 IP 来表示它。

IP 可以反复用在其他芯片设计中，称为 IP 复用。IP 复用可以减少芯片设计的工作量，缩短设计周期，提高芯片设计的成功率。用多个 IP 来设计芯片很像搭积木，但是搭积木没有电信号需要连接。而设计芯片时，各个 IP 之间

1　TCP/IP：传输控制协议 / 互联网协议（Transmission Control Protocol/Internet Protocol）。

2　IP 地址：Internet Protocol address。

的电信号需要互相连接起来，最后形成一个完整的电路系统。

现在，片上系统（SoC）芯片的电路规模巨大、功能超级复杂，它们一般由外购的 IP 和设计者自主设计的电路模块组合而成。SoC 芯片设计者的主要工作是熟悉外购 IP，设计自己的电路模块，并把它们之间的电信号互连起来，最后进行全 SoC 芯片的功能和性能模拟。这种 SoC 芯片的系统结构如图 3-7 所示。

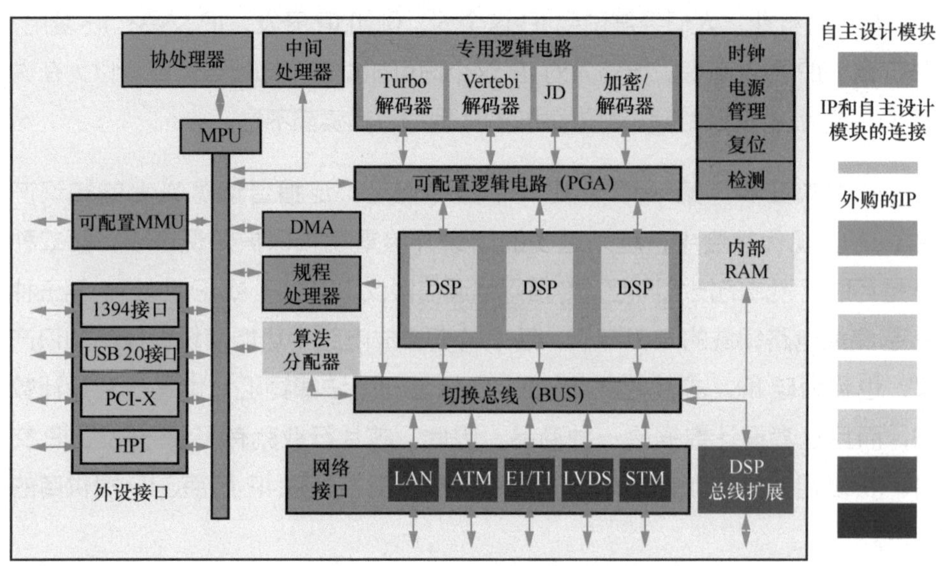

图 3-7　由多个 IP 和自主设计模块连接形成的 SoC 芯片的示意图

在图 3-7 中，芯片设计者自主设计的模块用绿色表示，连接部分用浅橙色表示，从不同厂商外购的 IP 用不同色块表示。从图 3-7 中可以看出，这个 SoC 芯片非常复杂，它包含了三个数字信号处理器（DSP[1]）、各种网络接口（LAN、ATM、E1/T1 等）、直接存储器访问（DMA[2]）接口、内部总线微处理器（MPU）、各种外围接口（1394 接口、USB 2.0 接口、PCI-X、HPI）等，共计 24 个 IP。这些 IP 复用大大简化了整个芯片的设计难度，缩短了设计时

1　DSP：数字信号处理器（Digital Signal Processor）。

2　DMA：直接存储器访问（Direct Memory Access）。

间，留给芯片设计者的主要任务就是完成绿色部分的自主设计模块，并完成各个 IP 和自主设计模块的信号互连（浅橙色部分），最后进行全芯片的功能和性能模拟。

图 3-7 所示的基于 IP 的芯片设计过程与图 3-8 所示的系统电路板开发过程类似，芯片设计是用已有的、成熟的 IP，在硅片上进行布局、摆放和信号连接的过程，系统电路板的开发过程则是用各种成熟的芯片（IC[1]），在电路板上进行布局、摆放和信号连接。所不同的是，系统电路板上只有 IC 和信号连接布线；而在芯片设计过程中，芯片上除了 IP，芯片设计者还要设计一部分自主电路模块，并完成各部分之间的信号连接布线。

图 3-8　用多个 IC 搭建系统电路板的示意图

如果觉得以上介绍显得过于专业，我们还可以用拼图来打一个比方，图 3-7 所示的芯片设计可以抽象地理解为图 3-9 所示的拼图。芯片中外购的 IP 用不同颜色的图块来表示，自主设计模块用绿色图块表示。复杂芯片的设计过程就像拼图，所不同的是，拼图时只需要考虑图块的形状，而芯片设计还需要考虑 IP 的许多参数和指标，并且需要把各个 IP 和自主设计模块连接起来，保证整个芯片的功能和性能正确无误。

有些芯片公司专门设计相对独立的电路功能模块，并把它们成熟化、标准化，目的是把它们推广给其他芯片设计公司使用，这种设计工作被称为 IP 开发。专门从事 IP 开发的芯片公司称为 IP 厂商或 IP 提供商。IP 厂商把 IP 销售给芯片设计公司，就是 IP 交易。芯片设计公司把购买的 IP 应用在自己的芯片设计中，就是 IP 复用。

1　IC：集成电路（Integrated Circuit），俗称芯片。

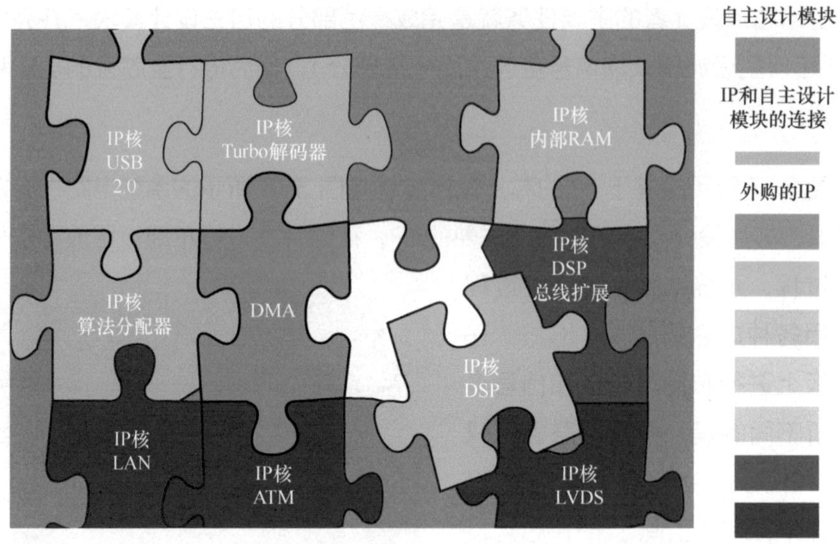

图 3-9 基于 IP 复用的芯片设计类似于用 IP 拼图

2. IP 的由来和作用

IP 的由来要从早期的芯片设计方法讲起。早期芯片的电路规模有限，设计复杂度不高，芯片上所有的电路都是由芯片设计者自主完成的。设计水平不高、能力有限的芯片公司只能设计规模较小的简单芯片。设计水平高、能力强的芯片公司才会去设计规模大、功能复杂的芯片。这一时期，不论芯片规模大还是小，芯片从“头”到“尾”都是由芯片公司自己设计的。早期的高端芯片基本上由为数不多的大型跨国芯片公司把持。

随着现代信息社会对芯片需求的不断扩大，芯片的电路规模呈指数级增长，芯片的复杂性急剧增大。中小型芯片公司要独立设计一款规模巨大、功能复杂的芯片几乎不太可能。20 世纪 80 年代末，芯片行业出现了晶圆代工模式，大批的中小型芯片设计公司应运而生。这一时期，芯片行业急需解决小芯片公司无法设计大芯片的难题。

解决这一难题的启发思路有很多，例如搭积木和拼图、由标准件设计大型机器、由软件子程序（或中间件）设计大型软件等。总结起来，一是重复使用预先设计好的、成熟的构件来搭建更复杂的系统，省掉对构件内部问题的考虑，化繁为简；二是重复使用成熟的构件，减少重复劳动，节省时间；三是重复使用成熟的构件，提高整个复杂系统搭建的成功率。

IP 就类似于上述构件。IP 是预先设计好的具有独立功能的电路模块。有了 IP 这种构件，大的复杂芯片的设计就变得较容易了，周期缩短且易于成功。所以 IP 有如下 4 个方面的重要作用：一是使芯片设计化繁为简，缩短芯片设计周期，提高设计复杂芯片的成功率；二是 IP 开发和 IP 复用技术使小芯片公司设计大芯片成为可能；三是使系统整机企业也可以设计自己的芯片，提升自主创新能力和整机系统的自主知识产权含量；四是使芯片设计行业摆脱传统的 IDM 模式，芯片设计成为芯片产业链上独立的行业，促进芯片设计行业快速发展。

目前，许多中小型芯片设计公司虽然设计能力和水平有限，但出于抢占市场、缩短芯片设计周期的需要，也会外购许多 IP 来完成自己的芯片设计项目。业界的 IP 开发商、IP 提供商数量不断增加。各种功能、各种类型的 IP 不断涌现。IP 交易活动日趋普遍，IP 交易金额也越来越大。

3. IP 的种类和举例

IP 有行为级、结构级和物理级三个层次的划分，分别对应三种类型的 IP——由硬件描述语言设计的 IP 软核（Soft IP Core）、完成结构描述的 IP 固核（Firm IP Core）和基于物理描述并经过工艺验证的 IP 硬核（Hard IP Core）。

IP 软核是用硬件描述语言（HDL[1]）设计的具有独立功能的电路模块。从芯片设计程度来看，IP 软核只经过了 RTL[2] 级设计优化和功能验证，通常以 HDL 文本形式提交给用户，如图 3-10 所示。因为不包含任何物理实现信息，所以 IP 软核与制造工艺无关。用户购买了 IP 软核后，可以综合出正确的门级电路网表，还可以进行后续的结构设计，具有很大的灵活性。借助 EDA 综合工具，用户可以很容易地将一个 IP 软核与其他 IP 软核，以及自主设计的电路部分合

1　HDL：硬件描述语言（Hardware Description Language）。

2　RTL：寄存器传输级（Register Transfer Level）。

为一体，并根据不同的半导体工艺，设计成具有不同性能的芯片。

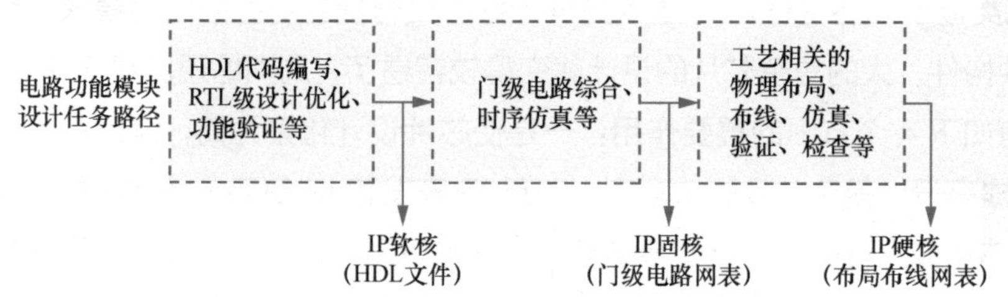

图 3-10 在电路功能模块设计的不同阶段得到不同类型的 IP

IP 固核的设计程度介于 IP 软核和 IP 硬核之间，除了完成 IP 软核所有的设计，还要完成门级电路综合和时序仿真等设计。一般地，IP 固核以门级电路网表的形式提供给用户，参见图 3-10。

IP 硬核提供了电路功能模块设计最后阶段掩膜级的电路模块，并以最终完成的布局布线网表形式提供给用户。IP 硬核既具有结果的可预见性，也可以针对特定工艺或特定 IP 进行功耗和尺寸的优化。这三种类型的 IP 是电路功能模块设计在不同设计阶段的产物，如图 3-10 所示。

以上是从 IP 开发角度看 IP 软核、IP 固核和 IP 硬核的生成阶段和提供形式。下面从 IP 复用角度看 IP 软核、IP 固核和 IP 硬核是在芯片设计的哪个环节被复用到芯片设计流程中的。

用户在经过精心评测和选择，购买 IP 厂商的 IP 后，就可以开始设计自己的芯片了。一个复杂芯片一般由购买的 IP 和用户自主设计的电路模块组成。芯片设计过程包括了行为级、结构级和物理级三个阶段。图 3-11 表明，不同类型的 IP 是在不同的设计阶段被添加到整个芯片设计流程中的。IP 软核在行为级设计阶段合入芯片设计，IP 固核在结构级设计阶段合入，IP 硬核则在物理级设计阶段合入。

这三种类型的 IP 各有优缺点，用户应根据自己的实际需要来加以选择。以下对这三种 IP 的优缺点做了简要总结。

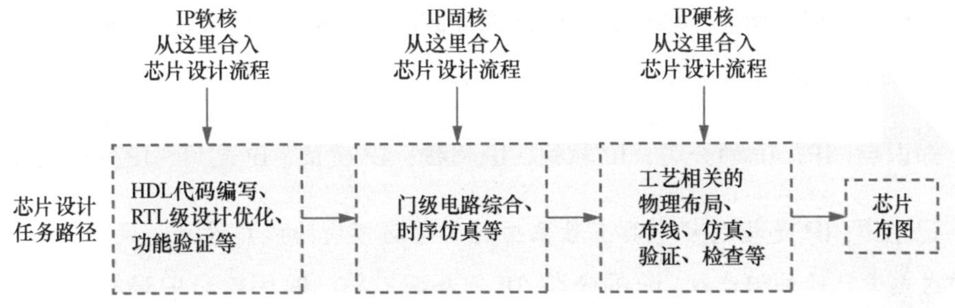

图 3-11　三种类型的 IP 在不同阶段被复用在芯片设计流程中

IP 软核以综合源代码的形式交付给用户，优点是源代码灵活，在功能一级可以重新配置，还可以灵活选择目标制造工艺。简而言之，IP 软核灵活性大、可移植性强，且允许用户自行配置。其缺点是对电路功能模块的预测性较差，在后续设计中存在发生错误的可能性，有一定的设计风险。此外，IP 软核的知识产权保护难度较大。

IP 固核的灵活性和成功率介于 IP 软核和 IP 硬核之间，是一种折中的 IP 类型。和 IP 软核相比，IP 固核的设计灵活性稍差，但可靠性有较大提升。目前，IP 固核是 IP 的主流提交形式。

IP 硬核最大的优点是能够确保性能（如速度、功耗等）达到预期效果。然而，IP 硬核与制造工艺有关，难以转移到新的工艺或者集成到新的结构中，不可以重新配置。IP 硬核不允许修改的特点导致其复用存在一定的困难，因此只能用于某些特定应用，使用范围较窄。但 IP 硬核的知识产权保护最为方便。

IP 的举例中，最典型的是 ARM 公司的各种类型的 CPU IP。许多 IP 供应商还提供了 DSP IP、USB IP、PCI-X IP、Wi-Fi IP、以太网 IP、嵌入式存储器 IP 等，功能五花八门，品种繁多。如果按大类来分，IP 大体上可分为处理器和微控制器类 IP、存储器类 IP、外设及接口类 IP、模拟和混合电路类 IP、通信类 IP、图像和媒体类 IP 等。

全球大的 EDA 供应商中，有些也是 IP 供应商。例如，新思科技（Synopsys）

可提供上千种 IP，涵盖逻辑电路、嵌入式存储器、模拟电路、有线和无线通信接口、嵌入式处理器和子系统等方面。

知识点：IP，IP 的分类，IP 软核，IP 固核，IP 硬核，IP 复用，IP 的作用

记忆语：IP 是指芯片中具有独立功能的电路模块的成熟设计，设计者拥有该成熟设计的知识产权。**IP 的分类：**IP 分为 **IP 软核**、**IP 固核**和 **IP 硬核**三类。**IP 复用**是指在芯片设计中使用购买的 IP。**IP 的作用**是使芯片设计化繁为简，提高芯片设计成功率，缩短设计周期，使小芯片公司也能设计出复杂的芯片。

3.7 IP 公司和 IC 设计公司有何区别?

IP 公司专门从事 IP 开发和销售，IP 公司也称 IP 供应商、IP 厂商等。

IP 公司和 IC 设计公司都从事 IC 设计方面的业务，但也有所不同。IC 设计公司的商业模式是设计完整的芯片，并推向市场，实现芯片销售利润最大化。IC 设计公司的客户是整机厂。而 IP 公司不设计完整的芯片，只设计某些功能独立的电路模块。IP 公司追求这些电路模块的设计最优化，还追求这些电路模块在多种复用场合下的适应性和通用性，目的是让这些电路模块可以被更多 IC 设计公司购买和复用，实现 IP 销售利润最大化。IP 公司的客户是 IC 设计公司。

在人才和技术都满足的情况下，IC 设计公司可以转变为 IP 公司，IP 公司也可以转变为 IC 设计公司。

但是，IP 开发的技术难度和条件要求更高一些，并不是任何 IC 设计公司想为即可为。IP 开发的难度主要体现在两个方面。一方面是 IP 的完备性要求。IP 必须非常完善，一点隐性缺陷都不能存在，因为 IP 的任何隐性缺陷都可能导致整个芯片设计失败，从而影响到芯片研发数百万元甚至上亿元的投入产出。另一方面是 IP 的多参数需求，包括工艺节点、电源、功耗、性能等，这些都要求 IP 开发者对芯片设计、制造工艺和行业应用等非常熟悉。此外，用户对 IP 提供商的信誉度要求很高。

IP 开发的难度很大，研发投入不容小觑，销售数量又有限，所以 IP 售价很高，一般从数十万元到上百万元不等。为了便于推广，IP 公司一般采用收取前期的 IP 许可费加上后期按芯片出货量计算的版权费的商业模式。这种模式降低了芯片设计公司研制芯片的前期投入，IP 销售收入与芯片出货量挂钩，如果新研制的芯片出货量很大，则芯片公司和 IP 公司都能从中获益。

知识点：IP 公司，IC 设计公司，IP 公司和 IC 设计公司的区别，IP 的销售模式

记忆语：IP 公司专门从事 IP 开发和销售，也称 IP 供应商、IP 厂商等。**IC 设计公司**则专门从事芯片设计和销售，所设计的芯片一般先委托芯片制造厂生产，再委托芯片封测厂进行封装和测试。**IP 公司和 IC 设计公司的区别**是，前者开发和销售 IP 给后者，而后者开发和销售芯片给整机厂。**IP 的销售模式**是前期的 IP 许可费加上后期按芯片出货量计算的版权费。

3.8　什么是 MPW，它有什么作用？

芯片的研制过程一般包括芯片设计、样片生产、样片测试和批量生产 4 个阶段，如图 3-12 所示。芯片设计完成后，芯片设计工程师急需得到数十颗芯片样片，以便用它们来进行测试和验证，判断所设计芯片的功能和性能是否符合设计目标。芯片设计公司通过参加多项目晶圆（MPW[1]），以最实惠的方式完成样片生产。拿到样片后，芯片设计公司立即着手进行样片测试，当样片存在设计缺陷时，就要修改芯片设计，再次通过参加 MPW 生产样片。当样片功能和性能完全满足设计目标时，芯片设计公司就可以委托芯片制造厂进行批量生产了。

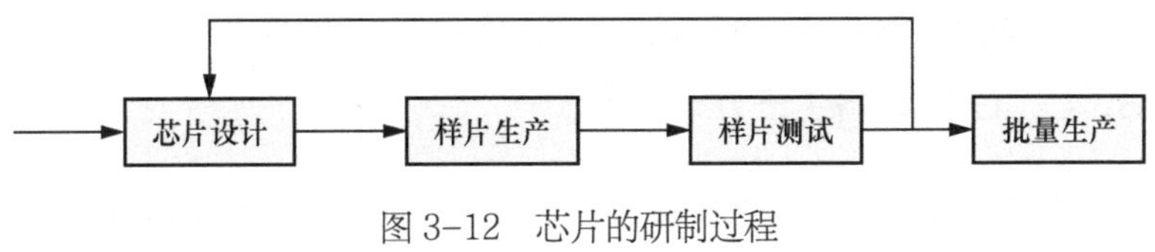

图 3-12　芯片的研制过程

1　MPW：多项目晶圆（Multi Project Wafer）。

多项目晶圆（MPW）就是将多个具有相同制造工艺的芯片设计项目放在同一晶圆片上进行生产。生产完成后，每个芯片设计项目可以得到数十颗芯片样片，这些样片将用于测试和验证芯片设计的正确性。MPW 的生产费用则由所有参加 MPW 的公司分摊，借助芯片制造厂提供的 MPW 服务，每家公司生产样片的费用仅为单独委托样片生产费用的 5% ～ 10%。

图 3-13 所示为一个多项目晶圆的示意图，其中 MPW 的晶圆片只显示了四分之一。图 3-13 中的 MPW 由 6 家公司的 6 个设计项目组成，分别用项目 A、项目 B、项目 C、项目 D、项目 E 和项目 F 来表示，它们组成了一个 MPW 的项目组。

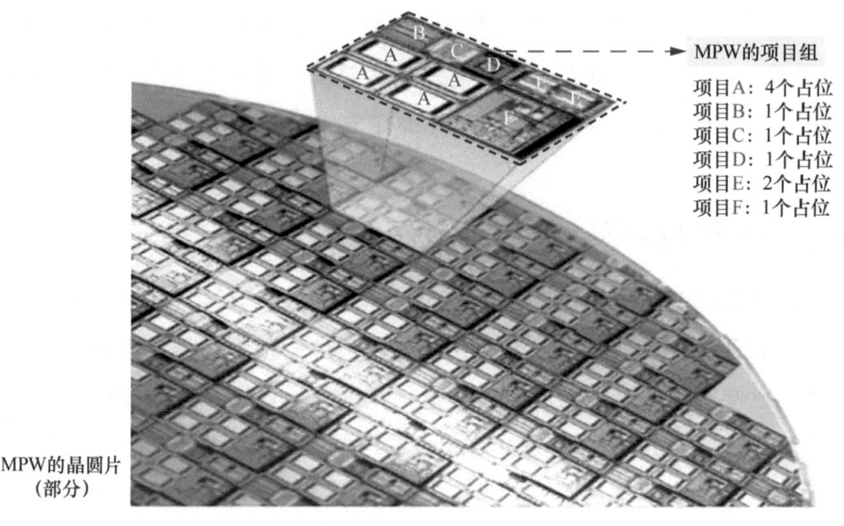

图 3-13　一个多项目晶圆的示意图

其中，项目 A 有 4 个占位，项目 E 有 2 个占位，其他项目都只有 1 个占位。如果 MPW 的晶圆片上有 n 个完整的项目组的排列（残缺的项目组忽略不计），则这个 MPW 的晶圆片可为项目 A 生产 $4n$ 个样片，为项目 E 生产 $2n$ 个样片，为项目 B、C、D 和 F 各生产 n 个样片。

该 MPW 的生产费用将由 6 家公司分摊，分摊比例按项目在 MPW 的项目组中的面积占比来计算。显然，项目 A 分摊的生产费用最多，项目 F 次之，项目 E 再次之。

如果没有 MPW 服务，许多中小芯片设计公司的芯片研发将无法进行。因为芯片制造厂如果仅为一家公司的单个项目生产样片的话，样片的生产费用将相当昂贵。例如，包括光掩膜版的制版费用，一次 14 nm 工艺芯片的生产费用大约为 500 万美元，一次 7 nm 工艺芯片的生产费用大约为 1 500 万美元。显然，这么高的生产费用是企业芯片研发、高校和科研院所的科研活动所无法承受的。而用于测试的样片又不需要很多。如果芯片设计有缺陷，样片测试不成功，经过修改后还需要再次进行样片生产，芯片研发费用就会更加高昂。

因此，MPW 的重要作用首先是极大降低了芯片研发成本，降低了企业进入芯片设计行业的门槛。其次是支持了中小芯片设计公司、高校和科研院所的技术创新和芯片研发。最后是为芯片人才培养提供了重要支撑，优秀学生的研究和实习项目也有可能通过 MPW 拿到芯片的样片。总之，芯片制造厂提供的 MPW 服务极大地促进了芯片设计业快速发展。

知识点： 多项目晶圆（MPW），芯片的研制过程，MPW 的重要作用

记忆语：多项目晶圆（MPW）就是将多个具有相同工艺的芯片设计项目放在同一晶圆片上生产，从而为多家公司同时生产出数十颗芯片样片，生产费用由参加 MPW 的所有公司分摊。**芯片的研制过程**一般包括芯片设计、样片生产、样片测试和批量生产 4 个阶段。**MPW 的重要作用**表现在极大降低了芯片研发成本，支持了中小芯片设计公司、高校和科研院所的技术创新和芯片研发，有利于芯片人才培养，促进了芯片设计业的快速发展。

第4章 了解芯片怎样制造

通过阅读前 3 章内容，相信读者不仅知道了芯片技术的前世今生，也了解了芯片是如何设计的。本章将通过解答一些芯片制造的相关问题，来介绍芯片制造的主要工艺、主要设备和材料、基本制造流程，从而使读者对芯片制造有所了解。在众多芯片制造工艺中，薄膜、光刻、刻蚀和离子注入工艺是灵魂工艺。了解了这几种主要工艺技术，读者就可以大致了解集成电路是如何制造在硅片之上的，也就明白了光刻工艺所用到的光刻机为何如此关键和重要。

4.1　什么是芯片制造厂？

顾名思义，芯片制造厂是专门制造芯片的工厂。芯片制造厂也称晶圆代工厂，英文名称是 Foundry，该词的原意是“拿着别人的图纸替别人生产成品”。在芯片行业，Foundry 就是拿着芯片设计公司的图纸，为其制造芯片的工厂。芯片制造厂没有自己的芯片可供销售，而是替别人生产芯片。台积电（TSMC）、中芯国际（SMIC）等都是典型的芯片制造厂。

芯片制造厂的组成部门主要包括生产线、技术部门、生产管理部门、动力站和废水处理站等。生产线是芯片制造厂的核心，其他部门都是为其服务的；技术部门负责开发新的工艺技术，解决生产线上的技术问题，向芯片设计公司提供技术支持；生产管理部门处理用户的委托生产订单，安排生产线的生产任务和保障生产线平稳运行；动力站则要切实保障好生产线的不间断供电，以及特种气体和纯水等的供应；废水处理站处理生产线排出的废水。

特别说明一下，芯片制造厂的供电一般采用双输变站、双线路供电，并在厂内备有柴油发电机组作为应急电源，避免双线路供电同时中断导致生产线断电所带来的巨大损失。芯片生产线排出的废水中包含许多有毒有害物质，如重金属、半导体材料、化学试剂等，如果不进行妥善处理，将严重影响周边环境和人的健康。因此废水处理站是芯片制造厂的重要组成部分，经处理的废水不但要符合国家相关排放标准，而且最好可以循环利用。

芯片生产线是由各种芯片生产设备有序组织的全自动生产线。每台生产设备都由计算机控制，生产程序一旦设定完毕，设备就可自动完成预设的各项任务。硅片在设备上的安放、取出都由机械手完成。硅片在各设备之间的转运是由车间顶部的自动传送轨道和晶圆轨道车来完成的。各个生产工艺之间，当需要进行半成品测试测量时，可在测试设备上自动完成。芯片生产线上的主要设备包括外延炉、薄膜设备、光刻机、刻蚀机、离子注入机、扩散炉、氧化炉、研磨抛光设备、清洗设备、检测和量测设备等。

芯片制造厂的投资巨大，投资规模主要由晶圆尺寸和工艺的先进性决定。一般情况下，建设一条 8 英寸特色工艺生产线需要近 100 亿元投资，建设一条 12 英寸先进工艺生产线需要近 1 000 亿元投资。此外，作为晶圆代工厂，生产工艺平台不能单一，基本的工艺平台必须具备，特殊工艺平台为了适应市场热点需求也必不可少，否则难以在市场中占据竞争优势。

比如，2019 年 9 月在广州启动建设的粤芯半导体项目，一期建设 12 英寸 180 nm 到 90 nm 工艺的分立器件与模拟芯片项目，投资共 100 亿元；二期建设 12 英寸 65 nm 到 40 nm 工艺的高压 BCD[1] 模拟芯片项目，投资共 188 亿元。再比如，台积电在美国亚利桑那州建设的 12 英寸 5 nm 工艺的晶圆厂，投资额约 800 亿元；台积电在台湾最先进的 12 英寸 3 nm 工艺的晶圆生产线，耗资高达 2 000 亿元。

图 4-1 的左图是某芯片生产线车间的部分场景，地板上设有负压出风口，地面上安装了成排的芯片生产设备。图 4-1 的右上图是安装在车间顶部的传送轨道和晶圆轨道车，右下图是机械手向芯片制造设备中投放和取出晶圆片的示意图。

图 4-1　某芯片生产线车间的部分场景

芯片制造厂的工艺平台数量和工艺特征尺寸[2]反映了芯片制造厂的生产设备规模大小和技术水平高低。芯片的应用十分广泛，芯片种类五花八门，因而

1　BCD：芯片制造中同时用到 Bipolar、CMOS 和 DMOS 工艺，业界用它们的首字母 BCD 来命名这种混合工艺。

2　特征尺寸：芯片中的最小尺寸，在 CMOS 工艺中，特征尺寸就是晶体管“栅”的宽度。

芯片制造的工艺平台也很多，主要的工艺平台有逻辑（logic）工艺平台、数模混合（mix-mode）工艺平台、高压（HV[1]）工艺平台、非易失性存储器（NVM[2]）工艺平台、三合一（BCD）工艺平台、CMOS 图像传感器（CIS[3]）工艺平台、微电机系统（MEMS[4]）工艺平台等。另外，还有许多细分的特殊工艺平台，也称特色工艺平台。例如，鳍式场效晶体管（FinFET）工艺平台、环绕式栅极晶体管（GAAFET）工艺平台、绝缘体上硅射频（RF-SOI[5]）工艺平台、双极 CMOS（BICMOS[6]）工艺平台、绝缘栅双极型晶体管（IGBT[7]）工艺平台、硅光子（SiPh[8]）工艺平台、嵌入式闪存（eFlash[9]）工艺平台等都是细分的特殊工艺平台。

下面对芯片制造厂的主要工艺平台进行简单介绍。

逻辑（logic）工艺平台是利用率最高的工艺平台，主要用于生产数字电路芯片，如 MCU、CPU、GPU、SoC、SRAM[10]、FPGA[11] 等，特点是工艺节点特别多。仅 2000 年以来，芯片制造厂就沿着摩尔定律开发了 130 nm、90 nm、65 nm、45 nm、32 nm、22 nm、16 nm、14 nm、10 nm、7 nm 等工艺制程，目前最先进的逻辑（logic）工艺有 5 nm、3 nm、2 nm 等。

以下这些工艺平台的特征尺寸都没有逻辑（logic）工艺平台先进，基本在 45 nm 以上，有些甚至是微米级工艺，如 HV 工艺平台、MEMS 工艺平台等。其实，这些工艺平台不需要制作很细的线条。

数模混合工艺平台用于生产数字和模拟混合电路芯片，例如基带芯片、

1　HV：高压（High Voltage）。
2　NVM：非易失性存储器（Non-Volatile Memory）。
3　CIS：CMOS 图像传感器（CMOS Image Sensor）。
4　MEMS：微电机系统（Micro-Electromechanical System），也称微型电机 - 机电系统。
5　RF-SOI：绝缘体上硅射频（Radio Frequency - Silicon On Insulator）。
6　BICMOS：双极 CMOS（Bipolar Complementary Metal-Oxide Semiconductor）。
7　IGBT：绝缘栅双极型晶体管（Insulated Gate Bipolar Transistor）。
8　SiPh：硅光子（Silicon Photonics）。
9　eFlash：嵌入式闪存（Embedded Flash Memory）。
10　SRAM：静态随机存储器（Static Random Access Memory）。
11　FPGA：现场可编程门阵列（Field Programmable Gate Array）。

模数转换器芯片、数模转换器芯片、锁相环芯片、语音芯片等。

高压工艺平台用于生产可工作在高电压下的芯片，例如开关电源芯片、LCD 显示驱动芯片、计算机与手机触控和显示一体化驱动芯片等。

非易失性存储器工艺平台用于在芯片中制造非易失性存储器，生产的芯片包括 EPROM 芯片、智能卡芯片、带 EPROM 的 MCU 芯片等。

三合一工艺平台生产的芯片中既有双极（bipolar）电路，也有 CMOS 逻辑电路，还有可以控制大电流输出的 DMOS[1] 电路。所以，三合一工艺平台主要用于生产数字电路和功率电路混合的电源芯片。

CMOS 图像传感器工艺平台用于生产摄像头芯片，例如手机摄像头芯片、监控摄像头芯片等。

微电机系统工艺平台用于生产 MEMS 芯片，例如 MEMS 扬声器、MEMS 麦克风、MEMS 微泵等。但 MEMS 工艺平台难以做到通用，通常一个产品对应一个工艺制程，芯片制造厂一般需要按照用户需求定制工艺制程。

芯片制造厂初期建设投资很大，而且随着芯片技术的发展，产业升级和工艺节点换代都需要不断地追加投入，并购买能够适应新技术的设备。因此，芯片制造行业是一个准入门槛高、资金密集、技术密集的高端制造行业。

知识点：芯片制造厂，晶圆代工厂，芯片制造厂的组成部门，主要的工艺平台

记忆语：芯片制造厂是专门制造芯片的工厂，也称**晶圆代工厂**。**芯片制造厂的组成部门**主要包括生产线、技术部门、生产管理部门、动力站和废水处理站等。芯片制造厂**主要的工艺平台**有逻辑工艺平台、数模混合工艺平台、高压工艺平台、非易失性存储器工艺平台、三合一工艺平台、CMOS 图像传感器工艺平台、微电机系统工艺平台等。

1　DMOS：双扩散金属氧化物半导体（Double diffused Metal Oxide Semiconductor）。

4.2　什么是光掩膜版?

光掩膜版（photo mask）是芯片设计与芯片制造之间的数据中介，可以看作芯片设计公司传递给芯片制造厂的用于制造芯片的“底片”或“母版”。芯片设计的最终结果是集成电路布图（layout），也称集成电路版图、电路版图。在将电路版图送到芯片制造厂后，接下来的第一步工作就是由电路版图制作光掩膜版，这项工作也可以在芯片制造厂认可的光掩膜版专业工厂完成，再送到芯片制造厂，开始下一步的芯片制造工作。

光掩膜版主要由如下两部分组成：基板和不透光材料。基板是一块光学性能非常好的石英玻璃板；不透光材料是铬金属薄膜，被电镀在基板上，该薄膜上制作了电路版图上某一层的几何图形。光掩膜版上有铬金属薄膜的地方不透光，无铬金属薄膜的地方则可以很好地透光。

图 4-2 所示为光掩膜版作为芯片设计与芯片制造之间数据中介的示意图。左图是一个电路版图，它是芯片设计的结果；右图是制造完成后的芯片裸片的内部显微照片。在进行芯片制造之前，电路版图按照芯片制造工艺流程的安排，被分层制成一块块的光掩膜版，如中间图所示，它们在芯片制造过程中被逐一应用在光刻工艺中。

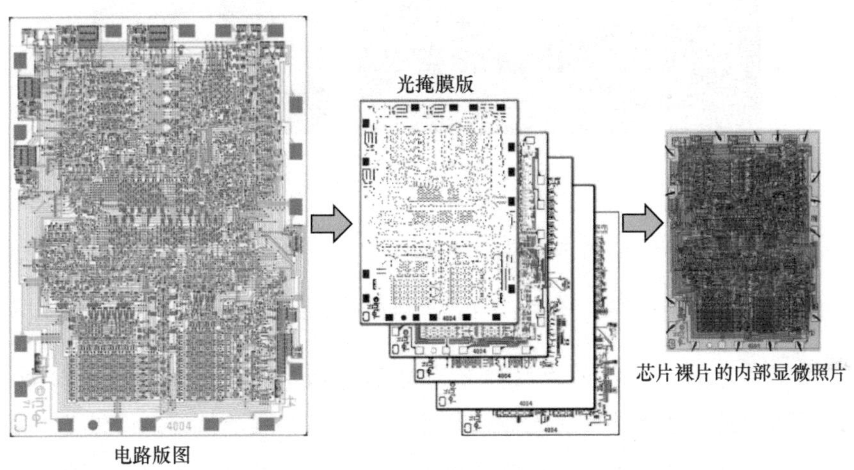

图 4-2　光掩膜版作为芯片设计与芯片制造之间数据中介的示意图

有些光掩膜版是上下层之间的接触过孔图形，这些光掩膜版在芯片制造中用来在上下两层有接触过孔图形的地方，用导电材料做一个竖井，实现上下层的电信号连通。所以芯片上的许多层都是导电层，接触过孔使层与层之间实现了电信号的互连互通。

光掩膜版也叫光罩（mask），相当于照相底片，有了照相底片就可以随时洗出相片。同理，如果一家公司拥有一款芯片成套的光掩膜版，就可以委托芯片制造厂批量生产这款芯片。电路版图包含多少层，一套光掩膜版就有多少块，芯片生产过程就要进行多少次的光刻工艺，每次光刻工艺使用对应的一块（业界有时也称一张）光掩膜版。

图 4-3 所示为三款真正的光掩膜版的外观，读者可以一睹光掩膜版的“庐山真面目”。光掩膜版其实是单色的，只不过因为材料特殊、十分细腻和光的干涉及衍射、反射等原因，光掩膜版的表面呈现出了七彩光。

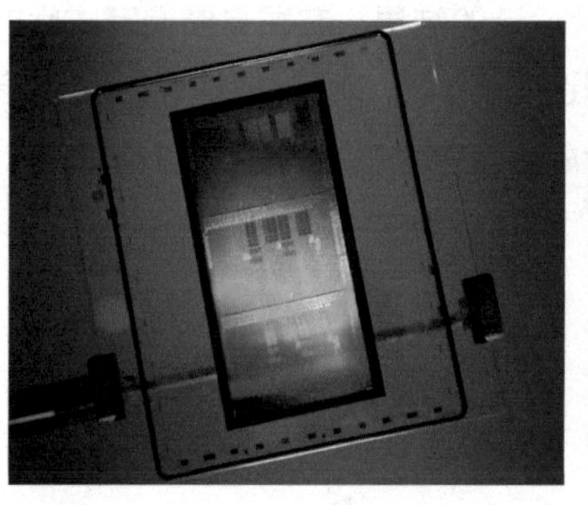

图 4-3　三款真正的光掩膜版的外观

知识点：集成电路布图，集成电路版图，电路版图，光掩膜版，数据中介，光掩膜版层数，光刻工艺，制作光掩膜版

记忆语：芯片设计的最终结果是**集成电路布图**，也称**集成电路版图**、**电路版图**。**光掩膜版**是一块光学性能非常好的石英玻璃板，上面镀了一层均匀的铬金属薄膜，该薄膜上制作了电路版图上某一层的几何图形。光掩膜版是芯片设计与芯片制造之间的**数据中介**。**光掩膜版层数**等于或大于电路版图

的层数。一套光掩膜版有多少张，芯片生产过程就要进行多少次的**光刻工艺**。**制作光掩膜版**的任务可由芯片制造厂完成，也可以交由芯片制造厂认可的第三方厂家来完成。

4.3　什么是光刻胶?

光刻胶是一种由感光树脂、增感剂和溶剂等混合而成的液体。如果对光刻胶涂层上的 A 区域曝光，B 区域不曝光，则 A 区域和 B 区域的光刻胶涂层的抗腐蚀性能将完全不同，因此光刻胶也称光致抗蚀剂（photoresist）。

光刻胶有正性和负性之分。图 4-4 是光刻工艺采用正性、负性光刻胶的光刻结果对比图。如图 4-4 的左图所示，光刻胶涂层隔着带有 T 图形的光掩膜版曝光后，感光部分的光刻胶可以被腐蚀溶解掉，未感光部分的光刻胶不能被腐蚀溶解，从而留下 T 图形，如图 4-4 的右上图所示，这种光刻胶是正性光刻胶；相反，感光部分的光刻胶不能被腐蚀溶解，未感光部分的光刻胶可以被腐蚀溶解掉——T 图形被腐蚀溶解掉，如图 4-4 的右下图所示，这种光刻胶是负性光刻胶。

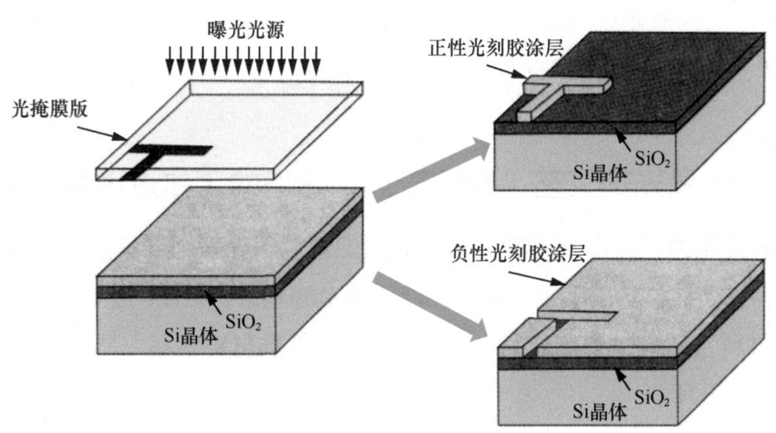

图 4-4　光刻工艺采用正性、负性光刻胶的光刻结果对比图

制造芯片时，正性和负性光刻胶都可以选用，因为光掩膜版上的图形可以选择正像或反像。以图 4-4 的左图为例，光掩膜版上的 T 图形是正像。如果

把光掩膜版上的 T 图形变为反像，即 T 图形是透明的，则 T 图形之外的区域是黑色不透光的，即使采用了负性光刻胶，也会得到图 4-4 右上图所示的 T 图形。

将光刻胶涂层隔着光掩膜版曝光，可以显影出光掩膜版上的几何图形。光刻胶涂层有点像以前传统照相用的相纸上的感光涂层，感光涂层经过照相底片曝光后，可以显影出底片上的影像。但是，它们不一样的地方在于，相纸上的感光涂层追求的是细腻的过渡性感光，而光刻胶追求的是非黑即白的对比鲜明的感光。此外，相纸上的感光涂层只适合采用一般可见光源来曝光，而光刻胶可采用紫外光、电子束、离子束、X 射线等光源来曝光。

光刻胶有分辨率、灵敏度、耐刻蚀性、线边缘粗糙度、储存稳定性等性能指标。其中，分辨率和线边缘粗糙度是直接影响芯片加工质量的两个重要参数。分辨率越高，越适合制作高端芯片。目前，EUV[1] 光刻机使用的光刻胶对分辨率的要求是最高的，这种光刻胶主要由日本公司生产。

知识点：光刻胶，光致抗蚀剂，正性光刻胶，负性光刻胶

记忆语：光刻胶也称**光致抗蚀剂**，是一种对光敏感的混合液体，在光刻工艺中使用。经过曝光后，**正性光刻胶**涂层上感光部分的光刻胶可以被腐蚀溶解掉，未感光部分的光刻胶不能被腐蚀溶解；相反，**负性光刻胶**涂层上感光部分的光刻胶不能被腐蚀溶解，未感光部分的光刻胶可以被腐蚀溶解掉。

4.4　什么是光刻工艺、刻蚀工艺，它们的工作过程是怎样的？

在芯片制造过程中，光刻工艺和刻蚀工艺用于在某个半导体材料或介质材料层（后文简称材料层）上，按照光掩膜版上的图形，“刻制”出材料层的图形。半导体材料包括硅衬底（硅片）、多晶硅等，介质材料包括二氧化硅、金属连线、接触过孔等。

以下用图示来说明光刻工艺和刻蚀工艺的工作过程。假设要在二氧化硅（SiO_2）材料层上制作光掩膜版上的 T 图形，如图 4-5 的右上图所示。首先

1　EUV：极紫外光（Extreme Ultra-Violet）。

准备好硅片和光掩膜版，然后在硅片表面上通过薄膜工艺生成一个 SiO_2 薄层，如图 4-5 的左上图所示。

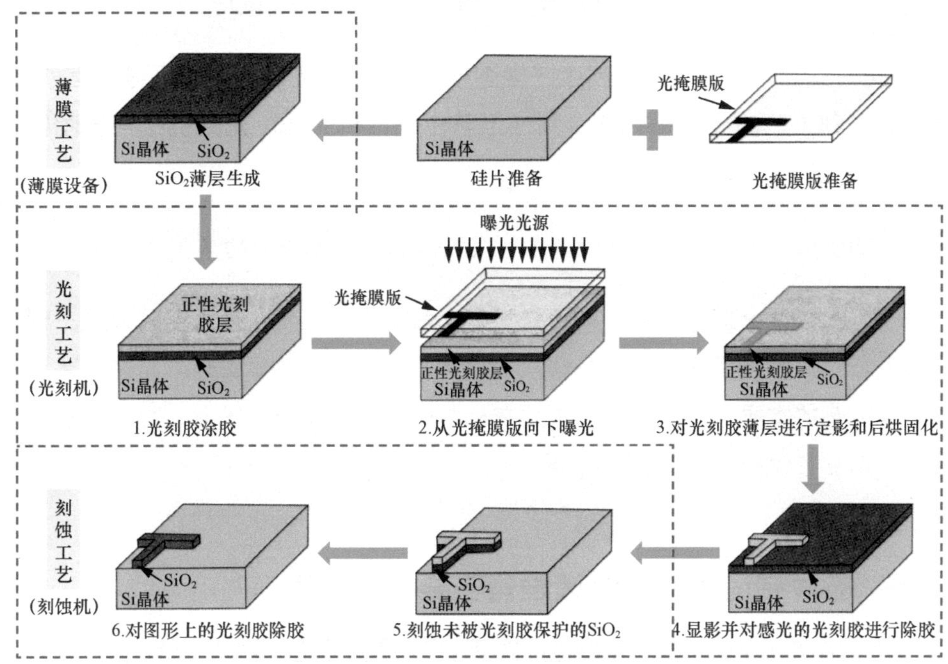

图 4-5　按照光掩膜版上的 T 图形制作 SiO_2 材料 T 图形的示意图

接下来进行光刻，自图 4-5 中层图左侧开始。第 1 步是在 SiO_2 薄层上均匀涂布正性光刻胶层；第 2 步是隔着光掩膜版向下面的正性光刻胶层曝光；第 3 步是对光刻胶层进行定影和后烘固化；第 4 步是显影，即腐蚀溶解掉感光区域的光刻胶，剩下未感光的光刻胶 T 图形。简单地说，光刻工艺就是把光掩膜版上的图形“复制”为光刻胶图形。

最后进行刻蚀，参见图 4-5 的底层图。第 5 步是通过物理和化学手段把 SiO_2 薄层上未被光刻胶保护的 SiO_2“刻蚀”掉，只保留受光刻胶保护的 SiO_2 材料 T 图形；第 6 步是把 SiO_2 材料 T 图形上的光刻胶清除掉，SiO_2 材料 T 图形就保留在了硅片上。简单地说，刻蚀工艺就是按照光刻胶图形“刻制”材料层，形成材料层的图形。

从上述图解过程可以看出，光刻工艺用于按照光掩膜版上的图形制作光刻胶图形，刻蚀工艺则按照光刻胶图形制作半导体材料或介质材料层的图形。光刻工艺和刻蚀工艺的本质是，光刻工艺是在光刻胶层上“复制”图形，刻蚀工艺是在“真实的”的半导体材料或介质材料层上“刻制”图形。

光刻工艺好比在加工材料上“画图样”，刻蚀工艺好比在加工材料上“雕刻”。光刻工艺由光刻机完成，刻蚀工艺由刻蚀机完成。光刻机相当于画匠，刻蚀机相当于雕刻工。

知识点：光刻工艺，刻蚀工艺，光刻工艺和刻蚀工艺的本质

记忆语：光刻工艺就是把光掩膜版上的图形“复制”为光刻胶图形。**刻蚀工艺**则按照光刻胶图形“刻制”材料层，形成材料层的图形。**光刻工艺和刻蚀工艺的本质**是，光刻工艺用于在光刻胶层上“复制”图形，刻蚀工艺则用于在真实材料上“刻制”图形。

4.5　芯片制造工艺、制造设备主要有哪些？

芯片制造工艺有很多，主要包括外延工艺、氧化工艺、薄膜工艺、光刻工艺、刻蚀工艺、离子注入工艺、扩散工艺、研磨抛光工艺、过程控制和清洗工艺等。

每一种制造工艺都需要相应的一台或多台制造设备才能完成。所以，芯片制造设备主要包括外延炉、氧化炉、薄膜设备、光刻机、刻蚀机、离子注入机、扩散炉、研磨抛光设备、检测和量测设备、清洗设备等。这些制造设备按照工艺流程，有序地安排在一起，形成了一条高效自动化的生产流水线。

以下逐一介绍芯片制造工艺以及所使用的制造设备。

1. 外延工艺、外延炉

经切割、研磨抛光的半导体单晶体圆片称为晶圆、晶圆片，也可以称为衬底晶圆。目前常用的晶圆材料有硅（Si）、砷化镓（GaAs）、碳化硅（SiC）、蓝宝石（Sapphire）等，它们相应地可以称为硅衬底晶圆、砷化镓衬底晶圆、碳化硅衬底晶圆和蓝宝石衬底晶圆。

外延工艺用来在衬底晶圆的表面“生长”一层新的单晶薄膜，该单晶薄膜是衬底晶圆在相同晶向上的向外延伸，因此该生长过程称为外延生长。外延工艺由外延炉来完成。

气相外延（VPE[1]）是最主要的外延生长方法。图 4-6 是在硅衬底晶圆上用气相外延方法生长硅单晶薄膜的示意图。在高温条件下，外延炉使得挥发性很强的硅源（SiH_4、SiH_2Cl_2、$SiHCl_3$ 和 $SiCL_4$ 等）与氢气（H_2）发生化学反应或热解，生成的硅原子沉积在硅衬底之上，形成一个外延层。

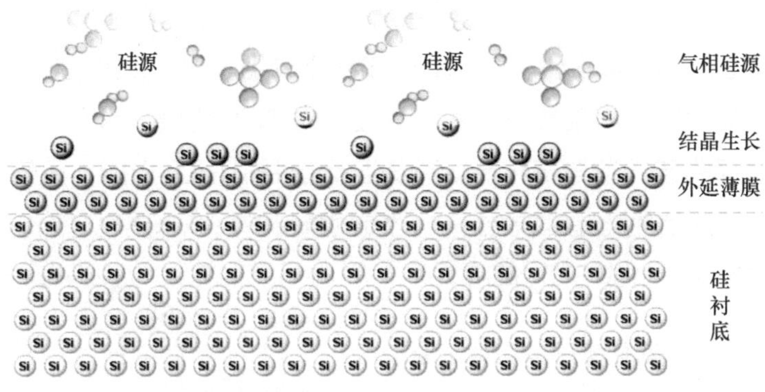

图 4-6 在硅片上“外延生长”单晶薄膜的示意图

生长出单晶薄膜后，衬底晶圆就成了外延片。外延片有硅外延片、硅基氮化镓（GaN/Si）外延片、碳化硅基氮化镓（GaN/SiC）外延片、蓝宝石基氮化镓（GaN/Sapphire）外延片、硅基碳化硅（SiC/Si）外延片、蓝宝石基硅（Si/Sapphire）外延片等。硅外延片是一种高品质的硅材料，通常用于制造高端的半导体器件和集成电路。

外延炉可简单理解为在单晶片上“生长”晶体薄膜的设备。类似地，薄膜设备也会在材料层上“生长”另一材料层，但不限于晶体薄膜生长，例如多晶硅、金属连线、接触过孔等。一些薄膜设备也被用于外延工艺，例如 MOCVD[2] 设备。外延炉也可看作一种特殊的薄膜设备。图 4-7 所示为一种生产碳化硅（SiC）外延片的专用外延炉的外观。

1 VPE：气相外延（Vapor Phase Epitaxy）。

2 MOCVD：金属有机化合物化学气相沉积（Metal-organic Chemical Vapor Deposition）。

2. 氧化工艺、氧化炉

图 4-7　一种生产碳化硅（SiC）外延片的专用外延炉的外观

氧化工艺用来在晶圆表面“生长”一层二氧化硅（SiO_2）材料的薄膜，用作绝缘层；或者用来在下一材料层上“生长”一层 SiO_2 材料的薄膜，然后经过光刻和刻蚀，在该薄膜上“刻制”出 SiO_2 材料的图形，用作绝缘层或其他制造工艺的掩膜图形。

氧化工艺分为干氧氧化、水汽氧化和湿氧氧化。干氧氧化是在高温下把氧气直接送进氧化炉，与硅片表面的硅反应生成 SiO_2 薄膜；水汽氧化是在高温下，硅片表面的硅原子与高纯水蒸气发生反应生成 SiO_2 薄膜，氮气（N_2）作为携带气体；湿氧氧化是在高温下，把氧气携带的高纯水蒸气送到硅片表面与硅原子发生反应，生成 SiO_2 薄膜。

图 4-8　一种氧化炉的外观

氧化工艺由氧化炉来实现，氧化炉是半导体加工和芯片制造不可或缺的设备。由于氧化炉也用于“生长”一种薄膜，因此也可以看作一种薄膜设备。图 4-8 所示为一种氧化炉的外观。

3. 薄膜工艺、薄膜设备

薄膜工艺用来在下一材料层上“生长”一层新的材料薄膜，例如生长一层新的单晶薄膜、二氧化硅薄膜、多晶硅薄膜、金属薄膜等。薄膜工艺一般采用物理或化学的方法，把气相材料沉积在下层之上，所以薄膜工艺分为物理气相沉积（PVD[1]）和化学气相沉积（CVD[2]）。CVD 还可以细分为大气压化学气相沉积（APCVD[3]）、等离子增强化学气相沉积（PECVD[4]）、区域可选化学气相

1　PVD：物理气相沉积（Physical Vapor Deposition）。

2　CVD：化学气相沉积（Chemical Vapor Deposition）。

3　APCVD：大气压化学气相沉积（Atmospheric Pressure Chemical Vapor Deposition）。

4　PECVD：等离子增强化学气相沉积（Plasma Enhanced Chemical Vapor Deposition）。

沉积（SACVD[1]）、金属有机化合物化学气相沉积（MOCVD）等。图 4-9 是用薄膜工艺在硅片上“生长”一层 SiO_2 薄膜的示意图。

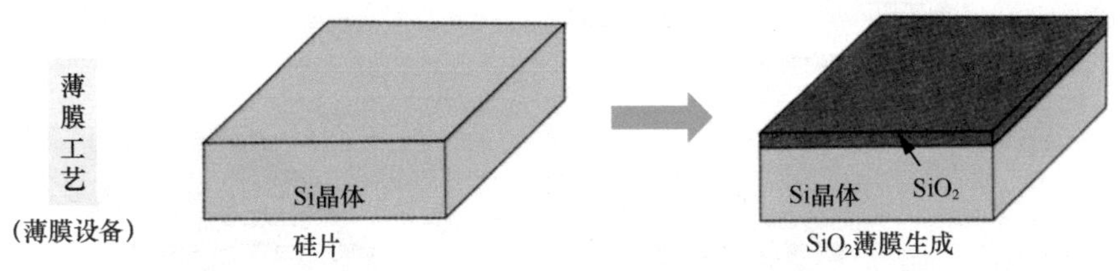

图 4-9　用薄膜工艺在硅片上“生长”一层 SiO_2 薄膜的示意图

薄膜工艺由薄膜设备来完成。由于薄膜工艺分为多种气相沉积方式，因此薄膜设备也就有了 PVD、CVD、APCVD、PECVD、SACVD、MOCVD 等多种类型。图 4-10 所示为一种金属有机化合物化学气相沉积（MOCVD）设备的外观。

图 4-10　一种金属有机化合物化学气相沉积（MOCVD）设备的外观

4. 光刻工艺、光刻机

光刻工艺是芯片制造中利用率最高的工艺，要用到光掩膜版。光掩膜版由电路版图制造而成，它上面的图形与电路版图某一层的图形相同。光刻工艺的作用是在半导体材料或介质材料层已均匀涂布的光刻胶层上，制作与光掩膜版上的图形一模一样的光刻胶图形。简单地说，光刻工艺就是把光掩膜版上的图形“复制”为光刻胶图形。

图 4-11 是在光刻胶薄膜上“复制”光掩膜版上的图形的示意图，光刻工艺的详细工作过程可参阅 4.4 节的内容。在图 4-11 中，光掩膜版上的图形是一个简单的 T 图形，这是一个很简单的例子。实际上，实用的光掩膜版上的图形很多、很复杂。4.2 节的图 4-2 中展示了世界上第一款 CPU 芯片 Intel 4004 的几块（张）光掩膜版，它上面的图形看起来已经相当复杂，但是现在的 CPU 芯片的电路规模是 Intel 4004 的 500 万倍以上。可想而知，如今的

1　SACVD：区域可选化学气相沉积（Selected Area Chemical Vapor Deposition）。

光掩膜版上的图形会有多么复杂。

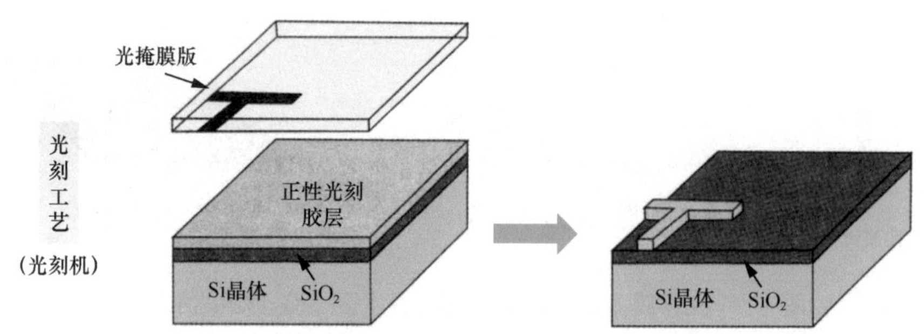

图 4-11 在光刻胶薄膜上“复制”光掩膜版上的图形的示意图

光刻工艺由光刻机来完成，光刻机是芯片制造设备中结构最复杂、价格最贵、利用率最高的设备。光刻机的精度决定了芯片制造工艺的精度。例如，DUV[1] 光刻机仅可以制造 45 nm 到 10 nm 工艺的芯片，只有 EUV 光刻机才能制造 7 nm、5 nm、3 nm 工艺的芯片。

光刻机在芯片制造过程中需要反复使用。一般来说，如果电路版图包括几十层图形，芯片制造过程中就要使用几十次光刻机，光刻机的效率决定了芯片制造的效率。荷兰阿斯麦（ASML）公司是全球先进光刻机的龙头企业，基本垄断了 DUV 和 EUV 光刻机市场。图 4-12 展示了售价约 1.2 亿美元的ASML EUV光刻机的内部样貌。

图 4-12 ASML EUV 光刻机的内部样貌

5. 刻蚀工艺、刻蚀机

刻蚀工艺也称蚀刻工艺，一般用在光刻工艺之后。刻蚀工艺按照光刻机在半导体材料或介质材料层（以下简称材料层）上制作的光刻胶图形，刻蚀掉材料层上未被光刻胶图形覆盖的部分，而保留被光刻胶图形覆盖的部分，然后除

1 DUV：深紫外光（Deep Ultra-Violet）。

去材料层上的光刻胶，留下与光掩膜版上的图形相同的材料层图形。

简单地说，刻蚀工艺就是按照光刻胶图形“刻制”它所覆盖的材料层，最后形成材料层图形的过程。具体过程参见图 4-13 的左图。第一步是刻蚀掉未被浅蓝色 T 图形覆盖的 SiO_2 薄膜，剩下被浅蓝色 T 图形覆盖的 SiO_2 薄膜 T 图形。第二步是除去 SiO_2 薄膜 T 图形上的浅蓝色 T 图形。最后，一个 SiO_2 薄膜 T 图形就制造出来了。刻蚀工艺的详细工作过程可以参阅 4.4 节的内容。

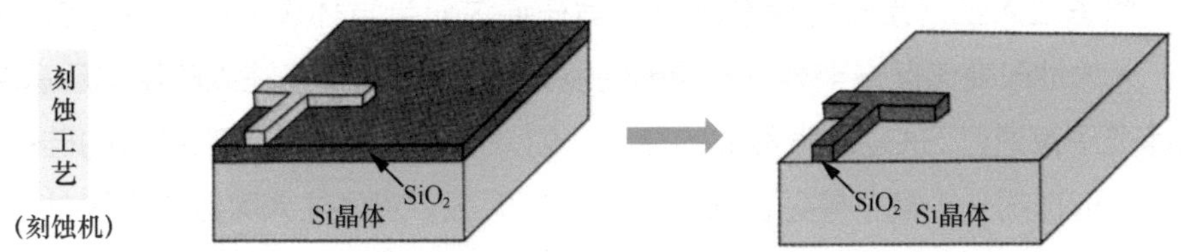

图 4-13 在 SiO_2 薄膜上“刻制”光掩膜版上的 T 图形的示意图

刻蚀分为干法刻蚀和湿法刻蚀。湿法刻蚀是一个纯粹的化学反应过程，利用溶液与要刻蚀的材料之间的化学反应来去除未被光刻胶图形覆盖的部分。干法刻蚀的细分种类则比较多，包括光挥发、气相腐蚀、等离子体腐蚀等。干法刻蚀若按照要被刻蚀的对象来分，则包括金属刻蚀、硅刻蚀和介质刻蚀。介质刻蚀是用于介质材料层的刻蚀，如二氧化硅（SiO_2）的刻蚀。

刻蚀工艺由刻蚀机来完成。刻蚀机是芯片制造中的关键设备，其精度同样影响着芯片制造工艺的精度。例如，在图 4-13 中，刻蚀出的 SiO_2 薄膜 T 图形是否棱角分明、结构是否完整等，都是影响芯片制造成败的因素。图 4-14 所示为一种刻蚀机的外观。

在芯片制造过程中，薄膜设备用来“生长”一层薄膜，光刻机用来按照光掩膜版上的图形在薄膜层上“复制”图形，刻蚀机用来“刻掉”图形周围无用的部分，而保留有用的部分，最后形成一个带有光掩膜版上图形的薄

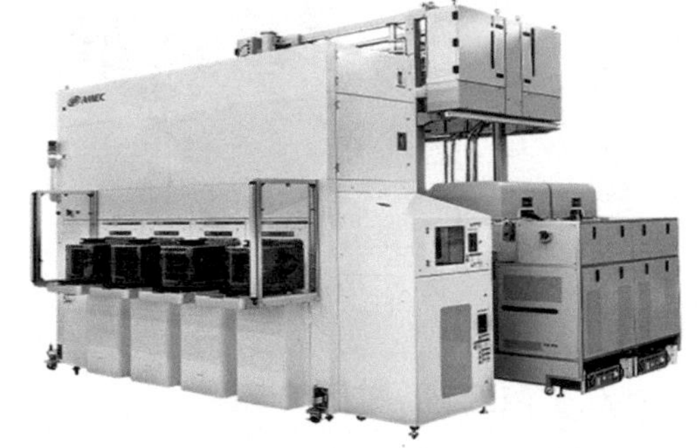
图 4-14 一种刻蚀机的外观

层，这个薄层由半导体材料或介质材料层构成。芯片中集成的晶体管等电子元器件（包括电路连线）就是由这些带有图形的薄层“堆叠和镶嵌”在一起形成的，详见 4.8 节的内容。

6. 离子注入工艺、离子注入机

离子注入工艺是指在真空环境下，将高速离子束射向一块固体材料，离子受到固体材料的抵抗，速度慢慢降下来并最终停留在固体材料浅层附近的过程。离子注入工艺是一种掺杂工艺，旨在通过对半导体表面附近区域进行掺杂，人为地改变该区域半导体的导电性能。图 4-15 是离子注入的简单示意图，高速离子束通过 SiO_2 薄膜形成的窗口，射入下方的硅衬底，在窗口的硅衬底表层附近形成一个离子停留区域，也称掺杂区域。离子注入可以满足浅结、低温和精确控制的掺杂需要。

离子注入机是完成离子注入工艺的专用设备，也是芯片制造的关键设备。离子注入机主要有三种类型，分别是大束流低能离子注入机（能量范围：0.2 keV ～ 100 keV。注入剂量：$10^{13}/cm^2$ ～ $10^{16}/cm^2$）、中束流离子注入机（能量范围：100 keV ～ 1 000 keV。注入剂量：$10^{11}/cm^2$ ～ $10^{17}/cm^2$）、高能离子注入机（能量范围：1 000 keV ～ 5 000 keV。注入剂量：$10^{11}/cm^2$ ～ $10^{13}/cm^2$）。不同芯片、不同制造工艺需要选择不同类型的离子注入机。图 4-16 所示为一种离子注入机的外观。

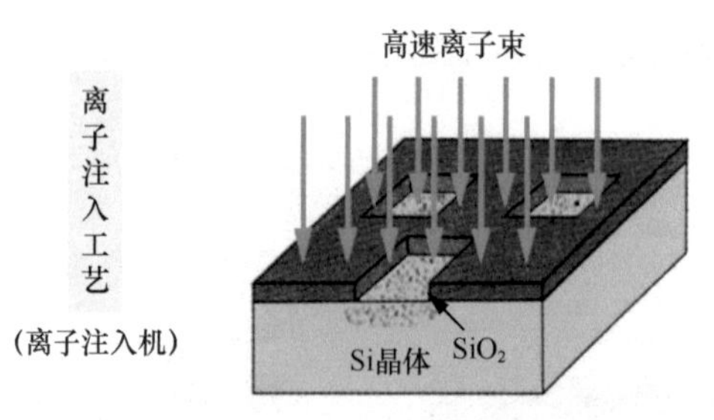

图 4-15　离子注入的简单示意图

图 4-16　一种离子注入机的外观

7. 扩散工艺、扩散炉

扩散工艺通过加热方式将一定数量和种类的杂质掺入半导体材料的某个区

域，从而改变这个区域的电学性能，因而又称热扩散工艺。扩散工艺最重要的是控制杂质的类型、浓度和扩散深度。

扩散工艺由扩散炉来完成。有时扩散炉和氧化炉是一体化的，这种设备兼具实现两种工艺的能力，称为氧化 / 扩散炉。图 4-17 所示为一种立式扩散炉的外观。

图 4-17　一种立式扩散炉的外观

离子注入工艺和扩散工艺都属于掺杂工艺，如图 4-18 所示，它们都向半导体材料的特定区域掺入杂质，只是使用的方法不同。离子注入工艺用于形成较浅的结[1]，扩散工艺用于形成较深的结。掺杂工艺是将一定数量的杂质掺入半导体材料的工艺，目的是改变半导体材料的电学特性，从而得到芯片或半导体器件所需的电学参数。掺杂工艺就像烹饪一样，在食材中适当加入佐料，才能做出色香味俱全的菜肴。掺杂就是在半导体材料中“添油加醋”。

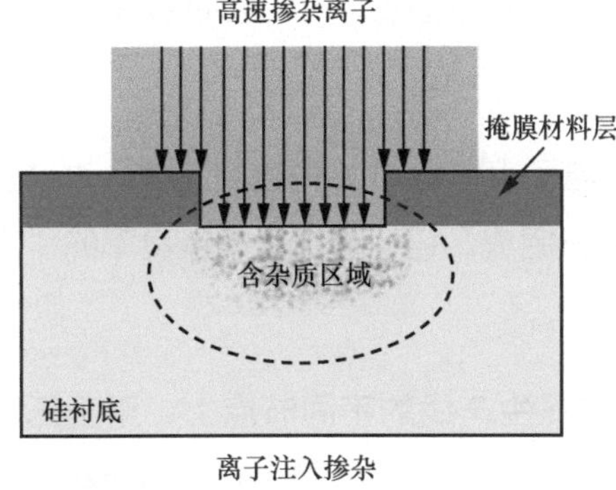

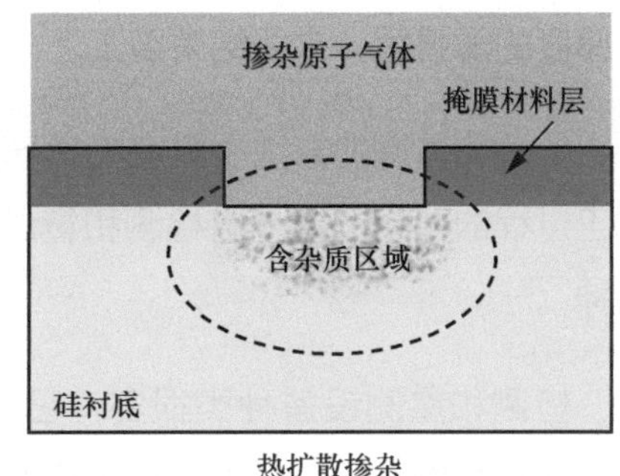

图 4-18　使用离子注入工艺和扩散工艺向半导体材料的特定区域掺入杂质的示意图

8. 研磨抛光工艺、CMP 设备

研磨抛光工艺旨在对单晶圆片进行研磨和抛光，使其表面达到理想的平整

1　结（junction）是 P 型和 N 型半导体结合的地方，通常称为 PN 结。

度；或者在芯片制造过程中对加工过电路的材料层表面进行平坦化，使其变得平整一些，以便进行下一步的光刻等加工过程。研磨抛光工艺是单晶圆片制造或芯片制造前道工序中经常用到的制造工艺。研磨抛光工艺在芯片制造中也称平坦化工艺。

研磨抛光在业内也称化学－机械抛光（CMP[1]），主要采用机械摩擦和化学腐蚀相结合的方式来实现。研磨抛光工艺所采用的设备称为 CMP 设备。图 4-19 所示为一种化学－机械抛光（CMP）设备的外观。

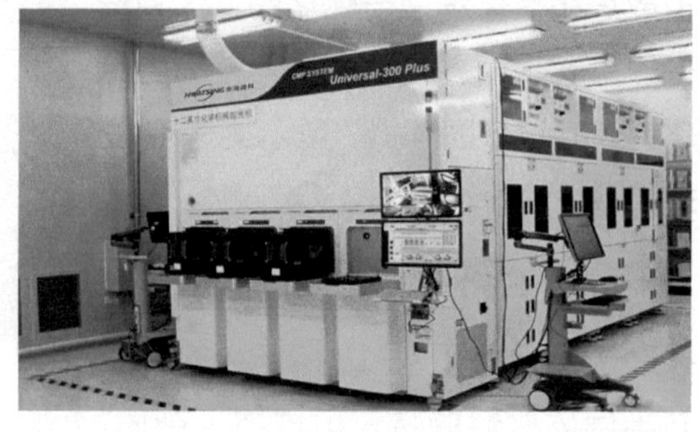

图 4-19　一种化学－机械抛光（CMP）设备的外观

9. 过程控制工艺、检测和量测设备

在芯片制造过程中，有些工艺在进行时需要不断测量工艺目标是否实现。当工艺目标达到时，工艺即宣告结束。比如，研磨抛光工艺要求对抛光物表面的平整度进行实时检测，既要保证达到工艺目标，又要保证不会过度加工。再比如，薄膜工艺要求对沉积生长的薄膜厚度进行不断量测，以保证在生产出理想厚度的薄膜后，立即结束该工艺。

检测和量测的方法主要有光学检测、电子束检测和 X 光检测三种。对这些加工过程的控制主要依靠检测和量测设备来完成，它们是芯片制造良率的“守护神”。

检测和量测设备种类很多，它们分布在生产线的不同节点上，用于无图形晶圆缺陷检测、有图形晶圆缺陷检测、纳米图形晶圆检测、光掩膜版缺陷检测、关键尺寸量测、光掩膜版关键尺寸量测、电子束关键尺寸量测、电子束缺陷复查、介质材料薄膜量测、X 光量测、三维形貌量测、金属薄膜量测等。

图 4-20 所示为两种检测和量测设备的外观。图 4-20 中，左图是一台国

1　CMP：化学－机械抛光（Chemical Mechanical Polishing）。

产 12 英寸光学关键尺寸（OCD[1]）量测机台，主要用于 45 nm 以下，特别是 28 nm 平面 CMOS 工艺的量测，并且可以延伸支持上述先进工艺节点的快速线宽测量。它除了可以进行全自动光学膜厚测量，还可以进行光刻显影后检查（ADI[2]）、刻蚀后检查（AEI[3]）等多种工艺段的二维或三维样品的侧壁角度（SWA[4]）及线宽、高度、深度等关键尺寸（CD[5]）特征或整体形貌的测量。

图 4-20 的右图是一台 12 英寸全自动电子束晶圆缺陷检测设备。作为一台先进的全自动晶圆在线电子束缺陷复查和分类设备，它可以对光学缺陷检测设备的结果进行高分辨率复查、分析和分类。

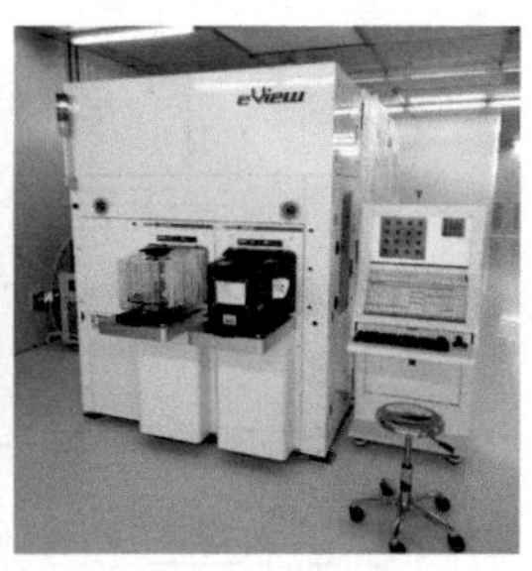

图 4-20　两种检测和量测设备的外观

10. 清洗工艺、清洗设备

清洗工艺主要是用清洗剂除去晶圆表面的各种污染物和杂质，以确保晶圆表面平整、无缺陷和无尘。清洗工艺也使用化学溶液除去光刻胶、金属、离子剂等物质，来获得清洁的晶圆表面。

清洗工艺由清洗设备来完成，清洗设备是芯片制造过程中的基本设备。

清洗设备分为湿法清洗设备和干法清洗设备两种类型。湿法清洗设备分为槽式清洗设备、单片清洗设备、组合式清洗设备等。干法清洗设备分为等离子体清洗设备、蒸汽清洗设备、低温喷雾清洗设备、超临界清洗设备等。

图 4-21 所示为一种槽式湿法刻蚀清洗设备的外观。

从以上对芯片制造工艺和设备的介绍中可以看出，外延工艺、氧化工艺和薄膜工艺可以看作一类，它们在下层的半导体材料或介质材料层上“生长”新

1　OCD：光学关键尺寸（Optical Critical Dimension）。

2　ADI：显影后检查（After Developer Inspect）。

3　AEI：刻蚀后检查（After Etching Inspection）。

4　SWA：侧壁角度（Side Wall Angle）。

5　CD：关键尺寸（Critical Dimension），又称临界尺寸。

的半导体材料或介质材料薄层；光刻工艺、刻蚀工艺可以看作一类，它们在半导体材料或介质材料层上“刻制”图形；离子注入工艺和扩散工艺可以看作一类，它们属于掺杂工艺，用于“改变”半导体材料或介质材料层的导电性；研磨抛光工艺和清洗工艺可以看作一类，它们分别是上述加工工艺之前和之后的辅助支持工艺。

图 4-21 一种槽式湿法刻蚀清洗设备的外观

芯片制造过程是一个多次涉及“生长”材料薄膜、“刻制”材料构件、“改变”材料导电性的工艺循环。通俗地理解，芯片制造就是使用这三类工艺制作电路构件、搭建电路元器件并连接成完整电路的过程。芯片制造过程的细节见 4.8 节。

知识点：十大芯片制造工艺，十大芯片制造设备，氧化工艺，光刻工艺，刻蚀工艺，离子注入工艺，扩散工艺，掺杂工艺

记忆语：十大芯片制造工艺分别是外延、氧化、薄膜、光刻、刻蚀、离子注入、扩散、研磨抛光、过程控制和清洗。**十大芯片制造设备**分别是外延炉、氧化炉、薄膜设备、光刻机、刻蚀机、离子注入机、扩散炉、研磨抛光机、过程控制设备和清洗设备。**氧化工艺**用于在晶圆表面、半导体材料或介质材料层表面“生长”一层二氧化硅薄膜，用作绝缘层或其他工艺的掩膜层。**光刻工艺**就是把光掩膜版上的图形“复制”为光刻胶图形。**刻蚀工艺**就是按照光刻胶图形来“刻制”半导体材料或介质材料，最后形成与之相同的图形。**离子注入工艺**和**扩散工艺**都属于掺杂工艺，**掺杂工艺**旨在通过将一定数量的杂质掺入半导体材料的特定区域，人为改变该区域半导体材料的电学特性。

4.6 芯片制造的材料主要有哪些？

芯片制造的材料主要有晶圆、研磨抛光耗材、光掩膜版用材、光刻胶、电

子化学品、工业气体、靶材、封装材料等。注：此处分类可能有重叠，仅供参考。

1. 晶圆

晶圆是芯片制造的基础材料，在晶圆上制作集成电路就好比在大地上建设一座城市，大地是城市的基础，晶圆是集成电路的基础，这个基础也称集成电路衬底，晶圆也称衬底晶圆。图 4-22 所示为三种晶圆的外观：左图是 12 英寸硅晶圆；右上图是 4 英寸砷化镓晶圆；右下图是 6 英寸高纯度的碳化硅晶圆，高纯度的碳化硅晶圆是无色透明的圆片。

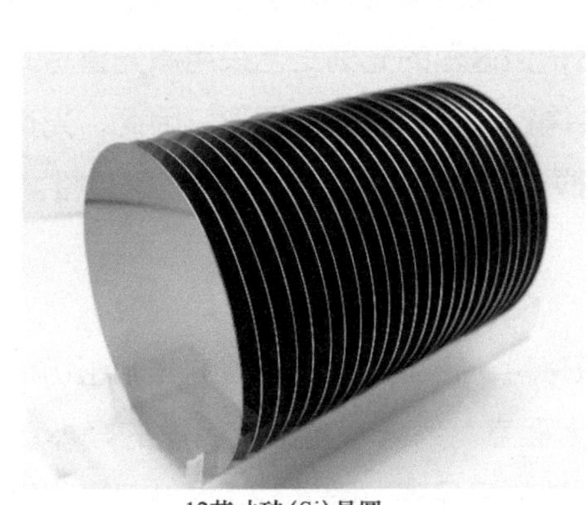
12英寸硅(Si)晶圆

4英寸砷化镓(GaAs)晶圆

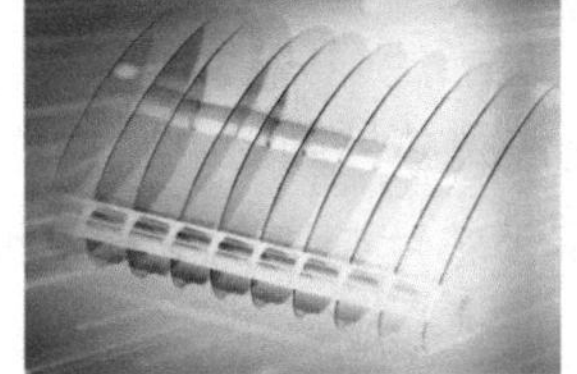
6英寸高纯度的碳化硅(SiC)晶圆

图 4-22　三种晶圆的外观

制造晶圆的材料一般是半导体单晶材料，例如硅（Si）、砷化镓（GaAs）、氮化镓（GaN）、碳化硅（SiC）、蓝宝石（Sapphire）等。因此，晶圆分为硅晶圆、砷化镓晶圆、氮化镓晶圆、碳化硅晶圆、蓝宝石晶圆等品种。晶圆还可分为研磨抛光片和外延片。

半导体材料不同，晶圆的性能自然也不同。不同的晶圆用于制造不同的芯片，并被应用于不同的领域。硅晶圆主要用于制造数字电路芯片，例如 CPU、SoC、DRAM、Flash 芯片等，它们一般称为硅基集成电路。

2. 研磨抛光耗材

研磨抛光耗材是晶圆制造和芯片制造中研磨抛光工艺和平坦化工艺需要用

到的材料，主要指研磨剂、抛光液、抛光垫和钻石碟片，它们是晶圆制造和芯片制造中的关键耗材。晶圆片从单晶棒上切割下来以后，还需要进行研磨抛光才能加工成平整度和光洁度理想的晶圆。在芯片制造过程中，构成电路的半导体材料和介质材料层表面会变得不太平坦，也需要进行研磨抛光，研磨抛光耗材必不可少。

3. 光掩膜版用材

光掩膜版用材主要有基板材料、金属遮光薄膜和光刻工艺耗材。基板材料主要是高度透明的石英玻璃，金属遮光薄膜主要是铬金属镀膜。光掩膜版的制造也用到了光刻工艺和刻蚀工艺，但这里的光刻工艺采用激光直写式曝光技术，不需要光掩膜版，刻蚀是在金属镀膜上“刻制”图形。因此，光掩膜版的制备材料除了基板材料和金属遮光薄膜，还有光刻胶、显影液等耗材。

4. 光刻胶

光刻胶是芯片制造中的关键原材料，它和光刻机所用的光源密切相关，这些都决定了芯片制造工艺的精细化程度。另外，光刻胶品质的好坏直接决定了芯片制造工艺的稳定性和芯片制造的良品率。图 4-23 是进口光刻胶和国产 SU-8 光刻胶的举例。

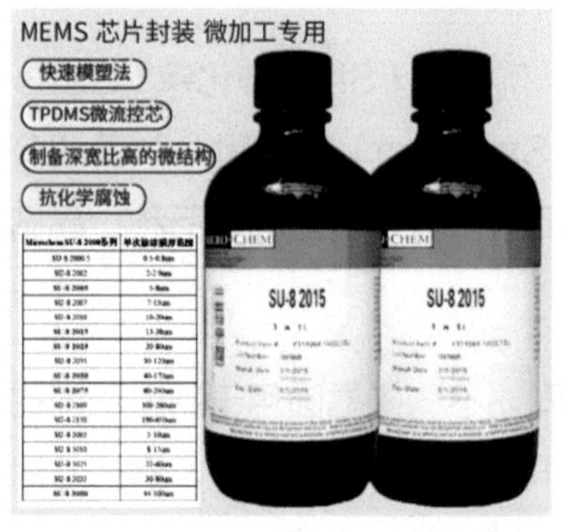

图 4-23　进口光刻胶和国产 SU-8 光刻胶的举例

5. 电子化学品

电子化学品主要包括显影液、刻蚀液、极性溶液、氢氟酸、硫酸、双氧水、异丙醇等。其中，高纯硫酸和高纯双氧水在芯片电子化学品中的用量占比达到 60%。

6. 工业气体

工业气体是指在离子注入、刻蚀、气相沉积、掺杂等工艺中使用的气体。芯片制造中的许多化学反应都离不开工业气体的参与，可靠的、高纯度的气体供应对芯片制造至关重要。常规的工业气体包括氢气、氧气、氮气、氩气等，特殊的工业气体包括氖气、氪气、氙气等。

工艺专用气体包括硅烷（SiH_4）、乙硅烷（Si_2H_6）等硅族气体，磷烷（PH_3）、砷烷（AsH_3）等掺杂气体，氯气（Cl_2）、六氟乙烷（C_2F_6）等刻蚀清洗气体，二氧化碳（CO_2）、氧化亚氮（N_2O）等反应气体，以及六氟化钨（WF_6）、三甲基镓（$Ga(CH_3)_3$）等金属气相沉积气体。

7. 靶材

靶材是沉积薄膜工艺的重要原料，用于芯片制造的靶材纯度要求最高，金属靶材主要包括超高纯度的铝靶、铜靶、钛靶、钽靶等。

8. 封装材料

封装材料主要包括芯片内部引线材料、封装引线框架材料、球形引脚材料、外壳封装材料、基板材料和焊锡材料等。芯片内部引线材料有金丝、铜丝和铝丝等，封装引线框架材料有铝、铜等，外壳封装材料有塑料、金属、陶瓷等。

图 4-24 是双列直插封装（DIP[1]）、四面扁平封装（QFP[2]）和陶瓷封装的引线框架及基板的举例。

知识点：芯片制造的材料，晶圆材料，光刻胶，靶材

记忆语：芯片制造的材料主要包括晶圆、研磨抛光耗材、光掩膜版用

1 DIP：双列直插封装（Dual In-line Package）。

2 QFP：四面扁平封装（Quad Flat Package）。

材、光刻胶、电子化学品、工业气体、靶材、封装材料等。**晶圆材料**主要有硅（Si）、砷化镓（GaAs）、氮化镓（GaN）、碳化硅（SiC）、蓝宝石（Sapphire）等。**光刻胶**是芯片制造中的关键原材料。**靶材**是沉积薄膜工艺的重要原料，金属靶材主要包括超高纯度的铝靶、铜靶、钛靶、钽靶等。

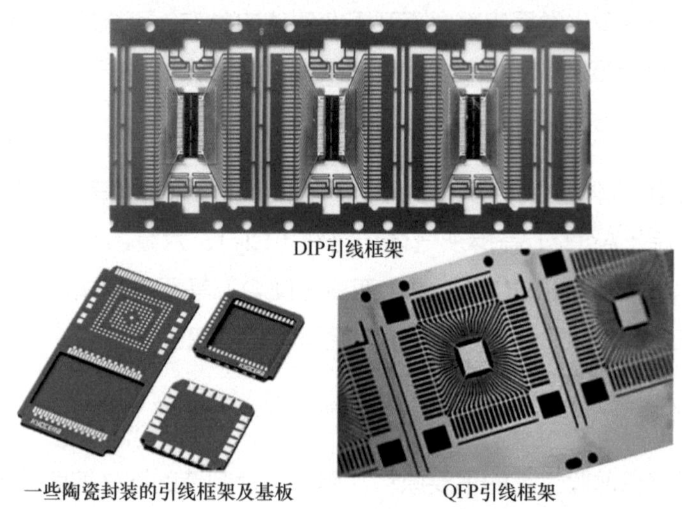

图 4-24　DIP、QFP 和陶瓷封装的引线框架及基板的举例

4.7　硅片如何制造？

硅片也叫硅晶圆，硅片制造也叫硅晶圆制造。硅片制造一般在另外的专业化工厂完成，然后以原材料产品形式销售给芯片制造厂。硅片典型的直径尺寸有 4 英寸、6 英寸、8 英寸和 12 英寸 4 种。

硅片制造流程主要包括单晶硅棒拉制、硅棒切片、硅片研磨抛光和硅片氧化等。本节的示意图采用近似漫画的风格，以求简单表达。

1. 单晶硅棒拉制

根据晶核排列是否同向，硅材料可分为单晶硅和多晶硅，半导体行业使用单晶硅，芯片级单晶硅纯度要求为 99.999 999 999% 以上（11 个“9”）。如图 4-25 所示，单晶硅棒拉制工艺是指将多晶硅和杂质一起在石英坩埚中熔化，并在多晶硅溶液中放入籽晶棒，在熔体温度、提拉速度、籽晶 / 石英坩埚的旋转速度等都合适的条件下，随着籽晶棒一边转动一边缓缓地拉升，溶液中的晶核沿籽晶同向生长，一个以籽晶棒为中心的单晶硅棒就拉制出来了。如果硅棒粗而短，就可以称为硅锭。硅棒直径与条件控制和提拉速度有关。

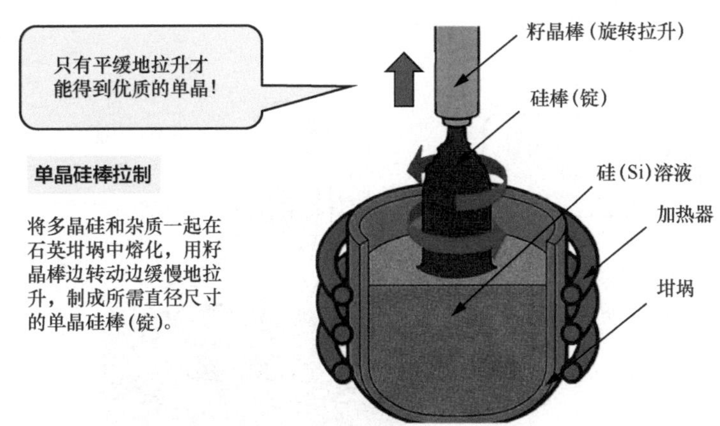

图 4-25　单晶硅棒拉制的示意图

2. 硅棒切片

硅棒切片的示意图如图 4-26 所示。由于硅棒直径和应用领域不同，硅棒切片的厚度也有所差别。半导体用的硅片的切片厚度在 450 μm 和 750 μm 之间，硅片太薄易脆裂，不适合芯片制造。但太阳能用的硅片越薄越好，切片厚度仅为 200 μm（大约头发丝直径的两倍），切割缝隙在 120 μm 左右。由于硅棒非常坚硬，又要切得很薄，很考验设备的“刀功”。硅棒切片常用的方法是金刚线切割法和砂线切割法。

3. 硅片研磨抛光

硅片切割下来以后还不能直接使用，而是需要进行研磨抛光。半导体用的大硅片表面平整度质量要求（SFQD[1]）要小于设计线宽的 2/3，如果大硅片用来制造 14 nm 工艺的芯片，则 SFQD 必须控制在 10 nm 以内，大约头发丝直径的万分之一。若选用 7 nm 工艺制造芯片，则 SFQD 应小于 5 nm，这对

1　SFQD：表面平整度质量要求（Surface Flatness Quality Demand），也称为硅片表面局部平整度。

硅片表面局部平整度的要求更高。在这道工艺中，研磨机和研磨剂会影响研磨抛光的精度。图 4-27 是硅片研磨抛光机的示意图，研磨垫在旋转，装有硅片的载具也在转动，二者产生机械运动的研磨。与此同时，在化学研磨剂的作用下实现对硅片表面的化学抛光。将化学反应和机械运动相结合，实现化学 - 机械抛光（CMP[1]）。

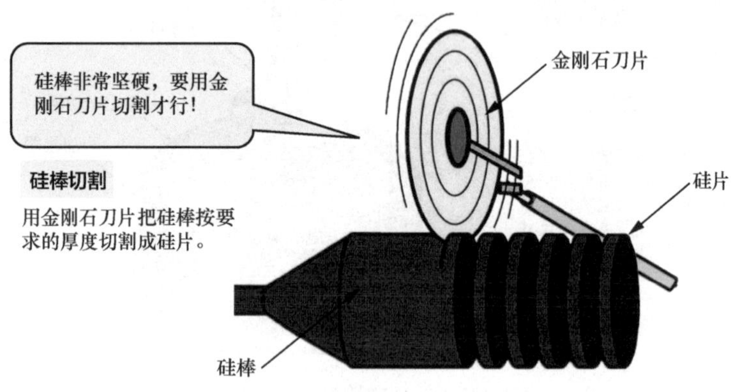

图 4-26　硅棒切片的示意图

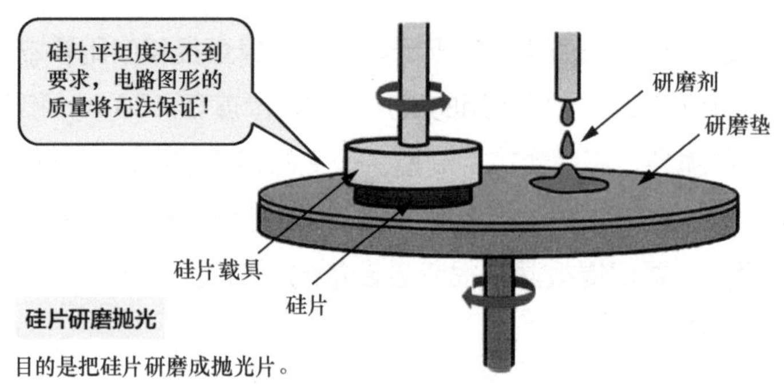

图 4-27　硅片研磨抛光机的示意图

4. 硅片氧化

硅片研磨抛光后，需要做一次氧化处理，以便为后续在硅片上制作电路元件做好准备。硅片氧化的目的是在硅片表面生成一层氧化膜。氧化膜的化学成

1　CMP：化学 - 机械抛光（Chemical Mechanical Polishing）。

分是二氧化硅（SiO_2）。二氧化硅具有良好的化学稳定性和电绝缘性，可用于晶体管栅极氧化膜、电绝缘层、电容器介质和掩膜屏蔽层等。因此，硅片氧化会在电路制造流程中被多次应用。如图 4-28 所示，硅片氧化是在氧化炉中完成的。

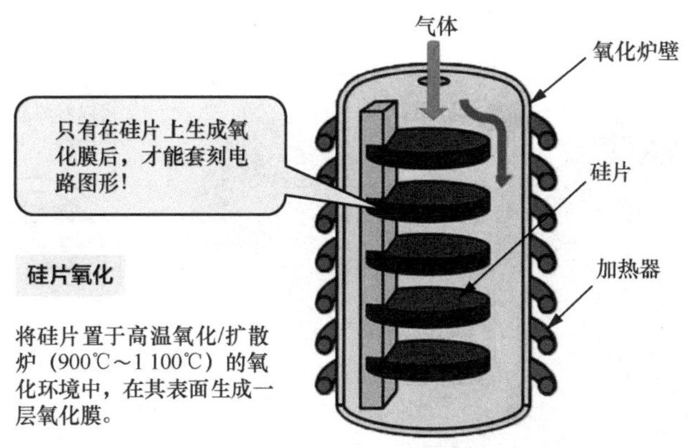

图 4-28　对硅片进行氧化处理的示意图

知识点：硅片的尺寸，芯片级单晶硅纯度，硅片制造流程，硅棒切片常用的方法

记忆语：**硅片的尺寸**是指硅片的直径，硅片典型的直径尺寸有 4 英寸、6 英寸、8 英寸和 12 英寸 4 种。**芯片级单晶硅纯度**要求为 99.999 999 999% 以上。**硅片制造流程**主要包括单晶硅棒拉制、硅棒切片、硅片研磨抛光和硅片氧化。**硅棒切片常用的方法**是金刚线切割法和砂线切割法。

4.8　芯片制造的工艺流程是什么？

在介绍芯片制造流程之前，先讲一个概念，那就是芯片不是一颗一颗制造出来的，而是在硅晶圆上成批制造出来的。如图 4-29 所示，华为麒麟 990 5G 芯片的裸片面积为 113 mm^2，在一片 12 英寸硅晶圆上可生产 500 多颗此类芯片。假如客户委托生产的芯片数量为 50 万颗，芯片制造厂就要安排 1 000 片硅晶圆在生产线上流片，在经过几十道甚至上百道生产工序后，这 50 万颗芯片将被同时制造出来。另外，制作好电路的硅晶圆如图 4-29 的左图所示，表面看起来是平的，但如果切开硅晶圆，并把横切面放大 100 万倍以上，就可以看到构成集成电路的上十亿只晶体管及其连线呈三维立体结构（图 4-29 中仅显示了一只晶体管的立体结构）。晶体管等电路元器件由金属连线互连，金属连线就像城市中的立交桥一样纵横交织，这种连线“立交桥”的层数能达到 6 层，甚至更多。

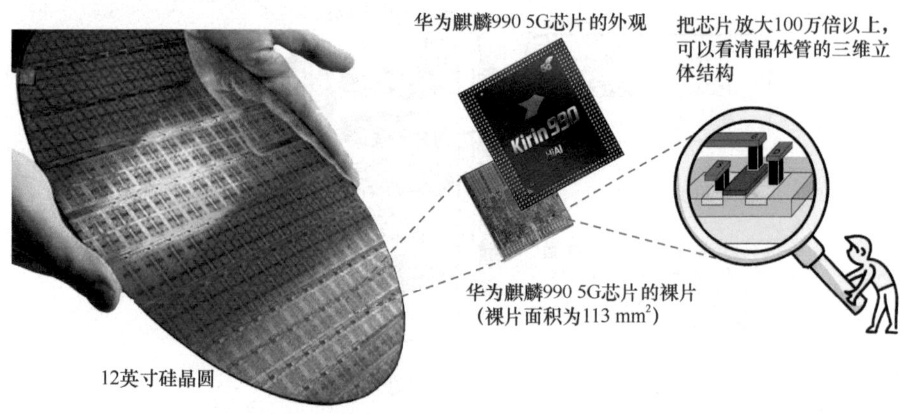

图 4-29 芯片在硅晶圆上成批制造出来的示意图

芯片制造的工艺流程包括芯片设计（图形设计）、光掩膜版制造和晶圆上电路制造。本节的示意图采用近似漫画的风格，以求简单表达。

1. 芯片设计（图形设计）

芯片设计的实质是绘制芯片制造所用的电路版图，如图 4-30 所示。电路版图包括许多分层的电路图形，芯片设计就是电路的图形设计。电路版图最终以数据的形式被送到芯片制造厂。

2. 光掩膜版制作

芯片制造厂在签署了芯片委托加工合同并拿到客户的电路版图数据后，首先要根据电路版图数据制作成套的光掩膜版。这项工作也可委托光掩膜版专业制造厂去完成。图 4-31 是根据电路版图（局部）分层制作一套光掩膜版（局部）的示意图（完整的电路版图及其光掩膜版见 4.2 节）。电路版图有多少层，光掩膜版就有多少张（块）。

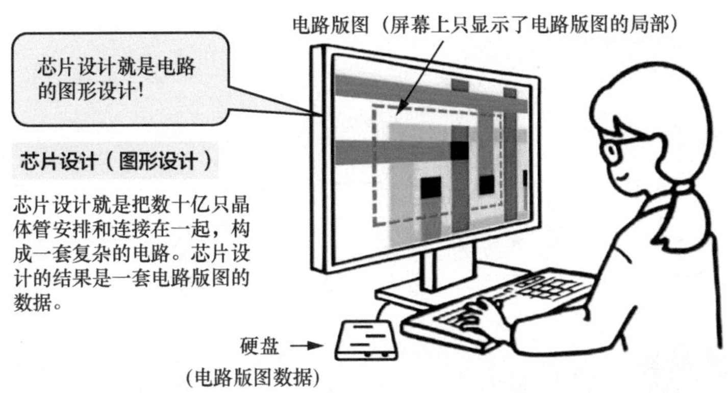

图 4-30　芯片设计就是电路的图形设计

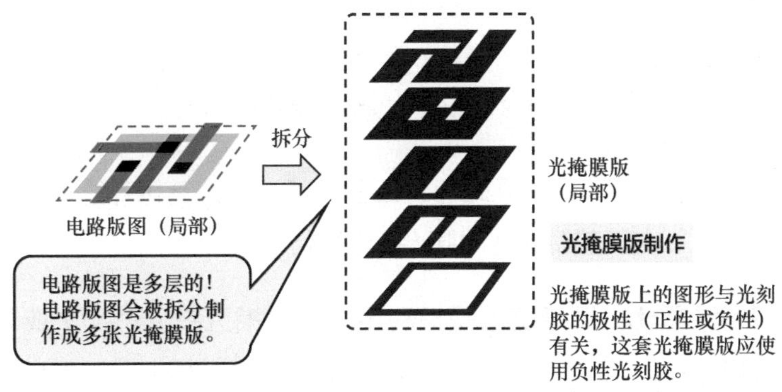

图 4-31　由电路版图（局部）分层制作光掩膜版（局部）的示意图

3. 晶圆上电路制造

准备好硅片和整套的光掩膜版后，芯片制造就进入在晶圆上制造电路的流程，如图 4-32 所示。刚开始的时候，硅片已进行了氧化，而且非常平坦，第 1 步和第 2 步省略，从第 3 步可以直接进入“薄膜 / 氧化、平坦化、光刻胶涂布、光刻、刻蚀、离子注入 / 扩散”的工艺循环。整套光掩膜版有多少张（块），这个工艺循环一般就要执行多少次。每张（块）光掩膜版表达的图形内容是不同的，并且流程中的个别工艺也有可能被跳过或者增加新工艺。

每次工艺循环使用对应的一张（块）光掩膜版来进行光刻。光掩膜版逐一用完时，意味着晶圆上电路制造过程即将结束，最后经过裸片检测后，晶圆上电路制造过程宣告结束。

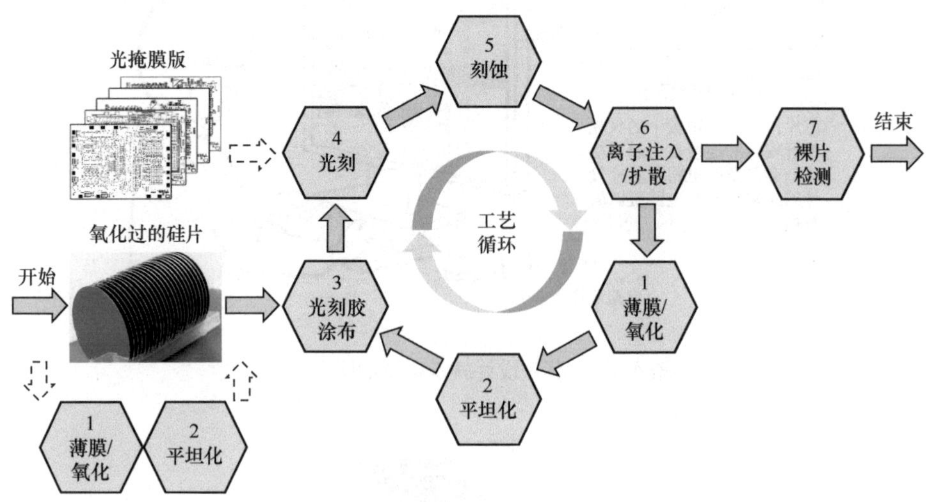

图 4-32 在晶圆上制造电路的流程

以下结合图 4-32，逐一介绍每道工艺。第一次工艺循环直接从光刻胶涂布开始。其后，每次工艺循环从薄膜 / 氧化开始。

（1）**薄膜 / 氧化**：薄膜工艺是指利用物理气相沉积（PVD）或化学气相沉积（CVD）方式，在下一层半导体材料和介质材料层上“生长出”一层新的半导体材料和介质材料层，例如多晶硅、钝化膜、金属连线等。外延工艺可以看作一种特殊的薄膜工艺，实现了薄膜在原晶向上向外延伸“生长”。氧化工艺也可以看作一种薄膜工艺，利用氧化炉在硅片上“生长出”一层二氧化硅（SiO_2）薄膜。图 4-33 是一种用化学气相沉积（CVD）方式沉积多晶硅（Poly-Si）薄膜的装置的示意图。

（2）**平坦化**：在硅片上做了几层电路图形的“光刻”和“加工”的工艺循环后，有些地方刻蚀下去，有些地方生长出来，电路表层已变得凹凸不平，如图 4-34 的右图所示。为了进行接下来的“光刻”和“刻蚀”，首先要对电路表层进行平坦化，如图 4-34 的左图所示。平坦化工艺要求研磨必须十分精确，研磨太深会损坏已经做好的电路图形，研磨太浅的话，电路表层还不够平整。

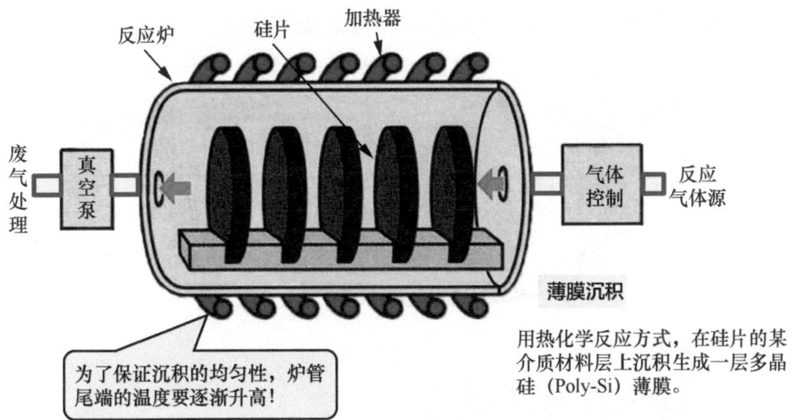

图 4-33　一种用化学气相沉积（CVD）方式沉积多晶硅（Poly-Si）薄膜的装置的示意图

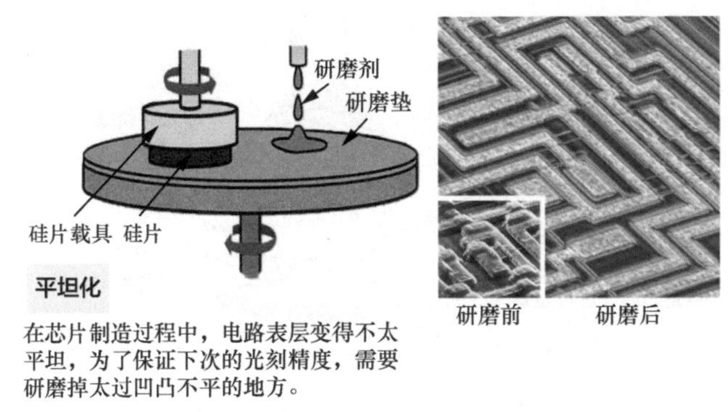

图 4-34　芯片制造过程中的平坦化

（3）**光刻胶涂布**：这道工艺是由涂胶机完成的。在硅片的氧化膜上非常均匀地涂布一层光刻胶，为下一步的光刻做好准备，如图 4-35 所示。一般情况下，旋转涂布光刻胶的厚度与光刻机曝光的光源波长有关，不同级别的曝光波长对应不同的光刻胶种类和分辨率，厚度范围一般为 200 nm 到 500 nm。至于光刻工艺如何利用光刻胶把光掩膜版上的图形“复制”到硅片的氧化膜上，详见 4.4 节。

（4）**光刻**：光刻工艺是由光刻机完成的。首先把光掩膜版上的图形投影到光刻胶涂层上，进行精准曝光，如图 4-36 所示。然后利用化学和物理的方法除去感光区域的光刻胶，留下未感光区域的光刻胶（假定使用了正性光刻胶）。最后，光掩膜版上的图形就被精确地“复制”为光刻胶图形。因此，光刻工艺主要包括光刻胶涂布、对光刻胶涂层曝光和显影除胶三个过程，详见 4.4 节。

图 4-35 在要进行光刻的介质材料层上涂布光刻胶

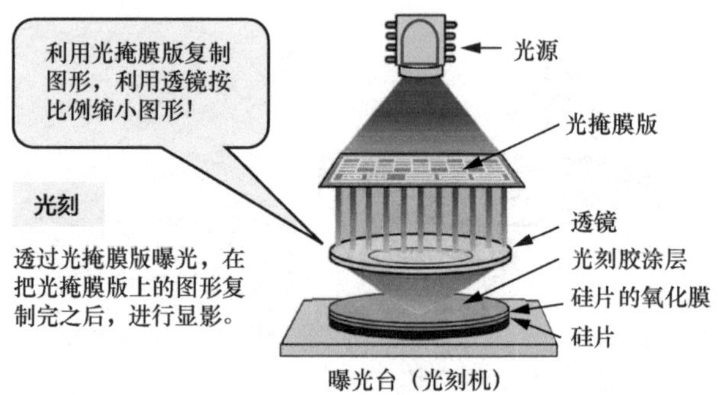

图 4-36 隔着光掩膜版对光刻胶涂层曝光的示意图

实际上，光刻并不仅限于在硅片的氧化膜上进行，也可以在任何半导体材料和介质材料层上进行，最后留下一个与光掩膜版上的图形相同的光刻胶图形。例如，在氧化膜、多晶硅膜、金属层上也可以进行光刻。

光刻的过程很像传统照相的洗相片过程。光掩膜版类似于照相底片，硅片氧化膜上的光刻胶涂层类似于相纸上的感光层。在进行光刻后，硅片的氧化膜上留下了与光掩膜版上的图形相同的光刻胶图形；而洗完相片后，相纸上则留下与底片上一模一样的影像。

（5）**刻蚀**：刻蚀工艺由刻蚀机来完成。刻蚀机用于把未被光刻胶图形覆盖区域的氧化膜刻蚀掉，而把被光刻胶图形覆盖区域的氧化膜保留下来，然后把覆盖在氧化膜上的光刻胶除去。此时，光掩膜版上的电路图形便被精确地“刻制”在氧化膜上。刻蚀工艺的详细介绍见 4.4 节。

刻蚀工艺分为湿法刻蚀工艺和干法刻蚀工艺。反应离子刻蚀是一种干法刻蚀技术，图 4-37 是反应离子刻蚀装置的示意图，它以物理溅射为主兼有化学反应过程。物理溅射实现纵向刻蚀，化学反应实现所要求的刻蚀选择比。

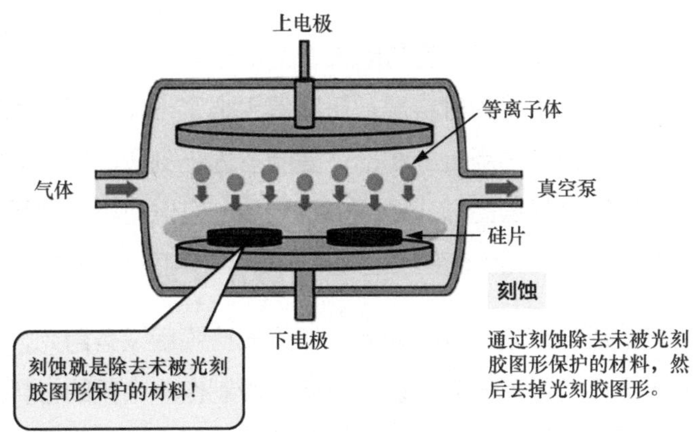

图 4-37　反应离子刻蚀装置的示意图

（6）**离子注入 / 扩散**：离子注入工艺和扩散工艺都属于掺杂工艺。掺杂工艺旨在通过向半导体材料中掺入少量其他材料，人为地改变半导体材料的导电性能。离子注入通过高速离子束撞击的方法向指定区域定量注入原子或粒子，使该区域的导电性能发生变化；扩散则通过高温扩散的方法把其他元素掺入指定区域，使该区域的导电性能发生变化。离子注入用于形成较浅的结，扩散则用于形成较深的结。图 4-38 是离子注入掺杂的示意图，在实际的离子注入机上，高速离子束需要经过离子源形成、离子加速聚焦、离子剂量控制等步骤才能产生。

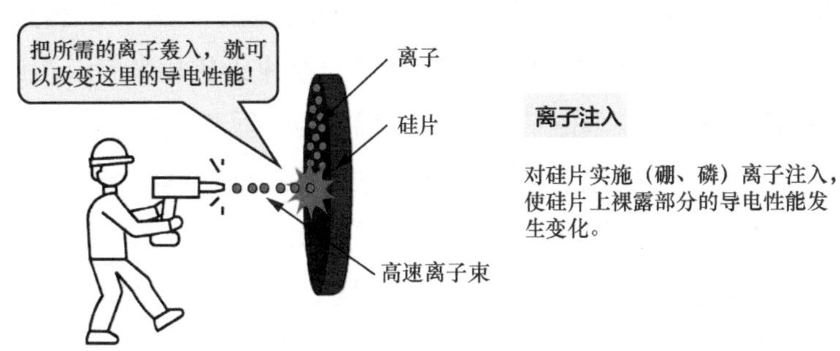

图 4-38　离子注入掺杂的示意图

工艺循环小结：从图 4-32 中可以看出，从第 1 步的薄膜 / 氧化到第 6 步的离子注入 / 扩散，芯片制造完成了一个半导体材料或介质材料层（有时简称材料层）图形的制作过程。每次工艺循环使用一张（块）光掩膜版。芯片上的电路元器件及其连线是由多次的工艺循环制作的多个材料层图形“堆叠和镶嵌”而形成的。

在工艺循环中，薄膜 / 氧化工艺用来“生长出”一个新的材料层；平坦化工艺使制造过程中凹凸不平的材料层被研磨得平坦了一些；光刻胶涂布和光刻工艺则把一张（块）光掩膜版上的图形“复制”为光刻胶图形；刻蚀工艺按照光刻胶图形“刻制”材料层图形；根据电路需要，可以对材料层图形的特定区域进行离子注入 / 扩散，从而改变该区域内半导体材料的导电性能。

在每次工艺循环结束之后进行判断，如果光掩膜版没有用完，则说明还要进行下一次工艺循环，用下一张（块）光掩膜版制作一个新的材料层图形；如果光掩膜版已经用完，则说明晶圆上的电路元器件已经制作完成，接下来进行裸片检测，晶圆上的电路制造过程宣告结束。

金属化工艺的说明：在电路元器件制作完成后，还要进行元器件之间的多层金属连线的制作，该制作工艺称为金属化工艺，常用的金属材料是铝（Al）和铜（Cu）。由于每一层金属连线至少涉及三个材料层的制作，它们分别是二氧化硅隔离层、金属连线层和接触过孔层，因此每个材料层都要做一次工艺循环。在金属化工艺中，工艺循环中的第 6 步——离子注入 / 扩散——是不需要的，这一步会被跳过。

芯片是由多个材料层图形“堆叠和镶嵌”而形成的，芯片制造的工艺循环就对应这些材料层图形的“刻制”和“堆叠”，水平连接和纵向过孔连接相当于把各层“镶嵌”在一起。图 4-39 是两张扫描电子显微镜（SEM[1]）照片：左图是芯片断裂后裂口处的显微照片，其中材料层的断茬清晰可见，底层的晶体管层的线条很细密，上层的连线等材料层的线条较宽；右图是芯片横切面的显微照片，晶体管层的栅极线条最细密，其上 5 个金属连线层的线条较宽。

1 SEM：扫描电子显微镜（Scanning Electron Microscope），简称扫描电镜。

图 4-39 的左图与右图形成了明显的对应关系。

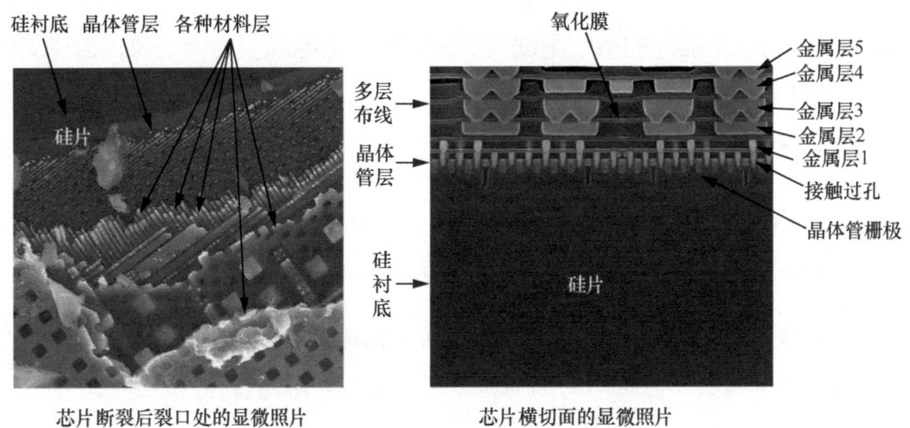

图 4-39　芯片中层层“堆叠”的结构（SEM 照片）

注意：在图 4-39 右图所示的芯片横切面的显微照片中，面向读者走向的线条被切断，因此这些线条是块状图像，只有左右走向的线条才是长条形图像。

（7）**裸片检测**：在封装芯片之前，需要对晶圆上的所有裸片进行检测，标记出不良裸片，以便在完成晶圆切割后将这些不良裸片丢弃不用。裸片检测是通过探针台和测试仪来完成的。如图 4-40 所示，可以使用测试仪对晶圆上的每个裸片进行检测与分选。

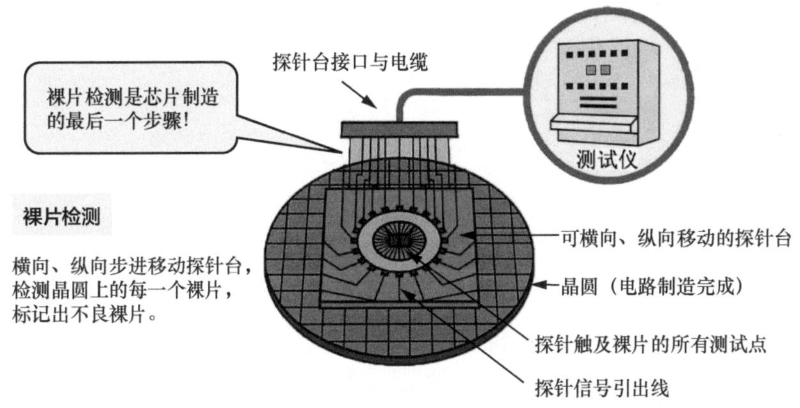

图 4-40　使用测试仪对晶圆上的每个裸片进行检测与分选

如图 4-40 所示，探针台是一个带有基座的圆盘，圆盘上有许多探针下压指向圆盘中间的圆孔，每个探针指向的位置可以前后、左右、上下调整，并通过圆孔下压到一个裸片的每个测试点。探针信号由电缆引到测试仪，通过测试仪就可以对裸片进行检查。当探针台横向、纵向步进移动时，就可以检测前后左右相邻的裸片。

以上介绍的所有这些工艺称为前道工序。后续把晶圆送到芯片封测厂进行封装和测试，在那里进行的各道工艺称为后道工序，这部分内容详见第 5 章。

知识点：芯片是成批制造出来的，芯片制造前期准备，光掩膜版，芯片制造的工艺流程，工艺循环的三部曲，芯片上的电路元器件

记忆语：芯片是成批制造出来的，而不是一颗一颗制造出来的。**芯片制造前期准备：**一是准备晶圆片，二是准备光掩膜版。**光掩膜版**由电路版图分层制造而成，光掩膜版的制造可在芯片制造厂完成，也可交由第三方的专业化工厂完成。**芯片制造的工艺流程**主要由薄膜 / 氧化、平坦化、光刻胶涂布、光刻、刻蚀、离子注入 / 扩散共 6 个循环工艺和最后的裸片检测工艺组成。**工艺循环的三部曲：**首先“生长出”一个材料层，然后在这个材料层上“复制”和“刻制”图形，最后对材料层图形进行“掺杂”以改变其导电性能。**芯片上的电路元器件**是由材料层图形层层“堆叠和镶嵌”而形成的。

第5章 芯片封装和测试

第 4 章介绍了芯片的制造过程，本章介绍芯片的封装和测试过程。芯片制造准确地说，就是芯片裸片的制造过程。后续芯片制造厂需要把其上布满了裸片的晶圆送到芯片封测厂（封装和测试厂的简称）进行切割和封装，并对芯片进行功能、性能和可靠性测试，最后在芯片封装壳上打印公司商标、芯片型号等。至此，芯片的生产过程才算全部完成。

芯片制造、芯片封装和测试都属于芯片的生产过程。由于在对芯片产业链进行细化分工时，把芯片封装和测试从芯片制造过程中单列了出来，因此芯片制造仅剩下在晶圆上制造裸片这项任务。业界将芯片制造称为芯片生产过程的前道工序，而将芯片封装和测试称为芯片生产过程的后道工序。

5.1　什么是芯片封装？

晶圆上的电路制造完成后，晶圆上就分布着成排成列的裸片，裸片不能直接使用，必须经过封装成为芯片后才可以使用。裸片因为尺寸和电信号引出点太小，所以很难直接安装在整机电路板上。另外，裸片本身很脆弱，需要进行保护。概括来说，裸片需要封装：一是它需要与外界隔离来防水防潮，二是它需要向外散发热量，三是有些情况下它需要屏蔽电噪声、电磁辐射干扰等。一般情况下，每个裸片都需要进行封装。特殊情况下，多个裸片可连接在一起，在构成一个系统后再进行封装。简单地说，芯片封装就是给裸片加上保护壳，把电信号引出并兼顾解决好芯片的散热问题。

芯片封装需要先把裸片从晶圆上切割下来，再把裸片周边的信号引出点与信号引脚用引线相连，最后给裸片、引线、引线框架和信号引脚加上塑料封装壳。芯片应用场合不同，封装的种类和款式也不同。图 5-1 是一种最简单的塑料双列直插封装（DIP）芯片的结构示意图。

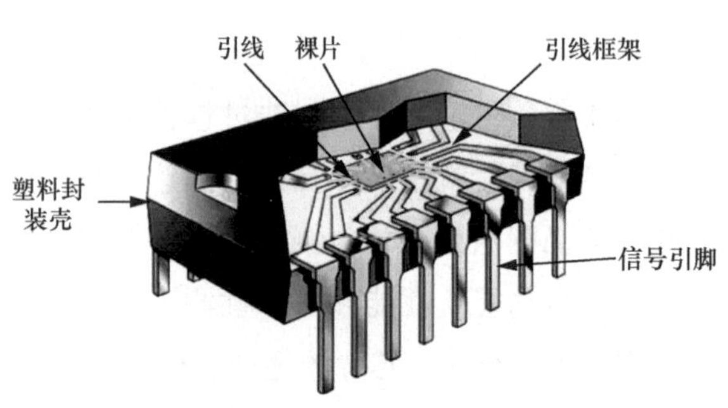

图 5-1　一种最简单的塑料双列直插封装（DIP）芯片的结构示意图

下面以塑料 DIP 芯片的封装为例，介绍芯片的封装过程。本节的示意图采用近似漫画的风格，让读者更易懂。DIP 封装主要有晶圆切割、裸片放置、引线键合、塑封压模、切筋成型、老化试验、产品检验、激光打标 8 个工序。

1. 晶圆切割

芯片制造厂送来的晶圆上分布着成排成列的裸片，每片晶圆附有裸片检测报告，其中指出了哪些裸片不是良品，切割后它们将被弃之不用。芯片封装开始于晶圆切割，如图 5-2 所示，这里采用了金刚石刀片切割方法。晶圆切割方法主要有刀片切割、激光切割、等离子切割等，这些方法各有利弊，一般应根据晶圆的薄厚等因素来选用切割方法。晶圆厚度 100 μm 以上时采用刀片切割方法，晶圆厚度不到 100 μm 时采用激光切割方法，晶圆厚度不到 30 μm 时采用等离子切割方法（30 μm 厚度约为头发丝直径的三分之一）。

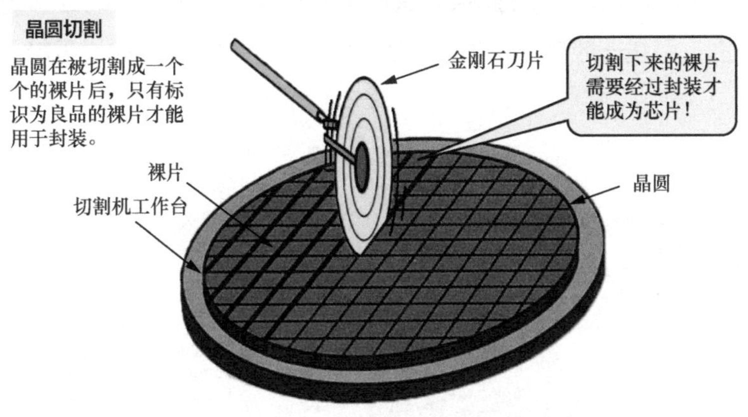

图 5-2　晶圆切割的示意图

2. 裸片放置

晶圆切割完成后，机械手依次拣取裸片并将其放置在引线框架的特定位置，该位置之前涂有黏合剂，裸片将在这个位置被牢靠地固定住，以保证不会发生位置偏移，如图 5-3 所示。注意，在芯片制造厂的裸片检测工序中标识为非良品的裸片，不会被机械手拣取。

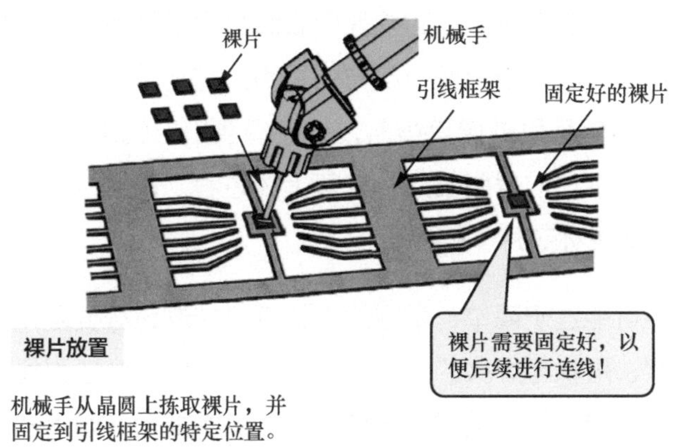

图 5-3　机械手从晶圆上拣取和放置裸片的示意图

3. 引线键合

裸片在引线框架上被牢靠地固定住之后，接下来就要把裸片周边的信号引出点与信号引脚用引线连接起来，这项工作称为引线键合，图 5-4 是引线键合的示意图。引线一般使用金丝、铜丝、铝丝等，引线键合的过程简述如下。

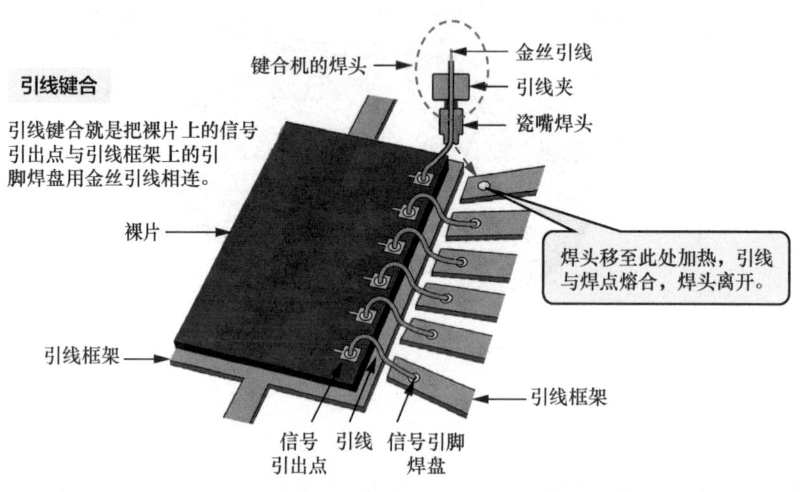

图 5-4　引线键合的示意图

等到金丝引线从键合机的焊头穿出后，首先通过焊头热烧的方法在焊头出口结出一个熔化的小金球；然后把焊头移至裸片的某一信号引出点，焊头通过热压把小金球与信号引出点连接起来；接下来把焊头移开，并把金丝引线牵引到信号引脚焊盘上，在金丝引线和信号引脚焊盘之间加适当大小的电流，控制电流的大小和持续时间，使金丝引线与信号引脚焊盘熔合；当焊头移开时，焊头中的金丝引线与信号引脚焊盘熔断，并在焊头出口结出一个熔化的小金球，焊头则移至裸片的下一信号引出点，重复上述过程。键合机能自动、快速地完成上述过程，因此也称芯片“缝纫机”。

上面的叙述可能过于简单，实际的引线键合控制过程要复杂得多，与金丝引线的弯曲程度、形状与焊头的运动轨迹、引线夹控制金丝引线的松紧程度等都有关系。再比如焊头何时结球，离信号引出点多高时开始下压，下压速度控制为多少，特别是如何在最短的时间内实现引线键合过程，如何提高引线键合机的工作效率，这些都是引线键合技术需要解决的问题。

4. 塑封压模

在使用引线键合技术把裸片上的信号引出点与信号引脚连接后，就要给裸片和引线加盖一层保护壳了，也就是进行塑料封装的压模，简称塑封压模。

塑封压模的过程如下：把粘贴了裸片且已经完成引线键合的引线框架放入模具，该模具由上下两部分组成，将它们结合起来后，中间便形成包含裸片和引线的空腔，在这个空腔中注入模塑树脂，待其冷却凝固后除去模具，芯片的雏形就出现在引线框架上了。图 5-5 是塑封压模的示意图，其中未画出模具的上下两部分，只给出了模塑树脂的注入范围。

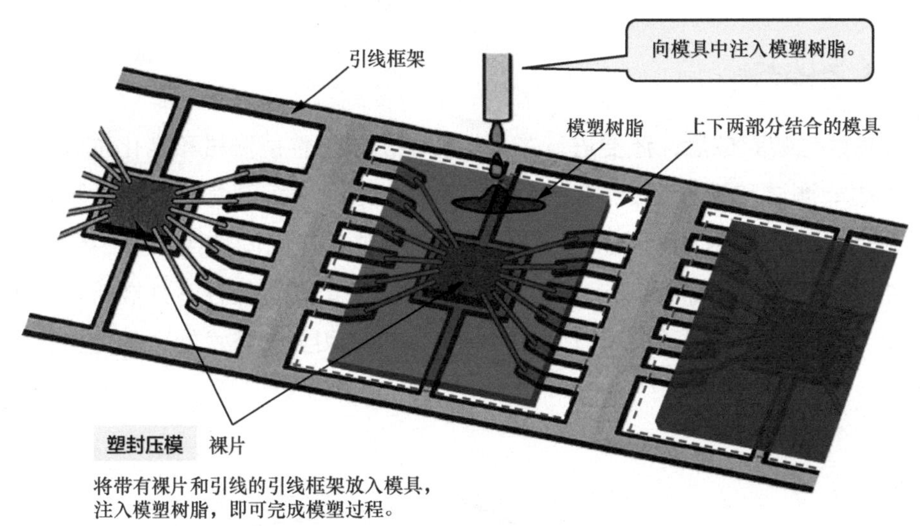

图 5-5　塑封压模的示意图

5. 切筋成型

经过上一道工序后，芯片、信号引脚、引线框架、封装壳都处在一个平面上，要得到成型后的芯片还有两步工作要做。第一步是切除引线框架多余的部分，即图 5-5 中红色虚线框以外的部分。第二步是使芯片引脚成型，参见图 5-6。上压成型模具垂直向下压制，与下顶成型模具在芯片两侧贴合后，芯片所有引脚由水平方向弯曲向下，并与水平方向形成理想的角度。至此，塑料 DIP 芯片的封装大功告成。

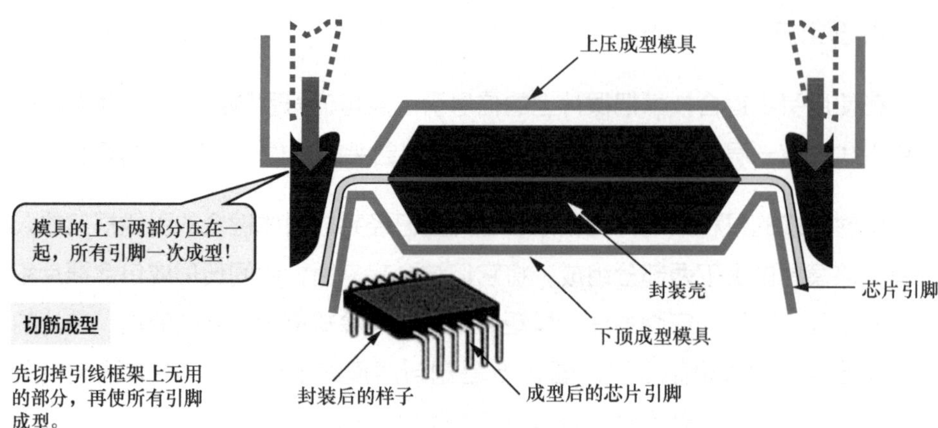

图 5-6　芯片引脚成型的示意图

6. 老化试验

芯片封装完成后，还要进行芯片的功能测试、性能测试和老化试验。芯片的功能测试和性能测试将在后续章节中介绍，下面只介绍老化试验。如图 5-7 所示，芯片的老化试验是指通过模拟芯片长时间使用过程中受到的各种恶劣环境和外部应力的影响，评估芯片的性能和可靠性，并推断其使用寿命。另外，老化试验还可以为芯片设计、制造和封装技术的进步提供参考数据。

图 5-7　老化试验的示意图

芯片的老化试验主要包括高温工作寿命试验（HTOL[1]）、高温保存寿命试验（HTSL[2]）、温湿度高加速应力试验（HAST[3]）等。HTOL 用来预估芯片未来长时间正常工作的寿命；HTSL 用来评估芯片在设定的高温情况下保存时，经过多长时间仍然能保持完好；HAST 用来评估芯片在加电情况下，在设定的高温和湿度环境中，经过多长时间仍能正常工作。

根据需要，老化试验也可完成一些其他工作，例如进行 X 射线照射试验，以及检测芯片生产过程中是否存在焊接不良、接触不良和引脚偏移等情况。

7. 产品检验

产品检验是芯片质量保证的最后关卡，如图 5-8 所示。产品检验主要完成外观、功能和性能等方面的检验。只有通过产品检验的芯片才是合格芯片，也才可以进入下一道工序。

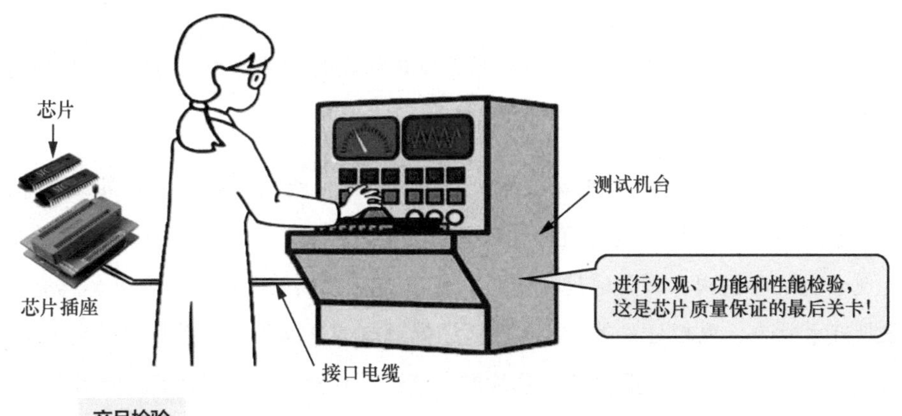

图 5-8　产品检验的示意图

8. 激光打标

完成以上过程后，用激光打标机给芯片打上标识，如图 5-9 所示，包括

1　HTOL：高温工作寿命试验（High Temperature Operating Life test）。

2　HTSL：高温保存寿命试验（High Temperature Storage Life test）。

3　HAST：温湿度高加速应力试验（Highly Accelerated temperature and humidity Stress Testing）。

公司名或徽标、芯片型号和批次等。至此，芯片生产的整个过程就完成了。

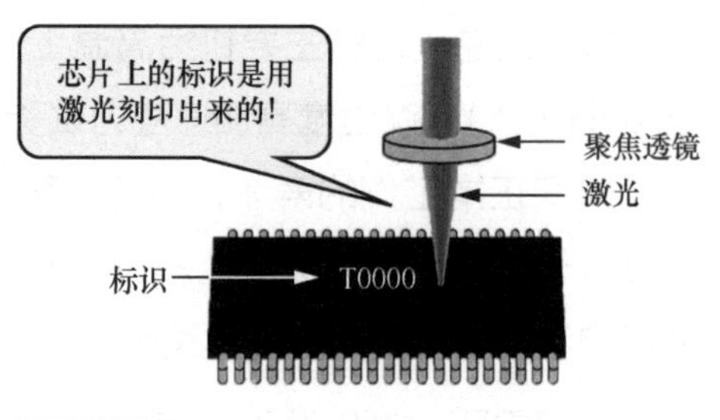

图 5-9　激光打标的示意图

上面以最简单的塑料 DIP 芯片的封装为例，介绍了芯片的封装过程。芯片的种类不同、结构不同，封装过程也大不相同，有些芯片封装工艺非常复杂。但是，“万变不离其宗”，芯片封装要实现的功能就是保护裸片和引出信号线，以及解决散热问题。此外，芯片封装还要满足特定应用场合下的特殊要求，例如有些场合要求芯片小、有些场合要求芯片薄、有些场合要求芯片可拆卸，这些都是芯片封测厂需要解决的技术问题。

知识点：芯片封装，封装的作用，DIP 的内部构成，塑料 DIP 芯片的封装过程

记忆语：芯片封装就是给裸片加上保护壳，把电信号引出芯片封装之外，同时兼顾解决好芯片散热问题的过程。**封装的作用**一是防水防潮保护裸片，二是便于安装和使用，三是通过特殊封装提高传导散热效率，四是采用金属壳封装屏蔽电噪声、电磁辐射等干扰。**DIP 的内部构成**包括裸片、引线、引线框架、信号引脚和封装壳等。**塑料 DIP 芯片的封装过程**主要包括晶圆切割、裸片放置、引线键合、塑封压模、切筋成型、老化试验、产品检验、激光打标 8 个工序。

5.2　芯片封装主要有哪些种类？

芯片已广泛应用于各行各业，由于应用场合不同，芯片的封装形式也不同，目前已开发出来的芯片封装形式不少于 80 种，并且随着封装技术的进步和应用领域的拓展，新的芯片封装形式仍在不断涌现。本节把芯片封装分为双列直插封装（DIP）、小外形封装（SOP[1]）、四面扁平封装（QFP）、无引脚

1　SOP：小外形封装（Small Outline Package）。

芯片载体封装（LCC[1]）、插针阵列封装（PGA[2]）、平面触点阵列封装（LGA[3]）、球阵列封装（BGA[4]）、特殊封装共 8 大类，每个大类犹如一个芯片封装家族，在传承家族封装基因的前提下，家族成员也在不断繁衍变多。以下逐一对每个芯片封装大类进行介绍。

1. 双列直插封装（DIP）

DIP 封装家族芯片的特征是，芯片呈长方形或长条形，两侧排列着许多信号引脚，引脚方向与芯片平面垂直。信号引脚既可以插入印制电路板（PCB）的焊盘并焊接在 PCB 上，也可以插入焊接在 PCB 的 DIP 插座上，便于插拔更换芯片。从 DIP 衍生出来的封装形式有陶瓷的、塑料的、小间距引脚的、较窄的、带金锡盖板的、带散热片的、带窗口的、模块化的封装等。根据芯片应用的需要，这些封装形式的特征还可以兼而有之，集中于一种新的、衍生的封装形式中。图 5-10 所示为 DIP 封装家族芯片的外观。

图 5-10　DIP 封装家族芯片的外观

DIP 是芯片问世后早期常用的封装形式，这是因为当时芯片的信号引

1　LCC：无引脚芯片载体封装（Leadless Chip Carrier package）。

2　PGA：插针阵列封装（Pin Grid Array package）。

3　LGA：平面触点阵列封装（Land Grid Array package）。

4　BGA：球阵列封装（Ball Grid Array package）。

脚数量较少，封装技术还不够发达。现在芯片集成度很高，信号引脚数量很多，芯片两侧引脚的间距需要变得更小，而且在许多应用场合下不能进行芯片插装式焊接，而需要采用表面贴装焊接，因此小外形封装（SOP）应运而生。

2. 小外形封装（SOP）

SOP 封装家族芯片的特征也是芯片两侧排列着许多信号引脚，但引脚方向与芯片处于同一个平面，引脚可以贴装焊接在 PCB 的焊盘上。SOP 是为了实现电子产品轻、薄、短、小的需求而开发的封装技术。在实际应用中，芯片封装必须做到面积更小、厚度更薄，而且要求电子元器件可以在 PCB 的上下两面安装。SOP 满足了芯片、电阻、二极管、三极管等电子元器件的小型化和焊接位置的平面化需求。图 5-11 是芯片从“插装”过渡到“贴装”的示意图。图 5-12 所示为 SOP 封装家族芯片的外观。

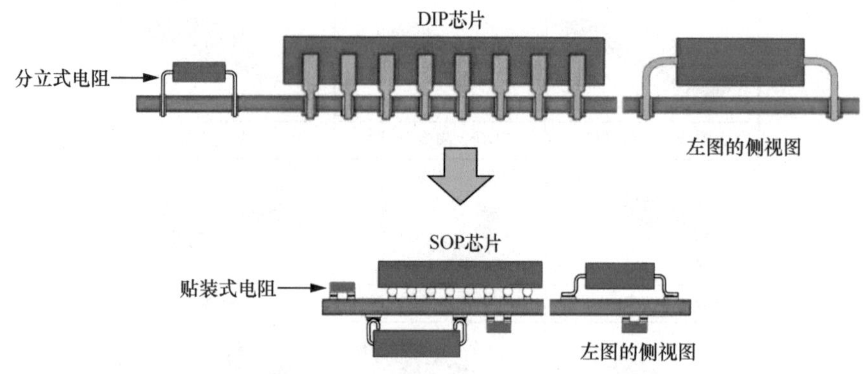

图 5-11　芯片从“插装”过渡到“贴装”的示意图

SOP 技术使芯片的引脚数目可以扩展到 100 个左右。从 SOP 衍生出来的封装形式有缩小型的、薄型的、带散热片的、J 形引脚的、双侧引脚的、薄型小引脚的小外形封装，以及微型扁平封装（MFP[1]）、小外形晶体管封装（SOT[2]）等。另外，还有采用陶瓷封装材料的 SOP 芯片未在图 5-12 中展示。

1　MFP：微型扁平封装（Mini Flat Package）。

2　SOT：小外形晶体管封装（Small Outline Transistor package）。

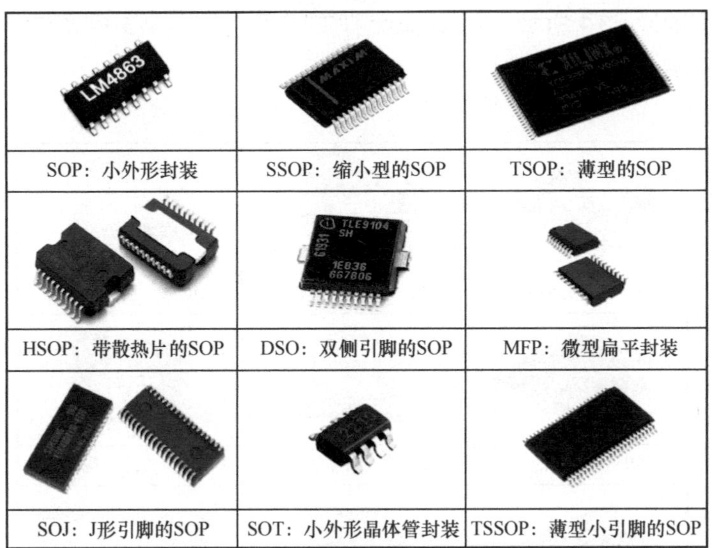

图 5-12　SOP 封装家族芯片的外观

当芯片的引脚数目继续增大时，仅从芯片两侧引出信号引脚已不太可能，技术人员为此开发了从 4 个方向引出信号引脚的四面扁平封装（QFP），从而使芯片封装技术又向前迈进了一大步。

3. 四面扁平封装（QFP）

QFP 封装家族芯片的特征是，芯片的 4 个方向都引出了信号引脚，而且引脚方向与芯片处于同一个平面，芯片贴装焊接在 PCB 的焊盘上。显然，QFP 是 SOP 的扩展形式，QFP 使芯片的引脚数目可以扩展到近 350 个。图 5-13 所示为 QFP 封装家族芯片的外观。从 QFP 衍生出来的封装形式有薄型的、公制的、超薄的、陶瓷的、带缓冲垫的、塑料的、小引脚的、无引脚的封装等。根据芯片应用的需要，这些封装形式的特征也可以兼而有之，集中于一种新的、衍生的封装形式中。

4. 无引脚芯片载体封装（LCC）

LCC 封装家族芯片的特征是，从芯片引出的信号引脚不向外延伸，看上去无引脚。但实际上，LCC 芯片的信号引脚要么紧贴芯片侧边不向外延伸，要么是很小的引脚焊盘，它们都可以从芯片底部贴装焊接在整机印制电路板的焊盘上，如图 5-14 所示。LCC 是一种为了进一步提高引脚密度、降低芯片占用面积而开发的封装技术。

图 5-13　QFP 封装家族芯片的外观

LCC 实现了很高的封装密度。例如：LCC-20 芯片有 20 个焊盘，封装尺寸约为 5 mm×5 mm；LCC-68 芯片有 68 个焊盘，封装尺寸约为 14 mm×14 mm。图 5-14 所示为 LCC 封装家族芯片的外观。从 LCC 衍生出来的封装形式有陶瓷的、塑料的、J 形引脚的封装等。

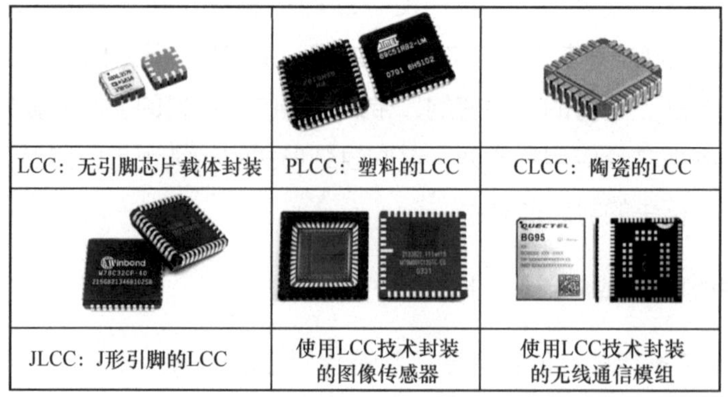

图 5-14　LCC 封装家族芯片的外观

5. 插针阵列封装（PGA）

PGA 封装家族芯片的特征是，芯片底部有许多镀金插针，它们整齐排列成一个阵列。这些插针通过插入 PCB 的插座中，形成芯片与主机 PCB 上电路的电信号连接。图 5-15 所示为 PGA 封装家族芯片的外观。

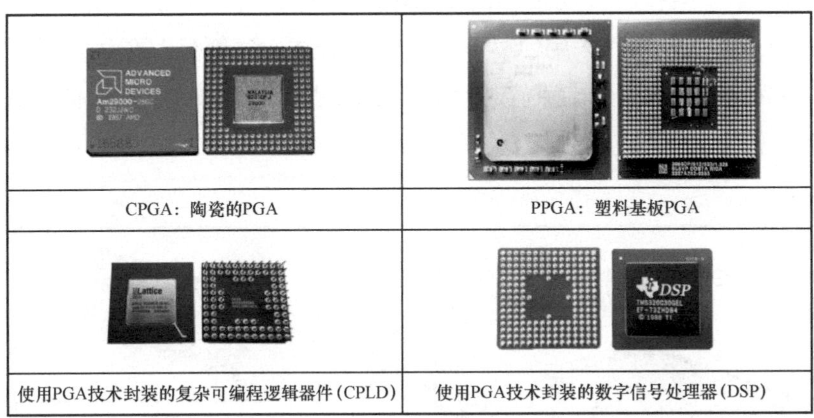

图 5-15 PGA 封装家族芯片的外观

PGA 是为了适应信号引脚数目较多且芯片需要频繁插拔的场合而开发的封装技术，它使芯片的信号引脚数目可以扩展到近 500 个。PGA 主要用于中央处理器（CPU）、数字信号处理器（DSP[1]）、复杂可编程逻辑器件（CPLD[2]）等通用处理器芯片，也可用于其他有插拔需求的芯片。

PGA 原来是 CPU 芯片的主要封装形式，LGA 和 BGA 出现后，最新的通用 CPU 芯片大多采用 LGA，固定焊接的 CPU 和 SoC 芯片则采用 BGA，因为 LGA 和 BGA 相比 PGA 有更高的封装密度。

6. 平面触点阵列封装（LGA）

LGA 是一种跨越性的封装技术，它把 PGA 芯片底部的插针引脚改为平面触点引脚，并把印制电路板上的母插座改为公插座，公插座上的弹性针头与芯片触点接触，从而实现芯片上电信号与印制电路板上电路的连接。平面触点的

---

1 DSP：数字信号处理器（Digital Signal Processor）。

2 CPLD：复杂可编程逻辑器件（Complex Programmable Logic Device）。

面积很小，芯片底部可以排列很多平面触点。目前，LGA 芯片的触点数目已经扩展到 1 700 个，未来有望扩展到 2 000 个。

LGA 的优点是封装工艺简单，成本低，信号触点密度却大大提高。芯片底部没有了金属插针，芯片不再怕磕碰，芯片的安装、拆卸和保存更为方便。2022 年，英特尔公司推出的 Core i9-12900 CPU 芯片的封装尺寸为 45.0 mm × 37.5 mm，采用LGA-1700封装技术，底部有1 700个信号触点。图 5-16 所示为 LGA 封装家族芯片的外观，可以看到芯片底部的信号触点非常密集。

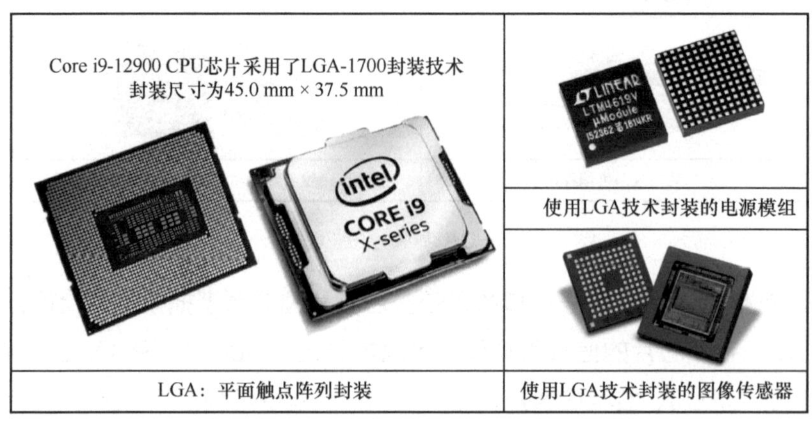

图 5-16　LGA 封装家族芯片的外观

LGA 主要用于封装需要插拔的芯片，例如中央处理器（CPU）、复杂可编程逻辑器件（CPLD）芯片等，也可用于封装需要表面贴装焊接的芯片或模组。

7. 球阵列封装（BGA）

BGA 封装实现了更高的封装密度和更好的焊接性能，有力支撑了更为轻薄的智能手机和移动终端的开发。BGA 与 TSOP 一样，也用于封装需要表面贴装焊接的芯片，但 BGA 相比 TSOP 在封装密度、散热性和电气性能等方面更胜一筹。

BGA 封装家族芯片的特征是，芯片底部有许多很小的锡球，它们整齐排列成一个阵列。当需要把 BGA 芯片焊接安装在整机印制电路板上的时候，锡球阵列与印制电路板上的焊盘阵列准确对齐，经热风升温后，所有焊点同时焊接完成。

BGA 主要用来封装 CPU、GPU、FPGA、SoC、存储器等有很多信号引出点的芯片。图 5-17 所示为 BGA 封装家族芯片的外观。BGA 芯片的信号引出点数目与锡球大小和间距，以及基板尺寸有关。基板面积越大，信号引出点越多。目前有些 BGA 芯片的信号引出点数目已经超过 1 000。

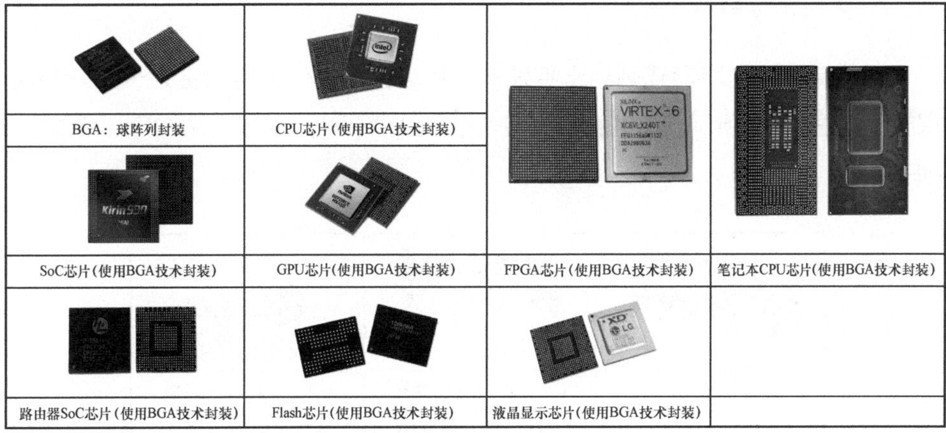

图 5-17　BGA 封装家族芯片的外观

PGA、LGA 和 BGA 芯片的底部看起来很像——都布满了很多金属点，它们都是芯片电信号的引出点。

但如果放大来看，就会发现：PGA 芯片底部的这些金属点是镀金插针，用于插入 PGA 插座，PGA 芯片可拆卸；LGA 芯片底部的这些金属点是平面的金属触点，用于与插座上的触针接触，LGA 芯片也可拆卸；而 BGA 芯片底部的这些金属点是圆的小锡球，用于与印制电路板上的焊盘焊接，BGA 芯片除维修外一般不允许拆卸。图 5-18 对 PGA、LGA、BGA 芯片的信号引脚做了比较，芯片底部密密麻麻的金色小点分别是镀金插针、金属触点和球形的信号引脚。

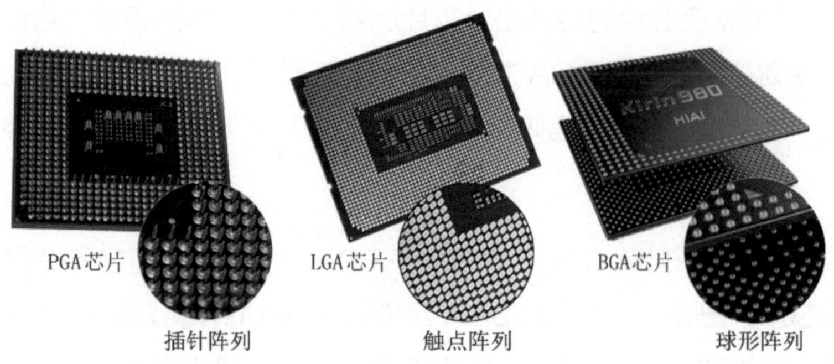

图 5-18　PGA、LGA、BGA 芯片的信号引脚比较

8. 其他特殊封装

有些特殊的封装形式则用于特殊的应用场合，它们没有衍生为一个封装大家族，如图5-19所示。这些特殊封装包括SIP、ZIP[1]、COB[2]、COF[3]、COG[4]、DFN[5] 等。

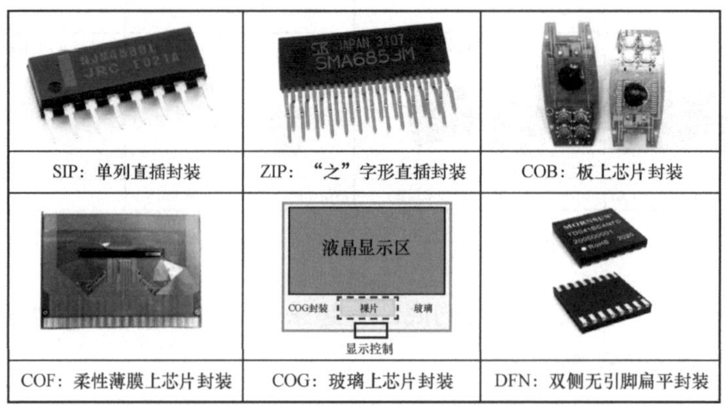

图 5-19　一些使用特殊封装形式的芯片

SIP 芯片的引脚从芯片的一边伸出，与芯片位于同一个平面，被插装焊接在整机印制电路板上。SIP 和 DIP 是芯片最早采用的两种封装形式。

1　ZIP：“之”字形直插封装（Zig-zag In-line Package）。

2　COB：板上芯片封装（Chips On Board package）。

3　COF：柔性薄膜上芯片封装（Chip On Flex package 或 Chip On Film package）。

4　COG：玻璃上芯片封装（Chip On Glass package）。

5　DFN：双侧无引脚扁平封装（Dual Flat Non-leaded package）。

ZIP 是 SIP 的一种变化形式。ZIP 芯片的引脚仍从芯片的一边伸出，但排列成“之”字形。ZIP 主要用于电源和功率放大器芯片的封装。

COB 将裸片用非导电胶黏附在互连基板上，进行引线键合以实现电气连接，然后用树脂将裸片和引线包裹起来。COB 也称软包封装。

COF 是一种把芯片的裸片焊接在柔性薄膜电路板上的封装形式，主要用在微型和超薄电子产品上，如智能手机、平板电脑、相机模组和可穿戴智能产品。

COG 则直接通过各向异性导电胶把显示驱动芯片封装在液晶显示区边缘的玻璃上，从而驱动液晶的各个电极来显示信息和图像。在液晶显示模组中，显示驱动芯片有 COF 和 COG 两种封装形式可以选择。COG 和 COF 的区别如图 5-20 所示。当采用 COG 时，显示驱动芯片的裸片的信号引脚与玻璃上的电极相连接，裸片被绝缘胶密封保护；当采用 COF 时，显示驱动芯片的裸片的信号引脚与柔性薄膜上的电极相连接，裸片同样被绝缘胶密封保护。

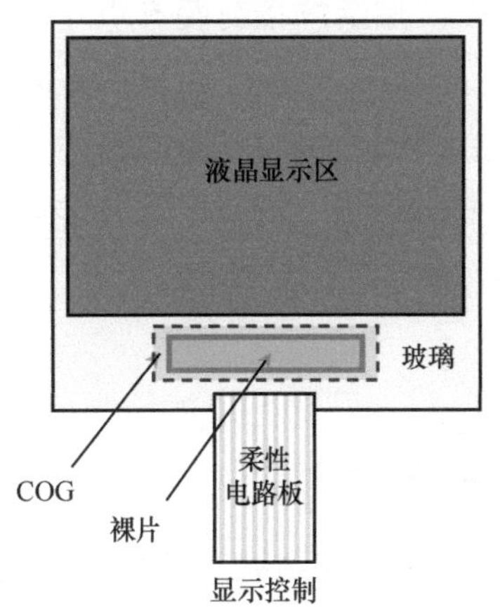

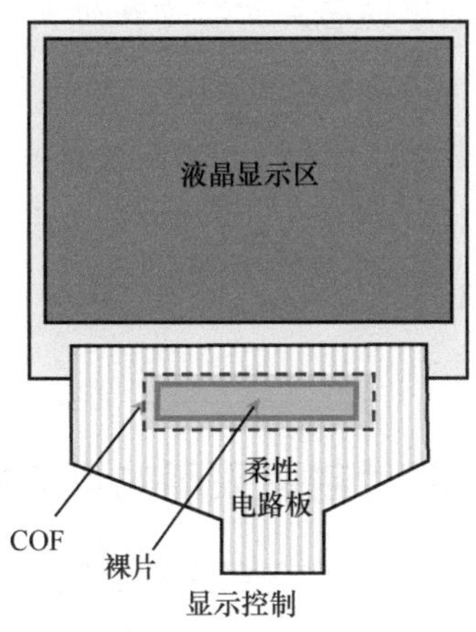

图 5-20　COG 与 COF 的区别

DFN 芯片的两侧都有信号引脚，但引脚不会向外延伸，只在芯片底部形成方形焊盘，以贴装焊接方式与印制电路板上的焊盘连接。实际上，DFN 和 QFN 是同一类型的封装，QFN 芯片的 4 个边上都有引脚焊盘，而 DFN 芯片只有两个边上有引脚焊盘。

特别说明：除了本节介绍的芯片封装形式，还有很多其他封装形式没有介绍，它们有些属于小众封装，一般很难见到；而有些虽然封装名称不同，但实际上与前面介绍的某种封装类似；也有些开发和应用的时间不长，还未得到大家认识。

本节特意没有介绍立体封装、系统级封装、晶圆级封装、多芯片和模块封装，它们将在后续章节中介绍。相较于本节讨论的所有封装形式，后续将要介绍的这些封装形式都是非常先进且十分重要的封装技术。

知识点：常规芯片封装种类，先进封装种类，最早的芯片封装，贴装焊接封装，CPU 芯片封装

记忆语：**常规芯片封装种类**有双列直插封装（DIP）、小外形封装（SOP）、四周扁平封装（QFP）、无引脚芯片载体封装（LCC）、插针阵列封装（PGA）、平面触点阵列封装（LGA）、球阵列封装（BGA）、特殊封装。**先进封装种类**有立体封装、多芯片和模块封装、系统级封装和晶圆级封装。**最早的芯片封装**是双列直插封装（DIP）。**贴装焊接封装**有小外形封装（SOP）、四周扁平封装（QFP）、无引脚芯片载体封装（LCC）、平面触点阵列封装（LGA）、球阵列封装（BGA）。**CPU 芯片封装**早期采用的是插针阵列封装（PGA），当下主要采用平面触点阵列封装（LGA）和球阵列封装（BGA）。

5.3 芯片封装采用的互连技术主要有哪些？

芯片封装的任务之一是实现裸片的信号引出点与封装的信号引脚之间的电信号互连。芯片封装中用到的电信号互连技术主要有引线键合（WB[1]）、倒装芯片（FC[2]）、封装基板（Sub[3]）、中介层（Interposer[4]）和硅通孔（TSV）

1 WB：引线键合（Wire Bonding）。
2 FC：倒装芯片（Flip Chip）。
3 Sub：封装基板（Substrate）。
4 Interposer：中介层，一般用硅材料制作，所以又称硅中介层。

5 种。芯片应用十分广泛，应用场合千差万别，不同用途的芯片封装会采用不同的互连技术，而互连技术也可以组合使用，以实现所谓的混合互连，也称混合键合。互连技术的不断演进和加工精度的不断提高，推动着芯片封装技术不断创新和向前发展。后续将要介绍的先进封装技术是对这些互连技术的灵活运用。

1. 引线键合（WB）

引线键合是传统封装采用的互连技术，这种互连技术采用金属细丝把芯片的裸片上的信号引出点与芯片封装的信号引脚、插针、触点或锡球相连接，分别对应双列直插封装（DIP）、插针阵列封装（PGA）、平面触点阵列封装（LGA）和球阵列封装（BGA）。金属细丝称为引线，引线材料有金、铜、铝等。

引线键合在 5.1 节已经介绍过。图 5-21 是正装芯片封装和倒装芯片封装的示意图，从图 5-21（a）中可以看出，裸片正面朝上，裸片上的信号引出点通过引线和封装基板中的布线与对应的锡球相连接，这是正装的引线互连的 BGA 结构。

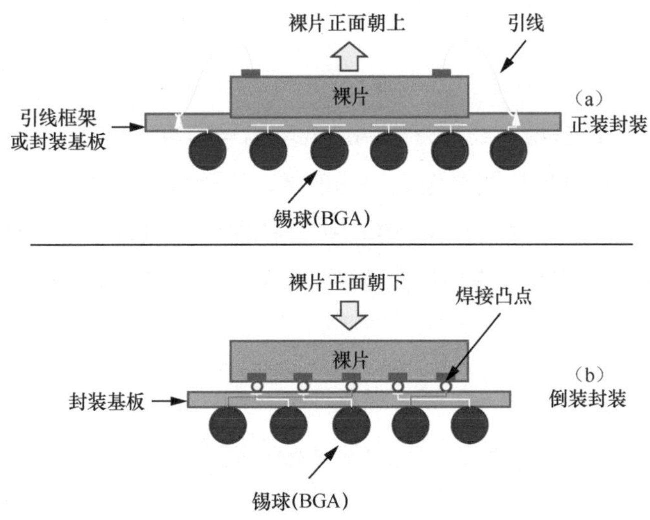

图 5-21　正装芯片封装和倒装芯片封装的示意图

2. 倒装芯片（FC）

倒装芯片则把芯片的裸片上的信号引出点做成焊接凸点，然后把裸片倒过来向下压焊在封装基板的焊盘上，焊盘通过封装基板中的布线连接到基板底部的引脚、插针、触点或锡球上。如图 5-21（b）所示，裸片正面朝下，裸片焊接凸点与封装基板上的焊盘相连，焊盘通过封装基板中的布线连接到封装基板底部的对应锡球上，这是倒装互连的 BGA 结构。

3. 封装基板（Sub）

封装基板如图 5-21 所示，它既是芯片封装的基座或载体，也是实现裸片的信号引出点与封装的信号引脚之间互连的布线层，类似于传统的多层印制电路板（PCB）。因此，封装基板的作用是提供电信号互连、支撑芯片封装和帮助裸片散热。

封装基板的一面固定着芯片的裸片，若采用正装方式，则裸片的信号引出点需要用引线与封装基板的焊盘焊接在一起，如图 5-21（a）所示；若采用倒装方式，则裸片的信号引出凸点需要与封装基板的焊盘相连，如图 5-21（b）所示。封装基板的另一面布满了信号引脚、插针、触点或锡球，分别对应双列直插封装（DIP）、插针阵列封装（PGA）、平面触点阵列封装（LGA）和球阵列封装（BGA）。

封装基板中的多层布线把基板两边的电信号连接了起来，传统 PCB 中的多层布线也实现了 PCB 两边电信号的连接，这看起来虽然相似，但它们在技术参数上存在差别。封装基板与传统 PCB 的区别详见表 5-1，封装基板的尺寸不大，它的布线宽度 / 线距相比传统 PCB 要小很多，可以看作一种微型的 PCB。

表 5-1 封装基板与传统 PCB 的比较

技术参数	封装基板	传统 PCB
层数	2 ～ 10	1 ～ 90
板厚	0.08 ～ 11.2 mm	0.3 ～ 17 mm

续表

技术参数	封装基板	传统 PCB
最小线宽 / 线距	10 ～ 130 μm	50 ～ 1000 μm
最小环宽	12.5 ～ 130 μm	75 μm
单块尺寸	150 mm × 150 mm	不限

4. 中介层（Interposer）

在芯片封装技术中，中介层位于裸片和封装基板之间，起承上启下的作用。中介层是裸片之间、裸片与封装基板之间的专用布线层，它的引入是为了更好地解决裸片之间、裸片与封装基板之间的电信号互连问题。中介层一般用硅材料制作，因此又称硅中介层。

图 5-22 展示了带有硅中介层的封装结构，在硅中介层上可以摆放多个芯片的裸片，通过实现硅中介层和封装基板的电信号互连，构成一个复杂的电路系统。在这种封装结构中，多个裸片平面摆放在硅中介层上，它们可以看作一个电路层，但裸片层和硅中介层形成了堆叠关系，这种封装结构可以看作二维半（2.5D）的立体封装，只有多个电路层堆叠的封装结构才可以称为三维（3D）的立体封装。

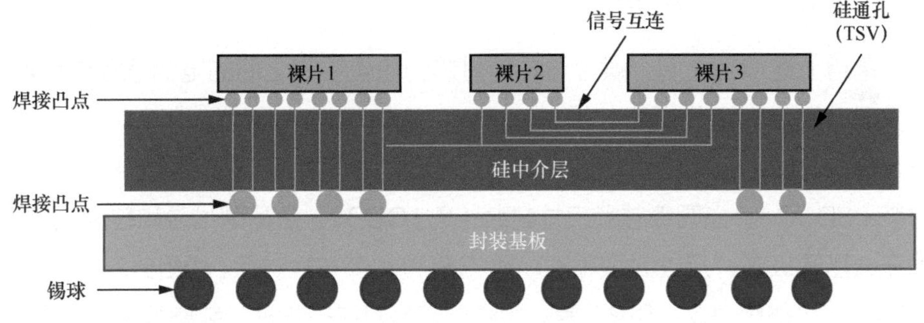

图 5-22　带有硅中介层的封装结构

硅中介层也是按照芯片制造工艺逐层制作而成的，具有复杂的细间距布线能力和可靠的硅通孔（TSV）能力。硅中介层的布线精度比封装基板要高很多。硅中介层一般有 3 层或 4 层布线，互连布线的最小线宽 / 线距可以做到 2 μm

左右（大约头发丝直径的 1/50）。硅中介层中的多层布线形成了电信号的水平连接，硅通孔（TSV）则形成了电信号的垂直连接。

5. 硅通孔（TSV）

硅通孔是最新的芯片封装互连技术。它在堆叠的多层裸片上需要互连的地方，用刻蚀或激光打孔等方法形成通孔，然后用导电材料（如铜、多晶硅、钨等材料）填满通孔，从而形成上下层裸片的信号引出点之间的电气连接。TSV 是三维晶圆级芯片尺寸封装（3D WLCSP）的基础互连方式，没有 TSV 就没有这种先进封装。

图 5-23 是硅通孔（TSV）工艺技术的示意图，图中有三个裸片堆叠在一起，硅通孔实现了三个位置上金属连线层的电信号连接。参见 2.12 节对电路层的介绍，硅通孔还实现了多个电路层纵向的连接，但这种纵向连接不同于芯片制造过程中不同介质层采用过孔（Via[1]）实现的纵向连接，过孔实现的是电路层内部的纵向连接。

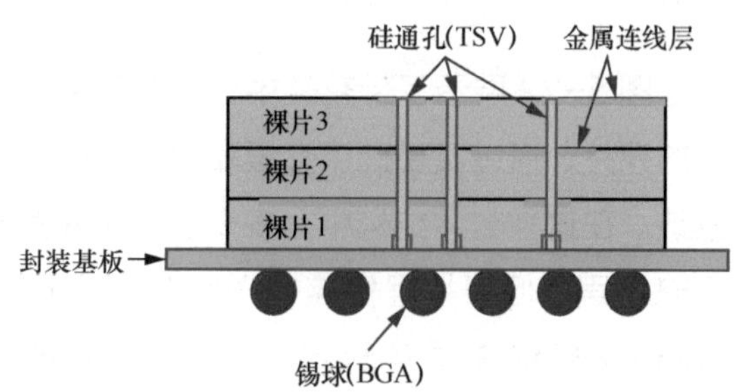

图 5-23　硅通孔（TSV）工艺技术的示意图

运用上述裸片之间、裸片与芯片封装的信号引脚之间的电信号互连技术，业界已开发出许多先进的芯片封装技术，比如由倒装芯片技术演变的扇入型（Fan-In）封装和扇出型（Fan-Out）封装、由多种互连技术实现的三维芯片封装（3D IC）、晶圆级芯片尺寸封装（WLCSP）、由晶圆堆叠和硅通孔实现的三维晶圆级芯片尺寸封装（3D WLCSP）、多芯片封装 / 模组封装（MCP/MCM）、系统级封装（SIP）等。后续章节将对这些先进封装技术进行介绍。

知识点：芯片封装中的互连技术，引线键合，倒装芯片，封装基板，封装基板的作用，中介层，硅通孔

1　Via：芯片中的上下导电介质层由绝缘层隔离着，在绝缘层上开孔，在孔中填满导电介质，就可以使上下导电介质层实现电信号连通，这个开孔称为过孔。

记忆语：芯片封装中的互连技术主要有引线键合、倒装芯片、封装基板、中介层和硅通孔 5 种。**引线键合**是指用金属细丝将裸片上的信号引出点与芯片封装的信号引脚相连。**倒装芯片**则通过将裸片倒过来，使裸片上的信号引出凸点直接变成封装芯片的信号引脚，或者使裸片上的信号引出凸点经过封装基板内的布线与封装基板底部的信号引脚相连。**封装基板**既是芯片封装的基座，也是实现裸片上的信号引出凸点与封装芯片的信号引脚之间电信号互连的布线层。**封装基板的作用**是提供电信号连接、支撑芯片封装和帮助裸片散热。**中介层**是位于裸片和封装基板之间的专用布线层，它的引入是为了更好地解决裸片之间、裸片与封装基板之间的电信号互连问题。**硅通孔**是指在多层堆叠裸片的特定位置穿孔，并在孔中填满导电的多晶硅材料，使上下层裸片的特定位置实现电信号互连。

5.4　什么是扇入型封装和扇出型封装?

使用倒装芯片技术来封装芯片，首先需要在芯片的裸片表面做出焊接凸点（锡球），如图 5-24 的左上图所示，然后把裸片倒过来进行封装。根据裸片上信号引出点数目的多少，将会遇到以下两种情况。

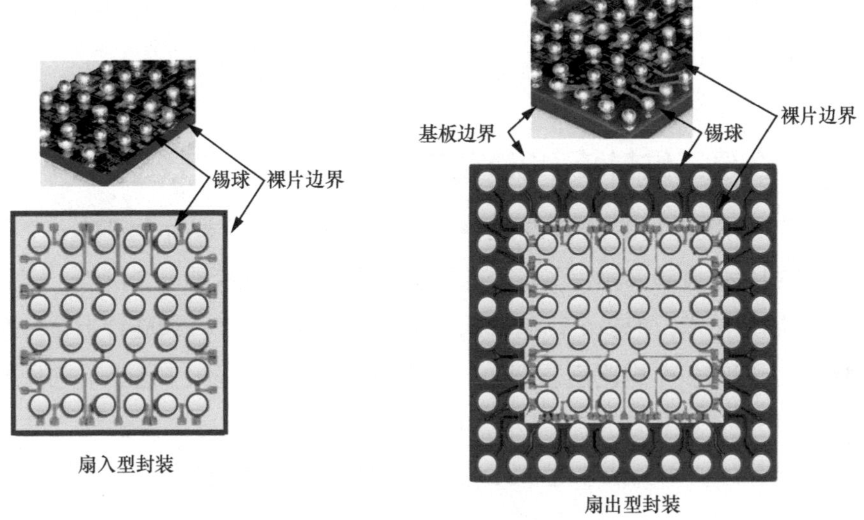

图 5-24　扇入型封装和扇出型封装的示意图

第一种情况是裸片的面积够大，而信号引出点数目不多，这些焊接凸点（锡球）在裸片上可以很好地安排，芯片可以封装得与裸片大小相近，这种芯片封装就是扇入型（Fan-In）封装，如图 5-24 的左下图所示。

因此，扇入型封装是封装后芯片尺寸与裸片面积大小十分接近的封装，是倒装芯片封装的一种。扇入型封装又称芯片尺寸封装（CSP[1]）。扇入型封装芯片的信号引脚（锡球）分布在裸片面积范围之内。

第二种情况是裸片的信号引出点数目很多，焊接凸点（锡球）在裸片上安排不完，此时需要借助封装基板来扩大焊接凸点（锡球）摆放的面积，但如此一来，封装后芯片的面积就大于裸片的面积，这种芯片封装就是扇出型（Fan-Out）封装，如图 5-24 的右下图所示。

因此，扇出型封装是封装后芯片面积大于裸片面积的封装，也是倒装芯片封装的一种。扇出型封装芯片的信号引脚或锡球分布在面积大于裸片的封装基板上。如今复杂芯片的信号引出点非常多，因此扇出型封装技术采用较多。

知识点：扇入型封装，扇出型封装

记忆语：扇入型封装是封装后芯片面积与裸片面积大小十分接近的封装，又称芯片尺寸封装（CSP）。**扇出型封装**是封装后芯片面积大于裸片面积的封装。

5.5 什么是三维封装（3D 封装）？

2.12 节对电路层的概念做了介绍。一般来说，一个裸片上只有一个电路层，多个裸片堆叠起来就有了多个电路层。但存储器裸片是一个例外，它采用三维集成制造技术，把多个存储单元电路层堆叠制造在了一块硅片上，一个存储器裸片上就有多个电路层。例如，128 层的闪速存储器（Flash）芯片就有 128 个电路层。根据芯片封装壳中电路层的多少，可以把芯片分为二维平面芯片（2D 芯片）和三维芯片（3D 芯片）。图 5-25 是 2D 芯片、2.5D 芯片、

1 CSP：芯片尺寸封装（Chip Scale Package）。

3D 芯片的结构示意图。

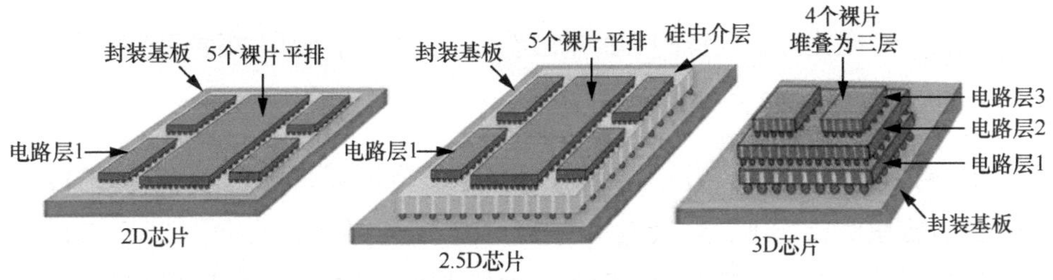

图 5-25　2D 芯片、2.5D 芯片、3D 芯片的结构示意图

二维平面芯片（2D 芯片）是芯片封装壳中只有一个电路层的芯片。如图 5-25 的左图所示，虽然有多个裸片，但它们被安排在同一个平面上，每个裸片上只有一个电路层，从整体来看就是一个平面的电路层，它们采用倒装芯片方式与封装基板互连。

三维芯片（3D 芯片）是指芯片封装壳中由多个电路层堆叠的芯片。如图 5-25 的右图所示，每个裸片上都有一个电路层，多个裸片的堆叠就形成了多个电路层的堆叠，它们采用倒装芯片方式和硅通孔方式与封装基板互连。

对于存储器芯片来说，即使封装壳中只有一个裸片，但如果这个裸片上集成了多个电路层，则存储器芯片也可以看作 3D 芯片，而且存储器裸片也可以堆叠封装在一起，形成更多电路层的堆叠。例如，8 片 128 层的存储器裸片堆叠封装在一起，就形成了 1024 个电路层的堆叠，这种芯片当然是 3D 芯片。

三维封装（3D 封装）的过程如下：首先把多个裸片堆叠，采用引线互连、倒装芯片、硅中介层、封装基板、硅通孔等手段，实现裸片之间、裸片与封装外信号引脚之间的互连；然后把它们封装在一个封装壳内，就形成了三维（3D）芯片。

2.5D 封装是一种特殊情况，此时芯片封装壳中虽然只有一个电路层，但这个电路层与封装基板之间有一个用芯片制造工艺制成的用于布线的硅中介层（Silicon Interposer），它与裸片形成了堆叠关系，这样的芯片既不属于 2D 芯片，也不属于 3D 芯片，称为 2.5D 芯片。如图 5-25 的中间图所示，虽然芯片上有多个裸片，但它们被安排在同一个平面上，每个裸片上只有一个电路层，它们采用倒装芯片方式通过硅中介层与封装基板互连。从整体上看，封装壳中只有一个电路层，这样的芯片本应看作 2D 芯片，但因为存在电路层与硅中介层的堆叠，所以称为 2.5D 芯片。

3D 芯片封装是 2D 芯片沿着摩尔定律的方向发展，在平面尺寸微缩技术即将逼近极限的情况下，封装技术选择了纵向堆叠的发展方向。2.5D 芯片封装是为了解决互连布线难题而采用的一种折中的技术措施，也是 2D 芯片封装向 3D 芯片封装的过渡技术。

知识点：电路层，2D 芯片，3D 芯片，2.5D 芯片，3D 封装的过程

记忆语：电路层是晶圆上平铺的电路元器件和连线层。一般晶圆或裸片上只有一个电路层，但存储器的晶圆或裸片上有多个电路层。**2D 芯片**是封装壳中只有一个电路层的芯片。**3D 芯片**是封装壳中有多个电路层堆叠的芯片。**2.5D 芯片**是封装壳中虽然只有一个电路层，但这个电路层和封装基板之间有一个硅中介层的芯片。**3D 封装的过程**是，首先把多个裸片堆叠，然后采用引线互连、倒装芯片、硅中介层、封装基板、硅通孔等手段实现裸片之间、裸片与封装外信号引脚之间的互连，最后把它们封装在一起。

5.6　什么是晶圆级封装?

晶圆级封装（WLP[1]）不同于传统封装对裸片进行封装，而是在整个晶圆上进行封装相关操作，包括重新布线层（RDL[2]）制作、焊接凸点（锡球）形成、裸片表面保护等，然后将晶圆切割成单颗芯片。WLP 也是一种先进的封装技术，因具有尺寸小、导电性能优良、散热好、成本低等优势，近年来被广泛采用。

WLP 分为晶圆级芯片尺寸封装（WLCSP）、三维晶圆级芯片尺寸封装

1　WLP：晶圆级封装（Wafer Level Packaging）。

2　RDL：重新布线层（ReDistribution Layer）。

（3D WLCSP[1]）等形式。

1. 晶圆级芯片尺寸封装（WLCSP）

图 5-26 是晶圆级芯片尺寸封装与传统封装的对比示意图。如图 5-26（a）所示，传统封装首先把晶圆切割成一个个的裸片，然后把裸片封装成芯片。因为传统封装是在裸片上进行封装，所以这种封装可称为裸片级芯片封装。

如图 5-26（b）所示，晶圆级芯片尺寸封装是对整个晶圆进行封装，然后将晶圆切割成与裸片尺寸大小相近的芯片。因此，这种封装称为晶圆级芯片尺寸封装。

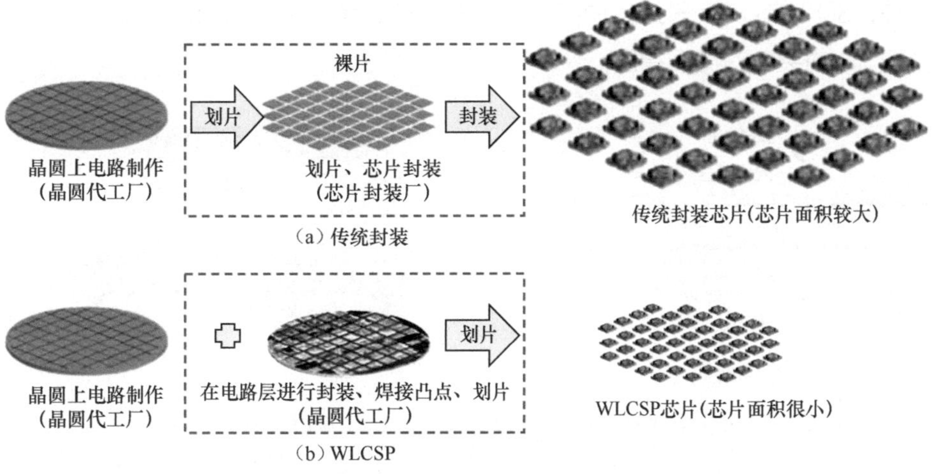

图 5-26　晶圆级芯片尺寸封装（WLCSP）与传统封装的对比示意图

图 5-27 对一个微控制器（MCU）芯片的两种封装尺寸做了比较。可以看到，使用 WLCSP 技术封装的芯片面积基本上与裸片面积相同，而使用传统 LQFP 技术封装的芯片面积大约是裸片面积的 16 倍。

图 5-27　一个微控制器（MCU）芯片两种封装尺寸的比较

1　3D WLCSP：三维晶圆级芯片尺寸封装（3D Wafer-Level Chip Scale Packaging）。

2. 三维晶圆级芯片尺寸封装（3D WLCSP）

使用晶圆级芯片尺寸封装（WLCSP）技术封装的芯片很小，可以直接贴装到整机系统的印制电路板上，或者贴装到封装基板并进行扇出型（Fan-Out）封装。但这种封装因为只有一个电路层，因此是二维（2D）封装。也可在裸片和封装基板之间增加中介层，此时就变成 2.5D 封装。

3D WLCSP 则把做好电路层的多片晶圆堆叠起来，利用硅通孔（TSV）实现上下层电信号连通，在完成其他封装工艺后，对堆叠的晶圆进行切割，即可实现多个电路层堆叠的三维（3D）封装。台积电（TSMC）把这种封装技术称为堆叠晶圆（WoW[1]）封装。通过堆叠实现芯片三维（3D）封装的方式有多种，3D WLCSP 只是其中的一种。图 5-28 是 3D WLCSP 与基于引线键合的 3D 封装的对比示意图。

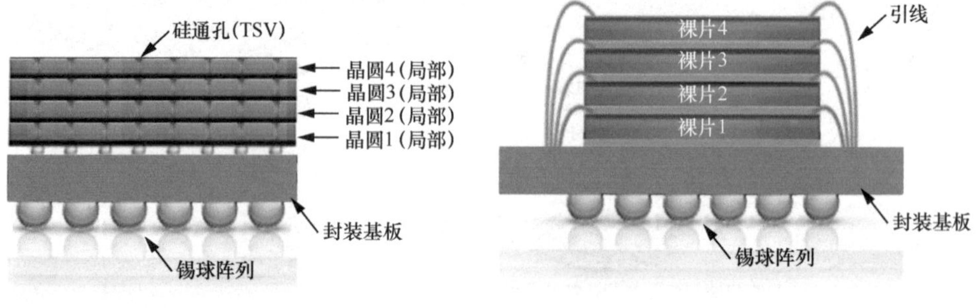

图 5-28　3D WLCSP 与引线键合的 3D 封装的对比示意图

图 5-28 的左图是通过晶圆堆叠和倒装芯片技术实现的 3D 封装示意图。3D WLCSP 有两个特征：第一个特征是，这种封装是晶圆级的，即不是对切割后的裸片进行堆叠，而是对整个晶圆进行堆叠；第二个特征是，这种封装采用了硅通孔（TSV）互连技术，而不是采用早期的引线键合互连技术。

图 5-28 的右图是通过堆叠裸片实现芯片 3D 封装的示意图，这是早期传统的 3D 封装形式。这种封装先对晶圆进行切割，再堆叠裸片并进行封装，其间采用了早期的引线键合互连技术。

1　WoW：堆叠晶圆（Wafer-on-Wafer）。

知识点：晶圆级封装，二维晶圆级芯片尺寸封装，三维晶圆级芯片尺寸封装，晶圆级封装与传统封装的区别

记忆语：晶圆级封装不同于传统封装对裸片进行封装，而是对整个晶圆进行封装，相关操作包括重新布线层（RDL）制作、焊接凸点（锡球）形成、裸片表面保护等。晶圆级封装分二维晶圆级芯片尺寸封装和三维晶圆级芯片尺寸封装两种类型。**二维晶圆级芯片尺寸封装**首先在整个晶圆上完成封装的相关工艺，然后把晶圆切割成与裸片尺寸大小相近的芯片。**三维晶圆级芯片尺寸封装**则首先对多个晶圆进行堆叠，然后完成封装的相关工艺，最后将堆叠的晶圆切割成与裸片尺寸大小相近的 3D 芯片。**3D 芯片**是封装壳中由多个电路层堆叠的芯片。**晶圆级封装与传统封装的区别**在于传统封装先切割，再对裸片进行封装；而晶圆级封装先对整个晶圆进行封装，之后再切割。

5.7　什么是多芯片封装和模组封装?

多芯片封装（MCP[1]）是指把多颗芯片的裸片封装在一个封装壳内，多芯片封装的成品是一颗功能更复杂的芯片。如果封装中的多个裸片连接构成了一个完整的电路系统，则多芯片封装也可称为系统级封装（SIP）。图 5-29 举了两个多芯片封装的例子。

如图 5-29 的左图所示，华为 AI 芯片 Ascend 910 使用 MCP 技术将 8 个裸片封装在了一颗大的芯片中，其中的信号互连采用的是硅中介层技术。因此，该芯片也可以看作 2.5D 的 MCP 芯片。

如图 5-29 的右图所示，美光 UFS[2] 芯片采用 3D MCP 技术，将 LPDRAM[3] 裸片、NAND Flash 裸片和 UFS 控制器裸片通过中介层和硅通孔互连技术互连，并封装在一起，可以提供 8 种不同存储容量的配置。

1　MCP：多芯片封装（Multi-Chip Package）。

2　UFS：通用闪速存储器（Universal Flash Storage）。

3　LPDRAM：低功耗动态随机存储器（Low Power Dynamic Random Access Memory）。

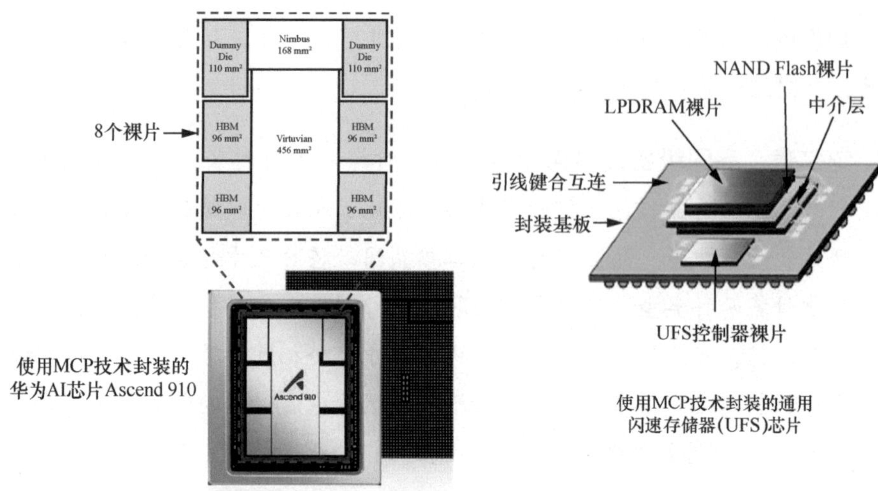

图 5-29　两个多芯片封装（MCP）的例子

模组封装（MP[1]）是一种把多个芯片的裸片、传感器、天线、电阻和电感等电子元器件封装在一个模组内的封装技术，模组的尺寸可大可小。模组封装旨在提高复杂电路系统的可靠性和装拆的便利性，同时提高其抗恶劣环境的能力。模组封装也称为模块封装。如果模组内的芯片等电子元器件构成了一个完整的电路系统，则模组封装也可称为系统级封装（SIP）。图 5-30 举了 4 个模组封装的例子，相应的模组封装产品分别是惯性导航模组、北斗 + GPS 双模定位模组、IGBT[2] 模组和 SIP 模组。

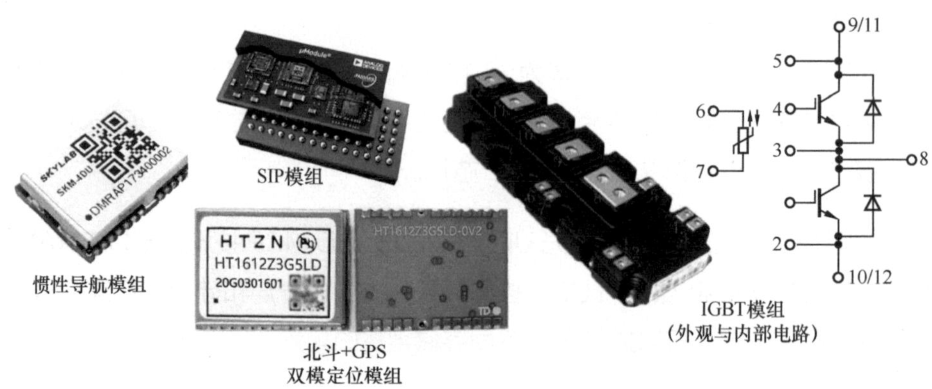

图 5-30　4 个模组封装（MP）的例子

1　MP：模组封装（Module Package）。

2　IGBT：绝缘栅双极型晶体管（Insulated Gate Bipolar Transistor）。

多芯片封装与模组封装的区别不大。多芯片封装把多颗芯片的裸片封装在一个封装壳内，本质上还是一颗芯片，封装尺寸比较小和薄。模组封装中除了有芯片的裸片，还有其他电子元器件和传感器等，封装形成的模组是一个智能化的功能部件，封装尺寸比较大和厚。

知识点：多芯片封装，模组封装，系统级封装

记忆语：多芯片封装（MCP）把多颗芯片的裸片封装在一个封装壳内，封装尺寸一般小而薄。**模组封装**（MP）把芯片的裸片和各种电子元器件装在一个封装壳内，封装尺寸一般大而厚。如果多芯片封装和模组封装内部已构成一个完整的电路系统，则可以称为**系统级封装**（SIP）。

5.8　什么是系统级封装？

芯片封装技术根据不同的观察角度，可以进行不同的分类。类似于芯片的分类，如果芯片内部是一个完整的电路系统，则这颗芯片就是一颗系统级芯片（SoC），也可称为片上系统；如果封装壳内部是一个完整的电路系统，则这个封装就是一个系统级封装（SIP），也可称为封装内系统。

实现系统级封装的方法有很多，前提是在现有技术条件下，人们有办法把电路系统中的所有芯片和电子元器件封装在一起，并且要有这么做的必要。实现系统级封装的技术主要有多芯片封装（MCP）和模组封装（MP），支撑这两种封装的互连技术包括引线键合（WB）、倒装芯片（FC）、中介层（Interposer）、封装基板（Package Substrate）和硅通孔（TSV）。扇入型（Fan-In）封装和扇出型（Fan-Out）封装、3D 封装、晶圆级封装（WLP）等技术也是多芯片封装（MCP）和模组封装（MP）的支撑技术。

通过以上各种封装技术的介绍，读者可以基本掌握各种互连技术和封装工艺。今后当遇到一种新的封装技术时，就可以通过芯片的内部结构，分析出这种新的封装技术所采用的信号互连方式以及运用了哪些现有封装技术，从而把关注重点放在新封装技术的创新上。

图 5-31 列举了两个系统级芯片封装的例子，其中左图是多芯片封装，封装壳内有三个裸片；右图是模组封装，封装壳内至少有三个裸片，其中两个堆叠在一起。你是否能从它们的内部结构看出它们都采用了哪些信号互连方式，以及采用了哪些基础的封装技术作为支撑？

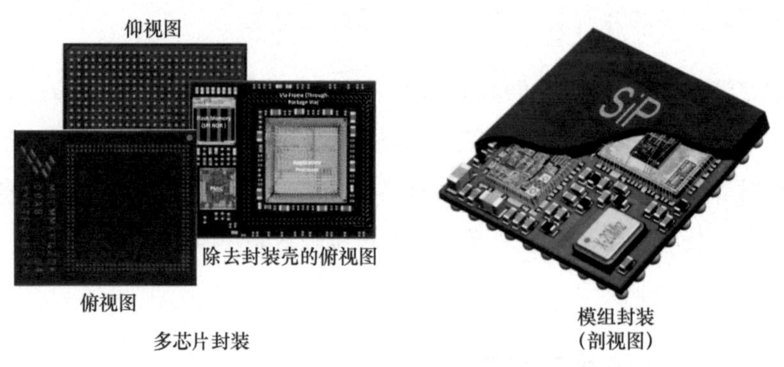

图 5-31　多芯片封装和模组封装的举例

知识点：系统级封装，多芯片封装，模组封装

记忆语：系统级封装是一种把电路系统的所有芯片的裸片、二极管、电阻、电容等元器件封装在一起，并在封装壳内构成完整电路系统的封装技术。**多芯片封装**和**模组封装**技术都可以用来实现系统级封装。

5.9 什么是芯片测试？

芯片测试就是检测芯片的功能是否正确、性能是否达标，以及寿命是否合格。广义的芯片测试贯穿于芯片设计、芯片制造、芯片封装和测试的各个环节。狭义的芯片测试是指芯片封装以后的测试。芯片产业链（芯片设计、芯片制造、芯片封装和测试）上的芯片测试显然是指狭义的芯片测试。

芯片测试的技术难度不亚于芯片产业链上的其他环节。芯片功能越来越复杂，应用场景变化多端，要把芯片应用时的各种工作状态、故障模型提前假想和设计出来，再按照故障模型给芯片施加输入激励，并核对芯片功能和输出结果，是一项非常复杂和困难的事情。另外，芯片测试较难的例证就是芯片测试工程师的薪酬在业界较高。芯片测试工程师的培养难度较大，培养周期较长，有经验的芯片测试工程师经常供不应求。但芯片测试难度再大也是必须要完成的工作，否则芯片质量无法保证。

1. 广义的芯片测试

广义的芯片测试既包括芯片设计、芯片制造和芯片封装阶段的测试工作，也包括在芯片设计阶段为后期的芯片测试所做的准备工作。

芯片设计阶段的测试工作：芯片设计阶段的测试工作首先是设计验证和仿真，这可以借助 EDA 软件来完成，以保证芯片设计百分百正确；其次是在芯片设计中增加可测试性设计（DFT[1]），这会使芯片中增加少量额外的电路，如扫描链（Scan Chain）、存储器内建自测试（MBIST[2]）模块等，从而保证芯片在制造和封装后可以进行更全面、更方便的芯片测试。

芯片制造阶段的测试工作：芯片制造阶段的测试工作是进行晶圆检测，也就是通过探针台和信号电缆把裸片上的测试点与自动化测试设备（ATE[3]）相连，逐一对裸片进行功能和性能测试，并标记出不良裸片，以便在切割之后弃之不用。这种测试称为晶圆检测（CP[4]），又称为芯片的前端测试（Front End Test）。图 5-32 是晶圆检测过程中探针台的实景照片，被测的晶圆安放和固定在探针架下方的平台上，可以沿 *x* 方向或 *y* 方向步进移动。

晶圆上的裸片按照行和列逐一被检测。当一个裸片检测完毕后，探针架抬起，下方的平台载着晶圆沿 *x* 方向移动，使相邻的一个裸片正好处于探针之下，探针架放下，所有探针正好压在对应的测试点上，并立即对这个裸片进行检测，结束后进行下一个裸片的检测。当一行裸片检测完毕后，平台载着晶圆沿 *y* 方向移动，开始另一行裸片的检测。

1　DFT：可测试性设计（Design For Testability）。

2　MBIST：存储器内建自测试（Memory Built-In Self-Test）。

3　ATE：自动化测试设备（Automatic Test Equipment）。

4　CP：晶圆检测（Chip Probing）。

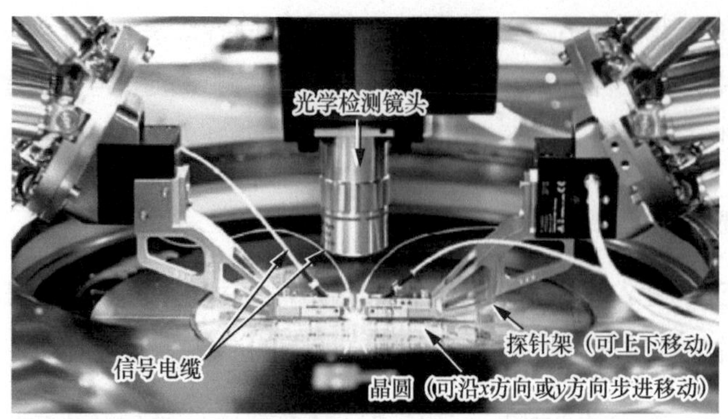

图 5-32 晶圆检测过程中探针台的实景照片

2. 狭义的芯片测试

芯片封装结束后，需要进行最后的测试工作，称为最终测试（Final Test），也称为后端测试（Back End Test）。后端测试是狭义的芯片测试。

后端测试是芯片质量的"守护者"，包括芯片功能测试、芯片性能测试和芯片可靠性测试。芯片封测厂在这些测试中将会用到自动化测试设备、老化设备、稳压电源、信号发生器、示波器、逻辑分析仪、接口板和转接插座等。

1）芯片功能测试

芯片功能测试使用的主要设备是自动化测试设备。芯片功能测试需要依靠扫描测试（Scan Test）来对芯片中的逻辑电路模块进行测试，并依靠存储器内建自测试（MBIST）模块来对芯片中的存储器模块进行测试，以及依靠自动化测试设备（Automatic Test Equipment，ATE）选配的高速通信适配卡来对芯片中的高速数字接口（如 USB 接口、MIPI[1]、PCIe[2] 接口、SATA[3] 等）进行测试。另外，有时还要对芯片中的一些模拟电路模块（如 PLL[4]、LDO[5]、

1 MIPI：移动产业处理器接口（Mobile Industry Processor Interface）。

2 PCIe：高速外围组件互连（Peripheral Component Interconnect express）。

3 SATA：串行先进技术总线附属接口（Serial Advanced Technology Attachment interface）。

4 PLL：锁相环（Phase Locked Loop）。

5 LDO：低压差线性稳压器（Low Dropout Regulaor）。

OSC[1] 等）进行测试。

以下举例说明扫描测试（Scan Test）的工作原理，以便了解如何测试芯片中的逻辑电路。图 5-33 是扫描测试的原理示意图，芯片中共有 6 个逻辑电路模块，虚线是扫描链（Scan Chain），它避开了存储器模块，存储器模块可利用 MBIST 技术完成测试。

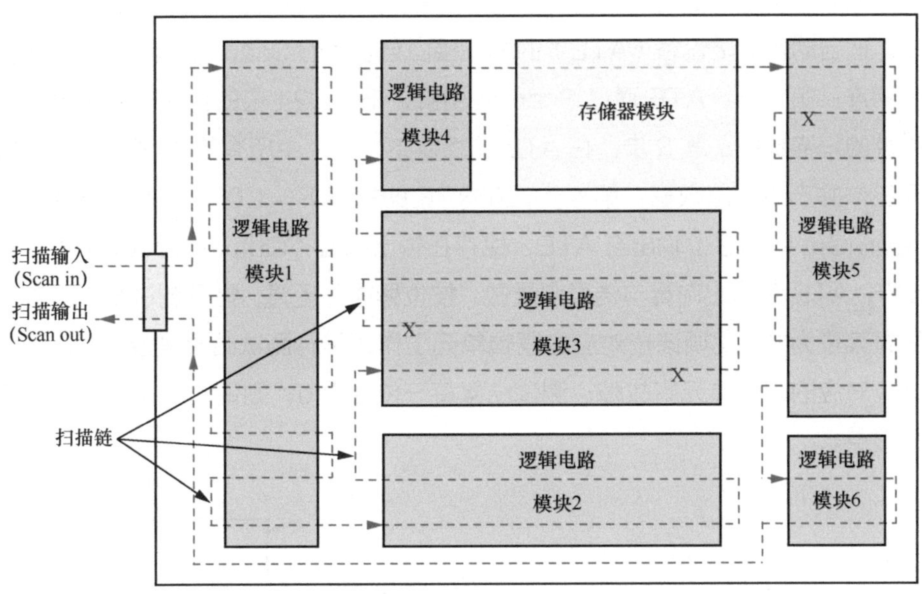

图 5-33　扫描测试的原理示意图

在芯片设计阶段，在芯片中插入扫描链是可测试性设计的内容之一。设计人员可以借助 EDA 软件，把图 5-33 中虚线所示的扫描链自动添加到芯片中，扫描链把逻辑电路中的每一个逻辑单元串联起来，它能给这些逻辑单元输入数据，也能从这些逻辑单元中得到结果。可测试性设计追求扫描链对芯片上逻辑电路最大的覆盖率，大部分芯片的扫描链覆盖率在 95% 以上，这意味着芯片上 95% 以上的逻辑单元都可以得到测试。在芯片中插入扫描链后，芯片上就会增加两个信号引脚，它们分别是扫描输入（Scan In）引脚和扫描输出（Scan Out）引脚。

1　OSC：振荡器（Oscillator）。

在芯片中插入扫描链的同时，EDA 软件也会自动生成给每个逻辑单元提供输入数据的输入向量（Input Vector），以及每个逻辑单元的理想输出数据组成的结果向量（Result Vector）。假设图 5-33 所示的扫描链覆盖了 1 024 个逻辑单元，则输入向量和结果向量都是 1 024 位的二进制数，其中的每一位对应一个逻辑单元。

图 5-34 是扫描测试的工作原理示意图。扫描测试的工作步骤如下：第 1 步，把自动化测试设备（ATE）的测试接口与芯片的 Scan In 和 Scan Out 引脚相连；第 2 步，ATE 通过 Scan In 引脚，把 1 024 位的输入向量移位输入芯片的扫描链中；第 3 步，在 ATE 的控制下，芯片中所有的 1 024 个逻辑单元工作并产生输出数据；第 4 步，在 ATE 的控制下，1 024 位的输出数据由 Scan Out 引脚移位输出至 ATE，保存在输出向量（Output Vector）中；第 5 步，ATE 对输出向量与结果向量做“按位异或”运算，得到测试结果。测试结果某位为 0，说明该位对应的逻辑单元工作正常；测试结果某位为 1，说明该位对应的逻辑单元有故障；测试结果每一位都为 0，则说明逻辑电路中没有故障点。

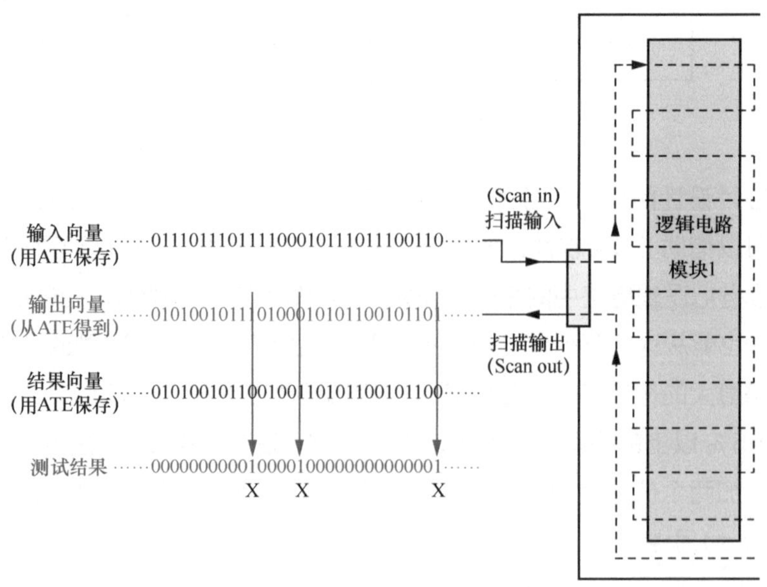

图 5-34　扫描测试的工作原理示意图

观察图 5-33，假设逻辑电路模块 3 中有两个故障点，逻辑电路模块 5 中有一个故障点，故障点在图 5-33 中用红 X 标出。这 3 个故障点会在输出向量与结果向量的“按位异或”运算中表现出来，如图 5-34 所示，测试结果为 1 的 3 个位置表示扫描链的这 3 个位置对应的逻辑单元有故障，它们与图 5-33 中符号“X”所标识的位置是一一对应的关系，工程师就是根据测试结果来确定芯片中故障点的位置。

输入向量和结果向量是在芯片设计阶段由 EDA 软件生成的，输出向量则是从扫描测试中得到的。在 ATE 上进行对输出向量和结果向量的“按位异或”运算，得到的测试结果反映了被测芯片中逻辑电路的故障数目和故障位置。

2）芯片性能测试

芯片性能测试的项目和内容根据芯片的类型而定，例如对于 CPU、DPU、DSP 等处理器芯片，就要测试芯片的最大工作频率、最低工作电压、功耗等；而对于放大器等模拟芯片，就要测试芯片的放大倍数、信噪比、静态电流和动态电流等。芯片性能测试得到的测试数据通常列在芯片产品说明书的性能参数一览表中。

3）芯片可靠性测试

芯片可靠性测试是在老化室完成的测试，老化室中一般包括高低温试验箱、加速应力试验台、电源等设备。芯片可靠性测试主要包括高温工作寿命试验（HTOL）、高温保存寿命试验（HTSL）、温湿度高加速应力试验（HAST）等。HTOL 用来预估芯片未来长时间正常工作的寿命；HTSL 用来评估芯片在设定的高温情况下保存时，经过多长时间仍能保持完好；HAST 用来评估芯片在加电情况下，在设定的高温和湿度环境中，经过多长时间仍能正常工作，以检验芯片的可靠性和使用寿命。

知识点：芯片测试，广义的芯片测试，狭义的芯片测试，前端测试，晶圆检测，后端测试，最终测试，扫描测试

记忆语：芯片测试就是检测芯片的功能是否正确、性能是否达标，以及寿命是否合格。**广义的芯片测试**包括芯片设计、芯片制造和芯片封装阶段的相关测试工作。**狭义的芯片测试**是指芯片封装后的测试工作。**前端测试**是芯片制造中的最后一道工序，旨在检查晶圆上每个裸片的好坏，又称为**晶圆检测**。**后端测试**是芯片封装完成后的测试工作，又称为**最终测试**。后端测试包括芯片功能测试、芯片性能测试和芯片可靠性测试。**扫描测试**是芯片功能测试的重要手段之一，主要用来测试芯片中的逻辑电路。

5.10　芯片测试设备主要包括哪些种类？

芯片测试设备主要指芯片分析实验室、芯片质量认证实验室、芯片测试中心和芯片封测厂需要使用的测试设备及仪器。芯片分析实验室和芯片质量认证实验室的芯片测试工作不是芯片生产流程中的环节，而主要服务于芯片的科研、故障分析、失效分析、品质认定等，只有芯片测试中心和芯片封测厂的芯片测试工作才是芯片生产流程中的环节。

本节主要介绍芯片测试中心和芯片封测厂使用的测试设备。芯片测试中心主要从事芯片测试程序开发和少量样片测试，芯片封测厂则从事量产芯片的批量测试。芯片测试设备主要包括芯片测试机、专用测试机台、机械手、分选机、老化试验设备和仪器仪表等。

1. 芯片测试机

芯片测试机分为手动测试机、半自动测试机和自动化测试设备（ATE）三种。它们的区别在于测试功能的专用性和通用性，以及自动化程度的高低。ATE 的测试功能最全，自动化程度最高，适合在自动化测试线上使用。

图 5-35 所示为两种常用的自动化测试设备的外观：左图是日本爱德万（Advantest）公司的 V93000-A 型测试机，适用于混合信号以及 MCU、

SoC、传感器和射频（RF）芯片的测试；右图是美国泰瑞达（Teradyne）公司的 Magnum 2 型测试机，适用于测试存储器和逻辑器件。

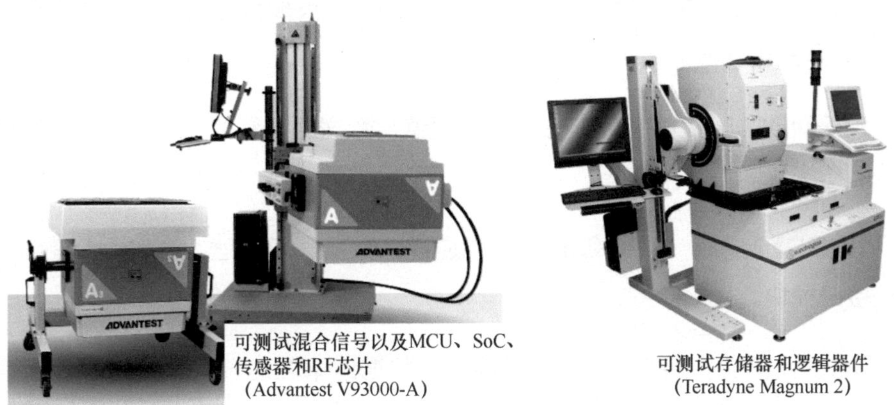

图 5-35　两种常用的自动化测试设备（ATE）的外观

ATE 实际上是一个芯片测试系统，其中一般包括计算机系统软件、系统总线控制系统、测试激励存储器、测试激励控制器、时钟发生器、精密测量单元、可编程电源和测试台、连接电缆、测试插座和转接插座等。ATE 主要分为三大核心部分，一是 ATE 主机，二是选配卡，三是测试软件。

- ATE 主机由计算机系统软件、测试台、扩展箱和扩展插槽等通用部件构成。
- 选配卡是用于测试某一类芯片的适配卡，ATE 主机的扩展插槽可以插入多个选配卡。不同类型的芯片测试需要选购对应的选配卡，才能实现对这类芯片的测试。
- 测试软件不同于 ATE 主机的计算机系统软件。测试软件是芯片测试工程师根据所要测试芯片的功能和性能，专门开发出来的一套应用程序。

图 5-36 是爱德万 T2000 测试平台的系统配置示意图。爱德万 T2000 测试平台有 10 多种选配卡，可以实现对物联网模组，SoC、ASIC[1]、FPGA、

1　ASIC：专用集成电路（Application Specific Integrated Circuit）。

MCU、eFlash[1]、RF 等类别的芯片，以及功率器件、电源管理系统和电源模组、CMOS 图像传感器、ADAS[2] 等的测试。T2000 主机由主机柜、工作台、计算机软件系统、通用电路模块、可编程电源、扩展插槽等构成。下面简要介绍 T2000 主机的选配卡。

500MDM 模块：拥有 128 个测试通道、数据速率高达 500 Mbit/s 的 I/O 通信接口模块。

1.6GDM 模块：拥有 256 个测试通道、数据速率高达 1.6 Gbit/s 的 I/O 通信接口模块。

8GDM 模块：拥有 96 个测试通道、数据速率高达 8 Gbit/s 的 I/O 通信接口模块，可满足扫描测试以及串口和并口测试的要求。

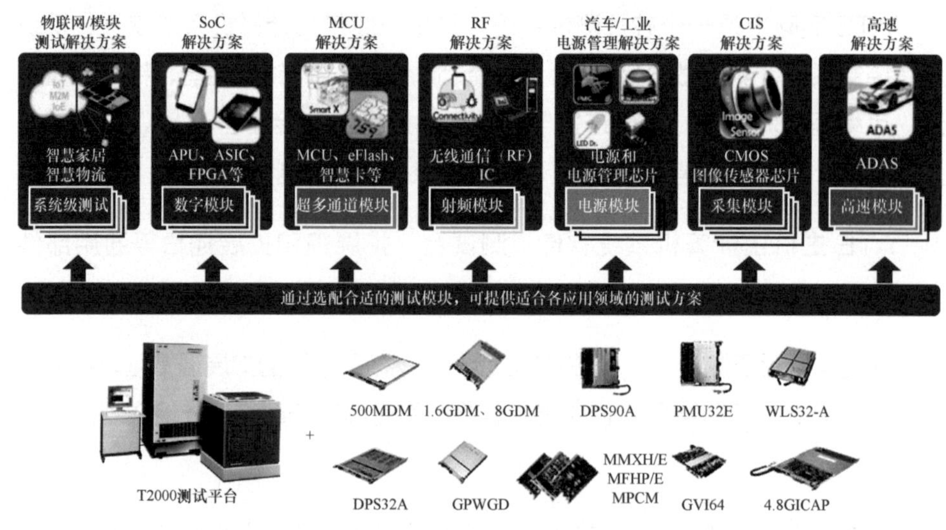

图 5-36　爱德万 T2000 测试平台的系统配置示意图

DPS32A 模块：可 32 通道向被测器件（DUT[3]）供电，每通道电流为 1 A。

DPS90A 模块：可 64 通道向被测器件（DUT）供电，每通道电流 2 A

1　eFlash：嵌入式闪速存储器，也称为嵌入式闪存。

2　ADAS：高级驾驶辅助系统（Advanced Driving Assistance System）。

3　DUT：被测器件（Device Under Test）。

或 0.8 A。

PMU32E 模块：32 测试通道的增强型多功能参数测量单元，具有电压生成 – 电流测量功能 / 电流生成 – 电压测量功能，可用于测试 ADC/DAC 的直流参数和直流线性。

WLS32-A 模块：12 GHz 的宽带信号发生器和测量模块，不仅具有射频（RF）信号发生、分析、测量功能，还具有参考时钟生成功能，可用于手机、无线局域网等射频应用的测量。

GPWGD 模块：拥有 32 个测试通道，由通用型任意波形发生器、通用型波形数字转换器、参考电压发生器和参数测量单元构成，可用于音频和视频设备等应用的测试。

MMXH/E 模块：64 位输出增强型高压多功能混合模块。**MFHP/E 模块**：36 位输出增强型多功能浮动式大功率模块。**MPCM 模块**：72 位输出多功能交叉点式矩阵模块。这 3 个模块可用于汽车、工业等领域的电源管理芯片及系统的测试。

GVI64 模块：拥有 64 个测试通道的电压参数测量单元，由任意波形发生器、数字转换器和高精度时间测量单元等构成，可用于模拟芯片和电源芯片的测量。

4.8GICAP 模块：用于测试 CMOS 图像传感器。

2. 专用测试机台

专用测试机台用于测试某类芯片的一项或者几项参数或指标，比如半导体激光模组测试仪，对芯片电源供应进行测试的电源测试仪，用于测试和分析芯片工艺、芯片内部结构的 X 射线测试仪、扫描电子显微镜（SEM）、透射电子显微镜（TEM），用于测试芯片引线的拉力、冷焊凸点的拉力、BGA 凸点的剪切力、球焊的剪切力的芯片推拉力 / 剪切力测试仪等。

图 5-37 的左图所示为一种扫描电子显微镜（SEM）的外观，图 5-37 的

右图所示为一种芯片应力测试仪（台式）的外观，它们主要用于可靠性测试和分析。

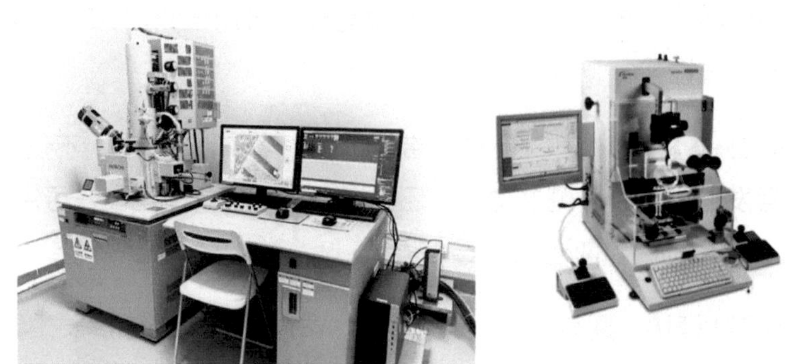

图 5-37　扫描电子显微镜（左）和芯片应力测试仪（右）的外观

3. 机械手

在对芯片进行测试、分选、摆盘和包装时，机械手是用来把芯片放入测试卡座、托盘和包装中，或者从中取出芯片的自动化机械装置。机械手有时也称为机械手臂。机械手是实现芯片自动化测试、分选和包装的重要设备。如果没有机械手辅助，人工测试、分选和包装芯片的效率就会很低，而且很容易出错和造成芯片损坏。图 5-38 是一种双机械手配合芯片测试机工作的场景图。

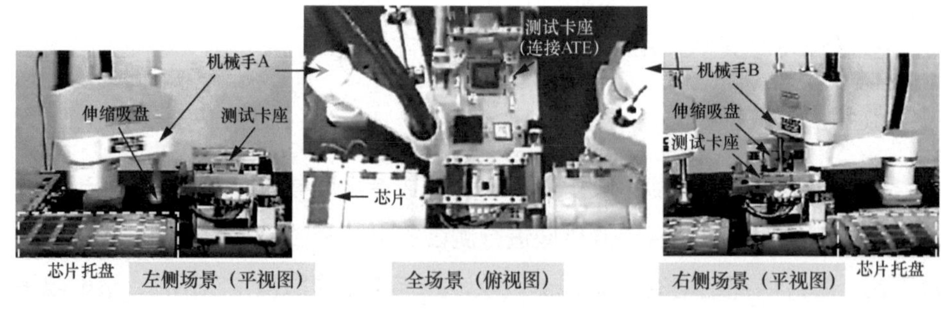

图 5-38　一种双机械手配合芯片测试机工作的场景图

图 5-38 的中间图是全场景的俯视图；左图是左侧机械手 A 的平视图，机械手 A 的前方是上料芯片托盘，其中摆放着待测试的芯片；右图是右侧机械手

B 的平视图，机械手 B 的前方是下料芯片托盘，其中摆放着已测试的芯片。

从全场景的俯视图中可以看到，与测试机连接的测试卡座正处于打开状态。两个机械手与测试机协同进行自动化测试的步骤如下：第 1 步，机械手 A 的伸缩吸盘从上料芯片托盘中取出一块芯片，移动放入测试卡座；第 2 步，测试卡座上的盖板下压，使芯片底部的插针、触点、锡球或者芯片四个边上的引脚与测试卡座上的信号触点可靠接触，在芯片、测试卡座和测试机之间形成对应的电信号连通；第 3 步，测试机在得到机械手上料结束的电信号后，开始执行测试程序，自动完成全部的测试项目；第 4 步，机械手在得到测试机测试完毕的电信号后，打开测试卡座上的盖板；第 5 步，机械手 B 的伸缩吸盘从测试卡座中取出芯片，移动放入下料芯片托盘中。下料芯片托盘可以有多个，机械手 B 可以根据测试结果进行分选，并把测试后的芯片分别放入不同的下料芯片托盘中。

以上有些步骤在时间上可以安排得尽可能紧凑，有些步骤甚至可以并行进行。例如，一旦机械手 B 从测试卡座中取出测试后的芯片，机械手 A 就可以把提前取出并移送至测试卡座附近的芯片放入测试卡座，立即开始新一轮芯片测试。

4. 分选机

分选机的功能是将芯片从上料芯片托盘中取出并安放到测试卡座中，待完成特定的测试项目后，将芯片从测试卡座中取出，并按照设定的分类条件摆放到特定的下料芯片托盘中，从而实现芯片的筛选和分类。分选机主要用在芯片封装后的最终测试环节。

分选机主要包括机械手和分选判断电路两部分。机械手完成芯片上料和分选下料；分选判断电路实现对分选芯片的测试、观察和判断，并控制机械手分选下料。有时，工厂会把机械手和测试机连接起来实现芯片分选功能。此时，测试机承担分选判断电路的角色。

图 5-39 是一种具有图像识别功能的分选机的工作场景。上料芯片托盘中

的芯片有各种类型和不同的大小，机械手上有摄像头，以便识别出抓取的芯片类型，并把芯片投放到不同的下料芯片托盘中，从而实现对大量混合芯片的分选。

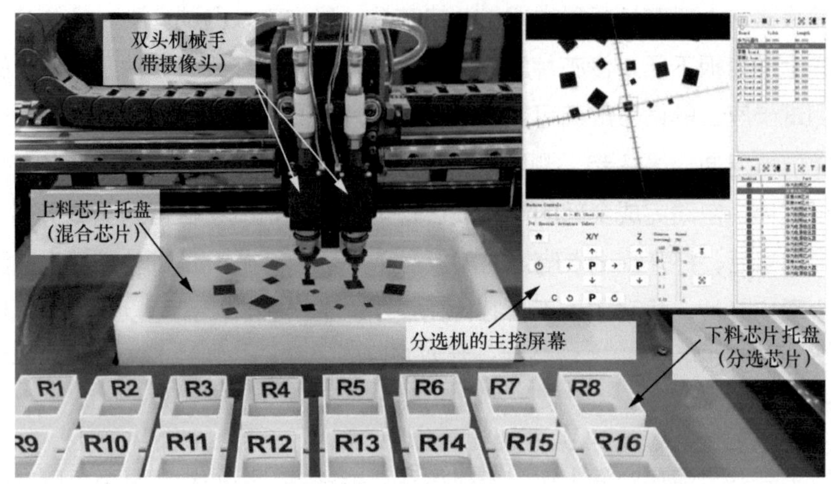

图 5-39　一种具有图像识别功能的分选机的工作场景

5. 老化试验设备

芯片种类不同，芯片老化试验的内容和要求有很大的差别，而且市场上的老化试验设备名目繁多，为芯片制定恰到好处的老化试验方案是一件很专业的事情。老化试验通过模拟各种恶劣环境和外部应力情况，来监测芯片长时间使用过程中受到的影响，并评估芯片的性能和可靠性，以及推断其使用寿命。老化试验设备主要有恒温恒湿试验箱、高低温老化试验箱、温湿度高加速应力试验箱、应力老化试验台等。图 5-40 所示为两种老化试验设备

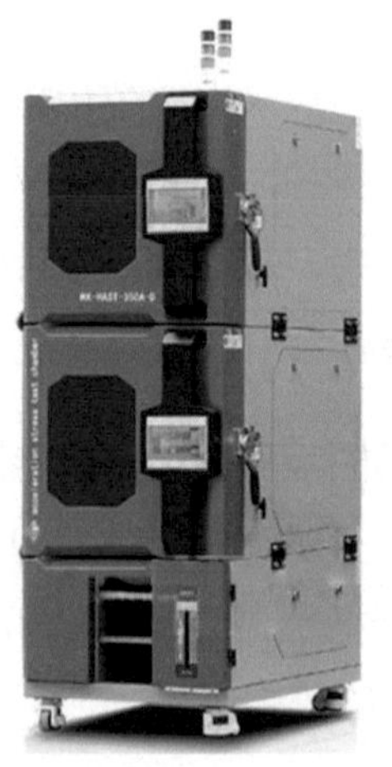

图 5-40　两种老化试验设备的外观

的外观，左图是一台 HAST[1] 非饱和高压加速老化试验机，右图是一个高温老化试验箱。

有些厂商还针对特定芯片种类开发了专用的老化试验设备。例如，既有满足各种封装的 DSP、FPGA、CPLD、CPU 等芯片进行高温动态老化筛选和功能测试的专用设备；也有满足各种封装的 Flash、SRAM、DRAM、DDR、RDRAM 等芯片进行工作寿命试验和高温动态老化筛选，并在老化过程中对被测芯片进行功能测试的专用设备；还有满足数模混合集成电路，以及兼容各种封装形式的模拟、数字、存储器等小型芯片进行工作寿命试验和高温动态老化筛选的专用设备。

6. 仪器仪表

仪器仪表主要用于芯片测试和分析，但对于有些比较特别的芯片测试，芯片测试工程师还需要自己搭建专门的测试环境，包括设计专门的测试电路板、测试接口、机械手接口等。测试环境搭建和测试过程中会用到通用的仪器仪表，包括示波器、信号发生器、逻辑分析仪、电源测试仪等。

- 示波器能够显示电路随时间变化的电压波形，可用于测试芯片的模拟电路和数字电路。示波器通过连接到芯片的引脚来接收电路中的信号，并将这些信号转换为波形图。
- 信号发生器是一种用来发出模拟信号的设备，芯片测试工程师使用信号发生器生成各种形式的模拟信号来检测芯片的性能。信号发生器通常用于测试芯片的模拟电路。
- 逻辑分析仪是一种常用的数字电路测试工具。通过连接到芯片的引脚，逻辑分析仪可以捕捉芯片输出的数字信号，并将其转换成可视化的波形。逻辑分析仪能够帮助测试人员判断芯片是否工作正常，并排查故障。
- 电源测试仪能够对芯片进行电源供应的测试。一般来说，电源测试仪包括直流电源测试仪和交流电源测试仪两种类型。直流电源测试仪一般用于芯

1　HAST：温湿度高加速应力试验（Highly Accelerated temperature and humidity Stress Testing）。

片的测试，而交流电源测试仪常用于通信协议的测试。

知识点：芯片测试设备，自动化测试设备（ATE），机械手

记忆语：芯片测试设备主要包括芯片测试机、专用测试机台、机械手、分选机、老化试验设备和仪器仪表。**自动化测试设备（ATE）**由ATE主机、选配卡和测试软件组成。**机械手**是实现芯片自动化测试、分选和包装的重要设备，一般配合测试机来实现芯片自动化测试，可在分选机中完成芯片的上料和分选下料，是分选机的核心部件。

第6章 芯片应用无处不在

如果说芯片应用无处不在，有些人可能并不认同，因为很难看到身边什么地方用到了芯片。小小的芯片常常隐身于电子产品或系统整机的内部，人们一般很难见识到芯片的“庐山真面目”。本章将带领读者沿着不同的方向，去寻找芯片应用的踪迹，看看芯片都能够应用在哪些方面，了解芯片如何以小小身躯发挥着巨大作用，希望人们能明白芯片应用真的是无处不在！

6.1　芯片如何延伸了人的能力？

人的能力表现为很多方面，但从人与自然界的关系角度，可以把人的能力分为感知能力、思维能力和执行能力三个方面。感知能力是人认识自然界和获取信息的能力，人通过眼、耳、口、鼻、身，依靠视觉、听觉、味觉、嗅觉、触觉来感知自然世界和客观世界，获得信息。思维能力是对获取的信息进行存储、处理、学习和升华为知识的能力，例如看书使唐诗三百首记忆于脑海，分析天气冷暖变化得出四季演变规律，总结计数方法得出运算规律等，思维能力包含了学习能力和创造能力等。执行能力是人面对大自然的行动能力，例如逢山开路、遇水架桥等。

在原始社会，人的感知、思维和执行能力是十分有限的，特别是思维和执行能力较差。但在现代社会，随着科技的进步，人的能力得到很大提升，特别是芯片应用使人的能力不断地延伸和增强。下面介绍芯片的哪些应用提升了人的能力。

1. 芯片延伸了人的感知能力

将芯片应用在哪些方面可以延伸人的感知能力呢？细数起来有很多方面，表 6-1 是芯片应用延伸人的感知能力的例子，表中所列的芯片实现的应用、产品、仪器和系统只是其中的一小部分，还有很多无法一一列举出来。

表 6-1　芯片应用延伸人的感知能力的例子

感知	应用的芯片	芯片实现的应用、产品、仪器和系统
视觉	CMOS 图像传感器、光电转换、CPU、放大器、存储器、ADC/DAC、电源等芯片	摄像头、照相机、红外探头、扫描仪、扫码器、模式识别、光谱仪、扫描电子显微镜、军用和民用雷达等
听觉	MEMS、拾音器、CPU、放大器、滤波器、存储器、ADC/DAC、电源等芯片	麦克风、助听器、人工耳蜗、耳机、舰船用的声呐设备等
味觉	盐芯片（属于前沿技术研究，尚未实用）	让人只吃低盐食品也依然可以获得重口味的感觉
嗅觉	MEMS、各种气体传感芯片及模组、CPU、放大器、电源等芯片	气体检测器、气体检控报警器、气味分析仪、环保检测设备、烟感探测器等

续表

感知	应用的芯片	芯片实现的应用、产品、仪器和系统
触觉	温度、位置、压力等传感芯片以及模组、CPU、放大器、滤波器、存储器、ADC/DAC、电源等芯片	温度计、温控设备、血压计、电冰箱、测距仪、胎压检测、化工设备、液压设备、石油化工、船舶舰艇、航空航天等

在视觉方面，芯片实现的扫描电子显微镜可以使被观察物体放大 200 万倍，芯片实现的雷达可以看到 400 多千米外的飞机，芯片实现的舰船声呐设备可以探测到水下 400 多千米外的目标。芯片应用实现了神话传说中的“千里眼”和“顺风耳”。

我们以技术先进、应用广泛的相控阵雷达为例，看看芯片应用的情况。图 6-1 是用数百万颗芯片实现的相控阵雷达的示意图。相控阵雷达的阵列天线由数万个天线单元构成，天线单元是一个向外发射无线电波并接收微弱反射回波的电路，也称为发射 / 接收单元（简称 T/R[1] 单元）。图 6-1 中的阵列天线由许多单元板构成，单元板上安装了 64 个 T/R 单元，T/R 单元则由 5 颗微波芯片来实现。一个单元板要用 320 颗微波芯片。

图 6-1 的右下角所示为一个双通道接收器微波芯片裸片的照片，它由两个六位移相器、两个四位稳相数字衰减器、两个低噪声放大器和开关等组成，裸片面积为 4 mm × 4 mm。假设雷达天线采用了 1 万个天线单元，则总共要用 320 万颗微波芯片才能实现。

2. 芯片延伸人的思维能力

由芯片实现的计算机在延伸人的思维能力方面发挥了巨大作用。特别是进入 21 世纪以来，人工智能技术取得突飞猛进的发展，人工智能技术的各种应用也纷纷落地，芯片作为这些技术的基础支撑，自然功不可没。人的思维能力仅从知识的形成过程角度，可简单地划分为信息的获取、存储、处理和学习，以及知识运用等能力。

1　T/R：发射或接收（Transmit/Receive）。

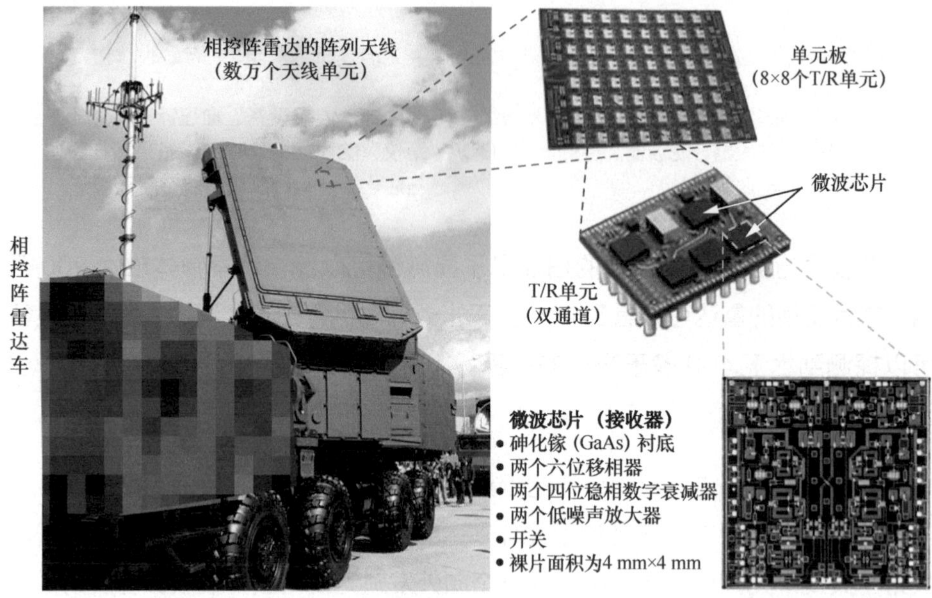

图 6-1　用数百万颗芯片实现的相控阵雷达的示意图

表 6-2 是芯片应用延伸人的思维能力的例子。在如今的信息化和智能化社会，计算机使我们计算数据和分析问题的能力不断提高，使海量信息的存储和搜索更为敏捷，我们可以基于大量数据做出科学的判断和决策，这些都是芯片延伸人的思维能力的有力证明。

信息化和智能化社会的基本构件是服务器、计算机、网络、通信设备等产品，这些产品的基础构件是芯片。这方面应用的芯片数量巨大、种类繁多，几乎涵盖所有芯片种类。表 6-2 中所列的芯片实现的应用、产品、仪器和系统也只是其中的一小部分，还有很多未能列出。

在表 6-2 所列的芯片实现的应用、产品、仪器和系统中，芯片的使用量都很大。下面我们仅从一部手机来看看芯片的使用情况。图 6-2 所示为某品牌最新款手机中的两块电路板上的芯片，这两块电路板的面积合计仅为 5 cm × 7 cm，电路板 1 只有一面装有芯片，电路板 2 的正面和背面都装有芯片。它们的表面总共安装了 30 颗芯片不止，其他功能模块（摄像头、指纹模组）的芯片还不包括在内。芯片虽小，但其实现的智能手机的功能非常强大。如今手机的处理能力和计算能力比早期的台式计算机还要强，有些手机甚至已加入了人工智能模块。

表 6-2　芯片应用延伸人的思维能力的例子

思维	应用的芯片	芯片实现的应用、产品、仪器和系统
信息获取	MCU、CPU、GPU、NPU、APU、DSP、SoC、AI、DRAM、Flash、CIS、RF、FPGA、	物联网设备、网络设备、通信基站、计算机、平板电脑、手机、移动终端、车船自动化、工业自动化系统、市政网络等
信息存储		大数据中心、存储器、光盘、硬盘、固态硬盘、U 盘等
信息处理和学习	MOSFET、IGBT、ADC/DAC、基带、网络、通信、接口、物联网、存储器、放大器、传感器、功率器件、电源芯片等几乎所有的芯片	手机、计算机、嵌入式系统、超算中心、云计算中心、人工智能极速推理平台、机器学习、模型训练、自然语言处理、人脸人像处理等
知识运用		智慧交通、自动驾驶、智慧城市、智慧医疗、智慧制造、政务系统、电子商务、智慧工厂、智慧仓储和物流、智能家居、自然语言和人脸人像等

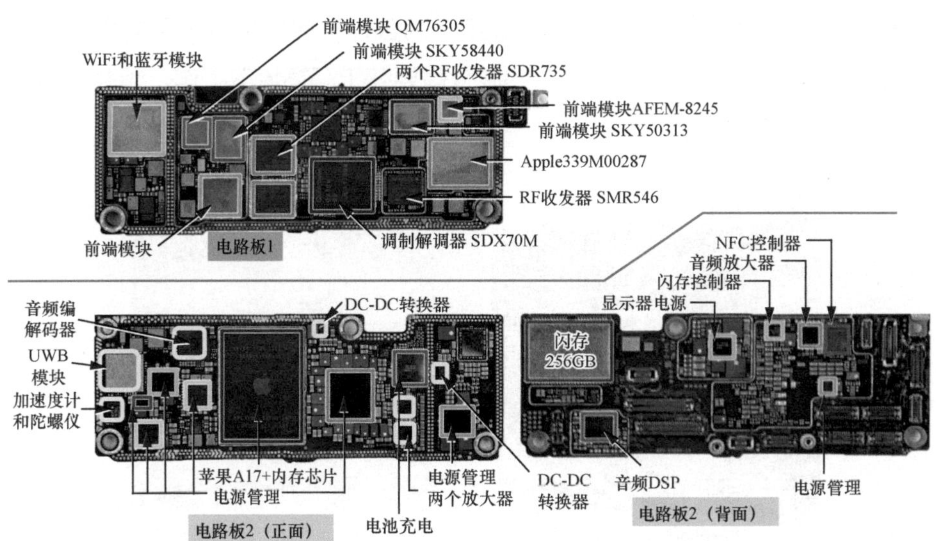

图 6-2　某品牌最新款手机中的两块电路板上的芯片

3. 芯片延伸人的执行能力

人的执行能力是指人把想法和决断变为实际行动的能力，是人对于外界的作用力。人的执行能力包括体力劳动能力、制造加工能力、移动能力、设计能力等。就像蒸汽机和电力发明增强了人的执行能力一样，芯片的应用在以下方面也增强了人的执行能力。

生产线上的机械臂和机器人精确并且周而复始、不知疲倦地工作，替代或增强了人的体力劳动能力。实现机械臂的核心部件是工业控制计算机，它由芯片和算法构成。这方面的芯片主要有嵌入式 CPU 芯片、电机驱动芯片、存储器芯片、接口芯片、电源芯片等。一个机械臂或机器人需要使用 20 ～ 50 颗芯片。芯片数量与芯片的集成度有关，芯片的集成度越高，需要使用的芯片就越少。

数控机床等生产自动化设备提升了人的制造加工能力。数控机床的核心部件也是工业控制计算机。这方面的芯片主要有嵌入式 CPU 芯片、电机驱动芯片、伺服控制芯片、光电测量芯片、存储器芯片、接口芯片、键盘驱动芯片、显示驱动芯片、电源芯片等。一台数控机床需要使用 50 ～ 100 颗芯片，芯片数量也与芯片的集成度有关。图 6-3 所示为数控机床和机械手臂的主控电路板上的芯片。这两种主控电路板上的芯片需要在工厂环境下工作，因此必须满足工业控制的特殊要求。

数控机床的主控电路板

机械手臂的主控电路板

图 6-3　数控机床和机械手臂的主控电路板上的芯片

现代交通工具提升了人的移动能力。飞机、高铁和汽车为人们出行提供了便利，这些交通工具使用的芯片也很多。例如，飞机的航空电子系统（简称航电系统）十分复杂，精确控制和稳定安全是航电系统的基本要求，因此对芯片的要求很高。而高铁、汽车上的电子系统对芯片的要求也很高，汽车电子所用芯片必须符合高于工业级标准的车规级标准。传统汽车上使用芯片 100 ～ 200 颗，随着自动驾驶、新能源等功能的加入，智能汽车上使用芯片 200 ～ 300 颗。

设计自动化提升了人的设计能力。 CAD、CAE、CAM、3ds Max[1] 等软件系统，使得人们可以设计出理想的产品，包括非常科学合理的结构，以及漂亮流线型的外观。但在这些软件系统出现之前，想要设计具有漂亮流线型外观的产品几乎不可能。设计自动化的前提条件是具有高性能的图形工作站，这种图形工作站是配置很高的计算机，拥有大容量内存芯片、高性能 CPU 和 GPU 芯片，以及高分辨率显示器，芯片是主要支撑条件。

知识点：芯片延伸了人的能力，人的感知能力，人的思维能力，人的执行能力，芯片应用

记忆语：芯片延伸了人的能力，包括人的感知能力、思维能力和执行能力。**人的感知能力**包括视觉、听觉、味觉、嗅觉和触觉能力。**人的思维能力**可简单划分为信息的获取、存储、处理和学习，以及知识运用等能力。**人的执行能力**包括体力劳动能力、制造加工能力、移动能力、设计能力等。**芯片应用**使人的能力得到无限提升，改善了人的生活，推动了社会的进步和发展。

6.2　我们身边的哪些产品中使用了芯片？

生活在现代社会，我们每年都能感受到社会信息化的进步，每天都能感受到生活信息化带来的好处。如果希望某些电子产品小一点、便携一点，工厂就可以利用芯片把这些电子产品做得轻薄短小，如收音机、手机等；而如果希望某些电子产品大一些、薄一些，工厂就可以利用芯片把这些电子产品做得又大又薄，如电视机、电子白板等；如果希望家用电器更智能一些，工厂就可以把由芯片实现的嵌入式计算机设计在家用电器中，使家用电器的操作既简单，实现的功能又多、又强大，如智能冰箱、智能洗衣机、智能电饭锅、智能

1　3ds Max：一款三维建模、动画、渲染和可视化软件。

豆浆机等。

我们身边的哪些产品中使用了芯片？几乎人手一部的手机当然使用了很多芯片，计算机使用的芯片则最多。下列产品一般也使用了芯片。

1. 接电的产品

所有家用电器都使用了芯片，如空调、洗衣机、冰箱、电视、音响、电磁炉、电饭煲、豆浆机、护眼台灯、电风扇等。平板智能电视的芯片用量很大，因为平板智能电视除了主控板和通信接口用了不少芯片，显示面板的驱动芯片也用了不少。有些小家电使用的芯片较少，但至少都会用到电源芯片和控制芯片。

图 6-4 所示为护眼台灯和电风扇（局部）中的芯片。只需要一个简单的微控制器（MCU）芯片，就可以实现对护眼台灯中发光二极管的无闪烁驱动，或者用遥控器实现对电风扇的控制。

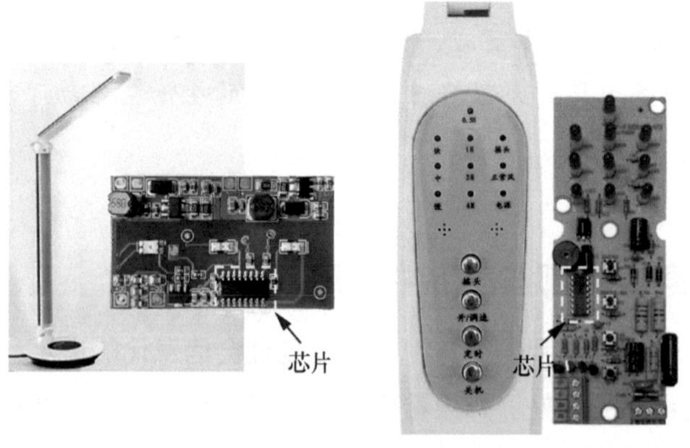

图 6-4　护眼台灯和电风扇（局部）中的芯片

2. 有调节和设置按键的产品

有调节和设置按键的产品一定使用了控制芯片和电源芯片。例如设置选项很多的智能洗衣机，可以调节灯光亮度和颜色的灯具，有温度、冲力和冲洗位置设置的智能马桶盖等。图 6-5 所示为智能马桶盖的电路板上的芯片。

图 6-5　智能马桶盖的电路板上的芯片

3. 可以充电的产品

可以充电的产品通常使用了芯片，如智能手表、无线耳机、扫地机器人等，它们一定使用了电源芯片以及充电和放电保护芯片。如果是智能产品，那么还需要使用微控制器芯片、存储器芯片等。

图 6-6 所示为一种高保真蓝牙耳机内的芯片，左图是发声器和蓄电池的密封体，右图是电路板，每个耳机的左右两部分由微型插接件连接。两个电路板的正面共有三颗芯片，其中两颗大的芯片是主动降噪的蓝牙耳机芯片，另一颗芯片是电源和锂电池充放电管理芯片。

图 6-6　一种高保真蓝牙耳机内的芯片

图 6-7 所示为一种扫地机器人的主控电路板上的芯片，仅主控电路板的正面就至少使用了 21 颗芯片。除了主控 CPU 芯片、存储器芯片和电源芯片，扫地机器人还有许多电机等行动部件需要使用驱动芯片，另外还包括障碍物识别芯片、充电和放电保护芯片等。因此，扫地机器人内部一点也不简单。

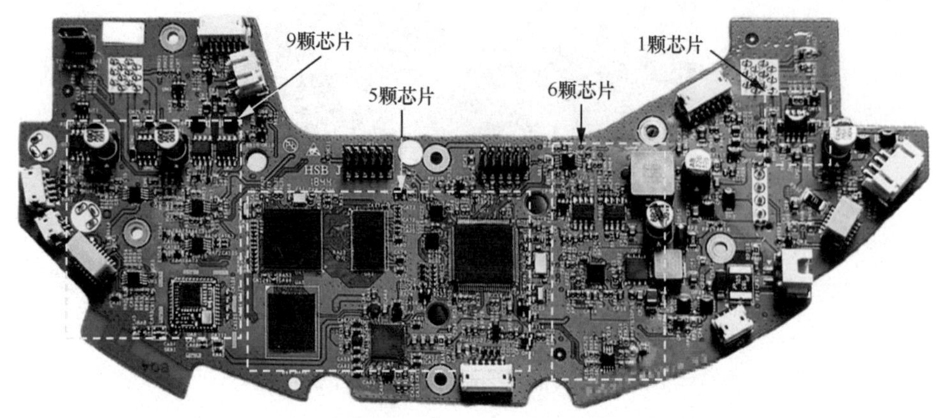

图 6-7 一种扫地机器人的主控电路板上的芯片

4. 部分不接电的产品

有的产品虽然不接电，但也使用了芯片，如 U 盘、二代身份证、银行卡、门卡、水电煤气卡等。图 6-8 所示为 U 盘和（钥匙链式和卡片式）门禁卡中的芯片，在左上角的 U 盘的电路板上，左侧芯片是闪存（Flash）控制器芯片；右侧面积较大的芯片是闪存芯片，用于存储数据。图 6-8 的左下图和右图分别是钥匙链式和卡片式门禁卡的结构图，它们虽然外观不同，但是都由芯片、感应线圈和卡外壳构成。

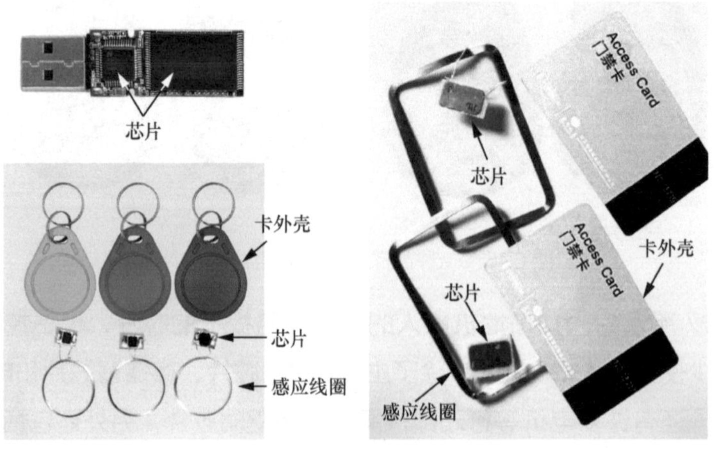

图 6-8 U 盘和（钥匙链式和卡片式）门禁卡中的芯片

我们外出时身边的不少公共设施也都使用了芯片，例如水电煤气的抄表接口、各种出入口的门禁闸口、大街上的摄像头、路口的交通控制箱、大楼顶上的通信基站等。我们之所以看不见芯片，一是因为它们很小，二是因为它们被产品外壳包裹和保护着。芯片虽小，却是产品的核心，尽管看不到它们，它们却发挥着其他部件无法比拟的大作用，它们是“隐蔽战线”上默默无闻的“大英雄”。

知识点： 家中电子产品，芯片用量大的电子产品，判断产品是否使用了芯片

记忆语：家中电子产品主要有计算机、手机、家用电器等。**芯片用量大的电子产品**主要有计算机和手机。**判断产品是否使用了芯片**的主要方法是看产品是否接电，是否有调节和设置按键，以及是否需要充电。有些与电子产品插接的小物件也使用了芯片。

6.3　国民经济各行各业中应用芯片的举例

6.2 节带领读者观察了身边哪些产品中使用了芯片，本节将带领读者走进各行各业，看看每个行业的哪些方面、哪些产品中使用了芯片。实际上，电子信息技术已在国民经济的大部分行业中得到广泛应用，而芯片则是其中的基础。因此，可以说芯片已被应用于国民经济的大部分行业。

1. 各行各业共同的芯片应用

在数字化和信息化社会，随着广播电视、计算机及网络、通信终端和智能家电的普及，芯片应用也随着这些产品进入千家万户，同时进入国民经济的各行各业。电子系统、信息系统、计算机及网络、平板电视和手机的芯片用量很大。这些可以看作芯片在各行各业共同的应用。也就是说，电子系统、信息系统、计算机及网络技术被应用到哪个行业，芯片应用就进入哪个行业。人们使用手机工作在哪个行业，也可以看作芯片在这个行业共同的应用。

在工用方面，电子系统、信息系统、计算机及网络需要用到服务器、计算机、存储设备、网络设备、通信设备等，这些产品是芯片在工用方面的消费主力。工用芯片主要有 CPU 芯片、GPU 芯片、DRAM 芯片、交换芯片、接口

芯片、电源芯片等，这些芯片的用量很大。

在民用方面，台式计算机、笔记本电脑、平板电脑、电视和手机是芯片的消费主力。民用芯片主要有CPU芯片、SoC芯片、GPU芯片、DRAM芯片、Flash芯片、MEMS芯片、指纹芯片、基带芯片、电源芯片等，这些芯片的用量也很大。

图6-9所示为一台笔记本电脑中的芯片。图中笔记本电脑的底盖被打开，并去掉了CPU、GPU芯片上紧贴的风冷降温导槽，从而使芯片都暴露在人们面前。电路板上的芯片用白虚线框标出，可见的芯片大约有25颗。另外，锂电池下压着键盘和触控电路板，其上至少还应装有键盘电路和触控芯片。

图6-9　一台笔记本电脑中的芯片

2. 芯片在农业方面的应用

土壤自动监测用到传感器、数据采集器、无线通信模块等，大棚温湿度自动调节用到传感器、微控制器、驱动器等，农机自动驾驶仪用到卫星导航接收器、微控制器、驱动器等，施肥、农药喷洒和人工授粉用到无人机等，以上所列的这些产品都要用到芯片。图6-10是农用机械自动驾驶仪的示意图，车载控制器/显示器、摄像头、北斗双天线和角度传感器等都需要使用芯片。

图6-10　农用机械自动驾驶仪的示意图

3. 芯片在采矿行业的应用

许多大型矿山企业采用电子信息技术建成了智慧型矿山，智慧型矿山一般由环境传感、预先勘探、数据采集、瓦斯监控、视频监控、智能巡检、矿用手机、机器人和中央监控指挥中心等模块构成，这些模块中都使用了芯片。图 6-11 所示为某智慧煤矿监控指挥中心的工作场景。芯片应用使矿山的管理更高效、更安全、更高产。

4. 芯片在制造行业的应用

不同的制造细分行业有不同的特点，使用的机器和设备也不相同。例如，机械制造行业要用到数控机床，电子产品制造行业要用到功能测试平台，等等。但是它们都需要自动化生产线的控制系统、机械手臂或工业机器人等，因此也都会用到工业控制计算机、传感器、量测设备或部件、控制器、执行器、通信系统和软件等。控制器在自动化控制领域又称为可编程逻辑控制器（PLC），相当于一台紧凑型工业控制计算机，主要由 MCU 芯片、存储器芯片、隔离器芯片、驱动器芯片、接口芯片等组成。图 6-12 所示为一个 PLC 电路板上的芯片。

图 6-11　某智慧煤矿监控指挥中心的工作场景

图 6-12　一个 PLC 电路板上的芯片

图 6-13 是一个生产线自动控制系统的结构框图。工业总线把输送、供料、加工、装配和分拣各工序上的 PLC 和自动化设备连成了一个自动化系统，这个自动化系统可在 PLC 的控制下高效地工作。

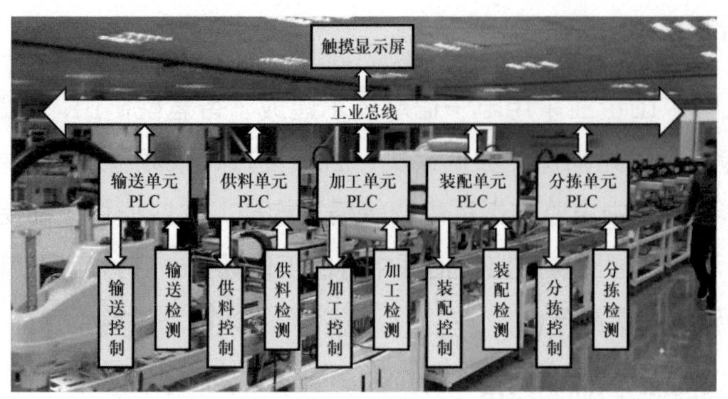

图 6-13　一个生产线自动控制系统的结构框图

每个工序的 PLC 控制着本单元的自动化设备或工具来完成特定的工作，并通过检测传感器了解工作进展情况。生产线上的触摸显示屏相当于技术人员的控制终端，用于设置生产线上各单元的控制程序和工作参数。在这个生产线自动控制系统中，触摸显示屏和 PLC 用到了 MCU、存储器、接口、电源等，执行部分用到了驱动器、执行器，检测部分用到了各种传感器和放大器。驱动器、执行器、传感器和放大器等都会用到芯片。

5. 芯片在电力行业的应用

在电力行业，用载波通信可以实现供电站和供电设备之间的通信和监控；用控制电路可以对断路器、隔离开关等设备进行远程控制；用计算机系统可以实现对供电负荷进行优化调度；用传感器和数据采集装置可以实现对电网电压、电流、功率等参数的实时测量；用无人机可以对供电线路进行巡检；用电力电子器件可以实现以小制大，实现对电力电路的切换；用智能电表可以实现供电入户和远程抄表等。实现上述功能需要用到计算机、网络设备、传感器、数据采集装置、控制器、通信设施、执行器等，因而也都要用到芯片。

图 6-14 是一个供电入户远程抄表系统的结构图，远程抄表系统需要用到计算机、服务器、网络设备和许多智能电表。住宅小区可以使用局域网（LAN[1]），跨区域可以使用广域网（WAN[2]），它们都可以实现供电用户的自动缴费管理

1　LAN：局域网（Local Area Network）。

2　WAN：广域网（Wide Area Network）。

和欠费断电管理等。服务器、计算机、防火墙、网络设备等都要用到芯片。

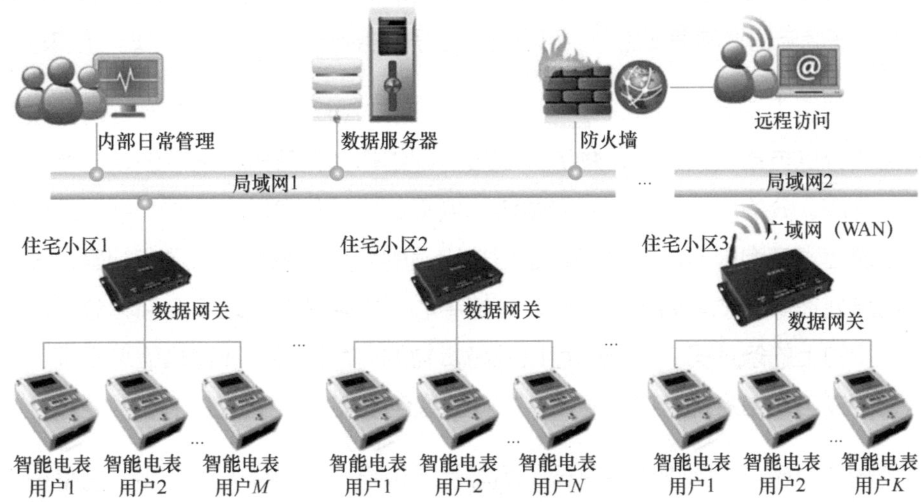

图6-14　一个供电入户远程抄表系统的结构图

图6-15所示为一种单相费控智能电表中的芯片，智能电表除了计量电能，还能把用电数据发往服务器。如果用户欠费，智能电表就能接收服务器的指令关闭供电，实现所谓的费控功能。这款智能电表至少用了6颗芯片。

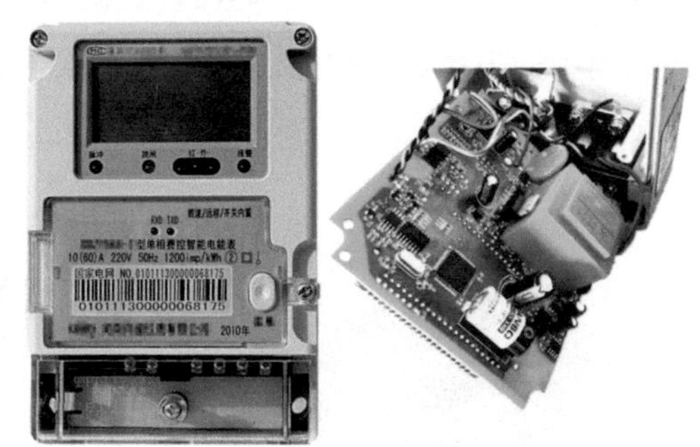

图6-15　一种单相费控智能电表中的芯片

6. 芯片在建筑行业的应用

在建筑行业，电子信息技术主要应用在建筑和装修设计、材料管理、施工过程、项目验收和资料归档等方面，在这些方面使用计算机系统可以极大提高项目的管理水平和工作效率。在工程现场使用安全监控系统和门禁考核系统，可以更好地保证施工安全和考核现场人员。计算机系统、安全监控系统和门禁考核系统中都会用到芯片。

7. 芯片在电子商务和物流行业的应用

电子商务行业涉及电商的大型计算机信息系统，需要用到计算机网络、云计算和大数据相关设备及设施，主要包括各种服务器、计算机、防火墙、网络交换机、磁盘阵列等，用户可以通过计算机或手机在网络上消费。这些相关设备和设施是芯片在电子商务行业的消费主力。可以说，电子商务行业就是用芯片“堆”起来的。

物流行业应用芯片的地方主要包括物流广域服务网络、物流终端，以及仓储和分拣自动化系统等。物流广域服务网络作为计算机信息系统，与物流终端、仓库、分拣中心、中转站和物流车辆形成广域信息网络，并向社会提供全域物流信息查询服务。物流终端是指快递员的手持信息终端，具有扫码、通信和信息处理等功能。如今，仓库、分拣中心、中转站都实现了仓储和分拣自动化，货物上的条形码、二维码可以保障货物的有序流动。计算机信息系统、仓储和分拣自动化系统、物流终端、车辆卫星定位器等都使用了芯片。

图 6-16 所示为物流扫码枪中的芯片，这是一款蓝牙无线产品，用来扫描识别货物上的条形码或二维码，其中的双面电路板上至少用了 6 颗芯片。快递员使用的物流终端是一部手持计算机，它的功能很全，不但有扫码功能，而且有屏幕显示功能，还能上网处理快递业务。当然，物流终端中的芯片相比物流扫码枪中的芯片功能更强，芯片数量也更多。

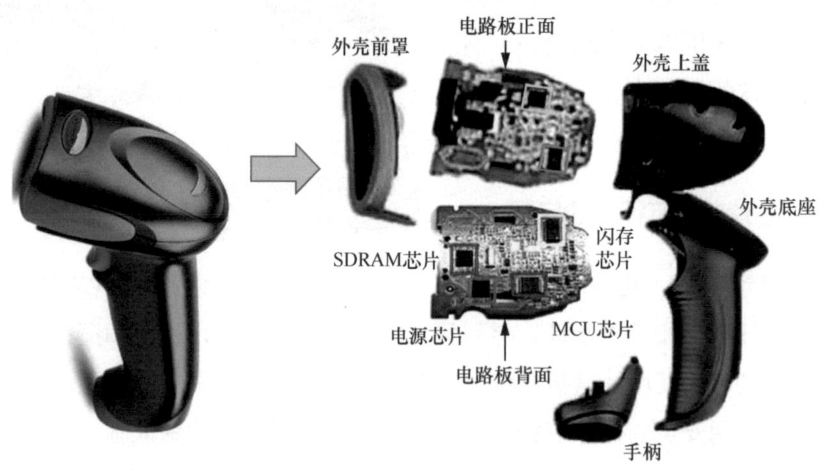

图 6-16　物流扫码枪中的芯片

物流自动分拣流水线目前使用较多，已成为快递业的区域分拣中心、仓储中心的必备设施。货运行业也需要类似的分拣系统，以便快捷、准确地实现货物的自动分拣转运。

图 6-17 所示为物流自动分拣流水线及其控制电路板的展示图。物流自动分拣流水线能够根据货物上的二维码，在计算机信息系统中查询到货物应该分往哪个出货口，并在出货口控制货物流出。货物以前靠人工进行分拣，工作效率低且容易出错。物流自动分拣流水线的控制电路板上至少安装了 14 颗芯片。

物流自动分拣流水线

物流自动分拣流水线的控制电路板

图 6-17　物流自动分拣流水线及其控制电路板的展示图

8. 芯片在汽车制造行业的应用

汽车制造行业在工厂管理、销售和制造生产线上需要用到计算机系统、生产线自动化控制系统、工业机器人等，因而必然会用到芯片。

汽车本身也使用了很多芯片，而且用在汽车上的芯片都是车规级芯片。车规级芯片的等级低于军品的等级，但高于工业品的等级。有人估计一辆传统汽车上使用芯片 100 ～ 200 颗，一辆自动驾驶汽车上使用芯片 200 ～ 300 颗。随着芯片集成度提高，芯片内电路规模变大，所用的芯片数量会减少。

汽车芯片主要用在电子控制单元（ECU[1]）、驾驶辅助、总线控制、制动力控制、发动机控制、电池管理、驱动力控制、转向控制、娱乐控制、舒适控制等方面，如图 6-18 所示。其实，还有一些更细微的控制电路分布在汽车的不同位置，它们分别用于 ABS[2] 控制、胎压监测、电子防盗器、倒车雷达、GPS[3] 定位、空调控制、音响控制、灯光控制等。这些电路模块中都有电子线

1　ECU：电子控制单元（Electronic Control Unit），又称为主控单元。

2　ABS：防抱死制动系统（Antilock Braking System）。

3　GPS：全球定位系统（Global Positioning System）。

路，因此也使用了不少车规级芯片。

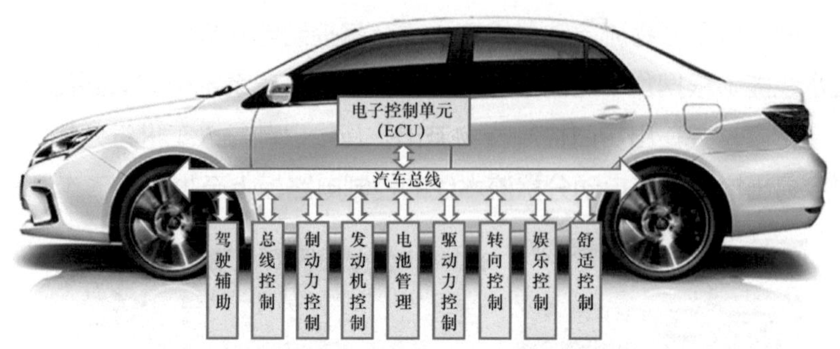

图 6-18 汽车电子系统的结构图

在汽车电子系统中，电子控制单元（ECU）是汽车的控制中枢，用于对所有电路模块进行控制和管理。图 6-19 是一个打开了密封盖的汽车电子控制单元，其中的芯片已将印制电路板占满，肉眼可见的芯片有 16 颗之多。

图 6-19 一个打开了密封盖的汽车电子控制单元（ECU）

9. 芯片在铁路运输行业的应用

电子信息技术在铁路运输行业的应用已经十分成熟，铁路系统实现了列车运行控制系统的电子化和自动化，还实现了车站管理、票务系统和物流系统的信息化。铁路运输行业的信息化、电子化和自动化主要应用了计算机网络技术、信息技术、电力电子技术、通信技术、自动控制技术等，这些技术领域的产品都是用芯片实现的，核心是 CPU、SoC 和 MCU 等控制芯片。

图 6-20 是列车运行控制系统的结构示意图。列车运行控制系统主要由移动的列车控制车载设备和固定的列车控制网络两部分构成。列车控制网络主要由行车指挥中心（CTC[1]）、无线闭塞中心（RBC[2]）、列车控制中心（TCC[3]）、

1 CTC：行车指挥中心（Centralized Traffic Control）。

2 RBC：无线闭塞中心（Wireless Block Center）。

3 TCC：列车控制中心（Train Control Center）。

GSM-R[1] 移动交换中心、轨道设施等构成。上述 4 个中心的设备和车载安全计算机（VC[2]）、轨道电路信息读取器（TCR[3]）、人机接口（DMI[4]）、地面电子单元（LEU[5]）等都大量使用了芯片。

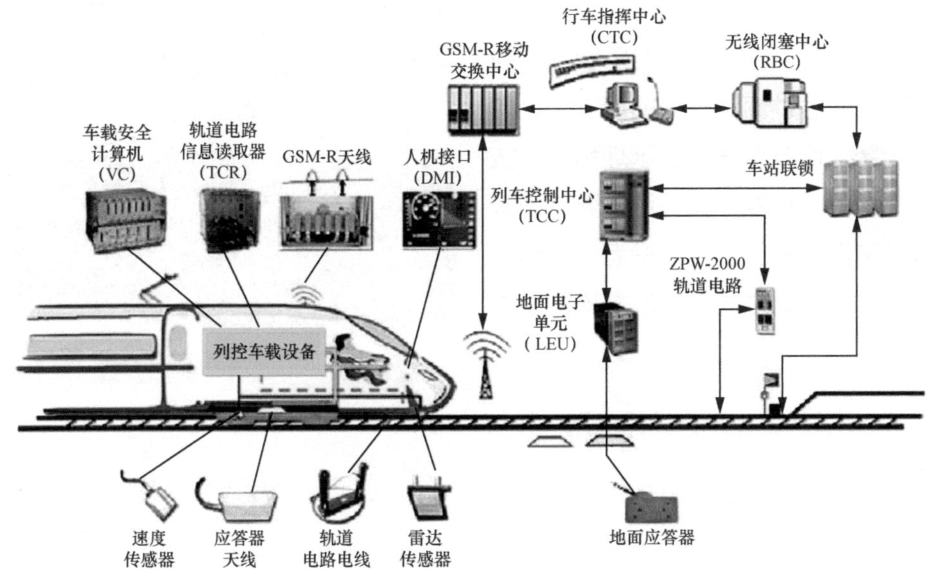

图 6-20 列车运行控制系统的结构示意图

10. 芯片在航空运输行业的应用

航空运输行业实现了空管系统的电子化和自动化，还实现了机场管理、票务系统和物流系统的信息化。航空运输行业的信息化、电子化和自动化主要应用了电子信息技术、计算机网络技术、电力电子技术、通信技术、自动控制技术等，这些领域的产品也都是用芯片实现的。

另外，飞机上有许多电子电路和电子仪器仪表用于控制飞机的安全飞行和起降，飞机上电子系统的总和称为航空电子系统，简称航电系统。民用航电系

1 GSM-R：铁路移动通信专用系统（Global System for Mobile communications-Railway）。

2 VC：车载安全计算机（Vehicle safety Computer）。

3 TCR：轨道电路信息读取器（Track Circuit information Reception）。

4 DMI：桌面管理接口（Desktop Management Interface），也称为人机接口。

5 LEU：地面电子单元（Line-side Electronic Unit）。

统由通信系统、导航系统、显示系统、飞行控制系统、防撞系统和气象雷达等部分组成。军用航电系统除了上述部分，还包含预警雷达和火控系统等。这些系统都采用了计算机相关芯片、传感器芯片、驱动器芯片等，而且对这些芯片的可靠性要求极高。

图 6-21 所示为一架民航飞机的驾驶舱。通过驾驶舱里的设施（比如显示器、仪器仪表、指示灯和操作按钮）的复杂程度，我们可以更好地理解航电系统的复杂性，进而认识到应用在航电系统中的芯片所发挥的重要作用。

图 6-21　一架民航飞机的驾驶舱

11. 芯片在金融行业的应用

金融行业广泛采用了计算机网络和信息技术，实现了金融信息化。例如，银行业实现了网上银行和手机银行，实体银行的柜台业务大大减少。芯片银行卡完全取代了旧的磁条卡，ATM[1] 被移动支付淘汰，银行的人工柜台被智慧柜员机取代。图 6-22 所示为银行智慧柜员机的电路板上的芯片。

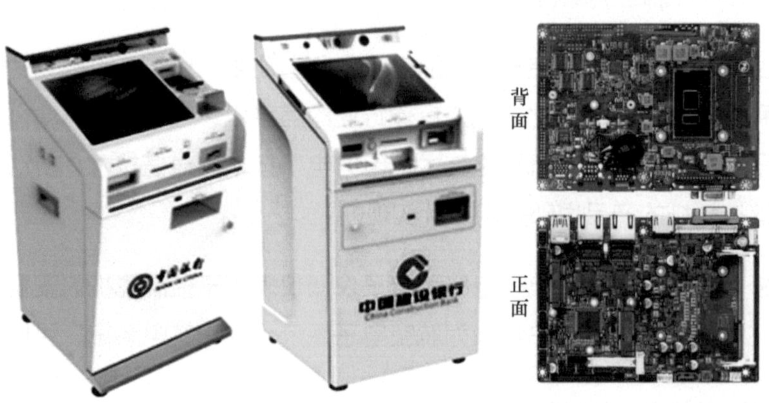

图 6-22　银行智慧柜员机的电路板上的芯片

银行实行信息化管理，用户资金和交易资料是极其重要的数据，这些数据

1　ATM：自动柜员机（Automated Teller Machine）。

存储要安全、访问要快捷。各大银行的数据中心就用于存储这些数据，它们是银行最重要的基础设施。图 6-23 所示为银行数据中心机房一角。机柜整齐排列，机柜后面是设备连线。机柜中装满了大量磁盘阵列、固态硬盘，还安装了服务器、计算机、网络设备等，它们都是用许多芯片实现的产品。

图 6-23 银行数据中心机房一角

保险业和证券业也实现了计算机网络化和信息化。证券公司的远程网络化证券委托操作和手机证券委托操作，使得实体证券公司数量大大减少，但实际用户和交易量并不会减少。

以上金融业态的这些变化都源于电子信息技术在金融行业的广泛应用，芯片应用是其重要的支撑。

12. 芯片在航天领域的应用

电子信息技术在航天领域的应用十分广泛，主要包括控制、通信、导航、计算机系统、遥测、遥感等方面。航天系统中使用的芯片主要包括控制类芯片、通信类芯片、导航类芯片、图像处理类芯片、电源管理类芯片等。

航天项目一般包括航天器和地面基地两部分。地面基地包括控制中心、测控中心和测量船等，它们需要配置大量电子基础设施、设备和仪器，这些都需要使用芯片来搭建。芯片是这些电子基础设施、设备和仪器的核心，芯片是支撑航天事业发展最重要的物资。

13. 芯片在广播电视行业的应用

芯片在广播电视行业的应用主要体现如下：用光盘、硬盘和固态硬盘存储的数字音视频作品取代传统磁带上保存的音视频作品；用宽带网络传送取代同轴电缆网络传送，使电视机变成功能齐全的数字信息终端；用芯片实现的数字设备实现了实时点播等多种功能。在电视台和节目制作方面，广电设备主要包括计算机系统、服务器、网络设备、数字摄像机 / 录像机、数字调音台、多功能控切台、数字音视频编辑制作设备、卫星转播设备等。在用户方面，广电产品主要包括电视机、机顶盒等。广电系统用的这些电子设施、设备和产品都大量使用了芯片。

图 6-24 所示为一款老式摄像机中部分电路板的外观。老式摄像机中的电路板很多，芯片也很多，这些芯片都是中小规模的集成电路。随着芯片技术的进步，芯片的集成度变高，现在新款摄像机中芯片的数量少了，但每一颗芯片的电路更复杂了，摄像机的整体性能比以前提高了很多。

图 6-24　一款老式摄像机中部分电路板的外观

图 6-25 所示为创维酷开 58 寸液晶智能电视的主板，该主板既实现了对液晶面板的控制，也实现了视频点播、安装和执行应用程序、无线投屏等功能。为了醒目，主板上的芯片已用黄色虚线框标识，电路板的正面有 14 颗芯片。其中 SoC 芯片的尺寸很大，因为性能复杂、功耗大，所以在它上面安装了一个散热器。

图 6-25　创维酷开 58 寸液晶智能电视的主板

电视机顶盒是我们经常用到的广电产品，它通过数字网络来传递电视、视频点播等信息。图 6-26 所示为某款 IPTV 机顶盒电路板上的芯片，该电路板两

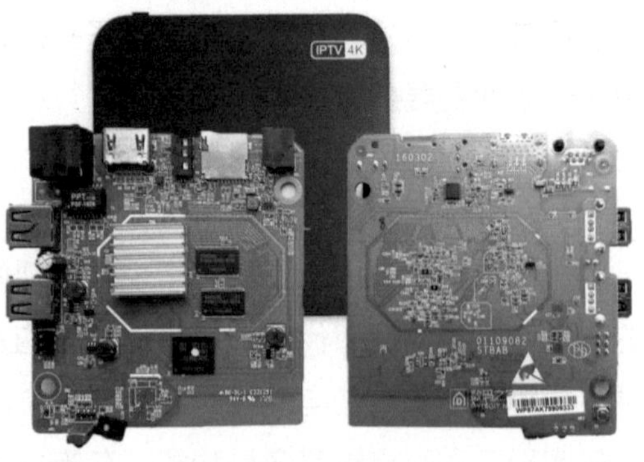

图 6-26　某款 IPTV 机顶盒电路板上的芯片

面共有 6 颗芯片。

14. 芯片在教育行业的应用

教育行业的芯片应用包括共同应用和行业应用两个方面。共同应用包括计算机网络系统、信息管理系统、个人计算机（PC）、手机等方面的芯片应用。行业应用包括电化教学、多媒体教学、网络视频教学，以及电子类实验室设施、设备和产品等。

多媒体网络教学系统所需的设备和产品包括云录播系统、多媒体展示系统（展示台、中控器）、调音系统（包括调音台、功放和音响）、全千兆以太网交换机、高清摄像机、高保真降噪拾音器、PC、投影仪、电子白板，有时候还需要无线话筒、电视机和监视器等。

图 6-27 所示为爱普生 EMP-830 投影机内两块电路板上的芯片，可以发现仅电路板正面就有 20 多颗芯片。

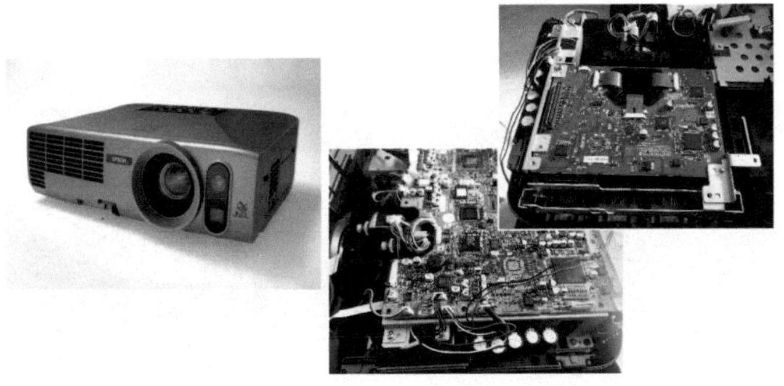

图 6-27　爱普生 EMP-830 投影机内两块电路板上的芯片

15. 芯片在医疗行业的应用

医疗行业的芯片应用也包括共同应用和行业应用两个方面。共同应用包括计算机网络系统、信息管理系统、个人计算机、手机等方面的芯片应用。行业应用包括医院业务信息管理系统，以及医疗设施、设备和产品等方面的芯片应用。医院的医疗电子设备很多，如心电信号检测仪器、心功能检测仪器、脑电图机、肌电图机、多道生理记录仪、监护仪、超声诊断仪、脉冲多普勒彩色超声成像系统、CT[1] 机、电子显微镜等，它们绝大多数使用了芯片。

图 6-28 所示为一款 12 道自动分析心电图机的电路板上的芯片。电路板正反两面可见的芯片有 30 多颗，其中包括 CPU 芯片、存储器芯片、电源芯片、放大器芯片、接口芯片、液晶显示驱动芯片、打印驱动芯片等。

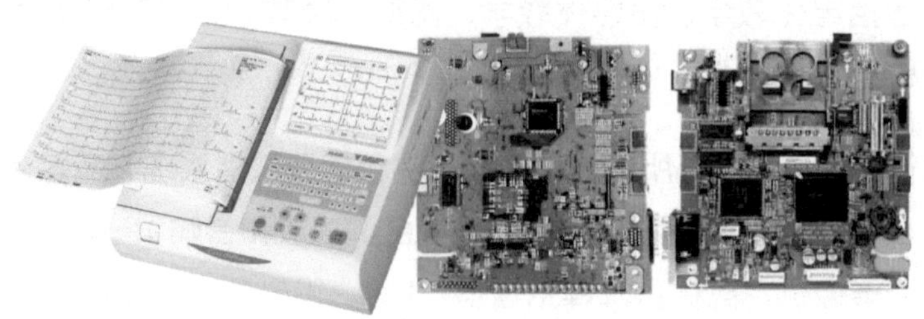

图 6-28　一款 12 道自动分析心电图机的电路板上的芯片

图 6-29 所示为一款 CT 机和其嵌入式工控计算机的展示图。该工控计算机除了 CPU 芯片，还有 30 多颗芯片组装在一块印制电路板上，其中包括 GPU、DRAM、Flash、串 / 并接口、VGA 接口、电源芯片等。

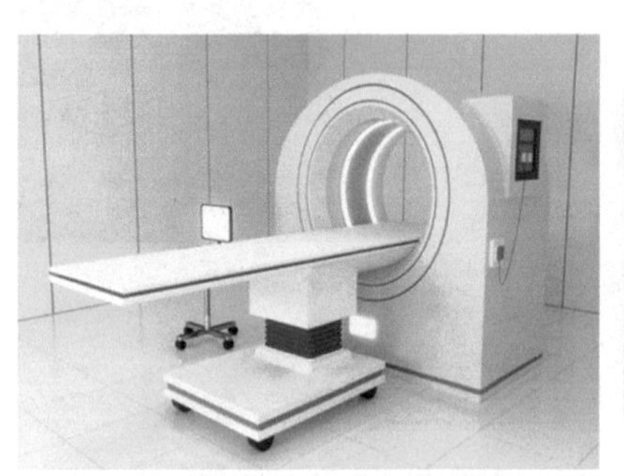

图 6-29　一款 CT 机和其嵌入式工控计算机的展示图

CT 机主要由工控计算机、X 线检查部分、机械运动部分、图像显示与记录部分等组成。工控计算机一般包括数据采集器、中央处理器、显示驱动和操作控制台等，具有检测数据信息的分析、处理和存储，以及图像处理与高清显示等功能，是提高 CT 机检测效率和准确率的关键。

1　CT：计算机体层成像（Computed Tomography）。

知识点：国民经济的大部分行业应用了芯片，各行业的芯片应用，共同应用，行业应用

记忆语：国民经济的大部分行业普遍应用了电子技术和电子信息技术，芯片应用是其重要支撑，所以说**国民经济的大部分行业应用了芯片**。**各行业的芯片应用**一般包括**共同应用**和**行业应用**两个方面。共同应用包括计算机网络系统、信息管理系统、个人计算机（PC）、手机等方面的芯片应用。行业应用因行业特点不同，芯片被应用在不同行业的专用系统、设施、设备和产品中。

6.4　芯片应用扩大的历史是淘汰传统产品的历史

自 1958 年芯片问世以来，芯片技术不断创新发展，芯片应用的领域不断扩大，芯片淘汰和取代了许多人们使用已久的传统产品，其中不少产品曾经陪伴人们度过了好多美好时光，如胶片电影放映机、胶卷相机等。下列行业和产品面对芯片应用的产品来说弱点太过明显，最后自然会被淘汰。

1. 磁记录行业

原来作为计算机外设的磁心、磁鼓和磁带早已被芯片存储器淘汰；影音磁带、软磁盘也已被数码影音文件、芯片实现的 U 盘和 SD 卡[1]等淘汰，参见图 6-30；硬磁盘部分被固态硬盘取代。

图 6-30　软磁盘被 U 盘淘汰

1　SD 卡：安全数字卡（Secure Digital card）。

2. 胶片行业

照相胶卷、电影胶片及相关设备完全被数字化的芯片实现的数码照片、数码电影及相关录制设备取代，如图 6-31 所示。影院电影胶片变为一个约 200 GB 的文件，称为数字电影包（DCP[1]）。DCP 存储在移动硬盘或固态硬盘上，可以被传递和反复使用。照相胶卷被小小的可反复使用的存储卡取代。移动硬盘、固态硬盘、数码相机和存储卡都使用了芯片。

图 6-31　胶片时代落幕，数码时代到来

3. 光记录行业

影音光盘已被数码影音产品淘汰，数据光盘的部分应用将会被固态硬盘挤占，但是数据光盘作为保存数据资料的介质，短期内还不会被完全淘汰。

4. 钟表行业

机械式的钟表、手表被芯片实现的电子钟表、电子手表、智能手机淘汰。保留下来的少量机械手表，以装饰品和奢侈品的功能为主、计时功能为辅。

1　DCP：数字电影包（Digital Cinema Package）。

5. CRT[1] 显示行业

传统的 CRT 显示器和电视机已被芯片实现的平板显示器、平板电视机完全淘汰，如图 6-32 所示。平板显示器、平板电视机中使用了更多芯片，好处是去掉了体积大、耗电多的 CRT 部件，而且显示分辨率大幅提高。

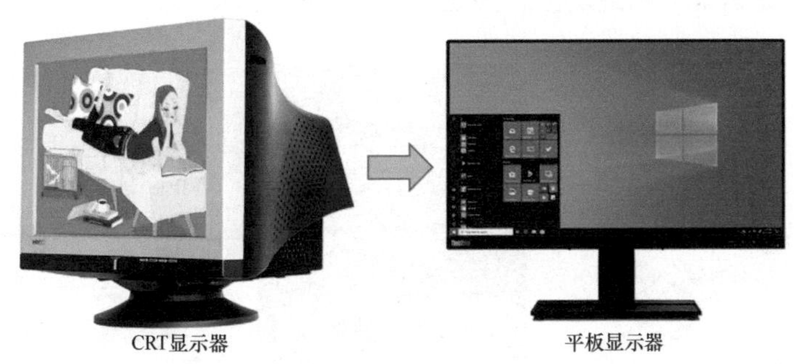

图 6-32　CRT 显示器被平板显示器取代

6. 银行业

银行传统的柜台模式被芯片实现的网上银行、网上支付等网络金融模式淘汰，银行柜台变少，ATM 基本废弃不用。这些变化的根源就在于芯片应用所带来的网络化、信息化潮流的影响。

7. 小商品零售业

电子商务、快递业的兴旺发达使得小商品零售业逐渐没落，根源也在于芯片应用所带来的网络化、信息化潮流的影响。

进入 21 世纪后，芯片技术的创新步伐加快，智能手机的功能越来越强大，形成了智能手机对功能单一的电子产品的整合。小小的智能手机凭一己之力，淘汰了许多只有单一功能的电子产品和数码产品。被智能手机淘汰的电子产品主要有收音机、录音机、光碟机、音响、数码相机、计算器、游戏机、传呼机、MP3[2]、MP4[3]、PDA[4]、学习机、翻译机、电子书、上网本、电子相册、汽车导航仪等。

1　CRT：阴极射线管（Cathode Ray Tube）。

2　MP3：俗称便携式音乐播放器。

3　MP4：俗称便携式视频播放器。

4　PDA：个人数字助理（Personal Digital Assistant）。

图 6-33 展示了智能手机淘汰的一些单一功能电子产品，这些电子产品的功能在智能手机上可以用 App 来实现，比如游戏机、电子书、汽车导航仪等，它们通过智能手机的实时在线功能，使这些功能变得更加完善和好用，游戏玩家可以与网上的其他玩家互动，汽车驾驶人员可以看到实时的路况变化。这些功能的提升是智能手机的功劳，更是芯片应用的功劳。

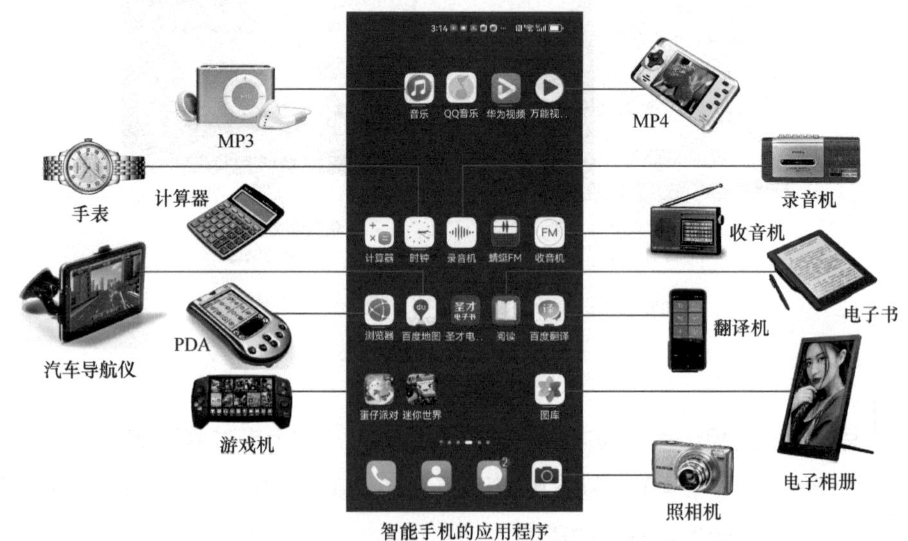

图 6-33　智能手机淘汰的一些单一功能电子产品

人们外出时只要带上手机，就等同于同时带上了这么多的电子产品。

如果今天还有哪些传统行业与芯片应用无关，但随着芯片技术的进步和新应用的开发，这些传统行业迟早会被芯片应用颠覆。芯片应用只有想不到，没有做不到，芯片应用无处不在。

知识点：芯片应用淘汰和变革的行业，智能手机淘汰的产品

记忆语：芯片应用淘汰和变革的行业主要有磁记录行业、胶片行业、光记录行业、钟表行业、CRT 显示行业、银行业、小商品零售业。**智能手机淘汰的产品**主要有收音机、录音机、光碟机、音响、数码相机、计算器、游戏机、传呼机、MP3 、MP4 、PDA 、学习机、翻译机、电子书、上网本、电子相册、汽车导航仪等。

第7章 芯片也是大国重器

“芯片产业是信息技术产业的核心，是支撑经济社会发展和保障国家安全的战略性、基础性和先导性产业。”这段话是对芯片产业特点和重要性的高度概括。如何理解这段话的深刻含义？本章将从芯片产业与信息技术产业的关系，芯片产业支撑经济社会发展，芯片产业保障国家安全，以及芯片产业的战略性、基础性和先导性等方面展开探讨。理解了这段话的深刻含义，就基本认识了芯片产业，知道了芯片的极端重要性，也就理解了“芯片也是大国重器”这个事实。

7.1 为什么说芯片是信息技术产业的核心?

信息技术产业是提供与信息技术相关的技术开发、技术服务、产品生产、产品销售、信息生产和服务的高技术行业。信息技术产业也称为信息产业或电子信息产业。信息技术（IT[1]）是指信息采集、存储、处理、传递、应用、服务的技术和方法。信息技术涉及计算机、互联网、数据通信、仪器仪表、自动化、信息家电、汽车电子、生物电子、航空航天等技术领域。

芯片是信息技术产品的核心，信息技术中的信息采集、信息存储、信息处理、信息传递、信息应用和服务等主要依赖于芯片实现。

1. 信息采集

在如今的信息化社会，信息主要来源于不同行业的经营活动，信息分布于社会的各个角落。它们一部分是工农业生产的实时数据，一部分是来自国际国内的新闻消息，还有一部分是来自自媒体的娱乐音视频。总之，信息来源十分丰富，信息数据量巨大。能够执行信息采集任务的产品有很多，它们可以是计算机的各种输入设备，例如键盘、触摸屏、扫描仪、读卡器、扫码器等；也可以是各种记录仪，例如气象记录仪、执法记录仪、航站雷达等；还可以是各种监控器和监测设备，例如生产流水线的监控探头、环境监测设备、街道上的视频摄像头等；甚至可以是各种智能终端产品，例如智能手机、平板电脑、音像设备等。

这些产品或多或少都使用了芯片，而且芯片是这些产品的主角。它们所用的芯片有传感器、数－模转换器、微控制器、存储器、放大器、接口、电源芯片等。

图 7-1 所示为图像扫描仪、执法记录仪、摄像头的电路板上的芯片，左图的图像扫描仪电路板上有近 20 颗芯片，中间图的执法记录仪电路板上有 4 颗芯片，右图的摄像头电路板上有 3 ～ 5 颗芯片。

1 IT：信息技术（Information Technology）。

图 7-1　图像扫描仪、执法记录仪、摄像头的电路板上的芯片

2. 信息存储

信息一般包括数据、文字、文件、照片、视频和声音等，既可以集中存储在数据中心的海量存储器中，也可以分散存储在数据终端的存储器芯片中。其中，有些信息是静态的，不会频繁写入但需要经常读取；而有些信息是动态的，需要频繁地写入和更改，要求存储器具有更快的读写速度。

执行信息存储任务的产品有光盘、硬盘、磁盘阵列、固态硬盘、嵌入式存储器、U 盘、存储卡等。固态硬盘是完全用存储器芯片实现的硬盘。台式计算机可以选用普通硬盘或固态硬盘。数据中心有许多磁盘阵列，磁盘阵列中既有普通硬盘，也有固态硬盘，并且磁盘阵列按照读写速度可以分为不同的快慢层级。一般使用较快层级的存储器来存储动态信息，使用较慢层级的存储器来存储静态信息。

固态硬盘、嵌入式存储器、U 盘、存储卡等都使用存储器芯片来实现，芯片用量很大。芯片支撑着数据中心、云计算、大数据、计算机及网络、电子系统的建设和运行，芯片是它们重要的物资支持。

图 7-2 所示为磁盘阵列以及固态磁盘和计算机内存条上的芯片。在图 7-2 中，左图所示的磁盘阵列由 24 个固态磁盘组成；中间图所示为固态磁盘电路板上的芯片，顶部的两颗芯片分别是缓冲存储器和固态硬盘控制器，下面的 8 颗芯片是闪存；右图是一些内存条，它们需要插入计算机主板的内存插槽，才能和计算机主板构成完整的计算机系统，每个内存条上有 8 颗芯片。

图 7-2　磁盘阵列以及固态磁盘和计算机内存条上的芯片

3. 信息处理

信息技术的主要任务是对采集的信息进行处理和应用，信息处理工作包括数据的计算、分类、排序，信息的检索、转换、翻译，事件的分析判断，过程的分步骤控制，以及计划任务的决策等。在人工智能技术不断成熟、人工智能应用不断落地的今天，信息处理还将被赋予更多的任务。

执行信息处理任务的产品包括超级计算机、台式计算机、笔记本电脑、各种移动终端、打印机、复印机、嵌入式系统、工业控制系统和智能仪器仪表等。其中，前三种产品是处理信息的专门机器，它们中的主要芯片是中央处理器（CPU）、图形处理器（GPU）、数据信号处理器（DSP）等通用处理器芯片。后几种产品或系统都是为特定应用场合设计的，它们既有信息处理能力，也有特定的业务处理能力，它们中的主要芯片是片上系统（SoC）、微控制器（MCU）等嵌入式处理器芯片。

超级计算机是由 CPU 和 GPU 芯片"堆起"来的，它可以提供超强的计算能力。超级计算机用来完成计算量巨大的科学计算、天气预报、药品研发、石油探测、流体力学分析、核反应过程模拟等任务。

图 7-3 是由数万颗 CPU 和 GPU 芯片实现的超级计算机的示意图。超算主机由布满大厅的主机机柜组成，主机机柜中插装了 10 624 个计算单元板，每个计算单元板上有两颗 Intel Xeon CPU 芯片、6 颗 GPU 芯片、若干缓存芯片和接口芯片等。这台超级计算机共有 21 248 颗 CPU 芯片、63 744 颗 GPU 芯片以及 20.42 PB[1] 的内存，能提供 2 exaFLOPS[2] 的 FP64 算力，是

1　1 PB = 1 024 TB，1 TB = 1 024 GB，1 GB=1 024 MB，1 MB=1 024 KB。

2　exaFLOPS：每秒 100 亿亿次浮点运算（10^{18} FLoating-point Operations Per Second）。

全球首台可每秒计算 200 亿亿次的超级计算机。

图 7-3　由数万颗 CPU 和 GPU 芯片实现的超级计算机的示意图

打印机也是信息处理机器，它对计算机发来的数据进行处理，变换成墨迹点阵打印在纸上，墨迹点阵要么形成文字，要么形成图像。图 7-4 所示为喷墨打印机的控制电路板上的芯片，两块电路板安装在打印机上的不同位置。其中大一些的主控电路板上有 3 颗芯片，里面有一颗是 MCU 芯片，还有一颗是存储器芯片；小一些的电路板正面有一颗封装成模块的芯片。

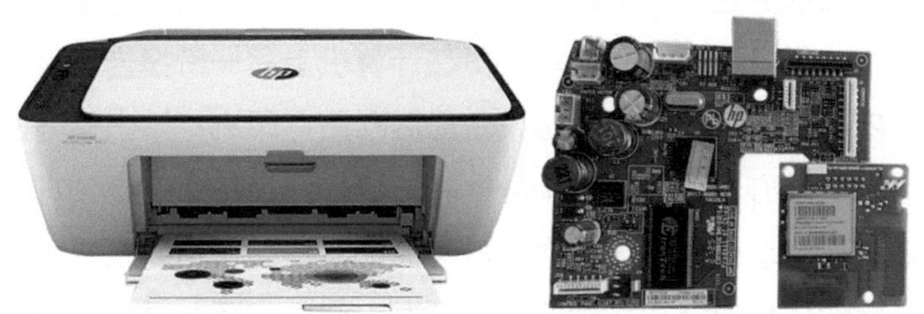

图 7-4　喷墨打印机的控制电路板上的芯片

4. 信息传递

信息传递就是在不同的设备和产品之间传递数据，最典型的信息传递设备就是网络交换机，其他的还有路由器、机顶盒、电话机、手机、通信基站等。

在网络世界中，信息的传递路径错综复杂，网络交换机就好比邮政和快递的中转站，而信息就好比邮件或快递，它们按照地址经过许多网络交换机的转接后，被准确无误地送到预定的终端设备。图 7-5 所示为一台 POE[1] 交换机中的芯片，电路板上 TQFP 封装的芯片共 7 颗，TSOP 封装的芯片有一颗，模块封装的芯片共 7 颗。

图 7-5　一台 POE 交换机中的芯片

5. 信息应用和服务

信息应用和服务是利用信息技术完成信息采集、存储、处理、传递等一系列活动的最终结果。比如，办公室文员在计算机上写一份报告，可以通过键盘输入报告的内容，再经过存储和修改，最后利用打印机打印出最终报告并提交给领导，或者通过办公网络发给领导批阅，这是信息技术在办公方面的典型应用。再比如，在自动化控制过程中，各种监测设备在搜集到生产环节的监控参数后，经过自动化程序计算和判断，最后发出对生产环节进行控制的指令，这是信息技术在自动化控制方面的典型应用。

以上对信息技术各环节的介绍，以及对信息技术各环节产品用到芯片的举例，充分说明了芯片是信息技术产业的核心。任何一款信息技术产品都离不开芯片，芯片承担着数据计算、信息处理、控制其他部件协调工作等多项任务，无法用其他东西替代。芯片是信息技术产品的核心，没有芯片供应保障的信息

1　POE：供电以太网（Power Over Ethernet）。

技术产业是无法发展的。

> **知识点：**信息技术，信息技术产业，信息处理，嵌入式计算机
>
> **记忆语：信息技术**是指信息采集、存储、处理、传递、应用、服务的技术和方法。**信息技术产业**是提供与信息技术相关的技术开发、技术服务、产品生产、产品销售、信息生产和服务的高技术行业。**信息处理**主要靠计算机和嵌入式计算机来完成。**嵌入式计算机**是嵌入电子系统或产品中的计算机，尽管没有普通计算机的结构和外观，但嵌入式计算机具有计算机的所有功能。

7.2　芯片产业如何支撑经济社会发展？

进入 21 世纪以来，我国电子信息技术产业发展迅速，产业规模不断扩大，芯片进口量也快速增长。根据海关和国家统计局的数据，2015 年以后，我国每年的芯片进口金额超过了原油，芯片成为最大宗的进口商品。图 7-6 是 2015 年至 2022 年中国原油和芯片进口金额统计图。

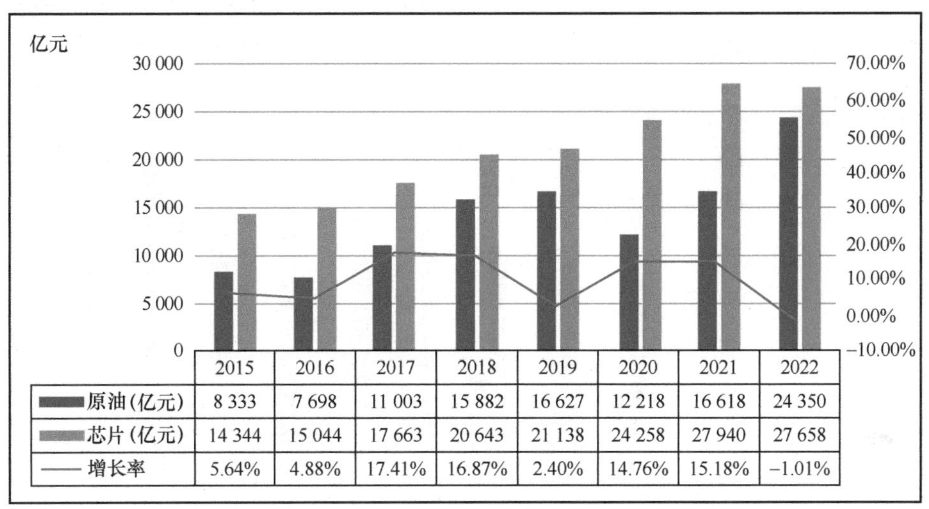

	2015	2016	2017	2018	2019	2020	2021	2022
原油(亿元)	8 333	7 698	11 003	15 882	16 627	12 218	16 618	24 350
芯片(亿元)	14 344	15 044	17 663	20 643	21 138	24 258	27 940	27 658
增长率	5.64%	4.88%	17.41%	16.87%	2.40%	14.76%	15.18%	−1.01%

图 7-6　2015 年至 2022 年中国原油和芯片进口金额统计图

从图 7-6 中可以看出，我国 2015 年、2016 年和 2020 年的芯片进口金

额接近原油进口金额的两倍，芯片对国民经济和社会发展的重要作用显而易见。

如果说石油和电力是经济社会的动力源，那么芯片就是经济社会的智力源。动力源驱动经济社会的时代列车“多拉快跑”，智力源则保障这趟列车“安全高速运行”。以即将落地实用的自动驾驶汽车为例，油和电构成了它的动力系统，芯片构成了它的人工智能大脑。芯片和石油一样，也是工业和经济社会的基石。

以上从宏观层面介绍了芯片产业对经济社会发展的支撑作用。下面从应用层面介绍芯片对推动国民经济发展、提高社会治理水平，以及改善和提高人民生活水平作出的贡献。

1. 芯片应用推动国民经济发展

芯片是信息技术产业的核心，信息技术产业是推动各行各业技术升级和产业转型的抓手。信息技术的广泛应用形成了规模庞大的数字经济，我国数字经济持续发挥着国民经济“稳定器”和“加速器”的作用。根据中国信息通信研究院的统计，我国数字经济规模稳步扩大，在 GDP 中所占的比重节节攀升。图 7-7 是 2015 年至 2022 年我国数字经济规模及其在 GDP 中所占比重的统计图，2022 年我国数字经济规模在 GDP 中所占的比重已经高达 41.48%。

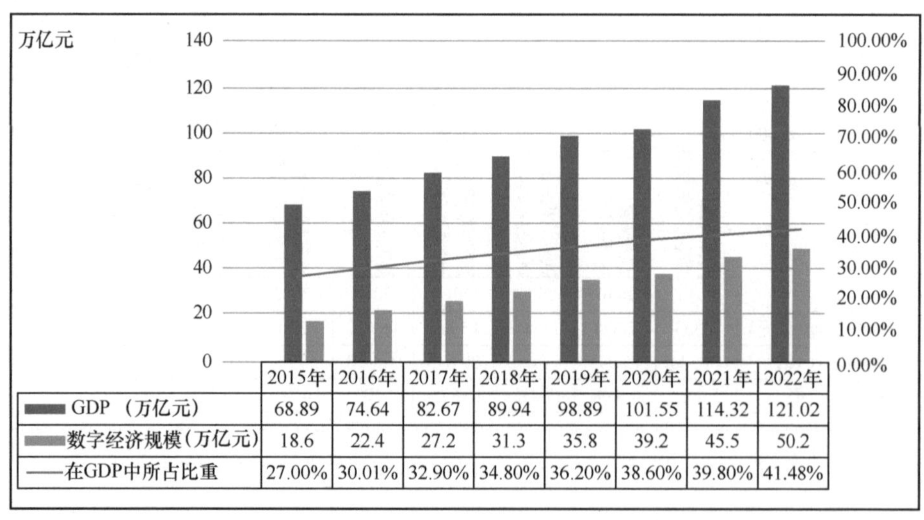

	2015年	2016年	2017年	2018年	2019年	2020年	2021年	2022年
GDP（万亿元）	68.89	74.64	82.67	89.94	98.89	101.55	114.32	121.02
数字经济规模(万亿元)	18.6	22.4	27.2	31.3	35.8	39.2	45.5	50.2
——在GDP中所占比重	27.00%	30.01%	32.90%	34.80%	36.20%	38.60%	39.80%	41.48%

图 7-7　2015 年至 2022 年我国数字经济规模及其在 GDP 中所占比重的统计图

数字经济是信息技术广泛应用的结果。数字经济从技术层面看，包括新一代信息技术、新一代通信技术、云计算、大数据、物联网、区块链、人工智能等新兴技术，这些技术都以芯片技术作为基础支撑；从应用层面看，计算机网络、移动互联网、新零售、新制造等都是数字经济的典型代表；从产业形态上看，数字经济包含产业数字化、社会治理数字化、数字产业化和数据价值化。产业数字化和社会治理数字化的实质就是以芯片技术为核心的信息技术的广泛应用。

正因为信息技术对所有行业都具有很强的技术改造能力，国家把工业主管部门与信息化主管部门合并，更名为工业和信息化部。这足以证明工业和信息化密不可分，同时也证明了以芯片为核心的信息技术产业的重要性，以及电子信息技术广泛的应用潜力。

2. 芯片应用提高社会治理水平

芯片应用提高社会治理水平的例子不胜枚举。例如，二代身份证使用芯片记录持有人的信息，具有办事快捷、无法伪造、方便查验等特点；各级政府的电子政务系统支持通过移动互联网和智能手机在网上办事，方便了群众，提高了政府办事效率，电子政务系统需要使用计算机、网络设备、云计算和数据中心的资源。以上例子中所用的计算机、网络设备、摄像头等都使用了大量芯片。

3. 芯片应用改善和提高人民生活水平

可以直接改善人们生活品质的电子系统的典型是智能家居，用户通过它，可以随心所欲地调节家里的空调、窗帘、灯光、音响等。独立的电子产品主要有家庭影院、对话机器人、扫地机器人、智能家电、投屏视频电话、VR[1] 眼镜、智能手表、智能手机等。手机和家庭电视的网络视频通话功能，实现了亲人之间跨时空面对面交流。以上例子中所用的手机、计算机、网络设备、摄像头等都大量使用了芯片，包括 CPU 芯片、SoC 芯片、MCU 芯片等。没有芯片，上述功能都将无法实现。

1　VR：虚拟现实（Virtual Reality）。

未来，人工智能产品将成为人们所思所想的好帮手。人工智能技术的发展完全依赖于芯片技术发展的水平，人工智能将成为继桌面互联网、移动互联网之后，又一推动芯片技术发展的主力军。

知识点：芯片进口金额，原油进口金额，动力源，智力源，芯片应用的作用

记忆语：我国自2015年以来，每年的**芯片进口金额**超过了**原油进口金额**，芯片成为最大宗的进口商品。石油和电力是经济社会的**动力源**，芯片是经济社会的**智力源**。**芯片应用的作用：**一是推动国民经济发展，二是提高社会治理水平，三是改善和提高人民生活水平。

7.3　芯片产业如何保障国家安全？

国家安全包括许多方面，例如国防安全（国土安全和军事安全）、经济安全、文化安全、信息安全、社会安全、生态安全等。与芯片应用紧密相关且最重要的安全有三个：一是国防安全，二是经济安全，三是信息安全。芯片对实现这三个安全极为重要，芯片虽小，安全事大！

1. 芯片与国防安全

国防安全是一个国家的立国之本，我们要建设坚强的现代化国防系统，国防装备、设施和武器不仅要做到自成体系，还要做到可以自我供给、自我发展和具有先进性。芯片是设计和制造这些装备、设施和武器最基础、最重要、最核心的元器件，芯片的性能决定着它们的性能和能力。没有先进的芯片，就很难造出可远距离探测的预警雷达，也很难实现"北斗"导航、"嫦娥"飞天、"神舟"和"天宫"遨游太空这些伟大的航天工程。可喜的是，我国航天和国防领域的芯片产业已经实现自我供给、自我发展和具有先进性，这是我们实现国防安全的最强有力保障。

2. 芯片与经济安全

经济安全是指国家的经济体系能够消除和化解潜在风险，抵御外来冲击，

确保国民经济持续、快速、健康发展。我国是信息技术产业大国，也是数字经济大国，芯片是信息技术的基础，只有这个基础坚实可靠，国家的经济安全才有保障，才更有发展韧性。目前，我国在芯片核心技术积累方面还比较薄弱，但我国加大了基础研究投入，更加重视芯片技术基础研究和核心技术攻关，相信在不远的将来，我国芯片产业自立自强和高质量发展的目标一定会实现。届时，我国将由数字经济大国成长为数字经济强国，我国的经济安全将更有保障。

3. 芯片与信息安全

信息安全包括广义的信息安全和狭义的信息安全。狭义的信息安全是指计算机网络系统信息安全。广义的信息安全不但包括计算机网络系统信息安全，还包括人们所有社会活动中的信息安全，例如保护个人信息不被盗用和扩散，保护商业秘密、国家秘密不被间谍窃取等。信息安全是许多其他安全的保障，例如，要实现国防安全和经济安全，首先就要实现信息安全。

影响计算机网络系统信息安全的主要因素是芯片和软件。芯片是计算机网络系统的基础部件，要实现信息安全，芯片产业就需要实现自我供给、自我发展和具有先进性。外来芯片和软件即使经过严格全面的测试，也很难百分百保证信息安全。目前，我国计算机网络系统的核心芯片、核心软件还有很多来自国外公司，信息安全完全依赖于全面的后期监测和安全管理。在不远的将来，我国将实现芯片产业和软件产业的自立自强和高质量发展，届时我国信息安全的基础才会更加坚实，信息安全才更有保障。

知识点： 国家安全，国防安全，经济安全，信息安全，狭义的信息安全，广义的信息安全

记忆语： **国家安全**包括许多方面，例如国防安全、经济安全、文化安全、信息安全、社会安全、生态安全等。芯片与**国防安全**、**经济安全**、**信息安全**关系密切，芯片产业必须实现自我供给、自我发展和具有先进性，唯有如此，国防安全、经济安全和信息安全才有保障。**狭义的信息安全**是指计算机网络系统信息安全。**广义的信息安全**不但包括计算机网络系统信息安全，还包括人们所有社会活动中的信息安全。

7.4 如何理解芯片产业的战略性、基础性和先导性？

芯片产业的战略性、基础性和先导性是什么意思？它们如何理解？这应该没有标准的答案。战略性、基础性和先导性是对芯片产业定位的总结性描述，它们如何理解可能仁者见仁，智者见智。如果能准确理解它们的内涵，我们就可以很好地理解为什么说芯片也是大国重器。

1. 芯片产业的战略性

芯片产业的重要性前面已经介绍过了，对于像我国这样的电子信息技术产业大国来说，没有自立自强和健康发展的芯片产业，就没有芯片供应的安全保障，就难以保障国家经济安全、信息安全和国防安全，信息化、智能化和人工智能化社会的美好愿望也很难变为现实。

因此，实现芯片产业自立自强和健康发展是我国必须完成的目标。但是就如何实现这一目标而言，我们面临着发展路线、谋略和规划的选择。只有充分认识芯片技术和产业的特点，科学地做好发展芯片技术和产业的长期规划，我们的目标才可能尽快实现。对芯片产业要有战略性观点、战略性定位和战略性规划。

2. 芯片产业的基础性

芯片是信息技术产业的核心和基础，信息技术产业是信息化社会的基础，所以芯片产业也就成了信息化社会的基础。其实，芯片不仅仅是信息技术产业的基础，也是新一代通信、云计算、大数据、物联网、人工智能等战略性新兴技术产业的基础，更是我们建设信息化、智能化和人工智能化社会的前提条件。没有芯片产业这个坚实基础，其他产业的发展都会成为空中楼阁，建设更美好社会的愿望就只能是梦想，这就是芯片产业的基础性，是其他产业完全无法替代的。

3. 芯片产业的先导性

芯片产业的先导性可以从以下三个方面来理解。首先，芯片应用可以推动传统产业转型升级。以芯片应用为核心的自动控制系统可以大大提高生产、运输和物流效率；以芯片应用为核心的管理信息系统（MIS[1]）可以大大提高管理效率；以芯片应用为核心的设备、仪器和仪表智能化改造可以大大提高产品加工能力和水平；以芯片应用为核心的计算机辅助设计（CAD）能使产品设计效率提高、档次提升；以芯片为支撑的工业互联网与传统工业深度融合，可以为传统工业插上腾飞的翅膀。以芯片应用推动传统产业转型升级的例子不胜枚举。

其次，芯片产业是发展当代高新技术和搭建信息化社会的先导性产业。进入 21 世纪以来，以芯片为核心的互联网把全球百万计的网络、数亿台的计算机和数十亿计的用户连接在了一起，形成一个数字化、信息化的世界。芯片应用延伸到了经济、军事、科技、文化、社会等各个领域，要发展新一代信息技术、新一代通信、云计算、大数据、物联网、区块链、人工智能等战略性新兴技术产业，就必须先在芯片技术方面取得突破。

最后，芯片产业支撑的信息技术产业是带动经济增长的引擎。随着芯片应用不断扩展，信息技术和战略性新兴技术产业的规模不断扩大，数字经济已成为国民经济发展的主力。芯片产业作为战略性、基础性和先导性产业，可以直接带动数字经济发展和间接促进其他经济业态又快又好地发展。

知识点：芯片产业的战略性，芯片产业的基础性，芯片产业的先导性

记忆语：芯片产业的战略性是由芯片产业的极端重要性决定的。**芯片产业的基础性**体现在芯片是信息技术产业的基础，而信息技术产业又是国民经济和信息化社会的基础，因此芯片产业也就成了信息化社会的基础。**信息产业的先导性**可以从如下 3 个方面来理解，芯片应用可以推动传统产业转型升级，芯片产业是发展当代高新技术和搭建信息化社会的先导性产业，芯片产业支撑的信息技术产业是带动经济增长的引擎。

1　MIS：管理信息系统（Management Information System）。

附　　录

附录介绍了世界芯片发展史上的重要发明及其杰出贡献人、中国半导体和芯片事业的奠基者和领路人、中国半导体和芯片事业发展大事、国家IC基地对我国芯片产业发展的贡献。这些资料是对“芯片的发展历史”一章的补充，也是广大读者很想了解的内容。

通过了解这些重要发明、发展大事，读者可以更清楚地认识到芯片技术与产业如今的辉煌成就来之不易。而介绍这些杰出贡献人、奠基者和领路人的原因在于，他们是今天信息化社会的功臣，是科技工作者的榜样，是年轻一代应该追捧的明星。

附录 A 芯片发展史上的重要发明和杰出贡献人主要有哪些?

时势造英雄，硅谷出英才。在美国硅谷的历史上，对芯片技术的发展做出杰出贡献的人很多，有的有文字记载、彪炳史册，有的默默无闻却仍无私奉献。20 世纪 90 年代以后，全球芯片行业出现国际化分工协作的格局，芯片技术的许多发明和革新主要由分布于全球的大公司完成，并申报授权为公司专利，它们的发明贡献者都成了默默无闻的科技英雄。芯片技术的发展可以看作一批杰出的发明家、科学家和工程技术人员在高科技赛道上持久进行的一场接力赛。

1. 1947 年，肖克利、巴丁和布拉顿三人发明晶体管，共获 1956 年诺贝尔物理学奖

W. 肖克利（W.Shockley）是美国著名物理学家、发明家。1910 年 2 月 13 日，肖克利出生于英国伦敦，1932 年获加州理工学院学士学位，1936 年获麻省理工学院博士学位，博士毕业后在贝尔电话实验室等机构任职。1955 年，肖克利离开贝尔电话实验室，在美国加州创立了肖克利实验室股份有限公司。1957 年，该公司的 8 名骨干集体辞职，成立了仙童半导体公司。肖克利一生获得了 90 多项发明专利，被誉为“晶体管之父”和美国硅谷的先驱。

约翰 · 巴丁（John Bardeen）是美国著名物理学家、美国科学院院士。1908 年 5 月 23 日，巴丁出生于美国威斯康星州，曾先后在威斯康星大学、普林斯顿大学、哈佛大学、明尼苏达大学、贝尔电话实验室等机构学习、任教和就职。他是一位杰出的科学家，曾两次获得诺贝尔物理学奖。1956 年，他同布拉顿和肖克利因发明晶体管而共同获得诺贝尔物理学奖。1972 年，他同 L.N. 库珀（L.N.Cooper）和 J.R. 施里弗（J.R.Schrieffer）因提出低温超导理论而再次获得诺贝尔物理学奖。

W. 布拉顿（W. Brattain）是美国著名物理学家、美国科学院院士。他的父母早年曾来到中国，布拉顿于 1902 年 2 月 10 日出生于厦门。布拉顿 1928 年获得明尼苏达大学博士学位，1929 年在贝尔电话实验室研究物理学，并长期从事半导体物理学的研究。他与肖克利和巴丁发明了点接触晶体管，并因此项发明共同获得 1956 年的诺贝尔物理学奖。图 A-1 所示为获得 1956

年诺贝尔物理学奖的晶体管发明三人组的照片。

图 A-1 获得 1956 年诺贝尔物理学奖的晶体管发明三人组

2. 1950 年，奥尔和肖克利发明离子注入工艺

1950 年，拉塞尔 · 奥尔（Russell Ohl）和肖克利发明了离子注入工艺，他们开创了人为高效可控地改变半导体电学性能的先河。1954 年，肖克利申请了这项发明的专利。图 A-2 是离子注入工艺发明人之一奥尔的工作照和 P-N 结单向导电示意图，离子注入工艺最早就是用于制造 P-N 结的。

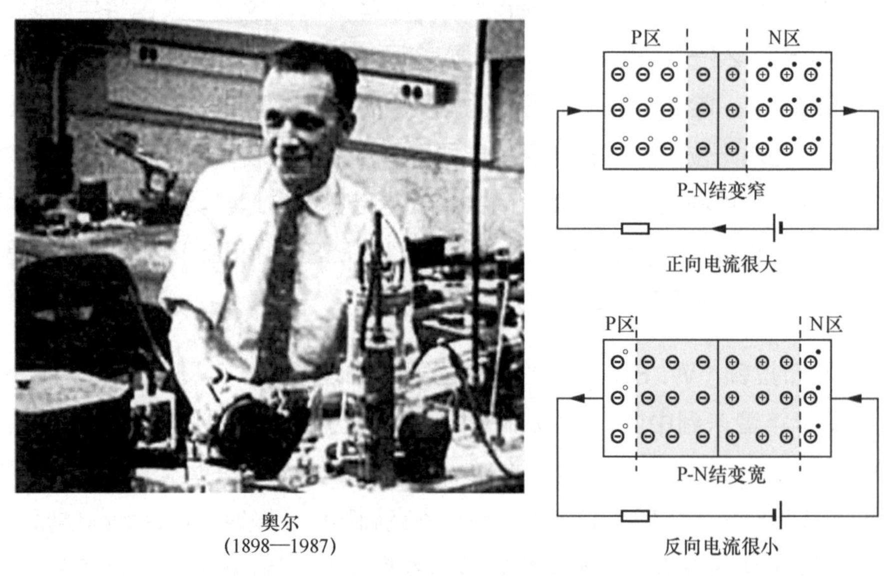

图 A-2 离子注入工艺发明人之一奥尔和 P-N 结单向导电示意图

奥尔是贝尔电话实验室的电化学家，1898 年 1 月出生于宾夕法尼亚州艾伦敦。1939 年，奥尔发现掺杂不均匀的半导体材料会出现单向导电性，由此发现了 P-N 结。1940 年，奥尔在测试一块硅晶体的时候，发现当硅晶体暴露在强光下时，流经它的电流会增大。基于这些发现，他提出了 P-N 结的概念和硅的光电效应理论，这些发现促成肖克利于 1948 年发明结型晶体管，也带来了以后太阳能电池技术的发展。

3. 1958 年，基尔比和诺伊斯发明集成电路（芯片）

1958 年，仙童半导体公司的罗伯特 · 诺伊斯（Robert Noyce）与德州仪器公司的杰克 · 基尔比（Jack Kilby）仅仅间隔数月时间分别发明了集成电路（芯片），两人各自所在的公司为了争夺芯片发明权，进行了为期 6 年多的法律诉讼，最终以和解并签署互相许可协议而收场。芯片的发明开创了集成电路和微电子技术的发展历史。基尔比因为发明集成电路而获得 2000 年的诺贝尔物理学奖。图 A-3 的左图所示为基尔比与其发明的芯片，右图所示为诺伊斯与其发明的芯片。

基尔比
(1923—2005)

诺伊斯
(1927—1990)

图 A-3　基尔比和诺伊斯，以及他们各自发明的芯片

1923 年 11 月 8 日，基尔比出生于美国堪萨斯州，是一位发明家。他曾在美国伊利诺伊大学、威斯康星大学就读，先后获得学士和硕士学位。基尔比于 1947 年开始从事消费类电子产品的开发，1958 年加入德州仪器公司，发明了集成电路，此后一直从事计算机集成电路的研究和开发。

基尔比 1970 年荣获美国国家科学奖章，1982 年进入美国国家发明家名人堂，获得与亨利 · 福特、爱迪生和怀特兄弟并列的荣誉。他目前拥有 60 多项美国专利，是电气电子工程师学会（IEEE）会员。在集成电路问世 42 年以后的 2000 年，人们终于认识到基尔比及其发明的集成电路的价值，基尔比因此项发明获得当年的诺贝尔物理学奖。诺贝尔奖评审委员会评价基尔比“为现代信息技术奠定了基础”。

1927 年 12 月 12 日，诺伊斯出生于美国艾奥瓦州，他中学毕业后考入格林纳尔学院，同时学习物理、数学两个专业。1953 年，诺伊斯获得麻省理工学院博士学位。1956 年，诺伊斯决定在肖克利实验室和肖克利干一番大事业，但是理想丰满，现实骨感，后来他和其他 7 人（肖克利称他们为“八叛将”）从肖克利实验室集体辞职，于 1957 年一起创办了仙童半导体公司，该公司创造了芯片发展史上的许多神话。诺伊斯还是 1968 年成立的英特尔公司的创始人之一。

诺伊斯是一位伟大的科学家，也是集成电路史上非常重要的人物之一，被誉为“集成电路之父”。遗憾的是，他两次与诺贝尔奖“擦肩而过”。他之前在肖克利实验室工作时，关注和研究了“负阻二极管”，但因为没有得到肖克利的支持，此项研究被迫终止，后来日本科学家江崎玲于奈（Leo Esaki）在此项发明上获诺贝尔奖。诺伊斯于 1990 年逝世，未能等到 2000 年与基尔比分享集成电路这一划时代发明的荣光。

4. 1960 年，MOSFET 问世，发明贡献者有利林菲尔德、海尔、阿塔拉和姜大元

金属 – 氧化物 – 半导体场效应晶体管（MOSFET）是芯片技术发展史上非常重要的发明。从最初场效应晶体管（FET）的发明到 MOSFET 的实用化，大约经历了 30 年的时间，多位科学家为此贡献了聪明才智。图 A–4 所示为 MOSFET 的三位主要发明贡献者以及作出贡献的年份。

朱利叶斯 · E. 利林菲尔德（Julius E. Lilienfeld）是一位波兰裔美国物理学家和发明家。1926 年，他申请了一项名为“控制电流的方法与机构”的专利，

提出了一种使用硫化铜半导体材料的三电极结构，这种器件现在称为场效应晶体管（FET）。

图 A-4 MOSFET 的三位主要发明贡献者以及作出贡献的年份

奥斯卡 · 海尔（Oskar Heil）是一位德国电气工程师和发明家。1934 年，他申请了一项名为“通过电极上的电容耦合控制半导体中的电流”的专利，这项专利本质上也是 FET 的发明。

尽管以上两项专利都获得了授权，但是没有历史文献显示利林菲尔德或海尔做出了可以实用的 FET 器件。直到 1960 年有人提出用二氧化硅改善双极性晶体管的性能后，金属 - 氧化物 - 半导体场效应晶体管（MOSFET）才被制造出来，并且实用化。对这一创新发明贡献最大的是美国科学家 M. 阿塔拉（M.Atalla）及其下属韩裔科学家姜大元（Dawon Kahng）。

1924 年 8 月 4 日，阿塔拉出生于埃及塞得港。他赴美留学，于 1949 年从美国普渡大学拿到博士学位，后进入贝尔电话实验室工作，研究半导体材料的表面特性。通过在硅片上培养二氧化硅薄层，他找到了帮助电流摆脱电子陷阱和散射的方法。该方法后来称为“表面钝化”技术。MOSFET 因成本低、易于生产而成为芯片发展史上的里程碑。阿塔拉博士在 1960 年的一次学术会议上公布了自己的研究成果。

阿塔拉博士离开贝尔电话实验室后，曾先后在惠普公司和仙童半导体公司工作过。阿塔拉博士现任 A4 系统（A4 System）公司的主席。他被评为普渡大学 2002 年度工程杰出人物，并于 2009 年进入美国国家发明家名人堂。阿塔拉博士既是 MOSFET 的主要发明贡献者之一，也是个人身份识别码（PIN）的发明人。

5. 1959 年，诺伊斯和赫尔尼发明平面制造工艺

1959 年，金·赫尔尼（Jean Hoerni）在诺伊斯提出的“平面制造”技术设想的启发下，发明了平面制造工艺。平面制造是一个在硅晶圆上通过氧化、光刻、刻蚀、扩散、离子注入等一系列工艺流程，批量制作晶体管和芯片的过程。平面制造工艺的关键是用氧化层保护 P-N 结表面不受污染。平面制造工艺使得在硅晶圆上批量制造晶体管和芯片成为可能，也为诺伊斯开创硅基芯片王国奠定了基础。

1924 年 9 月 26 日，赫尔尼出生于瑞士，在日内瓦大学和剑桥大学获得两个博士学位。1952 年，赫尔尼移居美国并在加州理工大学工作，他在那里遇到了“晶体管之父”肖克利，之后加入肖克利半导体实验室。1957 年，赫尔尼和诺伊斯等人集体从肖克利半导体实验室辞职，成立了仙童半导体公司，他也是肖克利所说的“八叛将”之一。1959 年，赫尔尼发明了平面制造工艺，为批量加工晶体管和芯片打下基础，他也被誉为“晶体管先驱”。

6. 1963 年，万拉斯和华人萨支唐发明 CMOS 逻辑电路技术

仙童半导体公司的弗兰克·万拉斯（Frank Wanlass）和华人萨支唐（Chih-Tang Sah）于 1963 年发明了互补金属氧化物半导体（CMOS）。图 A-5 是 CMOS 反相器的逻辑图以及硅片截面上的 CMOS 反相器的器件示意图。万拉斯和萨支唐把 N-MOS 和 P-MOS 连接成互补结构，两种极性的 MOSFET 一关一开，CMOS 电路几乎没有静态电流，特别适合大规模的逻辑电路芯片。图 A-6 所示为发明 CMOS 逻辑电路技术的万拉斯和萨支唐的照片。自 20 世纪 60 年代以来，芯片技术的发展史可以看作 CMOS 工艺不断前进的历史。时至今日，95% 以上的逻辑电路芯片都是基于 CMOS

工艺制造的。

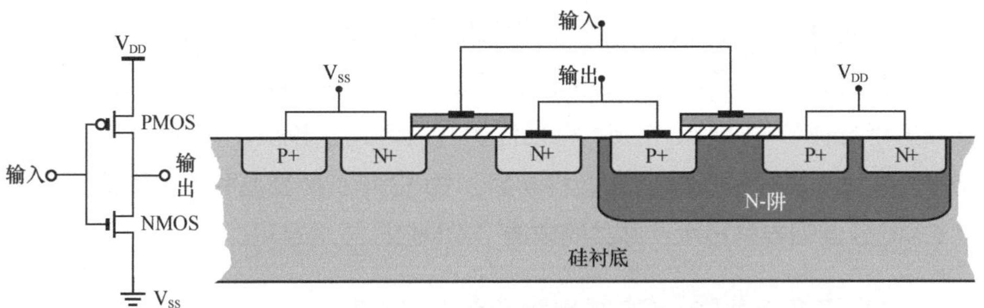

（a）CMOS反相器的逻辑图

（b）硅片截面上的CMOS反相器的器件示意图

图 A-5　CMOS 反相器的逻辑图以及硅片截面上的 CMOS 反相器的器件示意图

万拉斯
(1933—2010)

萨支唐
(1932—)

图 A-6　发明 CMOS 逻辑电路技术的万拉斯和萨支唐

1933 年 5 月 17 日，万拉斯出生于美国亚利桑那州撒切尔市，是一名电气工程师。万拉斯 1962 年毕业于美国犹他大学，获得固态物理学博士学位，而后于 1963 年加入仙童半导体公司的研发实验室。同年，他和华人萨支唐共同发明了 CMOS 逻辑电路技术，并提交了关于 CMOS 结构的第一项专利，专利名为“低待机功率互补场效应电路”（美国专利号 3356858，1967 年获批）。1991 年，万拉斯被授予 IEEE 固态电路奖，2009 年入选美国国家发明家名人堂。

1932 年 11 月 10 日，萨支唐出生于北京，是美籍物理学家和微电子学家、中国科学院外籍院士、厦门大学物理科学与技术学院教授。萨支唐 1953 年获美国伊利诺伊大学电机工程学士学位和工程物理学士学位，1954 年获美国斯坦福大学硕士学位，1956 年获美国斯坦福大学博士学位，1959 年至 1964 年在仙童半导体公司工作，1964 年担任伊利诺伊大学教授，1988 年担任美国佛罗里达大学教授、工学院首席科学家。1963 年，萨支唐和万拉斯共同发明了 CMOS 逻辑电路技术，并共同申请了 CMOS 技术专利。

7. 1965 年，戈登 · 摩尔提出著名的摩尔定律

摩尔定律（Moore’s Law）指出，当价格不变时，芯片上集成的晶体管数目每经过 18 ～ 24 个月就会翻倍，性能也会提升。之后芯片技术 60 多年的发展历史证明了摩尔定律是正确的。图 A–7 的左图所示为戈登·摩尔（Gordon Moore），右图是芯片技术沿摩尔定律发展的示意图。

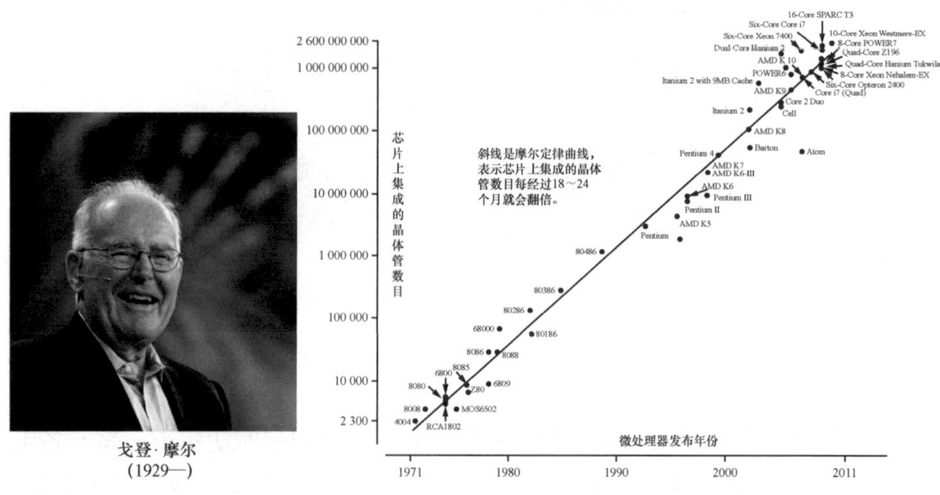

图 A–7　戈登 · 摩尔和芯片技术沿摩尔定律发展的示意图

1929 年 1 月 3 日，戈登 · 摩尔出生于旧金山佩斯卡迪诺，是一位科学家，也是英特尔公司创始人之一。他不仅获得了加州大学伯克利分校的化学学士学位，还在加州理工学院获得了物理化学博士学位。20 世纪 50 年代中期，他和芯片发明人诺伊斯一起在肖克利半导体实验室工作。后来摩尔和诺伊斯等人

（肖克利所说的“八叛将”）集体辞职，创办了仙童半导体公司。1964 年，摩尔提出了著名的摩尔定律。1968 年，摩尔和诺伊斯一起退出仙童半导体公司，创办了著名的英特尔公司。

在 1974 年至 1987 年的 10 多年时间里，摩尔主导着英特尔公司的发展，当时个人计算机工业萌芽并获得飞速发展。他果断决定把英特尔公司的战略转向微型计算机的“心脏”部件——中央处理器（CPU）的开发和销售。摩尔是个人计算机工业的推动者和胜利者。1990 年，摩尔被授予“美国国家科学技术奖”。2000 年，摩尔创办了拥有 50 亿美元资产的基金会。2001 年，摩尔退休并退出了英特尔董事会。

8. 1967 年，姜大元和施敏发明非易失性存储器

1967 年，贝尔电话实验室的韩裔科学家姜大元（Dawon Kahng）和华裔科学家施敏（Simon Sze）共同发明了非易失性存储器。这是一种浮栅 MOSFET，它是闪速存储器、可擦可编程只读存储器（EPROM）、电擦除可编程只读存储器（EEPROM）的基础。图 A-8 是普通 MOSFET 与浮栅 MOSFET 的区别示意图。图 A-9 所示为非易失性存储器的发明人姜大元和施敏的照片。

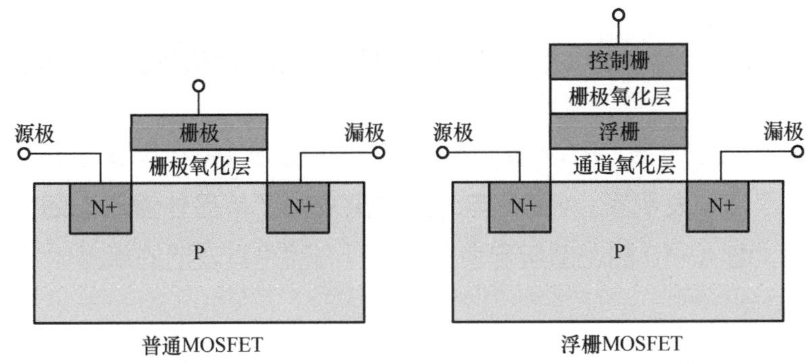

图 A-8　普通 MOSFET 与浮栅 MOSFET 的区别示意图

1931 年 5 月 4 日，姜大元出生于韩国首尔，他在俄亥俄州立大学获得电气工程博士学位，并于 1959 年加入贝尔电话实验室工作长达 29 年。在贝尔电话实验室，姜大元在阿塔拉手下工作，负责用硅制造场效应晶体管。1960

年，姜大元和阿塔拉共同发明了MOSFET。

1967 年，姜大元和施敏共同发明了浮栅 MOSFET，可用于非易失性存储器。姜大元和施敏所做的工作为闪速存储器等非易失性存储器的发展打下了基础。姜大元 1988 年被评为 IEEE 会士，1975 年获得富兰克林研究所斯图尔特 · 巴兰坦奖章，2009 年入选美国国家发明家名人堂。

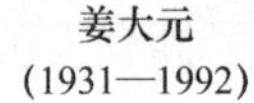

姜大元
(1931—1992)

施敏
(1936—)

图 A-9 非易失性存储器的发明人姜大元和施敏

1936 年 3 月 21 日，施敏出生于中国南京，微电子和半导体器件物理专家、中国工程院外籍院士。施敏 1957 年从台湾大学毕业后赴美留学，1960 年获得华盛顿大学硕士学位 ，1963 年获得斯坦福大学电机博士学位，后进入贝尔电话实验室工作至 1989 年退休。1967 年，施敏与姜大元共同发明了浮栅 MOSFET，并进而发明了具有非易失性记忆性质的闪速存储器，为后面非易失性存储器的发展奠定了基础。

9. 1967 年，罗伯特 · 登纳德发明单晶体管动态随机存储器（DRAM）

罗伯特 · 登纳德（Robert Dennard）出生于 1932 年 9 月 5 日，是一位电气工程师和发明家。1967 年，登纳德发明了单晶体管动态随机存储器（DRAM）。图 A-10 的左图所示为登纳德，右图是其发明的单晶体管 DRAM 的结构示意图。

1968 年，登纳德获得美国第 3387286 号发明专利，名为“单晶体管 DRAM 单元”。单晶体管 DRAM 是一项具有划时代意义的发明，它后来成为计算机内存的标准。登纳德于 1997 年入选美国国家发明家名人堂，于 2009 年获得 IEEE 荣誉勋章——这是电子电气领域的最高荣誉。

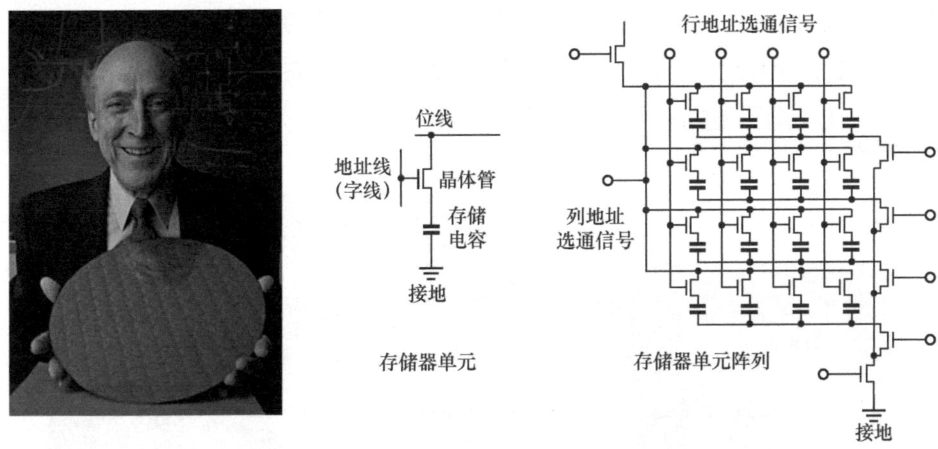

图 A-10　登纳德与其发明的单晶体管 DRAM 的结构示意图

10. 1980 年，桀冈富士雄发明闪存芯片

桀冈富士雄（Fujio Masuoka）出生于 1943 年 5 月 8 日，他是闪速存储器芯片的发明人。闪速存储器简称闪存。桀冈富士雄于 1971 年加入东芝公司。桀冈富士雄 1980 年发明了 NOR 闪存，1987 年发明了 NAND 闪存，1994 年出任日本东北大学电气通信研究所教授，进一步研究闪存技术。2002 年，桀冈富士雄被誉为“闪存之父”，并入选世界知名商业杂志《福布斯》国际版封面人物。图 A-11 的左图所示为桀冈富士雄，右图是其发明的闪存芯片的外观。

图 A-11　桀冈富士雄与其发明的闪存芯片的外观

11. 1987 年，张忠谋开创晶圆代工模式，对芯片产业影响深远

1987 年，张忠谋创立台湾积体电路制造股份有限公司［简称台积电（TSMC）］，专门承接芯片设计公司的芯片制造业务（也称晶圆代工业务）。晶圆代工开创了芯片设计与芯片制造分离的专业分工的先河。自此，很长的芯片产业链被分为芯片设计、芯片制造、芯片封装和测试、芯片销售和应用等环

节，实现了人们“专业的事由专业的公司来做”的理想，晶圆代工大大改善了芯片产业发展生态。图 A-12 的左图所示为张忠谋，右图所示为张忠谋开创的“晶圆代工王国”里的一个场景。

图 A-12　张忠谋与其开创的“晶圆代工王国”里的一个场景

1931 年 7 月 10 日，张忠谋出生于浙江宁波。他早年在麻省理工学院留学，后来与戈登 · 摩尔同时进入半导体芯片行业，并与芯片发明人杰克 · 基尔比同时进入美国德州仪器公司，于 1972 年就任德州仪器公司副总裁。1987 年，张忠谋创建了全球第一家晶圆代工企业——台积电。有人如此评价他，“一个人定义了一个产业，一个人开创了一个新的晶圆代工时代，一个人让整个半导体芯片行业更有活力，这个人就是张忠谋”。因其在半导体芯片行业作出了突出贡献，张忠谋被美国媒体评为半导体芯片行业 50 年发展史上最有贡献的人士之一。张忠谋被誉为“半导体教父”，他开创的晶圆代工模式对半导体芯片行业的影响极其深远。

12. 1999 年，胡正明发明鳍式场效应晶体管（FinFET）器件和 FD-SOI 工艺

胡正明不仅发明了鳍式场效应晶体管（FinFET）器件，还发明了全耗尽型绝缘体上硅（FD-SOI[1]）工艺，成就了半导体芯片行业两个重要的技术发

1　FD-SOI：全耗尽型绝缘体上硅（Fully Depleted-Silicon On Insulator）。

展路径。胡正明的这两项重要发明延续了摩尔定律的传奇。图 A-13 的左图所示为胡正明教授，右图是其发明的鳍式场效应晶体管与传统平面晶体管的对比图。

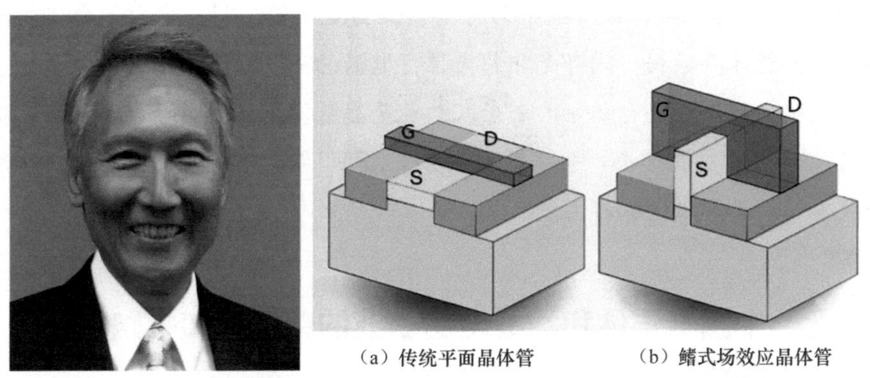

图 A-13 胡正明教授以及鳍式场效应晶体管与传统平面晶体管的对比图

1947 年 7 月，胡正明出生于中国北京，微电子学家、中国科学院外籍院士、美国加州大学伯克利分校杰出讲座教授。胡正明教授 1969 年赴美，先后在美国加州大学伯克利分校、麻省理工学院学习和任教。胡正明教授 1999 年发明了 FinFET，2000 年发明了 FD-SOI 工艺，2007 年当选中国科学院外籍院士。胡正明教授 2020 年获得 IEEE 最高荣誉奖章。

知识点：晶体管发明三人组，离子注入，芯片发明权之争，MOSFET，平面制造工艺，CMOS 逻辑电路技术，摩尔定律，非易失性存储器，动态随机存储器（DRAM），闪存，晶圆代工，FinFET 器件，FD-SOI 工艺。

记忆语：晶体管发明三人组是肖克利、巴丁和布拉顿，他们三人获 1956 年诺贝尔物理学奖。奥尔和肖克利发明了**离子注入**工艺，自此可以人为地改善半导体的导电性。诺伊斯和基尔比仅仅相隔几个月先后发明了芯片，他们各自所在的公司——仙童半导体公司和德州仪器公司有了**芯片发明权之争**。阿塔拉是 **MOSFET** 的主要发明人。**平面制造工艺**是芯片制造的核心，主要由诺伊斯和赫尔尼发明。**CMOS 逻辑电路技术**是芯片上晶体管的一种连接方式，这种连接方式具有很多优点，发明人是万拉斯和华裔科学家萨支唐。

戈登·摩尔提出的**摩尔定律**预测了芯片集成度不断提高的规律，与芯片技术的发展历史高度吻合。**非易失性存储器**是指断电后仍然可以长期保存数据的存储器，由韩裔科学家姜大元和华裔科学家施敏发明。**动态随机存储器**（DRAM）是芯片面积占用最小的存储器，由登纳德发明，但它需要不间断地刷新才能保存数据。**闪存**是非易失性存储器的一种，由日本科学家桀冈富士雄发明。张忠谋是台积电的创始人，也是**晶圆代工**业务的开创者，他改变了芯片产业的发展形态。胡正明发明了 FinFET 器件和 FD-SOI 工艺，这两项技术延续了摩尔定律的生命。

附录 B　中国半导体和集成电路事业的奠基者和领路人主要有哪些?

中国半导体和集成电路事业起步不算太晚。1951 年，美国 1947 年发明晶体管 4 年后，黄昆院士毅然回国，立即带领多位留学归国精英着手建立半导体人才培养体系和科研体系。美国 1958 年发明集成电路 3 年后，1961 年中国科学院物理所与计算所通力合作，研制出了中国第一块锗集成电路，次年又开始了硅集成电路的研制。

中华人民共和国成立之初，科研基础薄弱，百废待兴，但中国半导体和集成电路事业并没有输在起跑线上，这要感谢大批在海外留学的中华优秀学子。他们在新中国成立后不久，毅然放弃国外先进的科研条件和安逸舒适的生活，积极投身于新中国的科技建设。他们与国内后来培养的大批专业人才一道，为中国半导体和集成电路事业打下良好的基础。黄昆、谢希德、王守武、林兰英、汤定元、梁骏吾、黄敞、王阳元、沈绪榜、郝跃等是他们当中的优秀代表，他们是中国半导体和集成电路事业的奠基者、开拓者和领路人。由于他们各自的专业研究方向不同，学术研究和贡献的领域各异，以下对他们的介绍不分先后。饮水思源，我们不会忘记他们为祖国的强盛建立的卓越功勋。

图 B-1 所示为黄昆、谢希德和王守武三位先生的照片。

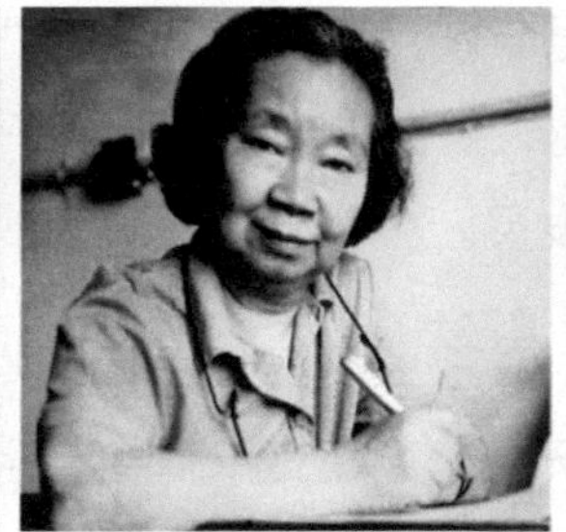

图 B-1 中国半导体和集成电路事业奠基者和领路人黄昆、谢希德、王守武

1. 黄昆（1919—2005）

黄昆是著名物理学家、中国科学院院士、国家最高科学技术奖获得者。黄昆是浙江嘉兴人，出生于北京，1941 年毕业于燕京大学物理系，1948 年获英国布里斯托尔大学博士学位，1951 年决然回国投身祖国建设，1951 年至 1977 年在北京大学物理系任教授，1977 年至 1983 年任中国科学院半导体研究所所长，1955 年当选中国科学院学部委员（1993 年后改称中国科学院院士），2002 年获得 2001 年度国家最高科学技术奖。

黄昆回国不久就全身心投入了北京大学普通物理教学体系的建设和教学工作，1955 年首次在本科生中开设固体物理课程。同年，他邀请王守武、洪朝生、汤定元合作在北京大学物理系为“固体物理专门化半导体方向专班”首次开设半导体物理课程。1958 年，他与谢希德院士合著了具有国际先进水平的《半导体物理学》一书，该书成为后续大学半导体专业的经典教材。

1956 年，我国编制的第一个中长期科技规划中，四项紧急措施之一就是要大力发展半导体技术。在黄昆院士的建议下，北京大学、复旦大学、南京大学、厦门大学、东北人民大学（吉林大学前身）联合在北京大学物理系创办了我国第一个半导体专业（简称五校联合半导体物理专门化专业）。黄昆任半导体教研室主任。该专业培养的大多数学生已成为我国半导体和集成电路领域的科研骨干，这个专业的第一期学员被称为“半导体黄埔军校第一期学员”。

1977 年，黄昆院士出任中国科学院半导体研究所所长，中心任务是大力开展科研和人才培养。在他的主持下，科研人员深入研究了超晶格领域存在的疑难问题。1988 年，黄昆与朱邦芬合作建立了“黄－朱模型”，解决了超晶格领域存在 20 多年的难题，提出了对现代光电子领域产生深远影响的原创理论，并推动了相关领域的发展。

黄昆院士为我国的半导体事业培养了大批栋梁英才，为创建和发展中国半导体科技和教育事业、从无到有地建立和发展半导体工业体系起到了开拓性作用，被誉为中国半导体事业奠基第一人和“中国半导体事业之父”。

2. 谢希德（1921—2000）

谢希德是著名固体物理学家、中国科学院院士、复旦大学原校长。她出生于福建泉州，1946 年毕业于厦门大学数理系，1947 年赴美国史密斯学院留学，1949 年获得硕士学位后转入麻省理工学院专攻理论物理，1952 年绕道英国回国参加新中国建设。回国后，谢希德在上海复旦大学物理系任教授，1956 年被国务院调到北京大学筹建五校联合半导体物理专门化专业，并出任半导体教研室副主任。1958 年她被调回复旦大学，参加复旦大学与中国科学院上海分院联合主办的上海技术物理研究所建设，并担任副所长。谢希德 1980 年当选中国科学院学部委员，1983 年出任复旦大学校长。

20 世纪 50 年代，我国采用的大学教材与美国大学的一些教学理念存在冲突。谢希德院士为了让物理教学更加严谨，就自己动手编写了教材，并先后在复旦大学开设了光学、力学、理论力学、量子力学等课程，为复旦大学物理教学打下了坚实的基础。1958 年，谢希德院士在与黄昆院士在筹建五校联合半导体物理专门化专业期间，合著了《半导体物理学》一书，该书被国内多所大学的半导体专业选用，成为该专业的经典教材。

谢希德院士主要从事半导体物理和表面物理的理论研究，是中国这两个领域科学研究的主要倡导者和组织者。20 世纪 60 年代初，国际上硅平面工艺兴起，谢希德院士和黄昆院士预见到这将促进半导体技术的迅猛发展，便联名建议国家开展固体能谱研究，并由北京大学、复旦大学、南京大学共同承担研究任务。谢希德院士领导的课题组在半导体表面界面结构、硅（Si）/ 锗（Ge）超晶格的生长机制和红外探测器件、多孔硅发光、蓝色激光材料研制、锗量子点的生长和研究，以及磁性物质超晶格的研究等方面都取得了丰硕的成果，被誉为“中国半导体事业之母”。

谢希德院士桃李满天下，她筹建的以表面物理为研究重点的现代物理所后来成为国家重点实验室，培养了大批国家级的物理学家。由她和黄昆院士开启的中国半导体事业更是迎来新辉煌。1992 年，第 21 届国际半导体物理会议在中国召开，这个历来由欧美国家唱主角的国际会议落地中国，极大提升了我国在世界半导体科技领域的地位。

3. 王守武（1919—2014）

王守武是著名微电子学家、半导体器件物理学家、中国科学院院士。他出生于江苏苏州，1941 年毕业于同济大学，1946 年获美国普渡大学硕士学位，1949 年获普渡大学博士学位并留校任教，1950 年回国受聘于中国科学院应用物理研究所，1960 年受命筹建中国科学院半导体研究所并出任副所长，1980 年当选中国科学院学部委员。

王守武 1957 年研制成功中国第一只锗（Ge）合金扩散晶体管，设计制造了中国第一台单晶炉，拉制成功了中国第一根锗单晶，研制成功了中国第一批锗合金结晶体管，并掌握了锗单晶中的掺杂技术；1964 年研制成功了中国第一只半导体激光器；1978 年主持研制 4 Kb 和 16 Kb RAM[1] 芯片，并建成 4 Kb RAM 大规模集成电路生产线；1986 年主持筹建中国科学院微电子中心，任微电子中心终身名誉主任。王守武院士还参与和指导了许多半导体器件和器件物理方面的基础研究工作，包括半导体性能测试、半导体异质结激光器、平面 Gunn 器件[2]、PNPN 结构器件[3]、器件物理和器件设计的计算机模拟等。

王守武院士是一位具有战略眼光的科学家，是中国半导体科技事业的重要开拓者和奠基人之一，对制定中国半导体科技发展方向、政策和策略作出了重大贡献。他在半导体材料、半导体器件、光电子器件和大规模集成电路等方面

---

1 16 Kb RAM：16 × 1024 位的随机存储器。

2 Gunn 器件：一种微波有源器件，也称 Gunn 二极管。

3 PNPN 结构器件：一种由多个 P-N 结构成的器件，也称晶闸管、可控硅整流器。

创造了多个“中国第一”，被誉为中国半导体研究的“拓荒者”。他勤俭节约一生，临终捐出所有积蓄设立了 500 万元的王守武奖学金。他培养的理论和实践型两用人才已成为我国半导体和集成电路事业的中坚力量。

图 B-2 所示为林兰英、汤定元、梁骏吾、黄敞这 4 位先生的照片。

图 B-2　中国半导体和集成电路事业的奠基者和领路人林兰英、汤定元、梁骏吾、黄敞

4. 林兰英（1918—2003）

林兰英是著名的半导体材料学家、中国科学院院士。她出生于福建莆田，1940 年从福建协和大学毕业后留校任教，1948 年赴美进入宾夕法尼亚州迪金森学院数学系学习，1949 年进入宾夕法尼亚大学研究生院进行固体物理的研究，先后获得硕士、博士学位。她是宾夕法尼亚大学建校以来第一位女博士，其博士论文受到美国物理界的高度评价。林兰英被美国列入禁止回国名单，无奈之下，她于 1955 年进入纽约长岛的索菲尼亚公司担任高级工程师，专注于半导体材料研究，带领团队研制出了该公司的第一根硅（Si）单晶。1956 年，她冲破美国海关的各种阻挠回到中国，进入中国科学院物理研究所工作。1960 年中国科学院半导体研究所成立后，林兰英担任该所研究员。林兰英 1980 年当选中国科学院学部委员，1996 年获何梁何利基金科学与技术进步奖，1998 年获霍英东成就奖。

林兰英带领的团队 1957 年拉制成功我国第一根锗单晶，1958 年拉制成功第一根硅单晶，中国成为世界上第三个能生产出硅单晶的国家。她负责研制的高纯度汽相和液相外延材料达到国际先进水平，开创了中国微重力半导体材料科学研究新领域，并在砷化镓晶体太空生长和性质研究方面取得显著的成绩。

林兰英女士一生未婚，她将全部时间和精力都奉献给了国家和自己热爱的事业。她先后负责研制成功我国第一根硅单晶、锑化铟单晶、砷化镓单晶、磷化镓单晶等，为我国半导体、微电子和光电子学的发展奠定了基础，为祖国培养了大批英才。她是我国半导体材料科学的奠基者和开拓者，被誉为“中国半导体材料之母”。

5. 汤定元（1920—2019）

汤定元是著名半导体物理学家、中国科学院院士、红外学科奠基人。他出生于江苏省常州市金坛区，1942 年大学毕业后留校任教；1948 年赴美国明尼苏达大学物理系学习，同年转入芝加哥大学物理系；1950 年获芝加哥大学物理系硕士学位；1951 年回国，在中国科学院应用物理研究所工作；1960 年在中国科学院半导体研究所工作，其间兼任中国科学技术大学（中科大）教授、半导体教研室主任；1991 年当选中国科学院学部委员。

1951 年，汤定元力排众议回国参加新中国建设，不久后，美国政府就下令禁止中国留学生回国。回国后，他进入中国科学院应用物理研究所工作，并根据自己国外所学和国家需要，选择了半导体光学及光电性能作为自己的研究方向。1958 年，汤定元给中央有关部门写信，强调半导体红外技术对国防建设的重要性，建议红外研究领域应注重器件研究。在汤定元院士多年坚持和努力下，中国半导体物理从基础研究发展到了空间应用等领域。他先后领导研制多种具有国际先进水平的半导体红外光电探测器，并成功应用于多种遥感探测先进装备，为我国“两弹一星”工程作出了卓越贡献。

20 世纪 70 年代末，汤定元选择窄禁带半导体碲镉汞作为主攻方向，组织窄禁带半导体物理基础研究，对碲镉汞晶体的材料、器件和物理性能进行技术攻关，并成功应用于我国空间遥感测量和国防先进装备。汤定元院士培养的博士和硕士已成为一些科研院所的技术骨干和带头人。

6. 梁骏吾（1933—2022）

梁骏吾是著名半导体材料学家、中国工程院院士、我国早期半导体硅材料研究的奠基人。他出生于湖北武汉，1955 年毕业于武汉大学物理专业，1956 年就读于苏联科学院莫斯科巴依可夫冶金研究所，1960 年获博士学位并回国就职于中国科学院半导体研究所，1978 年晋升为研究员 ，1997 年当选中国工程院院士。

梁骏吾院士先后从事高纯区熔硅单晶、砷化镓液相外延、硅气相外延、SiO_2 隔离膜生长和多晶硅生长的研究，大规模集成电路用硅单晶、掺氮中子嬗变硅单晶、超高速电路用外延技术、金属有机化学气相沉积、砷化铝镓（AlGaAs）/ 砷化镓（GaAs）量子阱材料及半导体中杂质与缺陷的行为的研究，以及碳化硅（SiC）外延生长和氮化镓（GaN）基材料的生长技术研究等。

梁骏吾于 20 世纪 60 年代解决了高纯区熔硅的关键技术；1964 年制备了室温激光器用 GaAs 液相外延材料；1979 年研制成功了大规模集成电路用优质硅区熔单晶；20 世纪 80 年代首创了掺氮中子嬗变硅单晶，解决了硅片的完整性和均匀性问题；20 世纪 90 年代初研究 MOCVD[1] 生长超晶格量子阱材料。梁骏吾院士在晶体完整性、电学性能和超晶格结构控制方面，将中国超晶格量子阱材料推进到实用水平。他主持了“七五”“八五”重点硅外延攻关，完成了微机控制、光加热、低压硅外延材料生长和设备的研究。他还在太阳能电池用多晶硅的研究和产业化等方面发挥了积极作用。

60 多年来，梁骏吾院士为我国半导体材料领域的学科建设、技术创新、产业振兴以及人才培养作出了重要贡献。他先后荣获国家科技进步三等奖 1 项，国家科委科技成果二等奖和新产品二等奖各 1 项，中科院重大成果和科技进步一等奖 3 项、二等奖 4 项，上海市科技进步二等奖 1 项等，共 20 余项各种科技奖项。

7. 黄敞（1927—2018）

黄敞是著名半导体和微电子学家，国际宇航科学院院士，俄罗斯宇航科学院外籍院士，国家级有突出贡献专家，我国集成电路事业的引领者，中国航天微电子与微型计算机技术事业的奠基人。他是江苏无锡人，出生于辽宁沈阳。

1 MOCVD：金属有机物化学气相沉积（Metal-Organic Chemical Vapor Deposition）。

黄敞在 1943 年抗日战争期间考入昆明西南联合大学电机系学习，1946 年随清华大学回迁北京，1947 年获清华大学学士学位并留校任教，1948 年自费赴美留学并从美国哈佛大学研究院工程科学及应用物理系获得硕士和博士学位。

1953 年至 1958 年，黄敞受聘于雪尔凡尼亚（Sylva-nia）半导体厂从事半导体前沿科学研究工作，担任高级工程师、专家工程师和工程部主任等职位。这一时期是美国集成电路发明的前夜，美国有数家公司对晶体管等半导体前沿技术十分感兴趣。黄敞抓住这一大好机会，通过与美国著名企业和院校进行理论与技术交流，系统总结了晶体管理论和应用，发表论文 20 余篇，获得美国专利 10 项。这些成果至今仍是半导体、晶体管、抗辐射集成电路开发和研制的重要理论基础。在黄敞担任雪尔凡尼亚半导体厂工程部主任期间，24 岁的张忠谋于 1955 年进入他的部门工作。1958 年，黄敞放弃美国优越的生活，毅然回国报效祖国。

1958 年，黄敞在取得美国永久居留权后，拒绝了德州仪器公司提供的待遇优厚的工作机会，并立即启动自己的曲线回国计划。他携夫人杨樱华以环球旅行名义，绕道欧洲多国，辗转经由香港返回祖国。当时，美国禁止中国留学生回国。

1959 年，黄敞被分配到北京大学物理系担任副教授，兼任中国科学院计算机技术研究所第 11 研究室主任、副研究员，并开始培养研究生。1965 年，黄敞被抽调到北京中关村组建中国科学院 156 工程处（航天 771 所的前身），开始了他从事航天微电子与微型计算机技术研究、建设我国航天和国防事业的非凡人生。

1966 年，黄敞在 156 工程处负责和开发了我国首个航天级 TTL[1] 双极集成电路 B 系列产品，并被成功应用于研制我国卫星和运载火箭的制导微型计算机。1969 年，为响应国家“三线建设”号召，156 工程处整体从北京搬迁到陕西临潼县某山沟筹建集科研、生产和整机一体化的集成电路和微计算机研

---

1 TTL：晶体管 - 晶体管逻辑（Transistor-Transistor Logic）。

究所，也就是后来的航天 771 所。黄敞带领科研团队成功研制出固体火箭用 CMOS 集成电路计算机，使我国卫星和火箭运载技术跨上了新台阶。1978 年，他主持研制的大规模集成电路、大规模集成的 I2L[1] 微型计算机获得全国科学技术大会质量金奖。1985 年，黄敞院士作为主要完成人之一的运载火箭专用计算机研制项目获得国家科技进步奖特等奖。

黄敞院士是具有国际视野的科学家。他精于科研、严于治学、谦逊待人；他扎根“三线建设”，勇于奉献、不求名利；他是老一辈科学家“科技报国”的典范；他先后培养研究生和博士生 150 余人，他们已成为我国微电子和集成电路行业的中坚力量，有的早已扬名海内外。

图 B-3 所示为王阳元、沈绪榜、许居衍、郝跃 4 位先生的照片。

图 B-3　中国半导体和集成电路事业的奠基者和领路人王阳元、沈绪榜、许居衍、郝跃

8. 王阳元（1935—）

王阳元院士是微纳电子领域的学术大师，战略科学家，教育家，中国科学院院士，北京大学微电子学科奠基人，中国集成电路产业的开拓者之一。王阳元 1935 年 1 月 1 日出生于浙江宁波，1958 年从北京大学物理系毕业后留校任教，1982 年前往美国加州大学伯克利分校做高级访问学者，1986 年担任北京大学微电子学研究所所长，1995 年当选中国科学院院士，2002 年担任北京大学微电子学研究院院长、北京大学微电子学系主任，2003 年获得何梁何利基金科学与技术进步奖，2006 年获得北京大学首届蔡元培奖。

1　I2L：集成注入逻辑（Integrated Inject Logic）。

王阳元院士主持成功研究出了硅栅 N 沟道技术和中国首块 1 024 位的 MOS DRAM，推动了国内 MOS 集成电路技术的发展。他在国际上提出了多晶硅薄膜氧化动力学新模型和应用方程，还与同事合作在国际上提出 MOS 绝缘层中可动离子和电荷陷阱新的测量方法。他率先开发成功多晶硅发射极超高速集成电路技术，推动了中国双极集成电路技术的发展。他创建了 SOI[1] 新器件研究机构，主持建设了国内首个国家级微米 / 纳米加工技术重点实验室。他在 SOI 新器件和电路、MEMS 系统等领域均有重大建树。

王阳元院士任全国 IC CAD 专家委员会主任和全国集成电路产品开发专家委员会主任期间，领导研制成功了中国第一个大型集成化的 IC CAD 系统和 300 多种集成电路新产品，为中国集成电路设计业的发展打下重要技术基础。他与国际同行一起创建了中芯国际集成电路制造有限公司（简称中芯国际），成为中国集成电路产业发展中的一个里程碑。他之后致力于绿色微纳电子学和后摩尔时代微纳电子学的战略研究，组织团队开展低功耗和纳米级集成电路技术的系统研究。

王阳元院士辛勤育人 65 载，可谓桃李满天下。他为我国微电子和集成电路事业输送了百余名的硕士、博士研究生和博士后人才，他们已成为我国微电子和集成电路行业的中坚力量。

9. 沈绪榜（1933—2024）

沈绪榜是著名计算机系统科学家，中国科学院院士，我国微处理器芯片的开拓者，航天微电子与微型计算机技术事业的奠基人。沈绪榜 1933 年 1 月 10 日出生于湖南临澧，1953 年考入武汉大学数学系，1956 年被选派到北京大学数学力学系计算机专业班学习，1957 年毕业后被分配到中国科学院计算技术研究所工作，1965 年被抽调到北京中关村组建中国科学院 156 工程处（航天 771 所的前身），开始了他从事航天微电子与微型计算机技术研究、建设我国航天和国防事业的非凡人生。

中科院 156 工程是我国“两弹一星”工程的配套工程，任务是为我国卫

1 SOI：绝缘体上硅（Silicon-On Insulator）。

星和运载火箭开发制导微型计算机，沈绪榜院士出任计算机设计组组长，负责156 微型计算机的总体方案、系统逻辑、中央处理器（CPU）等芯片的设计和研制工作。

1969 年，为响应国家“三线建设”号召，中科院 156 工程处整体从北京搬迁到陕西临潼县某山沟，筹建集科研、生产和整机一体化的集成电路和微计算机研究所，也就是后来的航天 771 所。沈绪榜院士也随之迁到这个山沟，先后设计了我国第一台小规模和中规模集成电路箭载计算机，提出了多重积分误差校正新方法、箭载增量计算机新体系结构、火箭控制系统计算机测试方法等，取得多方面突破性的技术创新成果。

20 世纪 70 年代，沈绪榜院士提出并开展了涵盖计算机指令集、体系结构、逻辑设计方案、具有自主知识产权的集成电路和微型计算机的研究，成功研制出 16 位的 CPU 芯片和微型计算机，支撑了 80 年代国产专用微型计算机的国防应用。这些微型计算机与国际计算机发展水平并驾齐驱，是那个时代专用微处理器与计算机领域最辉煌的成果，实现了中国集成电路计算机的历史性突破。1985 年，沈绪榜院士荣获国家科学技术进步奖特等奖。

20 世纪 80 至 90 年代，沈绪榜院士先后主持研究和设计数字信号处理器芯片、定点和浮点 32 位 RISC[1] 微处理器芯片、每秒 3.2 亿次 MPP[2] 系统级芯片与 MPP 计算机，并致力于计算机应用编程语言、设计体系结构和系统级芯片实现技术的创新性研究，探索计算机时空计算自然统一。2016 年，沈绪榜院士荣获中国计算机学会颁发的“CCF 终身成就奖”。沈绪榜院士是首颗国产CPU 芯片的研制者，是当之无愧的“国产 CPU 芯片之父”。

沈绪榜院士着眼国际科技前沿和国家重大需求，孜孜不倦地研究学问。他严于治学、谦逊待人，先后培养了 130 多位博士后、博士和硕士研究生。他发表了 80 多篇科技论文，出版了《超大规模集成电路系统设计》等 7 部学术著作。他勇于奉献、不求名利，是老一辈科学家“科技报国”的杰出代表。

---

1 RISC：精简指令集计算机（Reduced Instruction Set Computer）。

2 MPP：大规模并行处理（Massively Parallel Processing）。

10. 许居衍（1934— ）

许居衍是著名微电子技术专家，中国工程院院士，中国电子科技集团公司第 58 研究所名誉所长，教授级高级工程师。许居衍 1934 年 7 月 9 日出生于福建福州；1953 年考入厦门大学物理系；1956 年转入北京大学半导体物理专业；1957 年毕业后被分配到国防部第十研究院第十研究所工作，从事半导体致冷效应及其在无线电设备中的应用的研究；1961 年调入中国电子工业部第十三研究所，从事半导体技术研究，出任“固体电路预先研究”课题组组长，主持中国第一块硅平面单片集成电路的研制；1970 年参与了我国第一个集成电路研究所——第二十四研究所的创建。

许居衍院士 1983 年作为国务院大规模集成电路与计算机领导小组顾问，参与了国家和原电子工业部关于加速发展中国大规模集成电路工业、加快开发电子产品的决策咨询；1985 年参与了中国华晶电子集团公司的创建工作，并担任公司总工程师；1993 年担任原电子工业部第五十八所名誉所长；1994 年作为中方专家组组长，参与了“909”项目的推动咨询研究，促进了上海华虹公司的成立 。

许居衍院士 20 世纪 60 年代主持探索集成电路制造技术，研制成功中国第一代硅平面单片集成电路，并实现了技术转移生产。他提出并研制成功高速发射极分流限制饱和逻辑电路、集成注入肖特基逻辑电路等创新结构，并被应用于国内早期计算机。20 世纪 70 年代，他制定大规模集成电路新工艺，主持研制成功由图形发生器、图形数字转换机、控制计算机等构成的自动化制掩膜版系统，主持研制成功可图形编辑的集成电路计算机辅助设计（CAD）系统，以及离子注入等新工艺，为成功研制动态随机存储器（DRAM）等多种大规模集成电路创造了条件。他是中国集成电路工业技术的奠基者和开拓者。

11. 郝跃（1958— ）

郝跃是国际著名微电子学家，中国科学院院士，西安电子科技大学教授。郝跃 1958 年 3 月 21 日出生于重庆，1982 年毕业于西北电讯工程学院（西安电子科技大学的前身）半导体物理与器件专业并获学士学位，1985 年毕业于西安电子科技大学半导体物理专业并获硕士学位，1991 年毕业于西安交通大学计算数学专业并获博士学位，1993 年任西安电子科技大学教授，1996 年至 2017 年任西安电子科技大学副校长，2013 年当选中国科学院院士。

郝跃院士长期从事宽禁带半导体（第三代半导体）材料和器件、微纳米半导体器件、高可靠性集成电路、微波和毫米波半导体器件领域的研究和人才培养工作，引领我国第三代半导体科技进入世界领先行列，是我国第三代半导体技术和产业的领路人。他在高质量材料生长、器件结构创新、工艺优化实现及其在极端环境下的可靠性、稳定性的研究中取得了创新性和应用性成果；他发现了氮化物半导体材料生长中气相预反应、表面吸附原子迁移及晶格应力的关键物理机理，提出了一种反应气体脉冲式分时输运原理与方法；他还发现了二维电子气在高压、高温下迁移率退化与晶格应变弛豫的物理机制，提出了无应变背势垒和多沟道新型氮化镓异质结构，以及新型高 K 堆栈的介质栅 MOS-HEMT[1] 器件结构，成功实现了高效率氮化物微波功率器件。

郝跃院士在国内外刊物和国际会议上发表论文 200 余篇，其中在 *SCI* 上发表论文 180 余篇，被他人引用 600 余次；出版学术论著 9 部，专著 3 部。郝跃院士获得国家教学成果一等奖 1 项，国家技术发明二等奖 1 项，国家科技进步二等奖 2 项、三等奖 1 项，另获 2019 年陕西省最高科学技术奖。截至 2022 年，郝跃院士共培养博士研究生 80 多名、硕士研究生 150 多名。

郝跃院士 2010 年获得何梁何利基金科学与技术进步奖，2021 年获中宣部、教育部联合授予的“全国教书育人楷模”称号，他带领的科研教学团队入选“全国高校黄大年式教师团队”。

知识点：中国半导体和集成电路事业的奠基者和领路人，五校联合半导体物理专门化专业

1 MOS-HEMT：基于 MOS 结构的高电子迁移率晶体管（Metal-Oxide-Semiconductor-High Electron Mobility Transistor）。

记忆语：中国半导体和集成电路事业的奠基者和领路人主要有黄昆、谢希德、王守武、林兰英、汤定元、梁骏吾、黄敞、王阳元、沈绪榜、许居衍、郝跃等。**五校联合半导体物理专门化专业**是1956年国家组织北京大学、复旦大学、南京大学、厦门大学和东北人民大学（现吉林大学）联合在北京大学开办的我国第一个半导体专业，旨在为国家培养急需的半导体专业人才，这是我国半导体和集成电路事业的起点。

附录 C　中国半导体和集成电路事业发展大事回顾

我国集成电路产业萌生于20世纪60年代中期，发展到如今大致可分为5个阶段，每个阶段的社会条件和技术基础不同，呈现出来的产业特点也不同。第一阶段可以说是起步期，在封闭的国际环境和计划经济条件下，国家高度重视、自力更生地为我国集成电路产业打下发展基础。第二阶段是成长期，我国集成电路产业由技术引进自然过渡到后续的国内外合作期，迎来了良好的发展机遇期。在第三阶段和第四阶段，我国集成电路产业实现了市场化、国际化的高水平发展。未来将是第五阶段，在芯片产业链国际化分工协作被破坏后，我国集成电路产业将进入自立自强的发展时期。

第一阶段：开展技术普及，搭建产业基础（1965—1978）

在第一阶段，我国集成电路产业只能独立自主、自力更生地发展，主要任务是培养人才，搭建产业基础，开发晶体管和逻辑电路，为计算机研制和国防项目配套服务。我国初步搭建了设备、仪器、材料的配套条件，建立了半导体和集成电路产业基础。这一时期的特点是国家高度重视，在计划经济条件下，新工艺和新技术快速扩散，单点技术在一个单位突破后，其他单位就会马上跟进并取得进步。

1956年，中央发出“向科学进军”的号召。国务院制定了十二年科学技术发展远景规划，把电子工业列为重点发展的目标之一。1960年，中国科学院半导体研究所成立，次年新建的工业化、专业化的半导体研究所迁往河北石家庄，被命名为河北半导体研究所。

1956 年，北京大学、复旦大学、南京大学、厦门大学和东北人民大学（现吉林大学）联合在北京大学开办了我国第一个半导体专业，历史上称为“五校联合半导体物理专门化专业”。黄昆院士倡导的这一战略性举措对我国半导体事业的发展起到无可估量的作用，从这里毕业的学生后来都成为半导体领域的精英。图 C-1 所示为五校联合半导体物理专门化专业第一届毕业生师生合影。

图 C-1　五校联合半导体物理专门化专业第一届毕业生师生合影

1957 年，北京电子管厂通过还原氧化锗拉出了锗（Ge）单晶。

1958 年，我国首只锗合金扩散晶体管在中科院应用物理所试制成功（比国际上约晚 4 年）。

1959 年，天津拉制出硅（Si）单晶。

1962 年，天津拉制出砷化镓（GaAs）单晶，为发展化合物半导体打下了基础。同年，我国研制成功硅外延工艺，并开始研究如何把照相制版技术应用于光刻工艺。

1963 年，我国第一个硅平面扩散晶体管在中科院半导体所和河北半导体所问世（比国际上约晚 4 年）。

1965 年，我国第一块硅基小规模集成电路在北京、石家庄、上海等多地的多家科研单位相继问世（比国际上约晚 7 年）。

1968 年，在半导体技术有所突破的情况下，为了加速我国半导体产业发展，国家决定建设一批半导体和集成电路专业工厂。我国在北京组建了北京 878 厂，在上海组建了上海无线电 19 厂，并于 1970 年相继投产，形成了国内半导体产品的南北两个龙头企业。

北京 878 厂主要生产 TTL 电路、CMOS 钟表电路及 ADC 电路。上海无线电 19 厂主要生产 TTL、HTL[1] 数字集成电路，是中国最早生产双极型数字集成电路的专业工厂。1971 年，上海无线电 19 厂组织编写了《半导体器件平面工艺——光刻》《半导体器件平面工艺——制版》《半导体集成电路》等专业资料。1994 年，上海无线电 19 厂改组为上海华旭微电子公司。

1968 年，上海无线电 14 厂研制成功 PMOS[2] 集成电路，拉开了我国发展 MOS 集成电路的序幕。

1970 年，北京 878 厂、四川永川半导体研究所、上海无线电 14 厂等相继研制成功 NMOS[3] 集成电路，之后又研制成功 CMOS 集成电路。

1972 年，我国自主研制的 PMOS 大规模集成电路在四川永川半导体研究所诞生，实现了从中小集成电路到大规模集成电路的跨越。

1973 年，北京大学、北京有线电厂等单位协作研制成功了中国第一台每秒运算 100 万次的集成电路电子计算机——105 机。

1973 年，在中日邦交恢复一周年之际，中国集成电路行业组织 14 人的考察团赴日本参观了日本八大集成电路公司，开始洽谈引进日本集成电路生产线或配套设备，但是受西方国家封锁和我国经济实力制约，计划引进的生产线和设备不可能是最先进的。不久后，北京 878 厂、陕西微电子技术研究所（航天 771 所的前身）、贵州 4433 厂率先引进和建设了三条 3 英寸集成电路生产

1 HTL：高阈逻辑（High Threshold Logic）。

2 PMOS：P 沟道金属氧化物半导体（P-channel Metal Oxide Semiconductor）。

3 NMOS：N 沟道金属氧化物半导体（N-channel Metal Oxide Semiconductor）。

线（当时国际上普遍采用 4 英寸生产线）。

1975 年，王阳元主持研制成功国内首块 1 024 位的 MOS 动态随机存储器（DRAM），我国独立自主地开发出全套的硅栅 N 沟道技术（仅比国际上晚 4 年），这是我国 MOS 集成电路技术和产业发展史上的一个里程碑，这项技术后来荣获 1978 年全国科学大会奖。

1975 年，上海无线电 14 厂成功开发出当时属于国内最高水平的 1 024 位的移位存储器，其中集成了 8 820 个元器件，达到国外同期水平。

1977 年，陕西微电子技术研究所（航天 771 所的前身）自主研制成功我国第一台 16 位超大规模集成电路（VLSI[1]）微型计算机（与国外同期水平接近）。

20 世纪 70 年代初，全国掀起了建设集成电路工厂的热潮，共有 40 多家集成电路工厂先后建成，全国 33 个单位共引进了 24 条国外二手的 3 英寸生产线，还引进了几条 4 英寸生产线，但基本上属于低水平引进和利用，最后形成量产的生产线不到三分之一。从全国整体上看，宝贵且有限的资金利用率不高，产业“小而散”的特征明显。

这一时期，我国半导体和集成电路科研水平与国外差距 3 ～ 5 年，生产线水平差距 5 ～ 10 年。

第二阶段：打造企业龙头，提升产业整体水平（1978—1990）

1979 年，我国开始实行对外开放的政策。扭转“小而散”的产业不利局面，引进国外先进技术，缩小和国外的技术差距，做大做强中国集成电路产业，成为各方共识。这一时期，国家的工作重点是布局和建设两个集成电路产业基地和一个定点，并集中财力建设了 5 家集成电路骨干企业。

1982 年，国务院成立电子计算机和大规模集成电路领导小组，下设办公室（简称大办）。大办提出不仅要“治散治乱”、防止多头引进、避免重复建设，

1 VLSI：超大规模集成电路（Very Large Scale Integrated Circuit）。

而且还要布局建设“南方和北方两个集成电路产业基地和一个定点”。南方集成电路产业基地（简称南方基地）的发展区域为上海、江苏和浙江；北方集成电路产业基地（简称北方基地）的发展区域为北京、天津和沈阳；一个定点就是西安，任务主要是为航天工业定点配套服务。

1984 年，无锡 742 厂从日本东芝公司全面引进了 3 英寸 5 微米双极模拟电路工艺的彩电芯片生产线和塑封双列直插封装（DIP[1]）生产线，成为国内技术最先进、规模最大、配套最全的芯片工厂。

1986 年，原电子工业部在厦门召开集成电路产业发展战略研讨会，提出集成电路“531”发展战略，即普及推广 5 微米技术，开发 3 微米技术，进行 1 微米技术科技攻关。

1988 年 9 月，上海贝岭微电子制造有限公司成为国内微电子行业第一家中外合资企业，并建成国内第一条 4 英寸 3 微米的数字程控交换机芯片生产线。

1989 年，原电子工业部在无锡召开集成电路产业发展战略讨论会，宣布国家正在集中财力重点建设 5 家集成电路骨干企业，分别是中国华晶电子集团公司（由无锡 742 厂和永川半导体研究所无锡分所合并成立）、华越微电子有限公司（由甘肃 871 厂绍兴分厂扩建更名）、上海贝岭微电子制造有限公司（由上海无线电 14 厂引进项目，新建厂房并成立的中外合资公司）、上海飞利浦半导体公司（由上海无线电 5 厂、7 厂和 19 厂联合技术引进项目，新建厂房并成立的中外合资公司）、首钢日电电子有限公司（由首都钢铁公司和日本 NEC 公司联合成立的中外合资公司）。

这一时期，我国从事集成电路研究和设计的单位约 25 家，集成电路制造和封装工厂约 15 家。虽然国内集成电路产业取得了很大成绩，发展速度也很快，但是国外集成电路技术发展更为迅速，美国和日本集成电路产量猛增，韩国集成电路产业也快速崛起，国内集成电路产业与国外的差距其实进一步拉大了。

1 DIP：双列直插封装（Dual In-line Package）。

第三阶段：适应开放环境，以工程项目促进产业发展（1990—2000）

这一时期，国家以 908 工程、909 工程为重点，以 CAD 为突破口，主抓科技攻关和北方科研生产基地的建设，目标是为电子信息产业配套服务，国内集成电路产业取得了较快发展。

1990 年，原电子工业部立项了 908 工程，任务是建设一条 1 微米工艺的集成电路生产线。该项目由华晶电子集团公司承担，引进了美国朗讯公司的一条 6 英寸芯片生产线，以生产 0.9 微米工艺的芯片。由于项目审批和资金不到位等原因，这条生产线直到 1997 年年底才建成，1998 年 1 月通过合同验收。该项目历时 8 年之久，项目效果差强人意。

1991 年，熊猫 IC CAD 系统第一版发布，后续又推出 7 个版本，它是一款由我国自主研发的 EDA 软件。我国被迫自主研发国产 EDA 软件的原因是，在引进国外二手集成电路生产线时，配套的 EDA 软件无法引进（西方国家对 EDA 软件做了禁运限制）。1992 年，历时 5 年，由 10 所高校、4 家科研单位和 2 家产业研究单位约 120 人参与的集成电路 CAD 攻关项目宣告完成。熊猫 IC CAD 系统在 20 家设计公司和研究机构得到应用，共安装了 55 套系统，完成近 200 个集成电路品种的设计，建成 7 个经过工艺验证的、实用化的单元库。该项目荣获国家科学技术进步一等奖。

1992 年，上海飞利浦半导体公司建成国内第一条 5 英寸芯片生产线，采用的是 3 微米双极型模拟电路工艺。上海飞利浦半导体公司自己不设计产品，成立初期主要是为荷兰飞利浦公司制造芯片。虽然是国内第一家晶圆代工厂，但上海飞利浦半导体公司服务的客户只有荷兰飞利浦公司一家。

1994 年，西方国家解除对我国的特别禁运，国外先进 EDA 软件可以进入中国，熊猫 IC CAD 系统因为失去客户面，没有继续升级，逐渐没落。

1994 年 10 月，首钢日电电子有限公司在北京建成我国第一条 6 英寸芯片生产线，1995 年 3 月正式投产，采用 1.2 微米 CMOS 工艺。1995 年销售额达 9.1 亿元，利润 2.7 亿元。

1995 年，原电子工业部向国务院提出了《关于“九五”期间加快我国集成电路产业发展的报告》，之后 909 工程得以实施，任务是在上海浦东新区建设一条 8 英寸 0.5 微米的芯片生产线。1996 年 11 月 27 日，上海华虹微电子有限公司大规模集成电路（VLSI）生产线在上海浦东新区的金桥开发区奠基。

1997 年，上海华虹微电子有限公司与日本电气公司（NEC）合作，注册 7 亿美元合资成立上海华虹 NEC 电子有限公司，并于 1998 年建成国内第一条 8 英寸芯片生产线，1999 年正式投产。2000 年 11 月，该生产线实现了 2 万片 8 英寸晶圆的月产能，采用了 0.24 微米的 CMOS 工艺技术，达到国际上规模经济水平。909 工程成功完成了预定目标。

第四阶段：参与国际化分工与协作，国内集成电路产业大发展（2000—2020）

这一时期，智能手机、移动终端和消费类电子产品使集成电路需求猛增，集成电路产业链国际化分工与协作局面形成，国内集成电路产业在设计业的带动下快速发展，形成长三角地区、珠三角地区和京津环渤海集成电路产业集群，集成电路应用创新促进了我国集成电路产业实力的提升。

2000 年 4 月，中芯国际集成电路制造（上海）有限公司（简称中芯国际）成立，2001 年两条 8 英寸 0.25 微米的芯片生产线同时建成试产，2002 年 9 月 0.18 微米的芯片生产线正式投产。2007 年 7 月中芯国际的 12 英寸芯片生产线试投产，12 月正式投产，主要生产 90 纳米及更高工艺水平的逻辑芯片。2015 年中芯国际 28 纳米芯片实现量产，2019 年中芯国际 14 纳米芯片实现量产。中芯国际的建设和发展使我国与国外芯片生产线技术的差距缩小至 5 年。表 C-1 展示了国内早期集成电路生产线的发展进程（资料来源：朱贻玮《集成电路产业 50 年回眸》）。

2000 年 6 月，国务院印发《鼓励软件产业和集成电路产业发展的若干政策》，这一政策的发布和实施对中国集成电路产业产生了极大促进作用。

表 C-1 国内早期集成电路生产线的发展进程

硅圆片直径	首次投产时间			城市	单位
	国外	中国	时间差		
2 英寸	1966 年	1978 年	12 年	北京	北京东光电工厂
3 英寸	1972 年	1980 年	8 年	北京	北京东光电工厂
4 英寸	1975 年	1988 年	13 年	上海	上海贝岭微电子制造有限公司
5 英寸	1982 年	1992 年	10 年	上海	上海飞利浦半导体公司
6 英寸	1986 年	1995 年	9 年	北京	首钢日电电子有限公司
8 英寸	1988 年	1999 年	11 年	上海	上海华虹 NEC 电子有限公司
12 英寸	1999 年	2004 年	5 年	北京	中芯国际集成电路制造（北京）有限公司

2001 年，国家先后在全国布局建设了 8 个国家级集成电路设计产业化基地（简称国家 IC 基地），地点分别在北京、上海、深圳、西安、成都、杭州、无锡和济南，并分别命名为国家集成电路设计北京产业化基地（简称北京 IC 基地）、国家集成电路设计上海产业化基地（简称上海 IC 基地）、国家集成电路设计深圳产业化基地（简称深圳 IC 基地）等。国家 IC 基地的建设极大促进了我国集成电路设计业的发展，国内集成电路设计公司雨后春笋般创立，集成电路设计业的销售额呈快速增长态势。

2001 年展讯通信、瑞芯微电子、珠海炬力成立，2002 年汇顶科技、豪威科技（子公司）成立，2003 年中兴微电子、长电科技、格科微电子成立，2004 年华为海思、澜起科技、锐迪科、中微半导体成立。

2001 年 3 月，国务院颁布了《集成电路布图设计保护条例》，标志着我国对集成电路设计知识产权的保护进入有法可依的新高度。

2003 年 11 月，中芯国际天津公司正式成立，建成了 8 英寸生产线。

2004 年 7 月，中芯国际北京公司第一条 12 英寸生产线试投产，9 月正式投产。2010 年 8 月，中芯国际北京基地 12 英寸 65 纳米工艺生产线成功实现量产。2012 年 9 月，中芯国际（北京）二期项目奠基。

2005 年，中星微电子有限公司在美国纳斯达克上市，成为第一家在美国上市的中国芯片设计公司，随后珠海炬力也成功上市。

2006 年，武汉新芯集成电路制造有限公司成立，后被长江存储并购，成为国内最大的闪存芯片生产厂。

2008 年 3 月，中芯国际深圳公司正式成立，建成了 8 英寸生产线。2009 年 11 月，中芯国际深圳基地 12 英寸生产线的厂房封顶，建成后主要生产先进的 45 纳米工艺芯片。2014 年，中芯国际深圳基地 8 英寸生产线正式投产。2017 年 , 中芯国际深圳基地 12 英寸生产线正式投产。

2011 年 2 月，国务院印发《进一步鼓励软件产业和集成电路产业发展的若干政策》，我国进一步加强和落实对集成电路产业的各项优惠政策。

2013 年 1 月，上海华虹和宏力半导体合并，成立上海华虹宏力半导体制造有限公司，成为国内第二大晶圆代工企业。

2013 年 7 月，中芯北方集成电路制造（北京）有限公司（简称中芯北方）注册成立。2013 年 11 月，中芯北方 12 英寸生产线的厂房封顶，建成后引入了 45/40 纳米以及 32/28 纳米两条生产线，实现了技术水平为 32 nm 到 28 纳米的芯片在国内量产“零”的突破，进一步减轻了国内高端芯片对进口的依赖。2017 年 9 月，中芯北方 12 英寸生产线月产能达到 3 万片。

2014 年 6 月，《国家集成电路产业发展推进纲要》正式发布，它是我国集成电路产业发展重要战略机遇期和攻坚期的重要指导性文件，明确了着力发展设计业、加速发展制造业、提升封装测试业水平、突破关键装备和材料制约的中心任务，开启了中国集成电路产业大发展的新纪元。

2014 年 9 月，中国国家集成电路产业投资基金（简称集成电路大基金）设立，募集资金 1 387.2 亿元。国家大力支持集成电路产业除了通过优惠政策支持以外，首次通过市场化手段进行全方位支持。

2016 年 12 月，中芯南方集成电路制造有限公司在上海张江成立。这是为了配合中芯国际 14 纳米及更先进工艺制程的研发和量产计划，而建设的具备先进工艺制程和量产能力的 12 英寸晶圆厂。

2016 年，福州晋华、合肥长鑫和武汉长江存储三大本土存储器芯片公司成立，弥补了我国在 NAND Flash 芯片和 DRAM 芯片市场核心供应环节的空白，被称为国内三大存储器芯片基地。

2017 年 4 月，上海微电子公司承担的国家 02 重大科技专项任务“浸没光刻机关键技术预研项目”通过国家正式验收。同年 10 月，该公司承担的 02 重大科技专项任务“90 纳米光刻机样机研制”通过 02 专项实施管理办公室组织的专家组的现场测试。

2018 年，华为海思在全球前十大集成电路设计公司排行榜中位列第 5，并以 34.2% 的年增速独占鳌头（见表 C-2）。

表 C-2 2018 年全球十大集成电路设计公司排行榜

排名	公司	2017 年营收（百万美元）	2018 年营收（百万美元）	年增长率（%）
1	Broadcom	18 824	21 754	15.6
2	Qualcomm	17 212	16 450	−4.4
3	Nvidia	9 714	11 716	20.6
4	MediaTek	7 826	7 894	0.9
5	华为海思	5 645	7 573	34.2
6	AMD	5 329	6 475	21.5
7	Marvell	2 409	2 931	21.7
8	Xilinx	2 476	2 904	17.3
9	Novatek	1 547	1 818	17.6
10	Realtek	1 370	1 519	10.9
合计		72 351	81 034	12.0

2019 年 10 月，国家集成电路产业投资基金二期股份有限公司正式成立，募集资金 2 041.5 亿元。

同年，华为海思被美国打压围堵，其自行设计的 14 纳米工艺及更先进工艺的高端芯片无法制造，被挤出全球十大集成电路设计公司排行榜。

第五阶段：补板强链，谋求自立自强发展（2020 年及以后）

自 2019 年以来，全球集成电路产业链国际化分工协作的局面不断被破坏，我国集成电路产业进入较为艰难的发展时期。这一时期，国家把补板强链作为我国集成电路产业新时期发展重点，把加强人才培养和基础技术研究作为我国长期任务，目标是实现我国芯片产业的自立自强。

2020 年，中芯国际 14 纳米工艺制程的产能稳步提高，最多能够达到每月生产 15 000 片。中芯国际已成为我国高端集成电路制造的排头兵。

2020 年 4 月，长江存储发布两款 128 层 3D NAND Flash 芯片，分别是 X2-6070 和 X2-9060。凭借 1.6 Gbit/s 的高速读写性能和 1.33 Tb 的高容量，长江存储再次向业界证明了 Xtacking 架构的前瞻性和成熟度。

2020 年 8 月，华为宣布新上市的 Mate 40 手机搭载了华为旗舰手机芯片麒麟 9000。由于美国的制裁，麒麟 9000 不能使用台积电 5 纳米工艺制程来生产，这有可能是华为自研高端芯片的绝版。

2020 年 12 月，美国商务部宣布将中芯国际列入制裁实体清单。

2020 年 8 月，国务院印发《新时期促进集成电路产业和软件产业高质量发展的若干政策》（以下简称《若干政策》），对新时期集成电路产业和软件产业发展作出了部署。《若干政策》一共制定了 8 方面政策举措，强调进一步创新体制机制，鼓励集成电路产业和软件产业发展，加快推进集成电路一级学科设置，严格落实知识产权保护制度，积极开展国际交流合作。

2021 年 1 月，国务院学位委员会、教育部正式发布《关于设置“交叉学科”门类、“集成电路科学与工程”和“国家安全学”一级学科的通知》。自此，集成电路正式被纳入一级学科，这将对我国集成电路人才培养产生积极的推动作用。

2021 年 2 月，中山大学集成电路学院成立，4 月清华大学集成电路学院成立，7 月华中科技大学集成电路学院、北京大学集成电路学院成立。随后，更多大学设立了集成电路学院，或者成立产、教、研融合的类集成电路学院。

此前，国家已在 28 所高校成立了示范性微电子学院。这些都将成为我国集成电路人才培养和基础技术研究的中坚力量。

2021 年 12 月，概伦电子在上海证券交易所科创板上市，成为国内首家上市的 EDA 软件公司。

2021 年，国内集成电路全行业销售额突破万亿元，2018 年至 2021 年的年复合增长率为 17%，是同期全球增速的 3 倍多。

2022 年 7 月，国产 EDA 软件龙头企业华大九天在深圳证券交易所创业板上市，8 月 EDA 软件公司广立微也成为深圳证券交易所创业板的上市公司。国内这些上市的和未上市的 EDA 软件公司将成为我国国产 EDA 软件研发的主力军。

2022 年 11 月，世界集成电路大会在安徽合肥举行。此次大会发布了《合肥倡议》，倡议全球集成电路产业链上下游主导企业共同维护集成电路产业链、供应链的韧性与稳定，促进全球集成电路产业和经济社会持续发展。

2023 年 4 月，全国集成电路标准化技术委员会（简称集成电路标委会）成立大会暨一届一次全体委员会议在北京召开。

知识点：中国半导体和集成电路产业的 5 个发展阶段，五校联合半导体物理专门化专业，中国第一块集成电路，两个基地和一个定点，5 家集成电路骨干企业，908 工程，909 工程，熊猫 IC CAD 系统，4 份关于促进集成电路产业发展的政府文件

记忆语：中国半导体和集成电路产业的 5 个发展阶段分别是起步期、成长期、国内外合作期、国际化分工与协作期，以及自立自强发展期。**五校联合半导体物理专门化专业**是 1956 年国家组织北京大学、复旦大学、南京大学、厦门大学和东北人民大学（现吉林大学）联合在北京大学开办的我国第一个半导体物理专业，旨在培养我国第一批半导体专业人才，是我国半导体和集成电路事业的起点。**中国第一块集成电路**诞生于 1965 年。**两个基地和一个定点**中的两个基地是指 1982 年国家在我国南方和北方地区布局建设的

两个集成电路产业基地，一个定点是指集成电路研发和生产定点城市西安，任务主要是为航天工业定点配套服务。1989 年，国家集中财力建设的**5 家集成电路骨干企业**分别是中国华晶电子集团公司、华越微电子有限公司、上海贝岭微电子制造有限公司、上海飞利浦半导体公司、首钢日电电子有限公司。国家 **908 工程**于 1990 年立项，任务是建设一条 6 英寸 1 微米工艺的集成电路生产线。国家 **909 工程**于 1995 年立项，任务是在上海浦东新区建设一条 8 英寸 0.5 微米工艺的集成电路生产线。**熊猫 IC CAD 系统**是一款由我国自主研发的 EDA 软件。**4 份关于促进集成电路产业发展的政府文件**分别是《鼓励软件产业和集成电路产业发展的若干政策》《进一步鼓励软件产业和集成电路产业发展的若干政策》《国家集成电路产业发展推进纲要》《新时期促进集成电路产业和软件产业高质量发展的若干政策》。

附录 D 国家 IC 基地对我国集成电路产业的贡献有哪些?

从 2000 年开始，科技部在全国有集成电路（芯片）设计业发展条件的城市，布局建设了 8 个国家集成电路设计产业化基地，目的是搭建政府出资或资助的集成电路设计公共技术服务平台，为广大中小芯片设计企业的初创、孵化和成长提供服务，促进当地芯片设计业发展，并带动芯片制造业、封装测试业和芯片应用创新等全产业链的发展。

2000 年 2 月，国家集成电路设计上海产业化基地（简称上海 IC 基地）经科技部批准成立。2001 年 7 月，国家集成电路设计北京产业化基地（简称北京 IC 基地）也获批成立。随后，国家集成电路设计西安产业化基地（简称西安 IC 基地）、国家集成电路设计成都产业化基地（简称成都 IC 基地）、国家集成电路设计无锡产业化基地（简称无锡 IC 基地）、国家集成电路设计杭州产业化基地（简称杭州 IC 基地）、国家集成电路设计深圳产业化基地（简称深圳 IC 基地）相继获批成立。

2008 年 6 月，国家集成电路设计济南产业化基地（简称济南 IC 基地）在济南挂牌成立，这是第 8 个国家级 IC 基地。国家 IC 基地是这 8 个国家级

IC 基地的总称。

国家 IC 基地通过建设电子设计自动化（EDA）软件平台、硅知识产权（IP）和系统级芯片（SoC）开发平台、多项目晶圆（MPW）服务平台、测试验证中心和教育培训中心，以及设立专业孵化器和双创空间等，搭建了全方位的集成电路设计公共技术平台和服务体系，促生孵化了大批芯片设计企业，服务支撑着广大中小微芯片设计企业的芯片研发和技术创新。如图 D-1 所示，深圳 IC 基地以公共技术平台为支撑，从芯片设计到国产芯片推广应用，构建了全方位的集成电路产业服务体系。

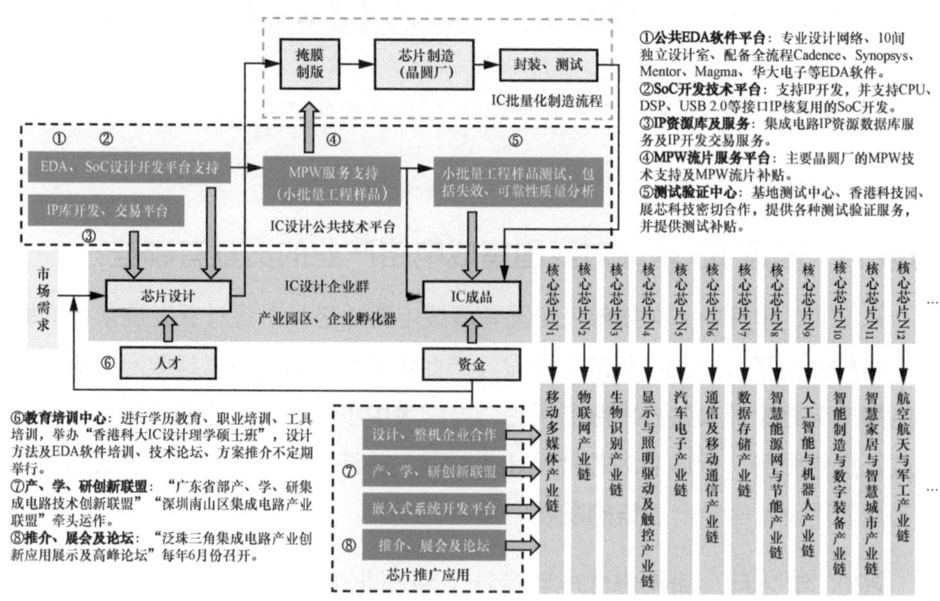

图 D-1　深圳 IC 基地公共技术平台及服务体系示意图

自从国家 IC 基地对外提供全方位的芯片设计公共技术服务以来，我国芯片设计业实现了高速增长，并带动芯片制造业和封装测试业快速发展。全国芯片设计企业由不到 50 家增加到 1 500 多家，芯片设计销售额由不到 20 亿元增长到 3 700 多亿元，如图 D-2 所示。国家 IC 基地的建设和服务为我国芯片产业逐步实现自主可控作出了重要贡献。

国家 IC 基地 20 多年的发展和服务实践，表明国家 IC 基地的重要作用和主要贡献体现在以下 5 个方面。

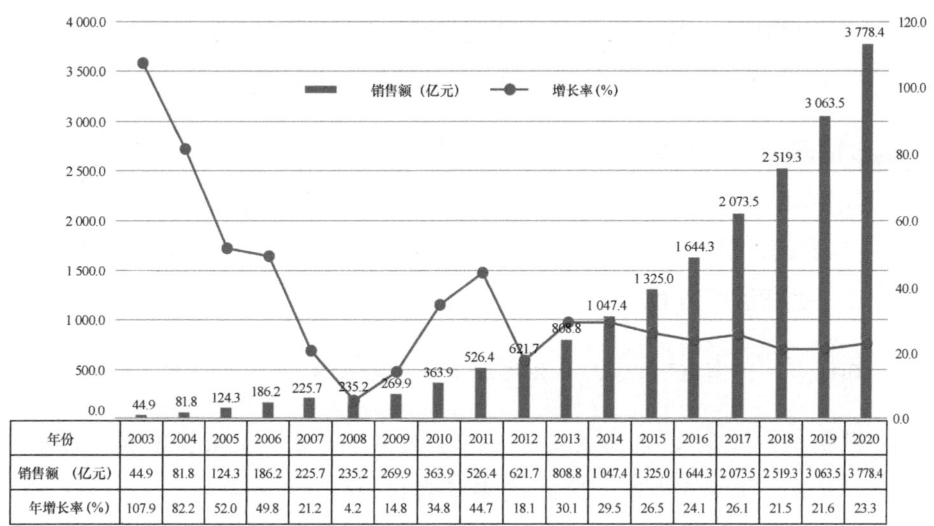

年份	2003	2004	2005	2006	2007	2008	2009	2010	2011	2012	2013	2014	2015	2016	2017	2018	2019	2020
销售额（亿元）	44.9	81.8	124.3	186.2	225.7	235.2	269.9	363.9	526.4	621.7	808.8	1 047.4	1 325.0	1 644.3	2 073.5	2 519.3	3 063.5	3 778.4
年增长率(%)	107.9	82.2	52.0	49.8	21.2	4.2	14.8	34.8	44.7	18.1	30.1	29.5	26.5	24.1	26.1	21.5	21.6	23.3

图 D-2　2000 年至 2020 年中国 IC 设计业销售额增长态势（数据来源：CSIA）

（1）国家 IC 基地既是宣传队，也是播种机。8 个国家级 IC 基地广泛宣传了芯片技术和产业的重要性，普及了芯片技术知识和行业的特点，促进了当地及周边地区芯片产业的发展。国家 IC 基地在 8 个城市及其周边地区播下了重视和发展芯片产业的种子，它们必将在我国实现芯片技术和产业自立自强的伟大事业中结出硕果。

（2）国家 IC 基地降低了芯片入行门槛，催生和孵化了大批芯片设计企业。在国家 IC 基地，由政府出资建设的公共技术平台和专业孵化器对有专业技术但缺少资金的人才（特别是海归人才）创业帮助很大，极大减少了创业投入和研发成本，助力广大中小芯片设计企业的孵化和成长。

（3）国家 IC 基地依托集成电路设计公共技术平台，大力开展政、产、学、研的技术交流与合作。国家 IC 基地作为中立性、公益性、技术性的交流与合作平台，通过组建政、产、学、研创新联盟，联合芯片企业、高校和科研院所，共同承担国家和省市在芯片领域的科技计划项目，促进了芯片技术创新和芯片研发，培养了理论与实践相结合的芯片实用人才。

（4）国家 IC 基地大力推广国产芯片的应用，并服务于系统整机产业的转型和升级。国家 IC 基地十分重视国产芯片、国产 IP 和国产 EDA 软件的推广应用，促进了国内芯片设计公司、IP 提供商和 EDA 软件企业的成长，并支持芯片设计企业与整机系统企业进行合作、交流与技术创新。

（5）国家 IC 基地配合各级政府落实集成电路产业政策和实施集成电路专项计划，是推进芯片产业发展的得力抓手。政府推进芯片产业发展，主要依靠产业优惠政策、重大专项、科技计划项目和公共技术平台服务等途径来实现。国家 IC 基地在这些方面发挥了很好的支持作用。

知识点：国家 IC 基地，公共技术平台，国家 IC 基地的主要贡献

记忆语：国家 IC 基地共有 8 个，分别位于北京、上海、深圳、西安、成都、杭州、无锡和济南。国家 IC 基地搭建的**公共技术平台**主要包括 EDA 技术平台、IP 和 SoC 开发服务平台、MPW 服务平台、测试验证服务平台和人才培训平台。**国家 IC 基地的主要贡献**是降低了芯片入行门槛，催生和孵化了大批芯片设计企业，促进了我国芯片设计业发展壮大。此外，国家 IC 基地也是政府促进芯片产业发展的得力抓手。

读书笔记

读书笔记